U0277580

食品接触材料安全监管与高关注有害物质检测技术

吴晓红　主编

ZHEJIANG UNIVERSITY PRESS
浙江大学出版社

前　言

在食品接触材料的使用过程中，有毒有害物质可能向食品发生迁移，成为食品污染的主要来源之一，这已成为国内外对食品安全的一个新的关注点。食品产业的发展引发食品接触材料需求急速增长，然而随之涌现的是与之相关的食品安全问题：2006年，发现油桶中致癌增塑剂迁移污染食用油；2008年，测得由食品包装袋中迁移进入奶粉的苯残留严重超标；2009年，双酚A迁移事件更是引起了全球消费者对食品接触材料安全性的广泛关注。在我国仅是2007—2009年间，国家质检总局就收到欧盟RASFF通报我国出口食品接触材料迁移物超标案例261例，数百万美元的不合格产品被退运或销毁。

目前国内有一批优秀的与食品接触材料安全性相关的专著和参考书，但多为对与食品接触材料相关的国内外法规或专著的编译或翻译，未对安全性评价的技术细节进行分析，非专业读者参考起来存在一定困难。本书作者为长期从事第一线检验的专业人员，有着丰富的监管、检测和研究经验。本书基于作者在食品接触材料检验领域多年的检测经验和科研成果，系统总结了材料中高关注有害物质的监管法规及检测方法，重点阐述其中高关注有害物质（如双酚A、塑化剂等）的法规限量、毒理危害、风险评估，并对中国、欧、美、日、韩等多国法规形成的历程、检测方法的区别及风险评估的手段进行了深入的分析和比较，因此适于监管者、检验员、生产企业、消费者等各个层面的读者参考和借鉴，特别有助于向消费者普及食品安全知识。

本书的第一章由马明撰写，第二、三章由周韵撰写，第四、五章由茅晔辉撰写，第六、九章由清江撰写，第七、八章由程欲晓撰写，第十至十二章由周宇艳撰写，附录由张凯编辑整理。此外，需要感谢李晨对本书的指导，以及刘曙、蔡婧协助进行修改和校正。本书的研究内容部分来自于国家质检总局科研专项基金（2008IK062、2011IK041、2012IK048、2013IK017），以及“双打”质检公益专项（项目编号2012104020），在此一并致谢。

由于编者学识水平和经验有限，书中缺点和错误在所难免，恳请读者给予批评指正。

编　者

2012年12月

前 言

目 录

第一部分 食品接触材料安全监管

第二部分 食品接触材料中高关注有害物质检测技术

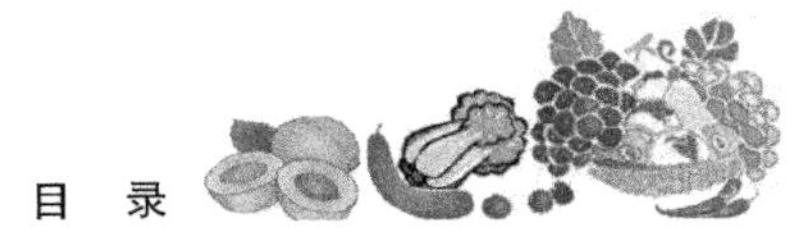

第一部分

食品接触材料安全监管

第1章　食品接触材料安全问题的主要来源

1.1　背景

从古至今,“民以食为天”这句古话一直是中国老百姓最基本的信条。当前,食品安全问题已成为社会各界普遍关注的焦点。食品安全除了取决于食品自身质量之外,还与在其生产、加工、包装、运输及烹调过程中使用的生产工具、包装容器、烹调器具等“食品接触材料”的安全性息息相关。由于它们会与食品直接接触,因而对食品安全有着双重影响:一方面质量合格的食品接触材料,如包装材料或容器可以保护食品不受外界的污染,保持食品的水分、成分、品质等特性不发生改变,延长食品保质期;另一方面食品接触材料中的成分可能迁移入食品,引起食品的感官、性状甚至品质的劣变,最终影响食品消费者的健康。近年来,世界各国特别是美国、欧盟、日本等发达国家所做的分析与研究结果表明,食品接触材料中有害元素、有毒物质已成为食品污染的重要来源之一[1]。可以说,食品接触材料不安全,不但危害消费者的身体健康,而且会影响我国整个食品接触材料行业甚至是食品工业的健康发展。因此,食品接触材料引起的食品安全问题已成为人们对食品安全的一个新关注点,食品接触材料的质量控制已成为各国政府极其重要而艰巨的任务。

1.2　食品接触材料的定义

食品接触材料,顾名思义,是指其在使用过程中会与食品接触的材料,但各国、各地区对食品接触材料的确切定义有着不同的解释。

1.2.1　欧盟对食品接触材料的定义

欧盟关于食品接触材料(food contact material)的框架性法规(EC)No. 1935/2004 规定了食品接触材料的定义:预期与食品接触的、或已经接触到食品且预期供此所用的、或可合理地预料会与食品接触、或在正常或可预见的使用条件下会将其成分转移至食品中的材料和制品,包括活性和智能食品接触材料及制品[2]。

欧盟关于食品接触材料的定义全面而明确,将食品接触材料的范围从一般的食品包装材料、器具等扩展到了在正常或可预见的使用条件下会将其成分转移至食品中的材料和制品。另外,还提出了智能及活性食品接触材料的概念,使其概念更加完整。

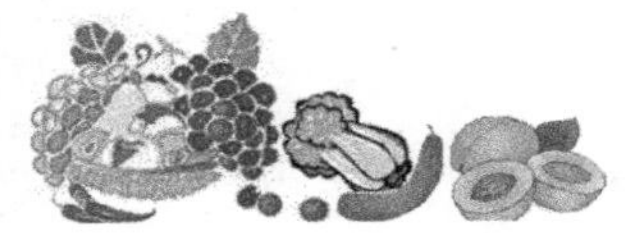

1.2.2 美国对食品接触材料的定义

根据美国食品及药品管理局(FDA)的定义,食品接触材料(food contact substance)作为一种间接的食品添加剂,是指在食品生产、加工、运输过程中接触的物质,以及盛放食品的容器,而这些物质本身并不用来在食品中产生任何效应[3]。

FDA 认为食品接触材料中的成分出现于食品中,可能是由于在包装、储存或其他加工处理过程中这些物质向食品的迁移,或由于意外萃取而导致的。虽然不是直接添加,却是间接进入的,因此将食品接触材料作为间接食品添加剂管理。

1.2.3 中国对食品接触材料的定义

我国现行国家法律中目前未明确给出食品接触材料的定义,但给出了"用于食品的包装材料和容器"和"用于食品生产经营的工具、设备"这两者的定义。2009 年 2 月十一届全国人大常委会第七次会议通过的《中华人民共和国食品安全法》规定:"用于食品的包装材料和容器"是指包装、盛放食品或者食品添加剂用的纸、竹、木、金属、搪瓷、陶瓷、塑料、橡胶、天然纤维、化学纤维、玻璃等制品和直接接触食品或者食品添加剂的涂料;"用于食品生产经营的工具、设备"是指在食品或者食品添加剂生产、流通、使用过程中直接接触食品或者食品添加剂的机械、管道、传送带、容器、用具、餐具等[4]。

《中华人民共和国食品安全法》是我国食品安全管理的基本法律,其中未明确给出"食品接触材料"这一称谓及其定义。但是,不少过去制定但当前仍在使用的国家标准中采用"食品包装",而有些文件及新近标准中又采用"食品接触材料"、"食品接触材料及制品"和"食品接触产品"等,导致称谓不一。

1.2.4 日本对食品接触材料的定义

与我国类似,日本也未给出食品接触材料的定义,《日本食品卫生法》提到了"器具"及"包装容器"的定义。器具指的是餐饮用具、烹调用具以及其他用于食品或者食品添加剂的提取、生产、加工、烹调、贮藏、搬运、陈列、授受或者摄取、并且与食品或者食品添加剂直接接触的机械、器具及其他物品。但是,农业及水产业当中用于食品提取的机械、器具及其他物品不包括在此范围内。包装容器指的是将食品或者食品添加剂装进或者包在其中、授受食品或者食品添加剂时直接就可以提交的器具[5]。

1.2.5 韩国对食品接触材料的定义

《韩国食品安全法》给出了与《日本食品卫生法》类似的关于"器具"及"包装容器"的定义。器皿是指容器如餐具、烹饪器具等,以及用于收集、生产、加工、制备、贮存、运输、陈列、传送过程中直接与食品和食品添加剂接触的器具,不包括机器、设施和其他在农场和渔场用于收集食品的器具。容器及包装物是指一些固定地用于盛放或包装食品或食品添加剂的物品,这些物品在食品传送时必须同时运输[6]。

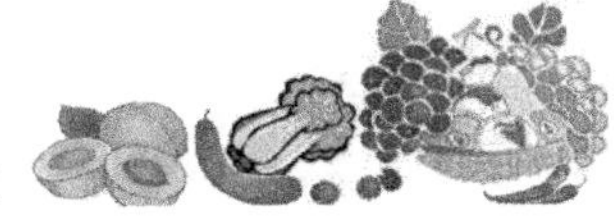

1.2.6 中国台湾地区对食品接触材料的定义

中国台湾地区的"食品卫生管理法"规定了"食品器具"及"食品容器、食品包装"的定义:食品器具,系指生产或运销过程中,直接接触于食品或食品添加物之器械、工具或器皿。食品容器、食品包装,系指与食品或食品添加物直接接触之容器或包裹物[7]。

虽然不同国家、地区对食品接触材料的定义并不完全相同,但均认为食品接触材料有可能将自身组分迁移到食品中去,如果迁移的量超过一定数值,会给消费者的健康造成危害。因此,包括以上国家、地区在内世界上许多地方都颁布了相关法规体系禁止生产、销售质量不合格的食品接触材料,建立了相应的检测方法来确定食品接触材料是否安全卫生,并设立了相关部门对食品接触材料进行监督管理。

1.3 食品接触材料的功能性分类

食品接触材料按其功能一般可分为五大类。

1.3.1 食品、饮料外包装

这类如膨化食品包装袋、饮料瓶、快餐盒等,见图 1.1。功能:具有阻气、阻水等阻隔功能,对食品起到保质、保鲜、保风味以及延长货架寿命的作用。

图 1.1　食品、饮料外包装

1.3.2 餐具用品

这类如调羹、水杯、刀、叉子等,见图 1.2。功能:用餐时盛放、切割食物及辅助进食。

图 1.2　餐桌用品

1.3.3　厨房用具

这类如切菜刀、切菜板、锅、铲等，见图 1.3。功能：厨房烹调时，对食物进行切割、烹调。

图 1.3　厨房用具

1.3.4　食品生产、加工设备

这类如食品生产加工企业使用的食品传输带、饮料输送管道等，见图 1.4。功能：生产厂家在生产食品过程中，盛装、加工、传输食品等。

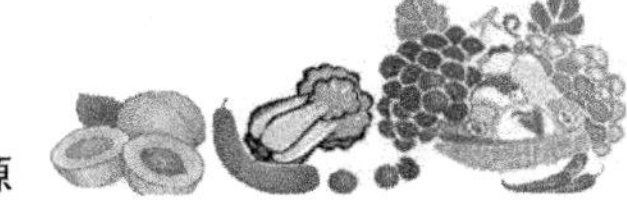

图 1.4　食品加工设备

1.3.5　活性食品接触材料及智能食品接触材料

活性食品接触材料(active food contact materials and articles),如在密封的包装容器中封入的能与氧气起化学作用的脱氧剂、能吸收水分的干燥剂等;智能食品接触材料(intelligent food contact materials and articles),如贮存时间或温度指示剂、二氧化碳指示剂等,如图 1.5 所示。功能:活性食品接触材料能向被包装食品或其周围环境释放或从中吸收物质,可延长食品上架期或改善食品品质;智能材料能监控被包装食品或其周围环境条件[2]。该类是属于具特殊功能的食品接触材料,本身并不用于包装食品,但在使用时也可能接触食品。

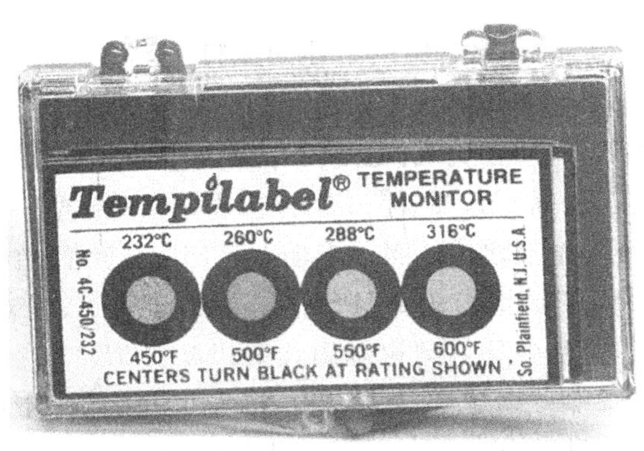

图 1.5　智能食品接触材料

1.4 常见食品接触材料安全问题的来源

食品接触材料是人体摄入食品前的最后一道关卡，质量不合格的食品接触材料盛装或接触食品时，其中的有毒、有害物质会迁移到食品中造成污染，如图 1.6 所示，消费者一旦食用这些食品将危害健康。因此，食品接触材料的安全性是保障食品安全的必要条件之一。

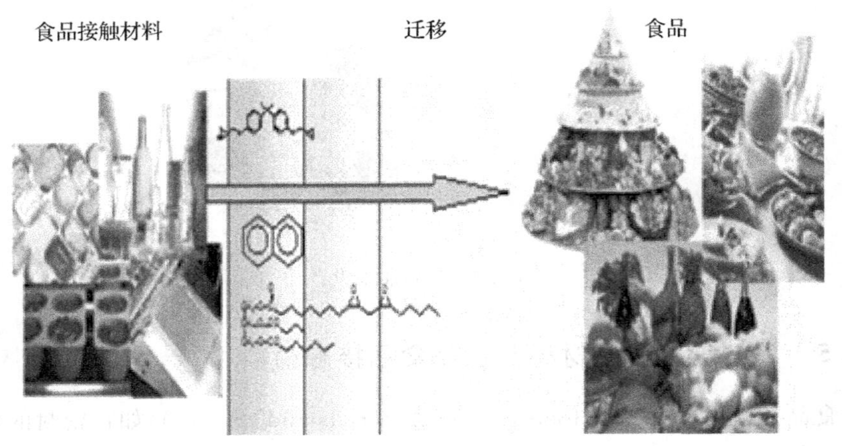

图 1.6 食品接触材料的有害成分迁移到食品

目前，可用于食品接触材料生产的常见原料有：塑料、纸、金属、陶瓷、玻璃、橡胶、竹(木)、容器内壁涂层等。不同原料制成的食品接触材料所含的化学成分及加工工艺不同，接触食品时会迁移出不同的化学物质，造成污染的原因各不相同。

1.4.1 塑料

如图 1.7 所示，塑料是以合成树脂的单体为原料，加入适量的稳定剂、增塑剂、润滑剂、抗氧化剂、着色剂、杀虫剂和防腐剂等助剂后制成的一种高分子材料[8]。塑料种类丰富、具有不易破损、成本低廉、质轻美观、稳定性好、易于加工、装饰效果好等特点，因此由塑料制成的各类包装膜、袋、桶、箱、瓶、罐及复合包装材料等，被广泛应用于食品接触材料领域，而且其用量有逐年增加之势。当前市场上可用于生产食品接触材料的常见塑料有：聚乙烯(PE)、聚丙烯(PP)、聚苯乙烯(PS)、聚碳酸酯(PC)、聚对苯二甲酸乙二醇酯(PET)、三聚氰胺—甲醛树脂(MF)、聚甲基丙烯酸甲酯(PMMA)、丙烯腈—丁二烯—苯乙烯共聚物(ABS)、丙烯腈—苯乙烯共聚物(AS)、聚氯乙烯(PVC)、聚偏二氯乙烯(PVDC)、聚酰胺(PA)、聚乳酸(PLA)等。近年来，随着塑料加工工艺的不断进步，用作食品接触材料的新型材料也不断涌现，如热塑性弹性体(TPE)、聚醚砜(PES)、乙烯乙酸酯共聚物(EVA)等。

从理论讲，纯塑料是无毒的，因为其含有的大分子物质不会被人体吸收。但是，实际

图1.7 塑料制品

的塑料食品接触材料中由于其原料或生产工艺问题，存在着一些可析出有机物及重金属，它们在塑料接触食品时，由于发生迁移、溶出而污染食品。塑料食品接触材料中的有毒有害物质来源主要有以下几个方面：

1. 原料中存在未聚合单体

聚乙烯及聚丙烯两种塑料的单体沸点低，易挥发，一般不存在残留问题[9]。但是，很多塑料树脂中存在未完全聚合的游离单体，单体分子大多有毒性，有的甚至是明确的致癌物。使用过程中，当这些塑料食品接触材料迁移并进入食品的残留单体超过一定量时，就造成污染。如纯聚苯乙烯(PS)无毒，卫生安全性好，但其含有的单体苯乙烯有一定毒性。苯乙烯单体对人体有刺激麻痹作用，吸入浓度高会产生呕吐、头晕、恶心等症状，影响心肺功能，而且有致癌作用[10]。此外，在合成苯乙烯单体的过程中，也将残留有乙苯、丙苯、异丙苯等苯系物，这些具有致癌作用的苯系物，在合成聚苯乙烯过程中，由苯乙烯单体又带入至聚合物中，造成二次污染；聚氯乙烯(PVC)和聚偏二氯乙烯(PVDC)，其单体(氯乙烯单体、偏氯乙烯单体)有明显的致突变性，聚氯乙烯制品在50℃以上就会缓慢析出对人体有害的氯化氢气体[11]。另外，还有其他残留有害单体的塑料，如三聚氰胺-甲醛树脂中存在致癌物质游离甲醛；丙烯腈—丁二烯—苯乙烯共聚塑料(ABS)及丙烯腈—苯乙烯共聚塑料(AS)中存在致癌物质丙烯腈单体等。

2. 加工过程加入添加剂

塑料食品接触材料在加工过程中常加入一些添加剂、助剂来改变其功能和特性。这些添加剂往往是小分子物质，具有较强的流动性。在塑料接触材料与食品的接触过程中，这些物质会通过渗透、吸收、溶解等各种过程进入食品中[12]。以下是塑料食品接触材料中几种危害较大的添加剂：

(1)增塑剂

增塑剂是指增加塑料的可塑性，改善在成型加工时树脂的流动性，并使制品具有柔韧性的有机物质。它通常是一些高沸点、难以挥发的黏稠液体或低熔点的固体，一般不与塑料发生化学反应[13]。

根据化学组成，塑料增塑剂可分为五大类：邻苯二甲酸酯类、磷酸酯类、脂肪族二元酸酯类、柠檬酸酯类和环氧类。其中后三类的毒性较低，磷酸酯类增塑剂一般毒性都比较大，但有些如磷酸二苯一辛酯(DPOP)经各种毒性试验证明是无毒的[11]。在这些增塑剂种类中，邻苯二甲酸酯类增塑剂用量最大。国外有关组织曾经指出，邻苯二甲酸酯类增塑剂与塑料、橡胶等高分子物质之间没有形成化学键，彼此保持各自独立的化学性质，具有一定活性，因而在接触到水、油脂时便会溶出。邻苯二甲酸酯类具有生殖毒性，还有致突变和致癌作用，会危害使用者的身体健康[14]。

(2)稳定剂

塑料在加工、贮存及使用过程中，因受内在及环境因素的影响而逐渐老化，导致其物理机械性能降低而最终丧失使用价值。因此，加工塑料时会加入能阻缓塑料老化变质的物质——稳定剂。稳定剂按其发挥的作用，包括：抗氧剂、光稳定剂、热稳定剂和防霉剂等。食品接触材料中聚氯乙烯和氯乙烯共聚物在加工时必须加入热稳定剂。聚乙烯、聚丙烯、聚苯乙烯、聚酰胺、聚对苯二甲酸乙二醇酯等根据不同的用途和加工要求，也要加入某些防氧化剂、防紫外线剂等类的稳定剂[11]。

稳定剂按化学结构可分为：铅盐、复合金属皂(铅、镉、钡等的硬脂酸盐)、有机锡、有机锑等。接触食品后，这些金属易迁移入食品中，特别是铅、镉稳定剂对人体危害较大[9]。

(3)着色剂

着色剂也称为色母料，可使塑料具有各种鲜艳、美观的颜色，分为有机染料和无机颜料[13]。塑料着色剂是塑料加工工艺中的重要环节，可使塑料绚丽多彩、美艳夺目，不仅丰富了市场，也美化了人们的生活。但是，使用质量不合格的着色剂可能带来诸多安全卫生隐患，这是因为其中可能含有致癌物质芳香胺、重金属等物质，甚至有些不合格的着色剂还可能含多氯联苯[15]。

例如，当前市场上的黑色尼龙餐具，如塑料勺、塑料铲等是产生芳香胺的潜在来源。餐具呈现黑色是因为餐具制作过程中采用了一种黑色偶氮染料，该染料的主要分解产物是亚甲基二苯胺。因此，亚甲基二苯胺和苯胺是黑色尼龙餐具中常被检测到的芳香胺类物质[16]。

除了上述添加剂外，塑料常用到的添加剂还包括填充剂、润滑剂、抗氧化剂等。通常在聚合物中添加各种添加剂是为了将塑料加工成为性能良好、能满足食品包装要求的材料。但是，某些生产企业为降低生产成本，过量添加填充剂或使用质量不过关的添加剂，使得食品接触材料存在很大的安全隐患。

3. 生产过程使用油墨及胶黏剂

塑料食品接触材料，特别是复合软包装材料生产过程中一般会用到印刷油墨及胶黏剂，这也是引起食品接触材料安全隐患的重要原因之一。

(1)油墨

为使产品外观更精美，吸引消费者，同时起到广告宣传作用，企业往往会在外包装印

上信息及精美图案。虽然在图案设计、印刷及包装过程中，油墨印刷面都不与食品接触，但是印刷材料时可能会产生反印，也就是常说的蹭脏，从而导致油墨成分转移到接触食品的一侧，继而进入包装的食品；另外，由于复合塑料包装存在一定透湿、透氧性及油墨的化学迁移特性，导致食品包装袋上油墨中有毒有害成分向食品形成迁移。

油墨中主要物质有颜料、树脂、助剂和溶剂[17]。其中，溶剂又是影响油墨是否安全的重要因素之一。在油墨制造及印刷操作时，有机型溶剂中甲苯、二甲苯、多环芳香烃及其衍生物等芳香烃溶剂或醇、酯、醚、酮、矿物油等挥发性有机化合物（VOC）均会伴随油墨的干燥挥发到空气中污染空气，且对印刷操作工人的身体健康造成威胁；印后加工工艺的上光、覆膜等也会因有机溶剂挥发对工人带来危害。印刷油墨干燥后可去除绝大部分甲苯溶剂，但因油墨中颜料吸附力强，仍易引起具有异臭味的苯、丁酮等溶剂残留[18]。曾有奶粉包装油墨中溶剂苯迁移进入奶粉引起污染以及奶粉包装溶剂残留严重超标的报道。

（2）胶黏剂

复合软包装材料是指由两层或两层以上不同品种的材料，通过一定技术组合而成的“结构化”多层材料，可用涂布法、层合法、共挤法三种工艺，其中层合法就必须用到黏合剂[16]。

黏合剂大致可分为聚醚类和聚氨酯类黏合剂，聚醚类黏合剂正逐步被淘汰，而聚氨酯类黏合剂有脂肪族和芳香族两种。黏合剂按照使用类型还可分为水性黏合剂、溶剂型黏合剂和无溶剂型黏合剂，在我国主要还是使用溶剂型黏合剂[17]，而溶剂型黏合剂中有99%是芳香族的黏合剂[19]。复合包装用的黏合剂多为聚氨酯，它是由多羟基化合物和芳香族异氰酸酯聚合而成的，残留的芳香族异氰酸酯单体水解后生成芳香胺[17]，如图 1.8 所示。芳香胺是一种致癌物质，迁移入食品会造成污染。

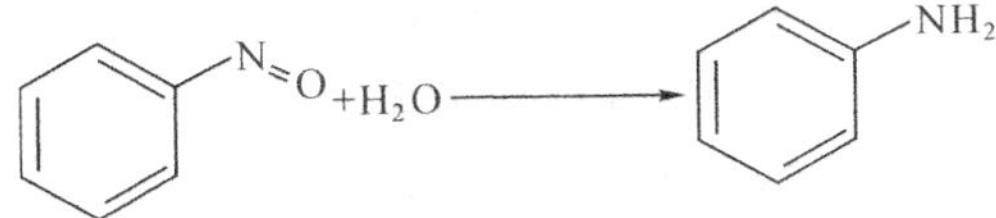

图 1.8　芳香族异氰酸酯单体水解生成芳香胺

另外，胶黏剂中还可能存在重金属（铅、镉、汞、铬等）残留的问题[20]。

4. 回收塑料受到污染

除以上几个原因可能导致塑料食品接触材料的安全问题外，还有一些生产商非法使用回收塑料，由于回收渠道复杂，回收容器上常残留有害物质，其中可能有大量有毒添加剂、重金属甚至病毒等。例如用一些回收塑料生产食品接触材料时，由于来自日常生活用品、医学垃圾塑料等，很多含有有害物质及病毒，很难保证处理后完全干净，制成食品接触材料会导致食品安全问题。

目前，国外已经开始大量使用回收的 PET 树脂作为 PET 瓶的芯层料使用，一些经过清洗切片的树脂也已达到食品包装的卫生性要求，可以直接生产食品包装材料，但是目前我国还没有相应的标准和法规。比较而言，回收 PET 作为夹层材料使用，卫生安全性有保障，但需要较大的设备投资，我国企业很少使用。国家规定，一般聚乙烯回收再生品不得再用来制作食品包装材料[14]。

1.4.2 纸

如图1.9所示，食品用包装纸是指可以直接接触食品的各种原纸，包括内包装纸、外包装纸、纸袋、纸杯、纸盒等[9]。近年来，塑料食品接触材料造成的“白色污染”已严重危害环境，随着人们环保意识的提高，食品用包装纸在食品接触材料行业的占有率将不断提高。纸质包装材料具有以下优点：来源广泛、易降解、可回收利用、质轻、易印刷等[21]。

图1.9　纸制品

单纯的纸是卫生、无毒、无害的[17]。但是，从造纸起始原料——植物（如树、草等）的种植到最终成为纸制品的生产过程中，有各种渠道可能导致食品用包装纸内存在有毒有害物质，从而造成受包装食品的污染问题。纸制品中有害物质的来源主要有以下几个方面：

1.造纸原料受到污染

食品包装用纸的起始原料有木浆、草浆和棉浆等。其中，木浆较卫生，而草浆和棉浆或因作物在生长过程中使用农药而造成纸浆残留[9]。另外，由于纸是一种生物制品，原料中也存在着受细菌污染的风险。

2.制浆、造纸等过程加入添加剂

制浆、造纸及后续加工处理时会加入各种添加剂，如荧光增白剂、消泡剂、杀菌剂、防油剂、防霉剂、染色剂等，在使用过程中可能对食品造成污染。下面介绍几种常见的添加剂。

（1）荧光增白剂

荧光增白剂是能够使纸张白度增加的一种特殊白色染料，它能吸收不可见的紫外

光，将其变成可见光，消除纸浆中的黄色，增加纸张的视觉白度[22]。荧光增白剂是一种致癌活性很强的化学物质[9]。《食品包装用原纸卫生管理办法》中规定，食品包装用原纸禁止添加荧光增白剂。但是，仍有一些企业法律意识淡薄，为降低成本使用掺杂荧光增白剂的非食品包装纸或纸板制作食品纸包装制品。荧光增白剂在水中的溶解度高，这意味着它更易从纸张中迁移到食品中，从而对人体健康造成威胁[22]。

(2)消泡剂

在制浆造纸工业中，泡沫处理是生产中的棘手问题，人们采取许多方法来消除纸浆体系的泡沫，其中之一就是使用消泡剂[23]。制浆造纸中产生的二噁英，除了使用含氯漂白剂引起外，还有可能来源于制浆过程中使用的消泡剂[22]。二噁英是一类含有一个或两个氧键连接两个苯环的含氯有机化合物的总称。它能干扰机体的内分泌，对人类健康和生态系统产生毒性影响，对肾、肝等内脏器官以及生殖、内分泌、神经系统等有很大毒性，并且拥有持久危害性[21]。当使用含二噁英等含氯有机化合物的纸包装时，会对人体的健康造成潜在的威胁。

(3)杀菌剂

在生产食品包装用纸时，有的企业为防止循环水中微生物繁殖而添加杀菌剂[22]。造纸工业中用得最多的杀菌剂是有机杀菌剂，主要有有机硫、有机溴和含氮杂环化合物等高效低毒的杀菌剂[21]。在食品用的包装纸质材料中，添加杀菌剂时，应慎重考虑其毒性和最大允许使用量，以免威胁人类健康。

(4)防油剂

通过使用有机氟化物对纸和纸板包装材料进行处理，可以使纸张具有防油性，即阻止油和油脂从食品中渗透到纸张中[24]。全氟烃基铵盐与全氟烃基磷酸酯是常用的防油剂。研究发现多氟烷基磷酸酯代谢物是全氟辛酸和全氟羧酸的主要来源。全氟羧酸(PFCAs)是一种可分解的化学物质，主要用于制造不黏锅及食品接触材料的防油剂。国外研究表明，若纸质包装材料中的这些化学物质会转移到食物中去，并被人体吸收，会导致血液化学污染[24]。

3. 纸包装油墨造成的污染

同塑料类似，纸包装产品也存在油墨导致污染问题。我国没有食品包装专用油墨，在纸包装上印刷的油墨，大多是含甲苯、二甲苯的有机溶剂型凹印油墨[17]。干燥后可除去绝大部分有机溶剂，但残留的溶剂却会迁移到食品中危害人体健康。其次，在油墨所使用的颜料、染料中，存在着重金属(铅、镉、汞、铬等)、苯胺或稠环化合物等物质，可引起重金属污染，而苯胺类或稠环类染料则是明显的致癌物质[17]。所以，纸制包装印刷油墨中的有害物质，对食品安全的影响很严重，为了保证食品包装安全，采用无苯印刷将成为发展趋势。

4. 回收废纸造成的污染

以次充好是一些企业赚取暴利的手段之一，这同样存在于回收纸制品的使用。对于废纸回收利用需要进行一些处理，但是有时并不能完全将其中残留的有害物质去除。

如:为了将废纸再利用,对其油墨进行脱色,但也只是将油墨颜料脱去,其中的铅、镉、多氯联苯等物质仍然残留在纸中,一旦用于食品包装纸装食品,必然会危害使用者健康[22]。

1.4.3 金属

如图 1.10 所示,金属食品接触材料指各种金属制食品包装及用于食品的容器、器具,也包括家用电器中接触食品的金属零部件。常见的金属食品接触材料包括:以铝为原料制作的制品、以铁为原料制作的制品及以不锈钢为原料制作的制品等。其中不锈钢制品是指以铁铬合金再掺入一些微量元素为原料制成的制品,分为奥氏体型和马氏体型[9]。

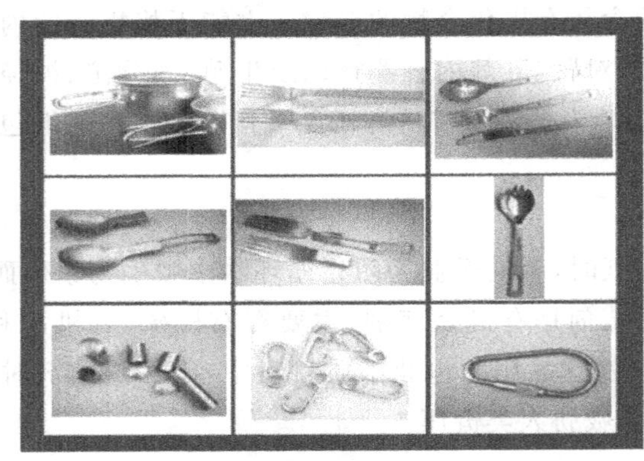

图 1.10 金属制品

金属食品接触材料具有高阻隔性、耐高低温性、易于回收、来源丰富等优点,因此在食品接触行业的应用越来越广。但同时,金属作为食品包装材料最大的缺点是化学稳定性差,耐蚀性不如塑料和玻璃,特别是用其包装高酸性食品时易被腐蚀,同时金属离子易析出,从而影响食品质量。金属食品接触材料的安全问题主要来自以下两个方面:

1. 金属制品易迁移出重金属离子

由于金属制品的化学稳定性差,在包装某些食品时容易造成重金属溶出,并迁移进入食品。如:用表面镀锌的白铁桶存放酸性食品,其中的锌会以有毒的有机酸形式溶入食品,从而造成污染;使用铁、铜等金属容器存放食盐(氯化钠),易发生化学反应,使容器被腐蚀,影响盐分质量[25];不锈钢制品中加入了大量镍元素,受高温作用时,使容器表面呈黑色,同时其传热快,容易使食物中不稳定物质发生糊化、变性等,还可能产生致癌物,不锈钢不能与乙醇接触,乙醇可将镍溶解,导致人体慢性中毒[17]。

2. 金属制品有机涂层造成的污染

由于食品特有的化学性质,与食品直接接触的预包装食品如饮料、调味品、酒类等对食品容器、包装材料耐腐蚀性的要求较高。因此,为防止食品对食品容器、包装材料内壁的腐蚀,以及食品容器、包装材料中的有害物质向食品中的迁移,常常在有些金属容器的内壁涂上一层耐酸、耐油、耐碱的防腐蚀涂料。但是,涂层中的化学物质,如环氧酚醛涂

层中迁移出的苯酚及甲醛等物质也会在罐头的加工和贮藏过程中向食品迁移造成污染。有机内壁涂层的种类很多，其有毒有害物质来源及造成污染会在涂层类食品接触材料中详细介绍。

1.4.4　陶瓷制品

如图 1.11 所示，陶瓷是陶器和瓷器的总称，是以黏土为主要原料，加入长石、石英等物质经配料、粉碎、炼泥、成型、干燥、上釉、彩饰，再经高温烧结而成[9]。陶瓷按器型可分为扁平制品、杯类、罐以及其他空心制品，作为食品接触材料在日常生活中的应用非常广泛，包括各种陶瓷餐具、茶具、咖啡具、酒具和耐热烹调器等。我国是使用陶瓷制品历史最悠久的国家。与金属、塑料等材料制成的容器相比，陶瓷容器更能保持食品的风味。例如用陶瓷容器包装的腐乳，质量优于塑料容器包装的腐乳，是因为陶瓷容器具有良好的气密性，而且陶瓷分子间排列并不是十分严密，不能完全阻隔空气，这有利于腐乳的后期发酵[17]。

图 1.11　陶瓷制品

一般认为陶瓷包装容器是无毒、卫生、安全的，不会与所包装食品发生任何不良反应。其卫生问题在于上釉工序中所用釉彩的毒性，即上釉陶瓷表面釉层中重金属元素铅或镉的溶出。陶瓷器所用釉彩是由彩色颜料与助溶剂混合制成的，彩色颜料多为含无机金属离子的化合物，助溶剂则一般为含铅的化合物[9]。当高温烧制产品时，由于其中的铅镉形成了不溶性盐，使用较为安全。而对于烧制温度较低的产品，铅镉的溶出量则较大[26]。这是因为如果烧制温度低，彩釉未能形成不溶性硅酸盐，在使用陶瓷容器时易使有毒有害物质溶出而污染食品[27]。如果这类制品在盛装酸性食品（如醋、果汁）和酒时，这些物质容易析出进入食品，引起安全问题。

1.4.5　玻璃

如图 1.12 所示，玻璃以硅酸盐、碱性物质如碳酸钠、碳酸钙、硼砂等为主要原料，配以着色剂等辅料，经高温熔融而成。玻璃内部离子结合紧密，高温熔炼后大部分形成不溶性盐类物质而具有极好的化学惰性，不与被包装的食品发生作用，具有良好的包装安全性。

图 1.12 玻璃制品

常见的玻璃有硅酸盐玻璃、钠钙玻璃、硼硅酸玻璃等[9]。3000 多年前埃及人首先制造出玻璃容器，从此玻璃成为食品及其他物品的包装材料[17]。玻璃制品是一种惰性材料，化学稳定性极好，并且具有光亮、透明、美观、阻隔性能好、可回收再利用等优点，因此广泛用于制造食品器皿(酒杯、调味品瓶等)、容器等。用作食品接触材料的玻璃是氧化物玻璃中的钠—钙—硅系列玻璃，其安全问题来源包括：

1. 熔炼过程中有毒物质的溶出

熔炼不好的玻璃制品可能发生来自玻璃原料的有毒物质溶出问题。所以，对玻璃制品应作水浸泡处理或加稀酸加热处理。对包装有严格要求的食品、药品可改钠钙玻璃为硼硅玻璃，同时应注意玻璃熔炼和成型加工质量，以确保被包装食品的安全性。

2. 重金属含量的超标

高档玻璃器皿中如高脚酒杯往往添加铅化合物，加入量一般高达玻璃的 30%[17]。这是玻璃器皿中较突出的安全问题。在日常生活中，若用含铅的人造水晶制成的杯子盛放酒类、可乐、蜂蜜和含果酸的果汁等酸性饮料或其他酸性食物，铅离子可能形成可溶性的铅盐随饮料或食品被人体摄入，严重危害健康。

3. 加色玻璃中着色剂的安全隐患

为了防止有害光线对内容物的损害，会用各种着色剂使玻璃着色而添加金属盐。其主要的安全性问题是从玻璃中溶出的迁移物，如添加的铅化合物可能迁移到酒或饮料中，二氧化硅也可溶出[17]，危害健康。因此，作为食品接触材料，最好选择无色透明的玻璃制品[9]。

1.4.6　橡胶

如图 1.13,橡胶原料分为天然橡胶及合成橡胶[28]。其中,天然橡胶是食品用橡胶最主要的原料生胶。它是线型天然高分子化合物,既不易被消化酶分解,也不易被细菌、真菌的酶分解,又不会被人体所吸收,一般认为是无毒的[29]。合成橡胶是由人工合成方法而制得的,采用不同的单体可以合成出不同种类的橡胶,合成橡胶品种繁多,如异戊橡胶、顺丁橡胶、丁苯橡胶、三元乙丙橡胶、丁基橡胶、丁腈橡胶等等。合成橡胶一般残存有微量单体和添加剂[29]。

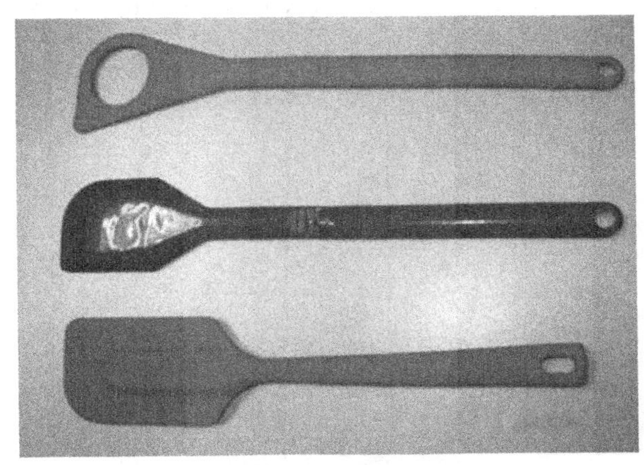

图 1.13　橡胶制品

在现代科学技术的有力推动下,橡胶作为一类重要的化工材料,在食品工业中的作用日益扩展,越来越多地应用在食品接触材料领域中。食品接触用橡胶制品,主要指各种适用于预期与食品接触或已接触食品的、由橡胶制成的材料或制品[30]。相对于其他食品接触制品用材料,橡胶拥有独一无二的高弹性性能;同时作为有机高分子材料,橡胶还具备该类材料共有的特性,如密度小,绝缘性好,耐酸、碱腐蚀,对流体渗透性低等。因此,食品接触用橡胶制品广泛应用于人们的日常生活,如橡胶奶嘴、高压锅垫圈、食品容器橡胶垫片和垫圈、铝背水壶橡胶密封垫片、吸输用食品胶管、橡胶密封件等食品接触材料。

这些橡胶制品是以橡胶为主要原料,配以一定助剂加工制成。添加剂的使用以及硫化过程中发生的化学反应等使一些有毒有害添加剂、反应产物和降解产物可能从橡胶制品迁移到食品中,或直接与人体接触,带来安全隐患。部分重要的化学助剂包括:促进剂、活性剂、聚合助剂、催化剂减活剂、交联剂、引发剂和促进剂、着色剂、颜料等。下面简要介绍橡胶制品的安全问题来源:

(1)天然橡胶制品存在的蛋白质对易感人群引发的不良致敏反应。

(2)胶制品用染料释放出超标有害的芳香胺和重金属元素。

(3)橡胶生产用添加剂超量迁移,如邻苯二甲酸酯增塑剂的超标迁移。

(4)橡胶最终制品残留的有害单体物、起始物和副反应产物,如丙烯腈单体、苯乙烯

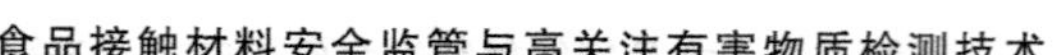

单体、亚硝胺物等。

1.4.7 竹、木制品

如图 1.14 所示，在食品生产、包装、运输、使用等过程中使用的竹、木或由其复合材料加工而成，且其成分不会对食品产生任何影响的制品，称为竹木类食品接触材料。改革开放以来，我国竹木制品产业获得较大发展，现已成为世界上最大的竹木类食品接触材料的生产和出口国。作为食品接触材料，竹木制品具有天然、无害、回收性能好、抗机械损伤能力强等优点。因此，竹木类食品接触材料用途很广，可制成桶、箱、碗、盘、篮、蒸笼等容器及筷子、勺、铲、牙签、扦、夹子、砧板、软木塞、寿司卷等器具。

图 1.14 竹、木制品

但是，生产竹木类食品接触材料过程中，为达到一些外观效果，会使用胶黏剂；另外，作为天然生物制品，为防止发霉、腐烂及滋生细菌，往往在产品中加入防腐剂、防霉剂等。其安全问题来源包括：

1. 五氯苯酚

五氯苯酚常用作木材防腐剂，20 世纪 90 年代以前曾被广泛应用。由于残留在木制品内的五氯苯酚在存放过程中有可能转变为对人体有害的二噁英，因而很多国家已禁止使用五氯苯酚。

2. 甲醛

甲醛是一种由碳氢氧元素组成的带刺激性气味的无色气体，常以浓度为 37%、商品名为福尔马林的水溶液于市场中销售。甲醛在众多产品的制造和合成中有悠久的应用历史，广泛用于各种家用产品，主要来源于家具产品和建筑材料中。在木材工业上，甲醛用于各类人造板、胶黏剂、木材防腐剂等。

3. 邻苯基苯酚

邻苯基苯酚及其钠盐除莠活性很高，并且有广谱的杀菌除霉能力，而且低毒无味，是较好的防腐剂，可用于水果蔬菜的防霉保鲜。邻苯基苯酚及其钠盐作为防腐杀菌剂还可用于木材、纤维和纸张等，一般使用浓度为0.15%～1.5%。日本东京都卫生所发现对实验动物有明显的致膀胱癌作用。

4. 亚硫酸盐(二氧化硫)

亚硫酸盐(二氧化硫)常作为漂白剂来处理竹木制品。二氧化硫是一种无色气体，具有强烈刺激性气味。二氧化硫主要影响呼吸道，吸入二氧化硫可使呼吸系统功能受损，加重已有的呼吸系统疾病(尤其是支气管炎及心血管病)。对于容易受影响的人，除肺部功能改变外，还伴有一些明显症状如喘气、气促、咳嗽等。

1.4.8　容器内壁涂层

如图1.15所示，食品接触材料用涂料可在食品接触面形成耐腐蚀、能阻隔的保护层。因此，可通过在一些化学稳定性较差的食品接触材料(如金属制品等)表面增加涂料层，以此阻隔食品接触材料基材与食品接触的机会，避免基材与食品之间的物理、化学反应，以大大扩展食品接触材料的适用范围。

图1.15　涂层锅

常用食品接触材料涂层分为以下两种：

(1)常温成膜涂料：常温成膜涂料涂覆或者喷涂成膜后，待溶剂完全挥发干透，再用清水冲洗干净方可使用。常用于饮料、酒类、调味品等贮藏池、槽或罐的内壁。

(2)高温固化成膜涂料：高温固化成膜涂料喷涂后需经高温烧结、固化成膜。常喷涂于罐头内壁，锅、勺、铲等炊事工具以及某些食品加工设备的表面[9]。

当前，我国可用于食品金属包装的涂料主要有食品罐头内壁环氧酚醛涂料、食品容器内壁过氯乙烯涂料、食品罐头内壁环氧酚醛涂料、食品容器内壁聚酰胺环氧树脂涂料、食品容器内壁聚四氟乙烯涂料、食品容器过氯乙烯内壁涂料、食品容器漆酚涂料、食品罐头内壁脱膜涂料、食品容器有机硅防粘涂料、水基改性还氧易拉罐内壁涂料和食品容器内壁聚四氟乙烯涂料，共11种，其中环氧类涂料占有重要地位[20]。

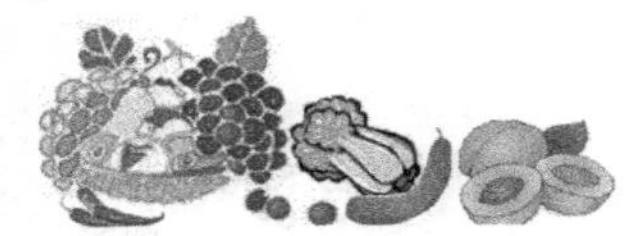

虽然，涂料可防止容器直接与食品接触，但涂层中的化学污染物也会在罐头的加工和贮藏过程中向内容物迁移造成食品污染。食品金属容器内壁涂料中的有毒有害物质的来源是多方面的，包括所用的原材料、生产加工中的化学处理，以及为保证产品质量或赋予特殊功能而加入的各种助剂，如：甲醛、苯、重金属、防腐剂、甲苯二异氰酸酯（TDI）以及挥发性有机物（VOC）等。下面介绍几种涂料的有毒有害物质来源：

（1）聚酰胺环氧树脂涂料

聚酰胺环氧树脂涂料聚合程度影响其分子量的大小，分子量越大（即环氧值越小）则越稳定，越不易向食品中迁移，安全性越高。聚酰胺树脂作为环氧树脂的固化剂，用其固化的环氧树脂无毒，可在食品工业上应用。其卫生问题应注意环氧树脂的质量、环氧树脂与固化剂的配比、固化度，防止固化剂过量或固化不全而导致的有害物质的迁移。

（2）过氯乙烯涂料

过氯乙烯涂料卫生问题在于氯乙烯的毒性，因而应严格控制成膜后氯乙烯单体的溶出量。所使用的增塑剂、溶剂等必须符合《食品容器、包装材料用助剂使用卫生标准》的规定。

（3）漆酚涂料

漆酚涂料的主要成分为漆酚。其卫生问题源于成膜后的漆酚涂料中的游离酚会向食品中迁移。

（4）环氧酚醛涂料

环氧酚醛涂料虽经高温烧结，但成膜后的聚合物中仍可能残留少量的游离酚和甲醛。

（5）聚四氟乙烯（PTFE）

聚四氟乙烯（PTFE）对被涂覆的坯料清洁程度要求较高，在喷涂前常用铬酸盐处理，可能造成铬盐的残留。此外，PTFE涂料在高温时会裂解产生有毒氟化物：氟化氢（高毒物质）、甲氟乙烯、六氟丙烯、八氟异丁烯（剧毒物质）等，故使用时温度应低于250℃。

1.5 食品接触材料中的高关注有害物质

通过上述分析可以看出，我们日常生活中使用的食品接触材料，由于其生产工艺的复杂性以及保证其功能性的要求，其中的有毒、有害物质的来源十分广泛。由于使用不合格、有害物质超出限量的食品接触材料必然会对人体造成极大伤害，因而做好食品容器、包装材料、餐厨具等食品接触材料的安全检测、监管是一项艰巨而重要的工作。全球各个国家和地区为了规范和监督食品接触材料的安全性能，都建立了庞大的法规体系作为保障，这将在本书的第二章予以介绍。然而，当前由于检测技术的限制，以及检测时间和经济成本的制约，各国的监管部门、生产企业以及下游的分销商和消费群体，均无法对食品接触材料中可能存在的所有有毒有害物质进行测试和监控。目前对食品接触材料安全控制主要是对其中的高毒性、高风险和高检出率的有毒有害物质进行监控，这些物质正是本书主要关注的“高关注有害物质”。食品接触材料中高关注有害物质按照产品

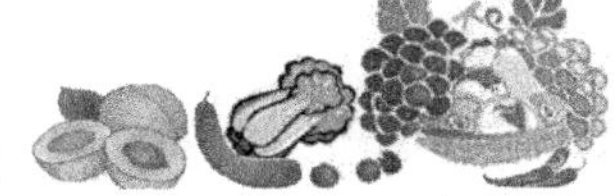

材质列举见表 1.1，具体检测技术将在本书的第 4 章至第 9 章予以介绍。

表 1.1　食品接触材料中高关注有害物质

食品接触材料材质	高关注有害物质	物质在产品中的主要用途
聚碳酸酯(PC)	双酚 A	单体
容器内壁酚醛涂料	双酚 A	单体
聚酰胺/尼龙(PA)	己内酰胺	单体
聚酰胺/尼龙(有色)(PA)	初级芳香胺	着色剂
密胺/三聚氰胺—甲醛树脂(MF)	甲醛、三聚氰胺	单体
所有材质(主要为复合材料及聚苯乙烯)	挥发性有机物	溶剂
不锈钢、陶瓷、玻璃	重金属	残留
所有材质(主要为聚氯乙烯)	增塑剂	增塑剂
聚氯乙烯(PVC)	氯乙烯	单体
丙烯腈—丁二烯—苯乙烯共聚物(ABS)/丙烯腈—苯乙烯共聚物(AS)	丙烯腈	单体

本章参考文献

1. 李晨田. 浅谈进出境食品接触材料的监管[J]. 中国经贸，2010(4)：71－72

2. REGULATION (EC) No. 1935/2004 of THE EUROPEAN PARLIAMENT AND OF THE COUCIL of 27 October 2004-on materials and articles intended to come into contact with food and repealing Directives 80/590/EEC and 89/109/EEC[J]. Official Journal of the European Union, 2004, 13(11): 4-17

3. 马爱进. 国内外食品接触材料及制品标准体系状况及对策建议[J]. 中国食物与营养，2008，14(10)：32－33

4. 食品安全法[S]. 中华人民共和国主席令第九号，2009

5. 日本食品卫生法 Food Sanitation Act[S]. 网址：
http://www.japaneselawtranslation.go.jp/law/detail/? printID=&id=12&re=01&vm=03

6. 姜宗亮. 韩国食品安全法规与标准译编[M]. 北京：中国工商出版社，2003

7. 中国台湾地区"食品卫生管理法"[S]. 网址：http://china.findlaw.cn/fagui/p_1/155921.html.

8. 章建浩. 食品包装学[M]. 北京：中国农业出版社，2002

9. 李汉帆，朱建如. 食品容器及包装材料的安全性[J]. 中国公共卫生管理，2006，22(2)：128－131

10. 张可冬，余晓志，李慧勇. 食品包装用聚苯乙烯树脂中苯乙烯和乙苯单体的测定方法[J]. 分析仪器，2011(5)：30－33

11. 农志荣，覃海元，黄卫苹，等. 食品塑料包装的安全性及其评价与管理[J]. 食品与安全，2008，9(93)：60－61

12. 张岩，王丽霞，李挥，等. 食品接触材料安全性研究进展与相关法规[J]. 塑料助剂，2009(3)：16－18

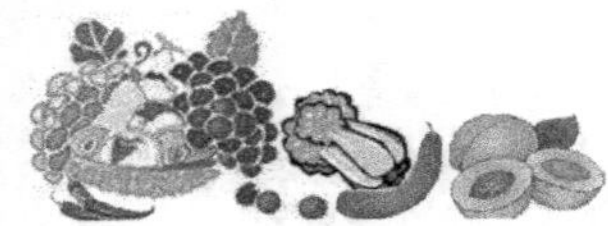

13. 秦紫明,施均.食品用塑料包装材料的安全性研究[J].上海塑料,2010(4):14－18

14. 海德.塑料薄膜添加剂的种类和应用[J].印刷技术,2010(4):36－38

15. 着色剂成为塑料制品安全卫生重要隐患[J].塑料科技,2010(6):79－79

16. 孙利,陈志锋,储晓刚.浅析食品接触材料中的芳香胺问题[J].食品安全与检测,2006,22(6):121－126

17. 刘浩,赵笑虹.食品包装材料安全性分析[J].中国食物与营养,2009(5):11－14

18. 戴宏明,戴佩燕.食品包装油墨迁移污染及安全性对策[J].中国包装,2011(12):37－42

19. 孙智明,张世宽,曹福林等.浅谈塑料软包装对食品安全卫生的影响[J].塑料包装,2006,16(6):25－27

20. 陈戈,程静,卢业举等.食品接触材料安全性现状和发展趋势[J].中国标准化,2009(12):22－26

21. 岳青青.纸质包装材料中可能存在的有害物质及其迁移研究现状[J].环保与节能,2011,42(4):61－64

22. 佘集锋.浅谈食品包装用纸中有毒有害物质的来源及其危害[J].湖北造纸,2007(2):36－38

23. 张国运.造纸工业消泡剂的概况及其研究进展[J].西南造纸,2003,32(4):24－26

24. 黄崇杏,王志伟,王双飞.纸质食品包装材料中的残留污染物[J].包装工程,2007,28(7):12－15

25. 金属容器存放食物四注意[J].致富天地,2009(5):23－23

26. 吴俐,王宇鹏,邱东旭.食品接触材料安全性现状和监管对策[J].商品与质量,2011(8):304－305

27. 黄大川.食品包装材料对食品安全的影响及预防措施探讨[J].食品工业科技,2007(4):188－190

28. 刘能盛,沈文洁,黄金凤等.食品接触材料、高分子材料、橡胶制品中提出物的测定条件的探讨[J].广州化工,2010,37(11):148－149

29. 吴大伟,张英贤.食品工业中橡胶制品的选择与应用[J].食品研究与开发,2006,27(2):190－191

30. 章若红,徐德佳,江艳等.食品接触用橡胶制品中有害物质限量及相关产品标准的研究[J].中国橡胶,2011,27(18):14－17

第2章 各国(地区)食品接触材料法规体系及监管

2.1 概述

近年来,世界上的发达国家和地区,尤其是欧盟、美国等日益重视食品接触材料的质量安全问题,颁布了较为完善的技术法规、实施了严格的市场准入制、制定了可靠的质量检测方法及卫生限量,并通过不断更新法规、检测技术及加强监管来保障产品质量,为食品安全把好关。与这些发达国家相比,当前我国在食品接触材料的监管及检测技术发展等方面均存在一定的差距,这使我国与它们之间在客观上形成了技术性贸易壁垒。一方面,我国出口的食品接触材料若不符合出口目的国规定,不仅会影响我国产品在国际市场上的声誉,而且会使一些食品接触材料、食品加工与生产企业遭受巨大的经济损失;另一方面,若食品接触材料存在质量问题,也必然会对我国消费者的健康产生危害。

为保证食品接触材料安全、保护广大消费者健康、消除贸易壁垒,我国应该提高监管水平及技术能力,用与国际接轨的相关标准规范食品接触材料的生产和使用,确保食品接触材料的质量安全。欧盟、美国等有关食品接触材料的立法概念明确、法规框架结构清晰、检测方法先进,因此了解它们的食品接触材料的法律法规、安全管理模式及先进的检测技术并进行借鉴,对进一步完善我国食品接触材料的监管体系、促进我国对外贸易的顺利进行具有重要意义。

食品接触材料的有效监管是以强大而完善的技术法规体系为后盾的,许多国家(或地区)都有其有关食品安全的根本大法,是该国(或地区)食品安全卫生管理体系的基础,其食品接触材料相关规定都来源于此或会以此为根本依据来进行修订,如欧盟《食品安全白皮书》、美国《联邦食品、药品和化妆品法》、中国《食品安全法》、日本《食品卫生法》、韩国《食品卫生法》,以及中国台湾地区"食品卫生管理法"等。除了完善的法规外,食品接触材料监管还需要各个政府职能部门之间协调运行、高效合作。当然,通过外部监管来把好食品接触材料的质量安全关并非根本解决方案,最重要的还是要靠生产企业的自律及自查。

本章将以欧盟、美国、中国为重点,同时介绍日本、韩国以及中国台湾地区的食品接触材料法律法规体系及监管模式。

2.2 欧盟食品接触材料法规体系

《食品安全白皮书》是欧盟食品安全法律的核心,其提出了一项根本性的改革计划,

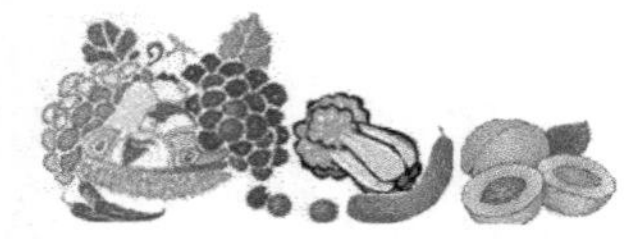

就是食品法以控制“从农田到餐桌”全过程为基础，包括普通动物饲养、动物健康与保健、污染物和农药残留、新型食品、添加剂、香精、包装、辐射、饲料生产、农场主和食品生产者的责任，以及各种农田控制措施等。也就是说，要保证食品安全，就必须对包括食品接触材料、动物饲养等在内的“从农田到餐桌”的全过程进行严格控制。欧盟针对食品接触材料的立法，经历了近三十年的历程，其食品接触材料法规体系是以法规和指令的形式颁布有关食品接触材料的安全法令。欧盟建立统一的食品接触材料法规体系的目的：既要保护消费者的健康，又要消除不必要的贸易技术壁垒[1]。

2.2.1 欧盟食品接触材料法规及指令框架

1. 法规及指令

根据欧盟食品接触材料法规及指令的框架图（见图 2.1），欧盟将其分为三个层次。第一层次为 2 项适用于所有食品接触材料的“通用要求”：框架性法规（EC）No. 1935/2004、有关良好生产规范（GMP）的法规（EC）No. 2023/2006。第二层次为 5 项适用于某类材料的“特定措施”：关于塑料材质的食品接触材料法规（EU）No. 10/2011、关于陶瓷材质的食品接触材料指令 84/500/EEC、关于再生纤维素薄膜材质的食品接触材料指令 2007/42/EC、关于再生塑料制成的食品接触材料法规（EC）No. 282/2008、关于活性和智能食品接触材料法规（EC）No. 450/2009。第三层次为 4 项针对某些特定物质的“单独措施”：关于弹性体或橡胶奶嘴和安抚奶嘴中释放 N-亚硝胺和 N-亚硝基化合物的指令 93/11/EEC；关于涂层类食品接触材料中环氧衍生物（BADGE、BFDGE、NOGE）使用限制的法规（EC）No. 1895/2005；关于食品接触材料瓶盖密封垫中增塑剂过渡性迁移限量的法规（EC）No. 372/2007；关于婴儿塑料奶瓶中双酚 A 使用限制的法规（EU）No. 321/2011；关于食品接触材料中氯乙烯单体的指令 78/142/EEC，在 2011 年 5 月 1 日被废除，并由新欧盟法规（EU）No. 10/2011 所替代。

根据《欧洲共同体条约》的规定，法规（regulation）和指令（directive）都是欧盟向成员国发出的法律强制性文件。但是，法规与指令存在一些显著的区别：首先也是最主要的区别是法规具有全面的约束力。指令没有全面的约束力，仅在其所要达到的目标上有拘束力，而在实现该目标的方式和方法上，则没有拘束力。其次，法规适用于欧盟所有成员国，而指令仅适用于其所发向的成员国。再次，法规具有直接适用性。法规一经颁布实施，立即生效，自然成为各成员国国内法的一部分。而指令不具有直接适用性，成员国需将指令转化为本国法规以赋予其法律效力来执行。这样的法律制度安排给各成员国提供了一定的灵活性来根据本国实际情况稳妥推进法规在本国的实施。

2. 政策综述

欧盟还有一个属于欧洲理事会的组织——“社会和公共健康领域的部分协议”，该组织建立于 1959 年，目前共有 18 个成员国，包含了西欧、北欧的英国、法国、德国、意大利、荷兰、瑞典、芬兰等发达国家。该组织对欧盟目前尚未制定“特定措施”的食品接触材料，如纸、橡胶、有机硅、油墨、涂料等，以欧洲理事会名义发布了一系列《政策综述》，通常包

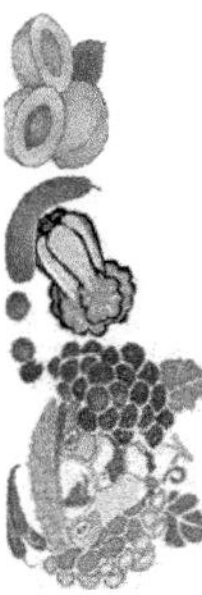

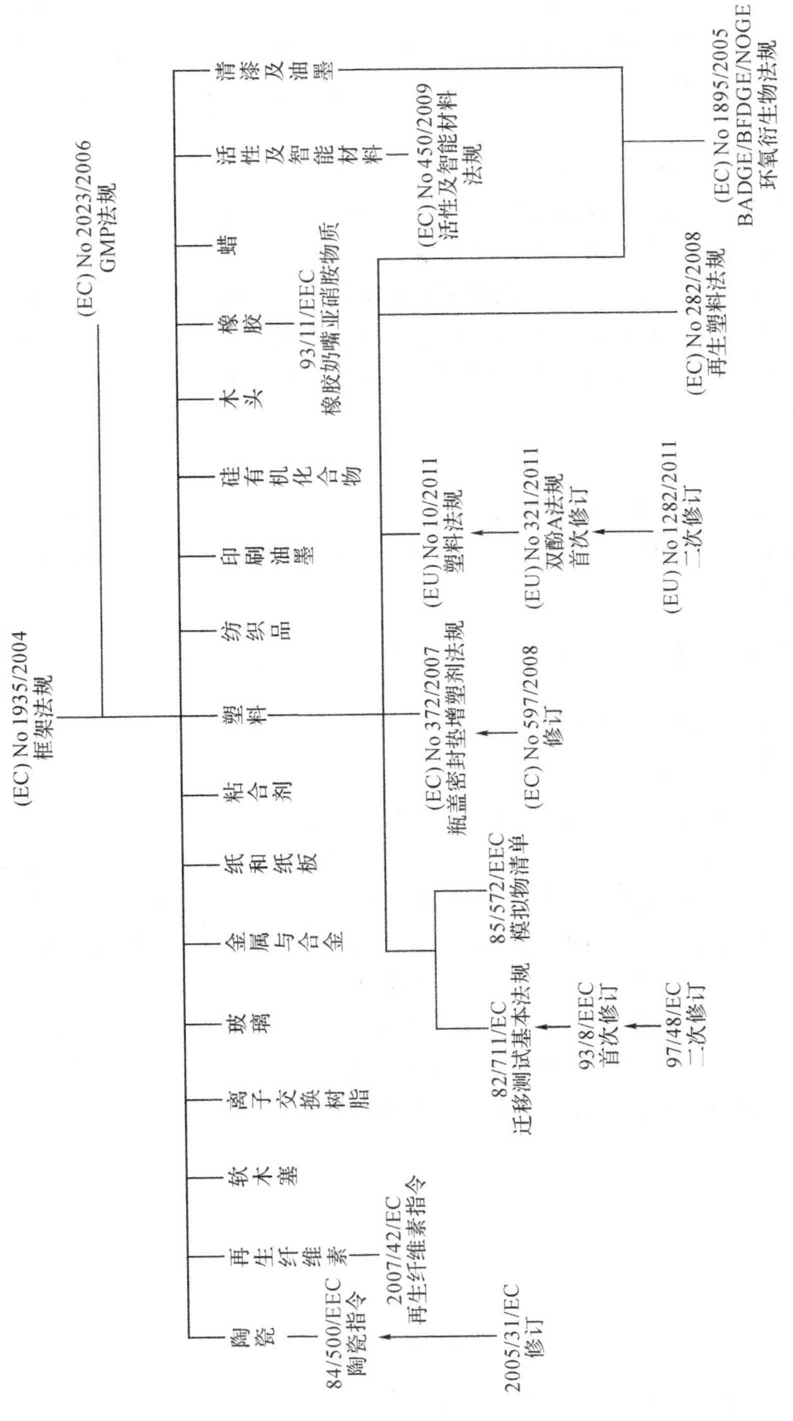

- (EC) No 1935/2004 框架法规
  - (EC) No 2023/2006 GMP法规
  - 陶瓷 — 84/500/EEC 陶瓷指令 ← 2005/31/EC 修订
  - 再生纤维素 — 2007/42/EC 再生纤维素指令
  - 软木塞
  - 离子交换树脂
  - 玻璃
  - 金属与合金
  - 纸和纸板
  - 粘合剂
  - 塑料
    - 82/711/EC 迁移测试基本法规 ← 93/8/EEC 首次修订 ← 97/48/EC 二次修订
    - 85/572/EEC 模拟物清单
    - (EC) No 372/2007 瓶盖密封垫增塑剂法规 ← (EC) No 597/2008 修订
    - (EU) No 10/2011 塑料法规 ← (EU) No 321/2011 双酚A法规 首次修订 ← (EU) No 1282/2011 二次修订
    - (EC) No 282/2008 再生塑料法规
    - (EC) No 1895/2005 BADGE/BFDGE/NOGE 环氧衍生物法规
  - 纺织品
  - 印刷油墨
  - 硅有机化合物
  - 木头
  - 橡胶 — 93/11/EEC 橡胶奶嘴亚硝胺物质
  - 蜡
  - 活性及智能材料 — (EC) No 450/2009 活性及智能材料法规
  - 清漆及油墨 — (EC) No 1895/2005 BADGE/BFDGE/NOGE 环氧衍生物法规

图 2.1　欧盟食品接触材料法规及指令框架

括决议和技术文件。决议中含有对该类材料的通用规范条款，技术文件则主要是关于决议的使用指南，以及生产时允许使用的化学物质及其限量指标清单，各种材料的良好生产规范(GMP)，检测方法及测试条件指南等。决议是不具法律约束力的文件，但根据欧洲理事会的意见，这些决议应被“国家政策制订者考虑纳入有关食品接触材料的国家法规的声明，以使这些法规在欧洲层面上协调一致”，其中有一些正在被转化为成员国的国家法规[2]。

目前发布的“政策综述”有：欧洲理事会关于纸与纸板食品接触材料的政策综述；欧洲理事会关于橡胶食品接触材料的政策综述；欧洲理事会关于涂料食品接触材料的政策综述；欧洲理事会关于硅有机化合物食品接触材料的政策综述；欧洲理事会关于食品包装非食品接触面上的包装油墨的政策综述；欧洲理事会关于玻璃餐具在食品中溶出铅的政策综述；欧洲理事会关于软木塞和其他软木食品接触材料的政策综述；欧洲理事会关于食品加工中使用的离子交换和吸附树脂的政策综述；欧洲理事会关于金属和合金食品接触材料的政策综述等[2]。

3. 标准

欧盟食品接触材料标准是由欧洲标准化委员会(CEN)下属的技术委员会负责制定的，是以检测有毒有害物质的测定方法为主，并不具有强制性属性[3]。因此，此处不将其纳入食品接触材料技术法规内容讨论。

2.2.2 欧盟食品接触材料法规和指令的基本规定

1. 食品接触材料的“通用要求”

(1)框架法规(EC) No. 1935/2004[4]

欧盟于2004年颁布了欧洲议会和理事会通过的框架法规(EC)No. 1935/2004，并废除先前实施的两项指令80/590/EEC和89/109/EEC，是欧盟最新的关于食品接触材料的框架法规。与以往不同的是，过去的框架规定形式是指令，需要欧盟各成员国进行转换，而此次是直接以法规形式颁布的，各成员国无需任何转换，应直接完整地遵守本法规。因此，该框架法规具有更强、更直接的法律效力。

从内容上分析，该法规给出了欧盟对食品接触材料的确切定义，并引入了活性及智能食品接触材料这两个重要概念，使食品接触材料的范围较以往更为完整。此外，该法规对食品接触材料的通用要求、食品接触材料标识(见图2.2)作了规定。

图2.2 食品接触材料标识

对尚未纳入获授权使用清单的物质，获得其使用许可的申请并最终获得许可是该法规的核心内容。该法规第 9 条包括申请新物质纳入清单的三个程序:a. 提交申请给各成员国的主管当局,附上申请者资料及技术资料;b. 收到申请 14 日内,主管当局应向申请者发送书面回执并通报欧洲食品安全局,使其获取申请者提供的申请及信息;c. 食品安全局立即通报其他成员国和委员会,并使其获取申请者提供的申请及信息。

该法规第 10 条是欧洲食品安全局对申请的评估过程:收到有效申请后 6 个月内,欧洲食品安全局应针对该种材料是否符合"通用要求"或"活性及智能材料的特殊要求"给出意见,也可延长给出意见的时间及要求申请者补充资料。同意对被评估物质予以许可的意见时(意见包括:物质资料;被评估物质和使用该物质的材料的使用条件建议等),欧洲食品安全局应将其意见发送给委员会、成员国和申请者。

该法规第 11 条谈到了欧盟许可使用某种物质的相关规定:许可使用某种物质应采取特定措施的形式。适当时,委员会应根据法规第 5 条拟制特定措施草案,以便许可经食品安全局评估的物质。另外,申请者或使用该物质的材料的企业,应立即通告委员会任何可能影响对该物质有关人体健康安全评估的新科学或技术信息。必要时,食品安全局应重新进行评估对该物质的许可。

此外,该法规附录Ⅰ给出了 17 种食品接触材料的类别(见表 2.1)。

表 2.1 欧盟法规(EC) No. 1935/2004 给出的 17 种食品接触材料

序号	英文名称	中文名称
1	Active and intelligent materials and articles	活性、智能材料及制品
2	Adhesives	黏合剂
3	Ceramics	陶瓷
4	Cork	软木塞
5	Rubbers	橡胶
6	Glass	玻璃
7	Ion-exchange resins	离子交换树脂
8	Metals and alloys	技术及合金
9	Paper and board	纸和纸板
10	Plastics	塑料
11	Printing inks	印刷油墨
12	Regenerated cellulose	再生纤维
13	Silicones	硅有机化合物
14	Textiles	纺织品
15	Varnishes and coatings	清漆与油墨
16	Waxes	蜡
17	wood	木

除此之外，本法规谈到了许可的更改、暂停或撤销，成员国主管当局，管理性审查，符合性声明，可追溯性，安全措施等规定。

(2)关于食品接触材料良好生产规范(GMP)的法规(EC)No. 2023/2006[5]

为了确保欧盟成员国之间食品接触材料的良好生产规范的一致性，欧盟通过了法规(EC)No. 2023/2006。该法规规定了适用范围：适用于食品接触材料的生产、加工和销售的所有方.面和所有阶段，起自但不包括起始物的生产阶段。

此外，该法规给出了"良好生产规范"、"质量保证体系"、"质量控制体系"等定义。基于以上定义，本法规规定企业经营者应建立、实施并保证遵守一个有效的文件化的质量保证体系；企业经营者应建立并保持一个有效的质量控制体系。

为了确保GMP在整个欧盟和各地不同行业统一应用的基本原则，在良好操作规范法规(EC)No. 2023/2006以及随后的修正案(EC)No. 282/2008中有详细的良好操作规范要求。这些要求从2008年8月1日起开始在食品接触材料的生产全过程和各个部门适用。

2. 欧盟食品接触材料的"特定措施"

在欧盟框架性法规(EC)No. 1935/2004确定的17种食品接触材料中，目前仅有塑料、陶瓷、再生纤维素薄膜、再生塑料、活性和智能材料五类物质颁布了法规或指令。

(1)关于塑料材质的食品接触材料法规：(EU)No. 10/2011[6]

欧盟(EU)No. 10/2011是关于塑料材质的食品接触材料法规，于2011年5月1日生效，取代原2002/72/EC指令，成为正式的塑料制品法规。

该法规的范围是：适用于单层、多层塑料材料构成的制品。其中，多层材料可由塑料层与其他多种材质如纸、金属等复合构成。另外，新法规也适用于用瓶盖、密封件中的垫片及类似装置的多层材料中的塑料层或塑料涂层。该法规第3条给出若干重要概念的定义，如"总迁移量"、"特定迁移量"、"食品模拟物"、"特定模拟物"、"总特定迁移量"、"限制"等，这些正是评价塑料食品接触材料质量的重要指标。该法规对进入欧盟市场的塑料食品接触材料给出了准入要求：需符合(EC)No. 1935/2004、(EC)No. 2023/2006及本法规相关要求。

关于塑料食品接触材料组分的管理是该法规的核心内容。法规规定只有"授权物质联合清单"(union list of authorized substance)中的物质可以用于塑料食品接触材料的生产。当然，也有一些联合清单以外的物质可在遵守成员国法律的条件下作为聚合物生产助剂用于生产塑料食品接触材料的塑料层。另外，在成员国允许使用，但在欧盟层面尚未进行安全性评估的添加剂被纳入临时清单中。临时清单中的添加剂经由欧盟食品安全局(EFSA)对其安全性进行评估后，做出在欧盟层面是否授权的决定。在此之前，凡是在临时清单中列出的添加剂，可根据国家法律继续使用。临时清单是动态的和常规更新的。

该法规第15条规定了生产者或经营者应对其安全性做出承诺的"符合性声明"范围：在经销商而非零售阶段上，需对其塑料食品接触材料、生产中间阶段产品以及拟用于生产这些塑料食品接触材料的物质提供一份符合法规(EC)No. 1935/2004第16条的书

面声明。法规要求生产经营者在提供“符合性声明”时，应提供相应的支持性文件，其中非常重要的内容是说明该食品接触材料符合“总迁移限量”要求、“特定迁移限量”要求及“通用限制”要求等。

该法规还有一项很重要的内容即样品的“符合性检测”，包括：a. 模拟体系的制定及选择原则；b. 与特定及总迁移限量的符合性评估规则。其相关检测技术内容将在本书第三章“各国食品接触材料的理化检测项目、检测方法分析与比较”中阐述。

(2)关于陶瓷类食品接触材料的指令：84/500/EEC[7]

该指令给出了欧盟关于“陶瓷制品”的定义：陶瓷制品是指通常含有很高的黏土和硅酸盐成分的无机材料混合物制造而成的制品，其中也可能添加少量的有机物质。这些制品首先经过成型工序，而后经烧成工序永久定型。它们可能经过上釉、烧釉和(或)施釉。本指令涉及成品状态的陶瓷、拟与食品接触或已接触食品的陶瓷、或预作此用的陶瓷制品中的铅和镉可能的迁移。

该指令的核心部分是规定了陶瓷制品中迁移出的重金属“铅”(Pb)与“镉”(Cd)的限量。该指令第 2 条规定：当陶瓷制品为带陶瓷盖的容器时，不得超过铅和(或)镉的限量(mg/dm^2 或 mg/L)；容器本身和盖子的内表面应在相同条件下分别检测；由此获得的两个部分的铅和(或)镉的萃取量之和将相应以容器本体的表面积或容积表示。表 2.2 中是各类陶瓷制品中铅、镉迁移量的限量要求。

表 2.2　陶瓷制品中铅、镉迁移限量

陶瓷制品类别	Pb 迁移限量	Cd 迁移限量
第一类 不可充灌的制品；可充灌的及其内部深度(从最低点到上边缘水平面之间的距离)不超过 25mm 的制品	0.8mg/dm^2	0.07mg/dm^2
第二类 所有其他可充灌制品	4.0mg/L	0.3mg/L
第三类 烹调器皿；容积超过 3L 的包装和储藏容器	1.5mg/L	0.1mg/L

另外，该法规的附录Ⅰ、Ⅱ给出了测定铅和镉迁移量的基本规则及测定铅和镉迁移量的分析方法。

(3)关于再生纤维素薄膜制成的食品接触材料指令：2007/42/EC[8]

该指令给出了“再生纤维素薄膜”的定义：再生纤维素薄膜是由源自原木或原棉的精制纤维素制得的一种薄膜材料，为满足技术要求，可在其基体中或表面加入适当的物质。再生性纤维素薄膜可进行单面或双面涂布。根据该指令阐述，其适用于“再生纤维素薄膜”定义表述的材料，这些薄膜或预期接触食品，或因其本身用途就是接触食品，且本身可构成一件成品或和其他材料一起构成成品。

该指令应重点关注的内容是“生产再生纤维素薄膜的许可物质清单”，分别对“无涂层再生纤维素薄膜”和“有涂层再生纤维素薄膜”中的再生纤维素、各类添加剂及涂层(适用于含涂层的情况)规定了要求。

(4)欧盟活性和智能食品接触材料法规:(EC)No 450/2009[9]

据估计,全球市场上使用的活性及智能材料作为包装材料将会以每年6.9%的速度递增[10]。在这背景下,2009年5月30日,欧盟在官方公报上发布了该法规,并于2009年6月18日生效。

由该法规对活性和智能食品接触材料的定义可知,活性食品接触材料是通过释放(或吸收)食品中成分或者改善食品包装袋内环境,以达到延长货架期或改善保存条件的作用,如气体清除剂等;智能食品接触材料则可以检测包装食品的环境情况,如湿度指示剂等。

根据该法规,只有当列入共同体列表的监管类物质才能用作智能和活性食品接触材料。若是非共同体列表的监管物质,符合以下条件时亦可用作活性及智能食品接触材料:a.该材料不直接接触食品,并且物质不被分类为"致癌"、"致突变"或"生殖毒性",且物质并非因要实现某些理化性质而非故意设计为微粒的大小;b.故意添加或基于技术原因添加入的活性物质,应完全符合欧盟及成员国关于食品相关法规和(EC)No 1935/2004及修订件的要求。

另外,该法规规定了对活性及智能食品接触材料需要明确标识包装中含该类物质,不可食用,并且贴出其标识(图2.3)。

图2.3 活性及智能食品接触材料标识

(5)再生塑料食品接触材料暨修订(EC)No 2023/2006法规:(EC)No 282/2008[11]

近年来,随着循环经济的不断发展,再生塑料用于与食品直接接触已逐渐被世界各国接受。

该法规第1条对再生塑料食品接触材料范围进行了特别设定,如果以下三种材料是按照(EC)No 2023/2006法规规定的良好生产规范生产,则该法规不适用:a.塑料材料和制品经化学解聚而得的单体和起始物制造的再生塑料和制品;b.再生塑料材料及制品,其所用的再生塑料处于2002/72/EC指令(现已更新为(EU)No 10/2011法规)所规定的功能性屏障之后;c.再生塑料材料及制品产自符合2002/72/EC指令(现已更新为(EU)No 10/2011法规)的未用过的塑料产品的边角料和(或)加工碎料,这些边角料碎料在制造厂就地再生或在另一场所用于再生。

另外,该法规规定生产企业使用的回收塑料作为食品接触材料时须符合的条件,并确定了食品接触塑料的回收并再用于食品接触材料生产时,向官方的申请及获得授权的程序等。

3.欧盟食品接触材料的"单独措施"

欧盟为4类物质颁布了单独措施:亚硝基胺类物质;BADGE、BFDGE及NOGE;增

塑剂类物质;双酚 A。关于食品接触材料中氯乙烯单体的指令 78/142/EEC,在 2011 年 5 月 1 日被废除,由新欧盟法规(EU)No 10/2011 所替代,相关氯乙烯规定可在该法规中找到。

(1)关于弹性体或橡胶奶嘴和安抚奶嘴中释放 N-亚硝胺和 N-亚硝基化合物的指令:93/11/EEC[12]

该指令规定弹性体或橡胶所制的奶嘴和安抚奶嘴中 N-亚硝胺释放总量不得超出方法检出限:0.01mg/kg;弹性体或橡胶所制的奶嘴和安抚奶嘴中 N-亚硝基化合物释放总量不得超出方法检出限:0.1mg/kg。并规定自 1994 年 4 月 1 日起,各成员国应实施服从本指令所必需的法律、法规和管理规定,并应立即通报委员会。此外,该指令的附录Ⅰ及Ⅱ中还给出了测定 N-亚硝胺和 N-亚硝基化合物释放量的基本规则及其测定方法的使用标准。

(2)关于涂层类食品接触材料中环氧衍生物(BADGE、BFDGE、NOGE)使用限制的法规(EC)No 1895/2005[13]

该法规规定 BADGE、BADGE · H_2O、BADGE · $2H_2O$ 不得超过以下迁移限量:食品和食品模拟物中不得超过 9mg/kg;符合委员会 2002/72/EC 指令(该指令已由(EU)No 10/2011 法规替代)第七条规定的 $9mg/6dm^2$。

该指令还规定 BADGE · HCl、BADGE · 2HCl、BADGE · H_2O · HCl 不得超过下列迁移限量:食品和食品模拟物中不得超过 1mg/kg;符合委员会 2002/72/EC 指令(该指令已由(EU)No 10/2011 法规替代)第七条规定的 $1mg/6dm^2$。

(3)关于食品接触材料瓶盖密封垫中增塑剂过渡性迁移限量的法规(EC)No 372/2007[14]

该法规规定,含有塑料层或塑料涂层形成的密封垫、由两层或两层以上不同类型材料共同构成的瓶盖,如果符合本法规附录Ⅰ中指明的限制和规范,则可以在共同体内销售。该法规的核心内容是附录Ⅰ,规定了各类增塑剂在瓶盖垫片中的使用限制及规范:对预期或已经按 85/572/EEC 指令要求进行模拟物 D 试验的食品接触材料,环氧大豆油、脂肪酸乙酰单和双甘油酯、甘油或季戊四醇与偶数直链 C12～22 脂肪酸酯化所得聚酯、三正丁基乙酰基柠檬酸酯、单月桂酸双乙酰甘油酯等物质在食品或食品模拟物中迁移量不得超过 300mg/kg,或 $50mg/dm^2$。

(4)关于塑料婴儿奶瓶中双酚 A 的使用限制的法规(EU)No 321/2011[15]

2011 年 1 月 29 日,欧盟发布了指令 2011/8/EU,该指令于 2011 年 2 月 1 日生效,规定从 2011 年 3 月 1 日起禁止制造含双酚 A 的婴儿塑料喂食瓶,同时,要求所有塑料类食品接触材料中,BPA 允许迁移量不得高于 0.6mg/kg。从 2011 年 6 月 1 日起则禁止销售含双酚 A 的婴儿塑料喂食瓶。(EU)No 10/2011 法规出台后,2011/8/EU 被废除,此后又在(EU)No 10/2011 基础上,制定了修订法规(EU)No 321/2011,是最新的关于双酚 A 的法规,然而此法规对双酚 A 的限制与(EU)2011/8/EU 一致。

2.2.3　欧盟成员国的食品接触材料法规体系

为消除由于欧盟成员国对食品接触材料各自立法而造成的分散性及分歧,防止贸易过程中存在壁垒，欧盟议会和理事会于2004年颁布了(EC)No 1935/2004这一框架性法规，这是欧盟目前有关各种食品接触材料的主导型规章，欧盟成员国都有权监督该框架法规，同时也必须遵守该法规的相关规定。根据该法规，欧盟市场有17种食品接触材料，但目前欧盟并没有制定出全部材料的特定措施。(EC)No 1935/2004第6条规定，当有食品接触材料的特定措施还没有制定时，只要符合《欧洲共同体条约》，本法规不妨碍各欧盟成员国维持和采用各自的规定。因此，在遵循欧盟食品接触材料框架法规(EC)No 1935/2004的前提下，部分成员国可根据本国的特点制订本国食品接触材料的相关规定，并由各自的食品接触材料主管机构执行法规和指令的实施工作[16]。还有一种情况，由于欧盟的食品接触材料指令不具有直接适用性，各成员国需根据各自情况将指令转化为本国法规以赋予其法律效力来执行。所以，当产品进入到欧盟时，不仅要考虑符合欧盟层面出台的法规等规定，而且还要考虑具体出口国的相关法规。

以下介绍部分欧盟成员国食品接触材料的相关规定。

1.德国

德国非常重视食品接触材料的安全控制，也是欧盟食品接触材料法规制定和实施的积极参与者和推动力量。除了实施、转化欧盟的食品接触材料法规和指令外，德国同时也积极采取国内立法的方式来规范欧盟法规没有涵盖到的食品接触材料领域，从而来构建一个全面的食品接触材料安全法规体系。

德国的食品接触材料法规体系主要包括三个层次：

第一个层次是欧盟颁布的框架法规以及德国2005年颁布的《食品、商品和饲料法》(LFGB)。LFGB取代了旧法——LMBG，是德国食品卫生管理方面最终的基本法律文件，是其他专项食品卫生法律、法规制定的准则和核心。其第30、31和33章明确了与食品接触材料安全方面的要求：LMBG section 30，禁止任何日用品含危害人体健康的有毒材料；LMBG section 31，禁止含有危害人体健康或影响到食品的气味和味道的物质由材料转移至食品(气味如：氨气迁移，外观如：颜色迁移，味道如：醛类迁移等)；LMBG section 33，与食品接触的材质若有咨询误导或标示不清的情况可能无法上市。

第二层次是《德国日用品法》(BedGgstV)。由于LFGB只是原则性条例，并没有规定具体的产品安全卫生指标，因此德国出台了BedGgstV来作为配套的实施性法规。BedGgstV对日用品、食品、食品接触材料建定了禁用物质清单、批准物质清单以及规定了相应的限量指标、使用条件、标签、调查、违法和处罚等要求，并列出一些检测方法；欧盟所颁布的很大一部分食品接触材料指令的具体要求和安全卫生指标被整合到这个法规里并在德国国内予以执行。

第三层次是德国联邦风险评估所(BfR)制定的一系列建议(recommendation)。BfR主要职责是对在食品安全领域的健康风险、与消费者关系密切的产品进行风险评估，并尽可能早地公布结果。对于BedGgstV法规中涉及的食品接触材料生产安全规范要求和具体检测项目及指标标准，BfR制定了一系列建议。目前，BfR食品接触材料已经出台了三十几个涉及食品接触材料的建议，其中大部分与塑料有关。它依据不同塑料材料种类分别规定了生产中允许使用的各种化学物质的最大用量、成品中物质允许残留量或迁移

量,并通过建议的方式对外公布实施;此外,针对欧盟指令未涉及的一些产品和物质,BfR也根据需要制定了相关的安全要求和测试方法予以执行,包括石蜡、橡胶、硅胶和纸和纸板等。

2. 法国

2007 年 10 月,法国经济财政和工业部联合农业渔业、卫生部等部委出台了 2007-766 法令(Décret no 2007-766),对欧盟框架法规(EC)No. 1935/2004 在法国的实施和法国消费品法典(Code of Consumption)涉及食品接触材料条款的法律效力予以确认。根据法令的规定,法国 1992 年 7 月实施的食品接触材料框架性法律 92-631 法令(French Décret no 92-631)被废止并由(EC)No. 1935/2004 取代,此外,法令还保留了 92-631 法令中部分条款的法律效力,主要涉及对食品接触材料所使用物质的授权、使用范围以及申请等事项进行管理的内容。

对于欧盟所颁布的各类食品接触材料指令,法国也积极转化为国内法来实施,这其中包括有等同于 84/500/EEC 的 07/11/1985 法令(Arrêté ministériel du 07/11/1985),等同于 78/142/EEC 的 30/01/1984 指令(Arrêté du 30/01/1984)等。此外,针对金属、橡胶、玻璃等欧盟没有出台专门法规或指令的产品或材料,法国在国家层面制定了相关的安全法规来实施监管。法国法规不单对与食品接触的塑料橡胶制品有特殊要求,对金属产品也有特殊的分类和要求,如:带有机涂层的炊具,除涂层表面需测试外,对作为基材的金属也有对应的要求。

为了公众更好地理解和实施法国所颁布的食品接触材料法规要求,法国竞争、消费和反欺诈总局 DGCCRF 制定了一个指南性的文件 DGCCRF 2004-64 通告(INFORMATION NOTICE 2004/64 ON MATERIALS IN CONTACT WITH FOODSTUFFS)来配合相关强制力法规的执行,虽然该指南文件并不具备法律效力,但是通告中的解释和建议的检测标准方法等信息在实际运作中被广泛认可和采纳。

3. 意大利

意大利食品接触材料框架性法律是 1982 年出台并不断修订的 DPR No. 777 23. 8. 82 法规,该法规除了对食品接触材料的安全性规定了与欧盟框架法规(EC)No. 1935/2004 基本一致的原则性要求外,还具体规定了适用范围、违法的惩罚和处罚金额等内容。配合框架性法律要求的具体产品或材料法规是一系列的部长级指令(Ministerial Decree),主要包括有针对陶瓷的部长级指令 Decreto Ministeriale del 04/04/1985 以及涵盖了塑料、橡胶、纤维素薄膜、纸和纸板、玻璃和不锈钢制品的部长级指令 Decreto Ministeriale del21/03/1973。

4. 英国

英国通过颁布制定法文件(Statutory Instrument, SI)的形式来配合欧盟所出台的食品接触材料法规和指令在英国的实施。在食品接触材料立法领域,英国并不自行制定本国层面的食品接触材料安全技术法规,这与法国、德国针对部分产品或材料保留本国单独制定的食品接触材料技术法规有所不同。现阶段英国对接欧盟框架性条例的法规是

SI 2007 No. 2790《2007 英国食品接触材料和制品法规》(The Materials and Articles in Contact with Food (England) Regulations 2007),该法规主要规定了欧盟(EC) No. 1935/2004,2023/2008 等框架性法规在英国的执行、执行的官方机构、氯乙烯、纤维素薄膜的安全要求、违法和惩罚、抽样标准等条款。其他相关的制定法文件还包括:对应欧盟塑料指令的 SI 2008 No. 916《2009 英国与食品接触塑料材料和制品法规》,对应欧盟陶瓷指令的 SI 2006 No. 1179《2006 英国与食品接触陶瓷制品法规》,对应奶嘴中亚硝胺类物质指令的 SI 1995 No. 1012《1995 弹性体或橡胶奶嘴中亚硝胺和亚硝胺类物质安全法规》等。

2.2.4 欧盟食品接触材料的监管体系及监管方式

1. 职能机构

欧盟食品质量安全控制体系被认为是最完善的食品质量安全控制体系,这个体系采取了统一管理、协调、高效运作的框架,注重从"农田到餐桌"的食品安全监控全过程,形成政府、科研机构、企业、消费者共同参与的监管模式。由于食品接触材料安全是食品安全的必要条件之一,因此对食品接触材料的监管是欧盟食品质量安全控制体系的重要环节。

(1)欧盟委员会和欧洲理事会

欧盟委员会和欧洲理事会是食品安全卫生的立法机构。欧盟委员会负责起草和制定法律法规、卫生标准、各项委员会指令,如委员会法规、食品安全白皮书,它还负责受理各种投诉、事件调查和处理,可以向成员国政府和法人发出正式函件、要求限期改正,如成员国拒不执行,欧委会可提交欧洲法院审理。欧洲理事会则负责制定食品卫生规范要求,以欧盟指令或决议的形式发布:如理事会指令。这两个部门只负责立法,而不具体执行[17]。

(2)欧盟健康与消费者保护总司

在欧盟,有关食品接触材料法规的实施及食品接触材料的安全管理由欧盟委员会下设的"欧盟健康与消费者保护总司"(SANCO)负责。它是欧盟食品安全的主管部门,职责是根据欧盟条约和相关法规赋予的权力,行使其在公共卫生、食品安全、兽医和植物卫生标准的控制,包括动物福利、科技咨询和消费者保护等方面的责任,确保在欧盟得到高水平的人身健康和消费者权益的保护。

(3)欧洲食品安全局

欧洲食品安全局[18](EFSA)是欧洲食品及食品接触材料安全的官方决策咨询机构,是在欧洲发生疯牛病及其他食品危机的背景下,于 2002 年成立的。EFSA 是一个独立的科学咨询和风险评估机构,不具备制定规章制度的权限,只负责为欧盟委员会、欧洲议会和欧盟成员国提供风险评估结果,并为公众提供风险信息。欧盟为了增强食品安全工作的透明度,将食品安全管理局实施的环境风险评估、人类与动物健康安全风险评估结果以及其他的一些科学建议向公众公布,管理委员会举行的会议也允许公众参加,并邀请消费者代表或其他感兴趣的组织来观察管理局的一些活动,使公众可以广泛获取该局掌

握的文件和信息。

欧洲食品安全局由若干个科学小组分别从事不同领域的风险评估工作,分别是食品添加剂、调味料、加工助剂和接触性材料的风险评估;动物健康和福利的风险评估;生物危害物的风险评估;食品链中污染物的风险评估;动物饲料以及动物饲料中的添加剂和代替物的风险评估;转基因食品的风险评估;饮食、营养物和过敏物的风险评估;植物保护产品的风险评估;植物卫生的风险评估等。通过暴露途径和摄入量调查分析、毒理学试验和化学检测等科学手段得出风险评估结果,食品安全局为欧盟制定有关食物链方面的政策和法规提供科学建议以及技术支持[18]。近年来,多项关于食品接触材料的法律规定就是依据食品安全局的意见进行制定或修订的。

(4)欧盟食品接触材料检测实验室

为了对食品接触材料进行有效监管,还需要强大而可靠的检测机构作为后盾。为此欧盟建立了以基准实验室为依托的检测监测网络体系,由欧盟基准实验室、国家基准实验室和常规检测实验室三级构成,其中欧盟基准实验室负责向国家基准实验室提供相关的分析方法,包括检测和量化食品接触材料迁移物质的基准方法,组织成员国基准实验室对一定的分析方法进行协同试验和评估,以及实验室间的比对试验。这种检测机构网络体系不但有利于建立统一的测试方法和评判标准,提高检测结果的准确可靠性,而且使实验室间检测结果互认成为可能,减少重复测试,具有较高的工作效率。

这些机构从上到下,协调工作、各司其职、分工明确,大大提高了欧盟对食品接触材料的安全监管效率。

2. 监管模式

欧盟对食品及食品接触材料质量安全监管时,采取“风险分析”作为其基本模式,以此来指导各项法规及政策的制定和执行。风险分析包括风险管理、风险评估与风险交流。风险评估机构专门且独立负责食品及食品接触材料安全风险评估,并把风险评估结果如实提交风险管理部门,风险管理部门依照风险评估结果,进行风险管理,这些管理活动包括标准、法律和实施指南的制定、食品安全事故应急处理等。图 2.4 所示为欧盟风险分析框架。

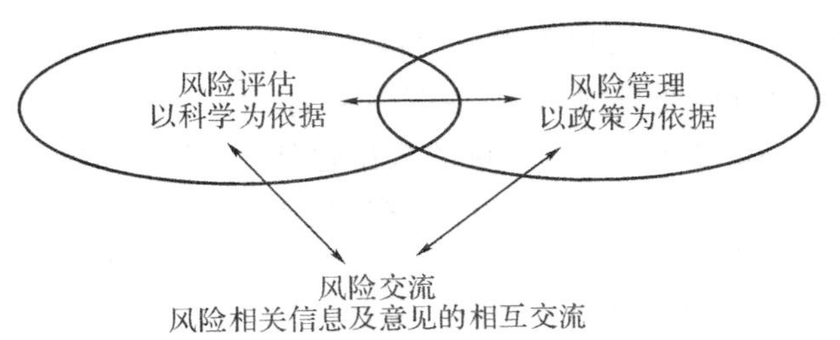

图 2.4　风险分析框架

(1)风险管理

在欧洲食品及食品接触材料安全体系中,风险管理决策需考虑经济、政治、社会等各方面因素,权衡各种措施可能带来的利弊,将其与风险评估分离,可使风险评估免受这些

因素的干扰而独立进行。风险管理的首要目标是通过选择和实施适当的措施，尽可能控制食品风险，保障公众健康。

(2)风险评估

风险评估是对所有食品的危险因素进行系统、客观的评估，应用科学手段，研究危害因素的特征，并对它们影响的范围、涉及的人群和危害程度进行分析。前文已提到，欧盟的风险评估机构是欧盟食品安全局，该机构提出的科学建议及意见是欧洲政策及法规制定的重要基础，也是欧洲委员会、欧洲议会及欧盟成员国做出及时有效的风险管理政策的依据。

(3)风险交流

风险交流是向公众和有关机构、团体(包括主管当局、行业协会、科研机构等)提供可能的或已经评估的风险信息，通过网站、听证会、讨论会等方式公开评估工作和评估结果，消费者和有关各方可参与对评估工作和结果的讨论。通过充分的交流和工作的透明度，建立起消费者的信任，风险管理控制得到行业的参与和支持。

通过风险分析，欧盟制定了相关的生产食品接触材料许可物质的列表，以此来实施对食品接触材料的管理。如对于塑料类食品接触材料的生产，仅允许生产商使用欧盟法规(EU)No.10/2011 附录中的联合列表中所列出的相关物质(塑料单体原料、添加剂等)。另外，该列表中还规定了相关化学物质的特定迁移限量(SML)、总残留物质限量(QM、QMA)等。目前，欧盟主要是针对塑料、再生纤维、玻璃纸、合成橡胶等材料、硅有机化合物等制定了列表。是否将物质放入列表、放入列表物质的限量要求及生产中使用这些物质的要求，均需要欧盟食品安全局对该物质进行风险评估，然后管理当局依据此风险评估结果制定食品接触材料的相关法规。

欧盟食品安全局内设负责食品添加剂、食品接触物质等安全性评价工作的专门工作小组(AFC 小组)，负责对食品包装材料及相关物质的评估工作。对于不在列表内的新物质(单体或添加剂)需要提出申请，经欧盟批准后才能生产、使用。向欧盟食品安全局申报评估资料的程序和要求包括如下内容：①申请评估或再评估(补充资料)的申请信。②技术资料文档，包括：物质名称、特性、理化特征、用途、成员国或其他国家批准情况、迁移数据、在包装材料中的残留、微生物学特性、毒理学数据等。其中，提供的毒理学数据，依据迁移量的不同而不同。一般物质需要提供的试验数据包括：三项体外致突变试验、90 天喂养试验、吸收分布代谢排泄试验、生长发育毒性试验、长期毒性/致癌毒性试验。迁移量在 0.05～5mg/kg 之间的物质提供的数据包括：三项体外致突变试验、90 天喂养试验以及证明不会在人体内蓄积的数据。迁移量低于 0.05mg/kg 的物质则仅提供三项体外突变试验数据。③申请者摘要资料表。④随资料提供 2 份光盘，包括全部申请资料、不涉及保密内容的申请资料各 1 份[19]。

3.具体措施

(1)对食品接触材料生产者的要求

《食品安全白皮书》规定：食品生产加工者、饲料生产者和农民对食品安全承担基本责任；政府当局通过国家监督和控制系统的运作来确保食品安全；委员会对政府当局的

能力进行评估,运用先进的科学技术来发展食品安全措施,通过审查和检验促使国家监督和控制系统达到更高的水平;消费者对食品的保管、处理与烹煮负有责任。换言之,在欧盟食品安全控制体系中,食品安全首先是食品生产者、加工者的责任,政府在食品安全监管中的主要职责,就是通过对食品生产者、加工者的监督管理,最大限度地减少食品安全风险。

因此,欧盟要求食品接触材料产企业建立严格的 HACPP 体系[20],以防止在食品接触材料生产过程中引入不合格因素。食品接触材料生产企业通过 HACCP 对食品接触材料生产的整个过程进行分析,找出对产品安全有影响的环节,并通过采取有效的预防控制措施,对各个关键环节实施严格的监控。一旦出现问题,马上采取纠正和控制措施消除隐患。欧盟对于食品接触材料加工、生产等实施了 HACCP 体系,有效地预防了食品接触材料的质量问题。其次,要求加工者公布其使用的食品接触材料生产中加入的物质及溶剂,它们必须符合食品接触材料生产许可物质列表的规定。如对于塑料类食品接触材料的生产,仅允许使用欧盟法规(EU)No. 10/2011 附录中的肯定列表中所列出的相关物质(塑料单体原料、添加剂等),以此通过生产商的自查、自律来达到食品接触材料的安全。

(2)对产品进口的监管

依据(EC)No. 178/2002《制定欧盟食品法的基本原则和要求,成立欧洲食品安全局和规定食品安全的有关程序》法规以及(EC)No. 882/2004《关于采取官方控制措施来确保符合饲料和食品、动物健康和福利法规、规定》及相关成员国国内食品法规的要求,欧盟和成员国建立了一套针对第三国进口食品接触材料产品的进口检验监管体系,采取的主要检验监管措施包括:

第一,欧盟对第三国的官方监管体系进行实地的评估。

欧盟健康与消费者保护总司(SANCO)的食品与兽医办公室(简称 FVO)专门负责对将食品出口到欧盟成员国的第三国官方监管体系进行评估,它的主要工作职责是通过评估和检查手段来确保委员会在食品接触材料领域的立法能够得到良好的实施和执行。FVO 对第三国官方控制体系的评估工作非常全面和有针对性,内容包括贸易状况、出口地区、法规体系、政府管理架构、出口检验程序、官方资源、实验室检测能力、生产企业质量管理、数据的溯源性、不合格产品的处理等。完成的评估报告将对第三国的官方控制体系予以总体性的评价并提交成员国以及欧盟委员会作为决策参考;在评估过程中发现的重大问题以及负面的总体评价结果都将可能导致欧盟以及成员国对第三国出口的食品接触材料实施更为严厉的临时性紧急措施和长期化监管政策,包括产品出口前检验、加大进口环节的检验频率、暂停问题企业产品出口直至全面禁止第三国该类产品对欧盟的出口等。

第二,成员国海关和食品管理机构分别在进口环节和市场销售阶段实施抽查检测,并对不符合欧盟或成员国法规要求的进口食品接触产品通过快速预警通报系统(RASFF)向成员国和进口国通报。

在海关进口环节以及市场销售环节,欧盟成员国海关和食品接触材料管理机构会采

取抽查检验的方式对进口产品的符合性进行检验。检验的实施主要是通过对文件审核和产品实验室检测两种方式的灵活组合运用，在进口环节，成员国海关侧重采取文件审核方式进行查验，也就是对出口商或进口商提供的产品符合性声明文件进行审核来加快通关速度，如果文件是真实有效的且结论数据符合欧盟食品接触材料法规的要求，产品将被海关视为合格产品而放行进入欧盟市场。

在市场销售阶段，成员国食品接触材料管理机构则会抽取样本进行实验室检测并依据检测数据来进行准确度高的符合性判定工作。针对高风险产品，成员国海关和食品安全管理机构则倾向于在海关进口环节对产品实施“文件查验＋实验室检测”的加严方式以便尽早控制不合格产品的流入。对高风险产品的界定主要依据产品、生产企业、进口商的历史记录、RASFF 通报以及主管当局研究报告等信息的综合分析。无论是海关通关环节还是市场销售环节，一旦进口产品被发现不符合法规要求，政府主管机构都会对产品采取强制措施，根据风险程度的大小，这些措施会有所区别，包括禁止进口、下架、再处理、退运、销毁等。不合格产品的相关信息将通过欧盟建立的 RASFF 快速预警通报系统及时向所有成员国通报。此外，成员国政府还可能视危害程度对进口商或销售商提出法律诉讼，确保相关责任方受到法律的制裁，维护消费者对监管体系的信心。

欧盟委员会依据 2002 年 1 月颁布的法规(EC)No. 178/2002 建立的食品安全快速反应机制，即是欧盟食品和饲料快速预警系统(RASFF)，旨在为各成员国食品安全主管机构进行食品和食品接触材料安全方面的信息交换提供有效途径。它是一个连接欧盟委员会、欧洲食品安全局以及各成员国食品与饲料安全主管机构的网络，是一个针对食品和饲料风险信息及采取的应对措施，在各成员国的主管部门进行信息交流的一个平台[21]。欧盟食品和饲料快速预警系统可以有效控制存在质量问题的进口食品接触材料，将这些产品引发的风险降至最低。当来自成员国或者第三方国家的食品、饲料、食品接触材料可能会对人体健康产生危害，而成员国或第三方国家无能力完全控制风险时，欧盟委员会将启动快速预警系统，并采取终止或限定有问题食品的销售、使用等紧急控制措施。成员国获取预警信息后，会采取相应的举措，并将危害情况通知公众。近年来，我国生产并出口到欧盟的食品接触材料，每年都有数十批甚至上百批受到这一系统的通报。如由于 2011 年 1 月以来，欧盟食品和饲料快速预警系统(RASFF)频繁接到关于尼龙(初级芳香胺超标)和密胺树脂厨具(甲醛超标)安全问题的通报信息，而此类产品的来源地均为中国内地或中国香港。因此，欧盟委员会于 2011 年 3 月 23 日发布法规(EU) No. 284/2011，专门针对上述来源地区的尼龙和密胺树脂厨具进行管控，法规生效日期为 2011 年 7 月 1 日，并在欧盟官方公告颁布日起第 20 天开始实施，以确保与食品接触的聚酰胺和三聚氰胺塑料厨房用具符合安全要求。

第三，成员国食品管理机构实施定期的监控检测计划。

作为日常监管的一个核心手段，同时也是开展风险分析的一个重要技术工具，欧盟成员国的管理机构每年会与官方检测实验室、研究中心等技术机构，如欧盟联合研究中心、国家食品接触材料基准实验室等联合开展产品年度监控检测计划的制订和实施工作，监控计划涉及的项目既有检出率高的常规项目，也有一些带有探索研究性质的新项

目和新物质。监控计划所识别出的风险物质以及分析调查数据一方面可以帮助海关、监管机构地对进口产品实施更高效、准确的常规进口检验监管,另一方面,也可以作为风险暴露数据供欧盟食品安全局(EFSA)的技术专家委员会开展风险分析所用,从而为欧盟和成员国风险管理机构,如消保总司(SANCO)制定有关的物质合格限量和监管政策提供科学的参考数据。

2.3　美国食品接触材料法规体系

为保证食品的安全性,美国国会和各州议会制定和颁布食品安全法令,并授权和强制食品安全监管机构执行法令,但一些监管部门也有权发布一些食品安全方面的法律法规并负责执行和根据实施情况修订这些法律法规。美国的各种法令和行政命令都有一整套严格的程序来保证法律法规是在公开、透明的方式下制定的。在一定条件下,管理的过程也可以向公众公开[22]。

2.3.1　美国食品接触材料法规框架

美国食品安全法律是美国食品安全监管体制存在的基石,它决定着美国各食品安全监管机构的职能划分和执法范围,在制度上保障了美国食品安全。经过一百多年的发展,美国已经建立了涵盖所有食品类别和食品链各环节的法律法规体系,并能随着时代的发展动态调整。有关食品安全的法律法规非常繁多,既有综合性的,如《联邦食品、药物和化妆品法》、《食品质量保护法》和《公共卫生服务法》,也有非常具体的《联邦肉类检查法》等。这些法律法规涵盖了所有食品,为食品安全制定了非常具体的标准及监管程序。同欧盟一样,美国也遵循着"从农田到餐桌"全过程食品安全监控的模式[23]。

1.《联邦食品、药品和化妆品法》

美国在 1938 年实施的法律《联邦食品、药品和化妆品法》由美国国会制定,它是美国食品安全法律的核心,是美国食品安全管理的基本框架。美国后续对该法进行了若干次修订,如在 1958 年出台了《添加剂修订案》、1997 年出台了《食品药品管理一体化法案》、在 2009 年出台了《食品安全加强法》等,至此,该法已成为世界同类法中最全面的一部法律。《联邦食品、药品和化妆品法》是美国对食品接触材料和容器监管的法律依据,按照这一法律要求,美国食品药品管理局(FDA)详细制定了若干规章。美国许多州的食品及食品接触材料立法与此法相似,也有些州规定将此法的任何新要求自动加入该州法律体系之中,各州议会通过制定法律对本州的食品安全管理体制作出规定[24],如亚利桑那州议会制定了《亚利桑那州食品法》、怀俄明州议会制定了《怀俄明州食品、药品和化妆品安全法》、阿拉斯加州议会制定了《阿拉斯加州食品法案》、威斯康星州议会制定了《威斯康星州食品法规》等,这些法规规定了各州对食品容器、器具等食品接触材料的管理办法。

2.《联邦规章法典》

除此之外,美国食品接触材料所涉及的主要规定还有:《联邦规章法典》第 21 章(21

chart,Code of Federal Regulation,CFR)以及美国联邦食品药品监督管理局(FDA)制定的《符合性政策指南》(Compliance policy Guides,CPG)等。《联邦规章法规》是美国食品接触材料监管的技术标准,由美国联邦政府执行部门和各机构在《联邦注册》(Federal Register)刊物上发表的法规汇编而成,共分50卷,与食品接触材料相关的是第21卷《食品和药物》。美国每年都要对《联邦规章法规》中的每卷进行修订,第21卷的修订版一般在每年的4月1日发布。第21篇的每章(Chapter)分为若干部分(Parts),再往下分为分部(Subparts)、节(Sections)。美国FDA《符合性政策指南》(Compliance policy Guides,CPG)也制定了食品接触材料的相关要求,其主要包含通则、生物制品、医疗器械、人用药品、食品、着色剂和化妆品以及兽药等。这些指南对美国食品药品管理局依法监管相应产品做了详细的规定,统一了检查员的检查标准及程序,指南一旦颁布,美国食品药品管理局(FDA)则会遵照执行,具有事实上的强制力。其中FDA CPG 7117.05,06,07针对进口镀银餐具/玻璃/陶瓷制品做了相关规定。CFR及CPG中涉及的部分食品接触材料检测方法及标准由美国国家标准协会和美国材料和实验协会(ASTM)等组织制定。

美国食品接触材料安全法规体系框架如图2.5所示。

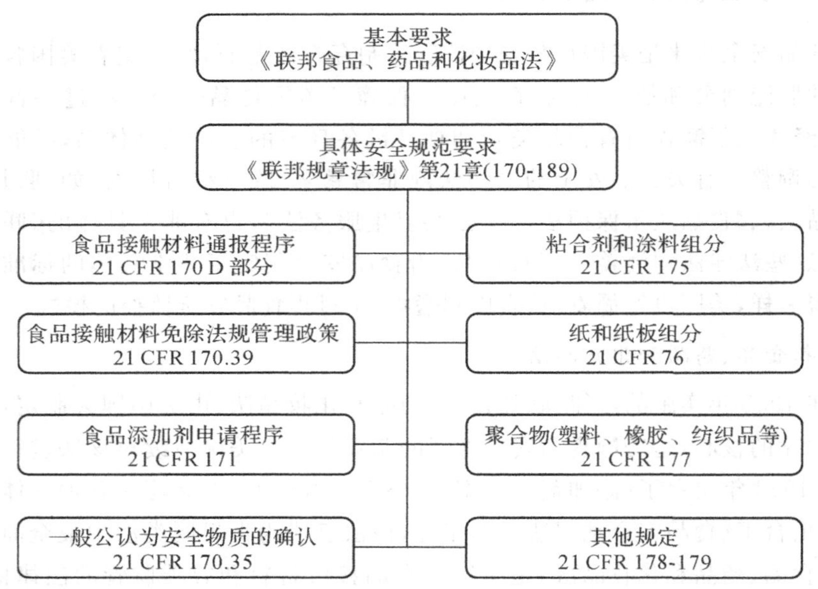

图2.5 美国食品接触材料安全法规体系框架

2.3.2 美国食品接触材料法规的基本规定

1.《联邦食品、药品和化妆品法》

《食品、药品和化妆品法》是美国食品接触材料监管的法律依据,根据其规定,食品接触材料属于食品添加剂管理的范围。食品添加剂的定义中包括了通过直接或间接地添加、接触食品成为食品成分或者影响食品性质的所有物质。由于包装、贮存或其他加工

处理过程而迁移到食品的物质属于间接添加剂，因此，食品接触材料所使用物质在美国被视作间接添加剂而被纳入到食品添加剂安全监管法规体系中。

在经历了若干次修改后，该法日益完善。1938 年出台的《联邦食品、药品和化妆品法》主要是为了禁止在食品中添加有毒有害物质；1958 年的《添加剂修订案》，要求食品添加剂在上市前必须通过美国食品药品管理局(FDA)审批，同时需要生产者提供资料证实其使用安全性；1997 年的《食品药品管理一体化法案》对食品接触物质的管理程序作了另行规定，食品接触物质是指用于食品加工、包装、储藏、运输等过程中与食品接触而不会对食品产生技术影响的物质或作为该物质的一种成分；2009 年美国众议院通过《食品安全加强法》，再次对《联邦食品、药品、化妆品法》作出重大修正，赋予 FDA 召回不安全食品的权力[22]。

作为美国关于食品和药品的基本法，《联邦食品、药品和化妆品法案》是由美国国会提出，经总统批准后生效的法律文件，整个法案共有 9 章，包括定义、禁止的行为和处罚、食品、药品和机械、化妆品、政府强制力、进口和出口等章节内容。其中，涉及食品接触材料规定的内容主要分布在 Sec. 201、Sec. 402、Sec. 409、Sec. 301 等节，法案将食品添加剂定义为在明确或有理由相信的预期用途下，通过直接或间接地添加、接触食品成为食品成分或者影响食品特征的所有物质，其中包括在生产、制造、包装、加工、储存、运输或盛装食品等过程中迁移到食品的物质，即食品接触材料。需要注意的是，属于以下情况的物质并不被视为包括食品接触物质在内的食品添加剂：(1)其安全性已经得到普遍认定的物质(Generally Recognized As Safe, GRAS)；(2)1958 年修订案颁布前已被核准使用的物质(Sanctioned substance prior to 1958)；根据《联邦食品、药品和化妆品法案》Sec. 402 和 301 节的规定，任何使用不安全食品添加剂的行为被视为食品掺假行为而被禁止在美国各州间销售和进口并视情况受到相应的法律处罚。为有效降低使用食品接触物质给食品所带来的风险，法案要求作为间接食品添加剂的食品接触物质上市前须经过 FDA 的评估和批准。

2.《联邦规章法规》

《联邦规章法规》(CFR)是联邦政府各法规的汇编。法规是美国政府各行政部门提出，并经国会批准的法律文件，统一称为法规(regulation)，在美国的法律制度中，相对于法案(ACT)的基础性法律地位，规章则更侧重于从执行层面予以细化或具体化。

CFR 共分 50 卷，涉及食品接触材料的部分是由美国 FDA 负责制定的第 21 卷中的 170～189 的部分章节(见表 2.3)，详细规定了各种食品接触材料及其中所使用的各项物质的要求，主要有：①食品接触材料生产厂家必须依照良好生产规范(GMP)运作；②使用数量不得超过达到预期物理或工艺效果所需的合理用量；③任何用作与食品接触物品的组分，均应有与其用途对应的纯度；④任何进入市场的新食品接触材料必须经 FDA 预先审核及批准(21 CFR Part 171 部分)；⑤食品接触材料及其组成成分必须符合具体规章(21 CFR 174-189)中的技术指标要求：a. 化学成分组成，包装使用的材料必须在法规中有明确的确认，包装商还必须遵照法规要求的方法条件处理这些材料，这些规定主要是针对材料而言；b. 迁移测试，包装材料需要经过检验，通过复杂的迁移测试并被认定是安全可靠的材料，这一条是新型食品接触材料的必选测试。其相关检测技术内容将在本书第三章"各国食品接触材料的理化检测项目、检测方法分析与比较"中阐述。

表 2.3　21 CFR 170-189 部分章节名称

章节	名称
第 170 部分	食品添加剂定义分类
第 171 部分	食品添加剂申请系统
第 172 部分	允许使用食品添加剂清单
第 173 部分	次级食品添加剂(工艺加工接触的食品添加剂)
第 174 部分	间接食品添加剂总体要求
第 175 部分	间接食品添加剂:黏合剂和涂层
第 176 部分	间接食品添加剂:纸张和纸板
第 177 部分	间接食品添加剂:聚合物
第 178 部分	间接食品添加剂:辅料、生产助剂和消毒剂
第 180 部分	食品添加剂和间接添加剂暂时规定
第 181 部分	法规生效前已经使用于食品中的成分
第 182 部分	一般公认为安全的物质(GRAS)
第 184 部分	已确认为一般公认为安全的可直接加入食品中的物质
第 186 部分	已确认为一般公认为安全的间接食品物质
第 189 部分	食品禁用成分

3.《符合性政策指南》

出口美国的食品接触材料除了遵守《联邦规章法规》第 21 卷的要求外，还需留意 FDA 制定的《符合性政策指南》(Compliance Policy Guides, CPG)中的相关要求。CPG 主要包含通则、生物制品、医疗器械、人用药品、食品、着色剂和化妆品以及兽药等六章指南。这些指南对 FDA 依法监管相应产品做了详细的规定，统一了检查员的检查标准及程序，指南一旦颁布，FDA 则会遵照执行，具有事实上的强制力。现行实施涉及食品接触材料的 CPG 指南文件有 FDA CPG 7117.05、06、07，针对进口镀银餐具、玻璃、陶瓷制品中的铅镉溶出量制定了相关的限量指标要求。

(1)FDA CPG 7117.05 对进口镀银餐具(器皿)中的溶出铅含量规定了限量，见表 2.4。

表 2.4　FDA 对镀银餐具(器皿)中铅的溶出限量要求

器具类型	运算基数	镉的溶出限量
镀银餐具、器皿	6 件平均	Pb<7μg/mL
	6 件中任何一件	Pb<0.5μg/mL

(2)FDA CPG 7117.06 及 CPG 7117.07 以法规的形式对铅和镉的溶出作出了规定，适用于玻璃器皿、陶瓷制品和搪瓷器皿，见表 2.5 和表 2.6。

表 2.5　FDA 对铅的溶出限量要求

器皿类型	器皿形状	运算基数	铅的溶出限量
玻璃器皿、陶瓷制品、搪瓷器皿	扁平器皿	6 件平均	Pb<3μg/mL
	除杯、大杯和罐以外的小空心器皿	6 件中任何一件	Pb<2μg/mL
	杯和大杯	6 件中任何一件	Pb<0.5μg/mL
	除罐以外的大空心器皿	6 件中任何一件	Pb<1μg/mL
	罐	6 件中任何一件	Pb<0.5μg/mL

表 2.6　FDA 对镉的溶出限量要求

器皿类型	器皿形状	运算基数	镉的溶出限量
玻璃器皿、陶瓷制品、搪瓷器皿	扁平器皿	6 件平均	Cd<0.5μg/mL
	小空心器皿	6 件中任何一件	Cd<0.5μg/mL
	小空心器皿	6 件中任何一件	Cd<0.25μg/mL

以上的美国食品接触材料法规或政策指南是美国食品接触材料安全监管体制存在的基石，它决定着美国各食品接触材料安全监管机构的职能划分和执法范围，在制度上保障了美国食品接触材料的质量安全。

2.3.3　美国对食品接触材料监管

1.职能机构

美国是世界上最安全的食物和包装食品供应国，这是因为各地、各州及国家拥有涵盖了食品生产、包装和配送领域的严密管理和监测体系的结果。按照国家和各地、各州法律规定的职责，经过食品包装检验人员、微生物学家、包装专家和食品科学家的共同努力，由公众健康机构、各联邦部门和机构对食品安全进行了连续的管理和监控，确保了包装食品的安全卫生[25]。

(1)总统食品安全管理委员会

在美国，由“总统食品安全管理委员会”来统一协调全国的食品安全工作[22]，以实现对食品及食品接触材料的安全工作的一体化管理。

美国联邦政府层面的食品安全监管体系中共有 20 多个具有食品安全监管职能的机构，实行的是从上到下的垂直管理方式[22]。其中，涉及食品接触材料安全管理的主要机构有：美国卫生部下的食品药品管理局(FDA)、美国农业部下的食品安全检查局(FSIS)、美国卫生部下的疾病控制和预防中心(CDC)、美国环境保护署(EPA)等。[25]。这些部门有着各自的职能范围和安全职责，分工负责共同执行食品接触材料的安全管理职能，完

成全国范围或州际之间的食品接触材料的监管。

(2)食品药品管理局

食品药品管理局(FDA)是美国最为重要的颁布与实施食品接触材料法律法规及监管食品接触材料的机构。《食品、药品与化妆品法》规定美国食品药品管理局(FDA)管辖除肉、禽和部分蛋类以外的国产和进口食品的生产、加工、包装、储存,还包括对新型动物药品、加药饲料和所有可能成为食品成分的食品添加剂的销售许可和监督[22]。它负责监管着美国80%的食品(除肉类、禽类以外),包括进口到美国的相应食品[22]。具体来说,其安全职责包括:执行食品接触材料安全法律,管理除肉和禽以外的国内和进口食品与包装;产品上市销售前,负责综述和验证食品添加剂和色素添加剂的安全性;制定美国食品法典(含食品接触材料)、条令、指南和说明,并与各州合作应用这些法典、条令、指南和说明;建立良好的食品加工操作规程和其他生产标准,如工厂卫生、包装要求、HACCP计划(危害分析与关键控制点);对食品接触材料安全开展研究;对行业和消费食品安全处理规程的培训等[25]。

(3)各级地方和州政府的职能机构

另外,美国各级地方和州政府的职能机构也协同参与食品接触材料的法律法规的制定和实施及管理工作。美国各级地方和州政府食品安全机构的职能范围是负责州内食品及食品接触材料的安全监管。这些部门与FDA和其他国家机构合作,实施贯彻落实鱼、海产品、牛奶及其他国内生产的食品包装的安全标准;检验餐馆、杂货店、其他食品零售商店、牛奶厂及牛奶加工厂以及辖区范围内的食品加工厂的安全卫生;禁止州内不安全食品的销售与配送[26]。

美国食品安全体系各监管部门职能划分明确,形成了以FDA和农业部为主的食品及食品接触材料监管体系。从横向上看,美国各联邦机构职权划分明确细致,在根本上解决了各职能部门相互推诿监管责任的问题。从纵向上看,美国各联邦机构基本是国家垂直管理,在一定程度上排除了地方保护主义和权力腐败[22]。

2.监管模式

根据美国联邦食品药品化妆品法(FFDCA),食品接触材料属于食品添加剂管理的范围。食品添加剂的定义中包括了通过直接或间接地添加、接触食品成为食品成分或者影响食品性质的所有物质。因包装、储存或其他加工处理过程而迁移到食品中的物质属于间接添加剂。美国对食品添加剂的管理都是在危险性评估的基础上进行的,如果能证明一种化学物质通过食品对人体造成的危害微乎其微,则对该类物质不需要专门的审批程序。在美国,证明化学物质对人体危害程度的工作需要由申请人来完成。根据美国对食品添加剂类物质的管理体系,对于某种未知其安全性的物质,应首先选择其使用的管理程序。美国对于食品接触材料的管理分为免于管理、食品添加剂审批和食品接触物质通报3种模式。

(1)免于管理

如果某种物质作为包装材料或作为其中的一种成分,能够被证明其迁移到食品中的量低于某一限值,且该物质不是已知的致癌物,不会对食品产生影响,不会影响环境,则

对该类物质采用免于管理的方式。一般而言,这一限值的要求为该物质迁移到食品中的量不超过 0.5g/kg,或人体每日通过饮食摄入该物质的量小于每日允许摄入量(ADI)的 1%。

对免于管理物质的申请,FDA 要求申请者提供的资料包括该物质的化学结构、化学特性、应用情况、迁移情况(包括最大可能迁移量,加工过程使用量或成品包装材料的残留量)、检测分析方法、膳食暴露情况、毒理学评价资料(特别是致癌实验资料)等。FDA 根据申请资料进行评估,确定是否对该物质免于管理。如果申请获得批准,FDA 会书面通知申请者,并在免于管理物质名单上增加该物质。该名单在 FDA 网站公布,内容包括化学名称、申请公司、用途、使用范围等,在相同条件下,任何人均可依据此名单在包装材料中使用该物质。

(2)食品添加剂申报(FAP)

如果有资料证明,某种物质通过食品包装过程能够迁移到食品中一定的量,且该物质不是一般认为安全物质(GRAS)或 1958 年前批准使用的物质(或称前批准物质),则需要对该物质按照食品添加剂的评价程序进行评价、审批。食品添加剂审批需要向 FDA 提交化学、工艺学、毒理学等一系列资料,经过 1 年或多年的评价后,通过公示、审批等步骤列入联邦法规。对于列入联邦法规的物质,任何人均可依据法规生产和使用。

用于某些物质的食品添加剂申报过程(FAP)是一个非常耗时的过程,FDA 要求提供大量的明确数据以支持申报,因此申报通常需要 2～4 年才可以成为正式的食品添加剂通告。

(3)食品接触物质通报(FCN)

1997 年,美国食品药品管理一体化法案对食品药品化妆品法进行了修订,建立的 FCN 项目,填补了食品添加剂管理中较大的监管漏洞,对食品接触材料(Food Contact Substance)的管理程序作了另行规定。食品接触物质是指用于食品加工、包装、储藏、运输等过程中与食品接触不会对食品产生技术影响的物质或作为该物质的一种成分。对于这类物质(一般是指食品包装材料),FDA 从 2000 年 1 月开始采用较食品添加剂审批程序简化的方式——食品接触物质通报系统进行管理。食品接触物质通报系统要求生产商向 FDA 提供充分的能够证明该物质在特定使用条件下不会影响食品安全的所有资料,包括化学特性、加工过程、质量规格、使用要求、迁移数据、膳食暴露、毒理学资料和环境评价等内容。FDA 组织专家(FDA 总部有 20 多人的专职工作小组)对申请进行研究,并公布相关信息,征求有关社会专家的意见。如果 120 天后 FDA 未给出不同意申请的答复,则意味着该通报已经生效,并在 FDA 网站公布。新产品的安全性以风险评估为依据(产品的迁移量、暴露水平(接触的食物种类、食物的消耗量等)、毒性资料)进行综合评价。

FCN 项目使得食品接触物质的申报效率提高很多,虽然文件的需要有些类似于 FAP,FCN 一个很大的优点就是其申请速度,除非 FDA 发出正式的拒绝,一般一个通告可以在 120 天内实现[27]。与免于管理物质名单不同的是,食品接触物质通报系统通报的物质仅适用于该物质的申请者,如其他生产商要应用同种物质,则必须再次向 FDA 申请

该物质的通报。通报的物质一旦出现食品安全问题，申请通报者应当承担全部责任。

由上分析可知，与欧盟“肯定列表”类似，美国对食品接触材料的监管模式采取的是“公认安全使用物质(GRAS)列表”的管理形式，即属于该表所列产品和原料可以用于与食品接触或作为生产食品接触材料的原料。对于不属于该表所列的新产品则采取“备案”制，即生产使用企业提供有关该物质性能(物理、化学)、迁移和毒性等资料，向 FDA 备案。企业对申请资料的真实、准确和科学性以及安全性负责。FDA 在备案中不一定进行验证性检验，但在监管中一旦发现产品存在问题或不符合有关要求(包括已通过备案的产品)，就追究企业的责任，要求其进行解释、停止生产使用、追回产品[28]。

3. 对进口产品监管的具体措施

来自第三国的食品接触材料在进入美国口岸时，主要接受美国食品和药物管理局和海关的进口检验监管，在整个监管过程中，美国海关和 FDA 分工明确、各司其职。美国海关具体执行产品的放行工作。而 FDA 负责检查进口产品是否符合 FDA 法规要求的职责。FDA 对进口食品接触材料产品采取的进口检验监管措施主要包括：报关时的文件审查、进口环节对产品的抽样检查、对不合格或违规产品的处理等。此外，FDA 还采用实施“自动扣留”措施对进口产品的准入进行管理。包括食品接触材料在内的 FDA 管辖范围内的产品在进入美国时必须接受美国 FDA 的检查。任何违反 FDA 法规要求的食品接触材料将会被拒绝入境，进而被运回或被销毁。

美国联邦法规中的第 21 章从第 170 节至 189 节(21 CFR 170—21CFR 189)，严格规定了食品接触的材料必须符合美国食品及药品管理局(FDA)的规定，FDA 主要从三方面来评估进口食品接触材料是否符合美国 CFR 法规的要求：一是材料的定性符合性评价，也就是出口产品所宣称的材质是否满足 21 CFR 法规中对材质的要求；二是评估材料规格指标，如纯度、物理性能等是否符合 21CFR 法规对具体材料在规格方面的要求；三是评估材料在预期使用条件下所产生的物质迁移量是否符合 CFR 法规的要求。

2.4 中国食品接触材料法规体系

2.4.1 中国食品接触材料法规框架

近年来，时有发生的食品安全事故引起了政府部门的重视，为完善食品相关法律、提升监管力度，我国颁布了《食品安全法》来替代《食品卫生法》。它是适应新形势发展的需要，为了从制度上解决现实生活中存在的食品安全问题，更好地保证食品安全而制定的，为推动食品安全迈出了很大的一步。

另外，我国还出台了一些相关规定及管理办法，如《食品用塑料制品及原材料卫生管理办法》、《陶瓷食具容器卫生管理办法》、《进出口食品包装容器、包装材料实施检验监管工作管理规定》，以具体实施对食品接触材料的安全监管，保证食品免受食品接触材料污染。为确保食品接触材料法律及相关规定的顺利实施，我国还颁布了一批食品容器、器具等食品接触材料国家卫生标准、对应的国家检测方法标准及食品接触材料加工助剂的

国家卫生标准,如《食品容器、包装材料用添加剂使用卫生标准》(GB 9685-2008)、《食品包装用聚丙烯成型品卫生标准》(GB9688-1988)、《食品包装用聚乙烯成型品卫生标准》(GB9687-1988)、《复合食品包装袋卫生标》(GB9683-1988)等。其中,卫生标准是强制性标准,与技术法规一样都属于法律范畴,都具有法律意义上的强制效力[29]。因此,将强制性国家卫生标准纳入到食品接触材料法规体系中进行分析。

以《食品安全法》为根本依据,辅以相关规定及管理办法为具体管理措施,通过食品接触材料卫生标准及方法标准为依据的检测体系,构成了我国食品接触材料的法规、标准体系框架,如图 2.6 所示。

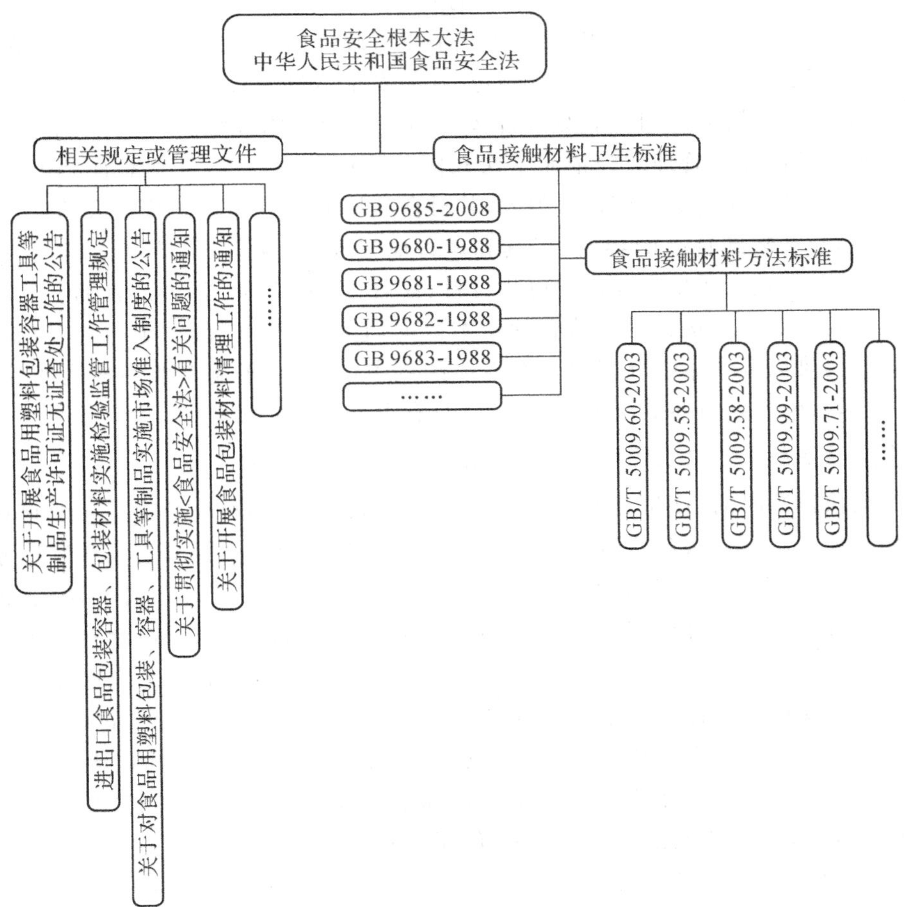

图 2.6　我国食品接触材料法规、标准体系框架

2.4.2　中国食品接触材料法规基本规定

1.《中华人民共和国食品安全法》

1982 年颁布的《食品卫生法(试行)》和 1995 年颁布的《食品卫生法》都将食品容器和包装材料的卫生管理纳入《食品卫生法》调整的范围,实施卫生监督[28]。《食品卫生法》是

当时有关食品安全的基本法律，依据它相继制订、修改并颁布实施了许多有关食品接触材料的法律、法规及国家标准。

2009 年 2 月 28 日第十一届全国人民代表大会常务委员会第七次会议通过《食品安全法》，并于 2009 年 6 月 1 日起实施。其明确强调：食品相关产品的生产、经营应当适用《食品安全法》。食品相关产品是指用于食品的包装材料、容器、洗涤剂、消毒剂和用于食品生产经营的工具、设备等食品接触材料。自此，《食品安全法》代替了 1995 年颁布实施的《食品卫生法》，成为我国有关食品安全的根本大法。

相比起来，《食品安全法》更加完善和具体，首次提出了国家建立食品安全风险监测制度，对食源性疾病、食品污染以及食品中的有害因素进行监测。本法律明确了食品安全监管部门的职责分配，第四条规定：国务院卫生行政部门承担食品安全综合协调职责，负责食品安全风险评估、食品安全标准制定、食品安全信息公布、食品检验机构的资质认定条件和检验规范的制定，组织查处食品安全重大事故。国务院质量监督、工商行政管理和国家食品药品监督管理部门依照本法和国务院规定的职责，分别对食品生产、食品流通、餐饮服务活动实施监督管理。另外，其对食品接触材料的定义及要求：第二十七条规定贮存、运输和装卸食品的容器、工具和设备应当安全、无害，保持清洁，防止食品污染；第二十八条规定禁止生产经营被包装材料、容器、运输工具等污染的食品。这部法律是我国实施食品及食品接触材料监管的根本依据，它的实施施行，对于防止、控制、减少和消除食品污染以及食品中有害因素对人体的危害，预防和控制食源性疾病的发生，保证食品安全，保障公众身体健康和生命安全，具有十分重要的意义。

2. 食品接触材料的卫生管理办法及相关规定

为贯彻执行当时的《食品卫生法(试行)》，卫生部针对不同材质的食品接触材料出台了一系列管理办法，包括《食品用塑料制品及原材料卫生管理办法》、《食品包装用原纸卫生管理办法》、《陶瓷食具容器卫生管理办法》、《食品用橡胶制品卫生管理办法》、《铝制食具容器卫生管理办法》、《搪瓷食具容器卫生管理办法》、《食品容器内壁涂料卫生管理办法》、《食品罐头内壁环氧酚醛涂料卫生管理办法》、《食品容器过氯乙烯内壁涂料的卫生管理办法》，主要规定了各类食品接触材料的基本卫生要求。为了满足对食品接触材料更高的监管要求，这些《管理办法》随着新《食品安全法》的实施而全部予以废止。

根据食品安全问题时有发生的情况，且面临中国食品接触材料出口产品因安全质量问题而被禁止入境、退货或销毁事件增多、负面影响扩大的趋势，国家质量监督检验检疫总局自 2006 年起开展了对食品接触材料的专项整治行动，颁布了一系列食品接触材料相关规定。

2006 年 8 月起依据国家质检总局颁布的《进出口食品包装容器、包装材料实施检验监管工作管理规定》，由检验检疫机构对食品接触材料生产企业和食品接触材料进口商实施备案管理，对食品内包装、销售包装、运输包装及包装材料实施安全卫生周期性测试。同年 9 月发布了《关于对食品用塑料包装、容器、工具等制品实施市场准入制度的公告》，要求食品接触材料生产企业进行相应的检测认证，产品必须获得生产许可证并标上“QS”标志方可上市销售或使用。

随后在 2007 年至 2011 年，陆续出台了若干食品接触材料的相关规定或实施细则来规范食品接触材料的生产及市场销售。特别是 2011 年 1 月 31 日，根据《食品安全法》及其实施条例的规定，按照卫生部等 7 部门《关于开展食品包装材料清理工作的通知》的要求，卫生部发布了《卫生部监督局关于公开征求拟批准食品包装材料用添加剂和树脂意见的函》，对外公布第一批拟批准的 196 种食品包装材料用添加剂、116 种食品包装材料用树脂[30]。

2012 年，我国又陆续出台了若干食品接触材料相关规定。例如，为加强进出口预包装食品标签检验监督管理，保证进出口食品安全，根据《食品安全法》及其实施条例等法律法规，国家质检总局制定了《进出口预包装食品标签检验监督管理规定》，自 2012 年 6 月 1 日起执行。另外，按照卫生部等 7 部门《关于开展食品包装材料清理工作的通知》（卫监督发〔2009〕108 号）的要求，卫生部发布了 2012 年第 5 号公告，即《关于公布硼酸等 301 种食品包装材料用添加剂名单的公告》。

3. 食品接触材料卫生及方法标准

另外，为确保食品接触材料法律制度的顺利实施，提供检测技术保障，我国颁布了一批食品容器、器具等食品接触材料国家卫生标准、对应的国家检测方法标准及食品接触材料加工助剂的国家卫生标准。其中，食品接触材料的国家卫生标准属于强制性国家标准，规定了各类生产的食品接触材料必须符合的卫生限量要求，以“GB”为开头。而其对应的检测方法，多为推荐性国家标准，以“GB/T”为开头。

当前，我国食品接触材料的标准不少是 20 世纪 80 年代末与 90 年代初制定的，其中一批对应卫生标准而制定的分析方法国家标准后经过修订于 2003 年重新发布，但主要是根据相关国家标准编写规则修改，技术内容变化不大。截至 2006 年，我国食品接触材料标准主要涉及塑料制品、纸制品、玻璃制品、陶瓷制品、金属制品、竹木制品、橡胶制品、涂层类制品等产品的卫生（限量）标准 45 项，国家检测方法标准 70 余项[31]，共涉及的化学物质限量指标约 30 个。这些指标主要是蒸发残渣、高锰酸钾消耗量、重金属（以 Pb 计）、脱色试验、塑料单体残留、甲醛、酚类、铅、镉、镍、铬、锑、砷、二氧化硫、荧光物质等，纸制品及竹木制品还涉及微生物项目检测。

2006 年，国家质检总局确定了食品接触材料行业标准体系框架结构、成立了食品接触材料行业标准工作组并制定了三年分阶段制标工作方案。目前，大多数新的食品接触材料检测方法的国标及行业标准已通过审定或正在制订，对一些食品接触材料的卫生标准也做出了一定的修改。

(1)《食品容器、包装材料用添加剂使用卫生标准》(GB 9685-2008)[32]

一些食品接触材料，如塑料、橡胶、涂料等，在生产加工过程中除了需要本身的高分子材料外，还需要加入加工助剂，即食品接触材料用助剂（即生产食品容器、包装材料等食品接触材料所加入的加工助剂）。为此，我国制定了《食品容器、包装材料用助剂使用卫生标准》(GB 9685-2003)，规定了容许使用的 65 种食品接触材料用助剂的使用范围和最大使用量。但是，所有助剂均没有制定相应的迁移限量和迁移量检测方法标准。2008 年 9 月 9 日中国国家标准化管理委员会(SAC)发布了国家标准 GB 9685-2008，代替 GB

9685-2003，并于2009年6月1日正式实施。该标准最大特色是与国际标准接轨：它参考了美国联邦法规（Code of Federal Regulations）第21章第170～178部分、美国食品药品管理局食品接触物通报（Food Contact Notification）列表以及欧盟食品接触塑料指令2002/72/EC（现更新为欧盟法规（EU）No. 10/2011）等相关法规，是目前我国最重要的强制性标准。

该标准适用于中华人民共和国境内所有食品容器、包装材料用添加剂的生产、经营和使用者，对食品接触用塑料、纸制品、橡胶等材料用到的增塑剂、增韧剂、固化剂、引发剂、防老剂等有关胶黏剂、油墨、颜料等做出了明确规定。该国家强制标准规定：使用的添加剂应在良好生产规范的条件下生产，产品必须符合相应的质量规格标准；参考相关国家的批准物质名单，将添加剂的品种扩充到1000种左右，这大大扩大了受限物质的数量。另外，本标准引入了"特定迁移限量"及"最大残留量"等定义。相对于GB 9685-2003，该版本标准进行了大范围的修订，大幅度地扩大了批准使用添加剂的品种，引入了一些新的食品接触术语。此外，新标准还增加了添加剂的使用原则，要求食品接触材料用添加剂要达到：当包装材料在与食品接触时，在推荐的使用条件下，迁移到食品中的添加剂不得危害人体健康且不得使食品发生性状改变等，同时在达到预期效果下应当尽量减少添加剂的使用量。该标准对特定物质向食品的迁移限量作出了明确规定，但是仍然没有配套的检测方法标准。

对于未列入《食品容器、包装材料用添加剂使用卫生标准》（GB9685-2008）的添加剂、未列入卫生部公告名单的食品包装材料、容器和食品生产经营工具、设备直接接触食品的材质或成型品及其加工用添加剂或已列入《食品容器、包装材料用添加剂使用卫生标准》（GB9685-2008）或卫生部公告名单的添加剂，但需要扩大使用范围或使用量的食品相关产品新品种，需向卫生部评审机构提交产品研制报告、质量标准、检验方法及国内外使用情况等有关材料申请行政许可，经产品生产能力审核、产品检验等评审后，由卫生部评审机构做出是否批准的行政许可决定。

（2）食品接触材料卫生标准（GB）

卫生标准属于强制性标准。我国的食品接触材料卫生标准是按照材料的材质划分，其中涵盖塑料、橡胶、陶瓷、不锈钢制品等，规定了这些材质食品接触材料的理化限量指标。现行《食品安全法》明确规定：食品、食品添加剂和食品相关产品的生产者，应当依照食品安全标准对所生产的食品、食品添加剂和食品相关产品进行检验，检验合格后方可出厂或者销售。随着科技进步，新型产品不断出现，卫生标准也必须跟上时代步伐不断更新和完善。我国食品接触材料卫生标准列表参见本书附录。

（3）食品接触材料检测方法标准（GB/T、SN/T）

检测方法标准属于推荐性标准，包括国家标准及行业标准。从一定意义上讲，方法标准是对卫生标准的一种补充。由于一些方法标准提供的不少是陈旧且落后的方法，甚至有些是只有卫生标准而还未制定对应的方法标准，给具体的日常检测工作带来了不便。2006年，我国启动了食品接触材料行业标准的分阶段制订计划，收到了很大的成效，建立了不少针对食品接触材料有毒有害物质迁移量及总量的测定方法，提高了我国食品

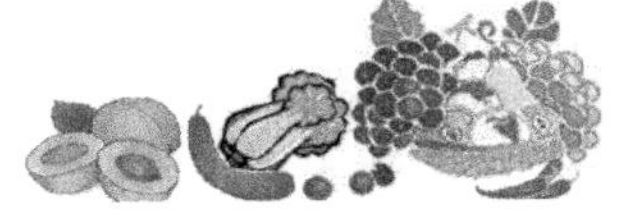

接触材料整体检测水平并有助于应对食品接触突发事件。常用的我国食品接触材料检测方法标准列表参见附录 A。

2.4.3　我国食品接触材料的监管

1.职能机构

我国食品接触材料监管职能部门的设置以《食品安全法》为根本依据,通过出台食品接触材料相关管理办法和规定,借助食品接触材料强制性标准对食品接触材料进行监管。

我国的《食品安全法》确立了“从农田到餐桌”的食品安全监管体制,尤其是确立了食品安全风险监测和风险评估机制,明确了分段管理的部门责任,更加强调生产经营者作为保证食品安全第一责任者的法定义务。从这些方面看,我们国家的食品及食品接触材料监管正不断地向着欧盟发达国家的模式靠近。《食品安全法》提供了我国食品安全管理体系框架(见图 2.7),体现了我国现阶段对食品安全采取五个层次、分段管理的立法思路:

(1)国务院设立食品安全委员会,以协调、指导食品安全监管工作。

(2)卫生行政部门承担食品安全综合协调职责,负责食品及食品接触材料安全风险评估、标准制定、食品安全信息公布、食品检验机构的资质认定条件和检验规范的制定,组织查处食品安全重大事故。

(3)农业部、质量监督、工商行政管理和国家食品药品监督管理部门分别对农业初级产品(食用农产品)、食品生产、食品流通、餐饮服务活动实施监督管理。其中进出口食品由出入境检验检疫机构实施监督和检验。

(4)县级以上地方人民政府统一负责、领导、组织、协调本行政区域的食品安全监督管理工作,建立健全食品安全全程监督管理的工作机制;统一领导、指挥食品安全突发事件应对工作;完善、落实食品安全监督管理责任制,对食品安全监督管理部门进行评议、考核。县级以上卫生行政、农业行政、质量监督、工商行政管理、食品药品监督管理部门的食品安全监督管理职责由本级地方人民政府依照《食品安全法》和国务院的规定确定。各有关部门负责本行政区域职责范围内的食品安全监管工作。

(5)食品行业协会应当加强行业自律,引导食品生产经营者依法生产经营。食品生产经营者应建立健全安全管理制度,做好生产、经营食品的安全管理和检验工作。

除此之外,国家认监委在 2010 年底颁布实施了《食品检验机构资质认定管理办法》,正式实施食品检验机构资质认定制度。截至 2011 年 10 月底,中国有发放食品检验机构资质认定证书的机构共 195 家。根据《食品安全法》,“食品检验机构按照国家有关认证认可的规定取得资质认定后,方可从事食品检验活动”。这对于提高中国食品及食品接触材料检测技术水平,保障食品安全具有重要意义。

2.监管模式

《食品安全法》首次明确提出,我国需要建立食品安全风险监测制度,实施食品安全风险检测和评估。国务院农业行政、质量监督、工商行政管理和国家食品药品监督管理等有关部门应当向国务院卫生行政部门提出食品安全风险评估的建议，并提供有关信息和资料。国务院卫生行政部门负责组织食品安全风险评估工作，成立由医学、农业、食品、营养等方面的专家组成的食品安全风险评估专家委员会进行食品安全风险评估。食品及食品接触材料安全风险评估结果是制定、修订安全标准和实施监督管理的科学依据。依据此要求，我国食品接触材料的标准制订及修订均需要按照对食品接触材料进行

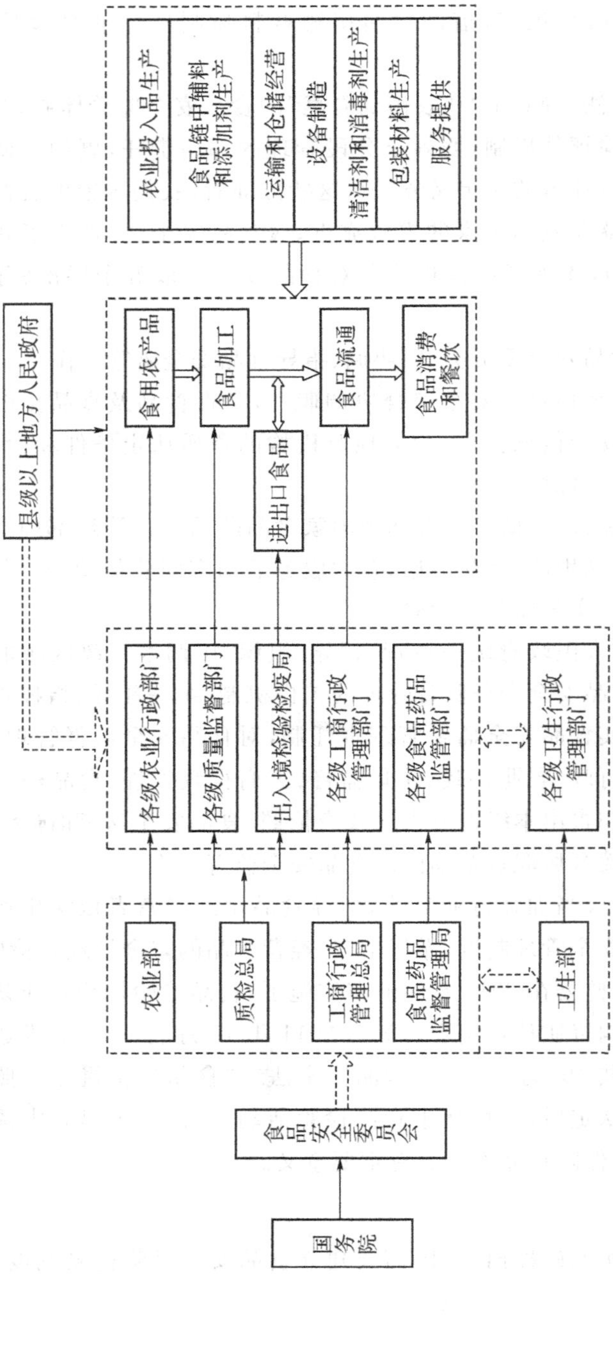

国务院
食品安全委员会
农业部
质检总局
工商行政管理总局
食品药品监督管理局
卫生部
各级农业行政部门
各级质量监督部门
出入境检验检疫局
各级工商行政管理部门
各级食品药品监管部门
各级卫生行政管理部门
县级以上地方人民政府
食用农产品
食品加工
食品流通
食品消费和餐饮
进出口食品
农业投入品生产
食品链中辅料和添加剂生产
运输和仓储经营
设备制造
清洁剂和消毒剂生产
包装材料生产
服务提供

图 2.7　我国现行食品安全监管体系

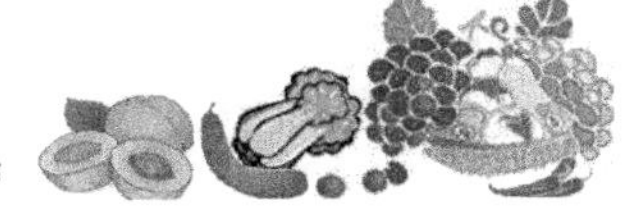

安全风险评估结果而进行。应该说,食品安全风险监测制度的建立将是我们国家在食品及食品接触材料安全监管上迈出的重要一步。

3. 具体措施

(1)对食品接触材料生产商的要求

对于食品及食品接触材料生产商,国家鼓励食品生产经营企业符合良好生产规范要求(GMP),实施危害分析与关键控制点体系,提高食品安全管理水平。对通过良好生产规范、危害分析与关键控制点体系认证的食品生产经营企业,认证机构应当依法实施跟踪调查;对不再符合认证要求的企业,应当依法撤销认证,及时向有关质量监督、工商行政管理、食品药品监督管理部门通报,并向社会公布。认证机构实施跟踪调查不收取任何费用。我国要求食品接触材料生产企业对利用新材料生产产品时需进行申请。申请利用新的食品原料从事食品生产或者从事食品添加剂新品种、食品相关产品新品种生产活动的单位或者个人,应当向国务院卫生行政部门提交相关产品的安全性评估材料。国务院卫生行政部门应当自收到申请之日起六十日内组织对相关产品的安全性评估材料进行审查;对符合食品安全要求的,依法决定准予许可并予以公布;对不符合食品安全要求的,决定不予许可并书面说明理由。

根据卫生部发布的《食品相关产品新品种行政许可暂行管理规定》,食品相关产品新品种许可范围包括:①尚未制定国家食品安全标准的用于食品包装材料、容器,食品生产经营工具、设备直接接触食品的材质或成型品;②未列入 GB 9685《食品容器、包装材料用添加剂使用卫生标准》的添加剂;③未列入卫生部公告名单的食品包装材料、容器,食品生产经营工具、设备直接接触食品的材质或成型品及其加工用添加剂;④已列入 GB 9685《食品容器、包装材料用添加剂使用卫生标准》或卫生部公告名单的添加剂,但需要扩大使用范围或使用量的;⑤可能存在食品安全风险的用于食品、食品生产经营工具、设备、包装材料、容器的洗涤剂新原料;⑥未列入《食品用消毒剂原料名单》中的用于食品、食品生产经营工具、设备、包装材料、容器的消毒剂新原料。生产经营或者使用上述许可范围内的食品相关产品新品种的单位或者个人,在产品首次上市前应报卫生部审核批准。申请食品相关产品新品种许可的,应当向卫生部审评机构提交下列资料:①食品相关产品新品种行政许可申请表;②化学特性资料(包括化学性和结构式等);③用途及使用条件;④生产工艺;⑤企业标准;⑥毒理学资料;⑦其他国家批准使用情况及相关证明文件;⑧委托申请的,应提供委托代理证明;⑨其他需要提交的材料。

(2)进出口监管

对于进出口食品接触材料的管理,我国依据《进出口食品包装容器、包装材料实施检验监管工作管理规定》[33],从 3 个方面保证了出口食品接触材料的安全和质量。一是食品包装质量,特别是安全卫生要求有了保证;二是备案管理,增强了食品包装和包装材料的源头管理的可追溯性,可操作性更强;三是按照符合国际标准的要求实施检验检疫,对相关企业的生产原料采购、生产过程控制、产品质量检验等都提出了更高的要求。主要目的是应对国外技术性贸易壁垒,确保质量合格的食品接触材料进入国内市场或出口至国外。当前依据该规定,我国将对出口食品接触生产企业和食品接触材料进口商实施备

案管理，由检验检疫机构对备案企业生产的食品接触材料实施周期检测并进行备案登记；同时对出口食品包装生产企业实行企业代码制，企业代码应根据标准要求标注在包装容器上。

根据该《管理规定》，食品接触材料生产商或进口商在向检验检疫机构报检时需提交《出入境食品包装及材料备案登记申请表》、《出入境食品包装及材料检验检疫结果单》，进出口食品容器、包装材料的成分、助剂说明材料、食品容器、包装材料的生产工艺说明材料以及备案登记申请单位就其产品中有害有毒物质符合中华人民共和国卫生标准和卫生要求的自律声明等相关材料。备案登记后对同一个企业的同一种材料、同一种设计规格、同一种加工工艺的出口食品包装，实行安全、卫生项目的周期检测。周期为三个月，连续三次周期检测合格的企业，可延长检测周期为六个月，连续两次检测不合格的企业，检测周期缩短为一个月。对进口食品接触材料依据我国的技术规范强制要求检验。对出口食品接触材料主要依据输入国涉及安全、卫生的技术规范强制性要求检验。若输入国法规无特殊要求的，依据我国的技术规范强制性要求检验。

而 2006 年 9 月发布了《关于对食品用塑料包装、容器、工具等制品实施市场准入制度的公告》，2007 年 8 月又与海关总署联合发布公告，将塑料餐厨具等四类商品纳入强制实施出口检验范围。2009 年，塑料餐厨具等产品正式列入出口法检目录。

2.5 日本食品接触材料法规体系

1. 日本食品接触材料法规

日本有关食品接触材料的技术法规与标准有三个：《食品卫生法》、《食品卫生法实施细则》、《食品、食品添加剂等的规范标准》。

(1)《食品卫生法》与《食品卫生法实施规则》

《食品卫生法》是日本的框架性食品法律。《食品卫生法》是日本国会 1947 年 12 月 24 日颁布的第 233 号法令，该法令为食品框架性法律，制定该法律目的是为确保食品的安全性，必须从公众卫生的立场采取必要的规定及措施来防止因饮食引发的卫生危害，以保证公民的健康。其中在第三章《器具及容器包装》中规定了食品器具及容器包装等食品接触材料的选用原则和规格标准的制定要求等基本规范。

该法律第十六条规定了对食品接触材料的基本要求：在经营中所使用到的任何容器、包装、设备应保持干净和卫生；禁止生产、销售、使用可能含有有害人体健康物质的食品容器、包装材料。另外，根据该法规，对于供销售用或营业中使用的器具及容器包装或者此类原材料，为了公共卫生需要，厚生劳动大臣可规定其规格和制造方法的标准。依前款规定制定了规格和标准后，禁止销售或以销售为目的生产、进口和营业中使用不符合该规格的器具及容器包装，不得使用不符合该规格的原材料，不得用不符合该标准的方法制造器具及容器包装。

为了配合《食品卫生法》的实施，日本厚生劳动省于 1948 年 7 月 13 日制定了《食品卫生法实施规则》。该实施规则是对日本《食品卫生法》具体条款的细化和解释，该实施规

则主要分为 9 章,共 79 条。其中,第一章为《食品、添加剂、器具及容器包装》。

(2)日本厚生省告示第 370 号《食品、添加物等的规格标准》

日本劳动厚生省可以根据需要制定食品接触材料的标准与卫生要求,一旦颁布了相应标准,则禁止生产和销售不符合标准的材料。日本厚生劳动省依据《食品卫生法》第 7 条、第 10 条以及第 18 条要求于昭和 34 年(1959 年)12 月 28 日制定了厚生省告示第 370 号《食品、添加物等的规格标准》,之后又对其内容进行了多次的修订。该规格标准主要由食品、添加物、器具及容器包装、玩具、洗净剂等 5 部分构成,其中第 3 章《器具及容器包装》主要针对食品接触材料及制品。

日本劳动厚生省颁布的标准分为 3 类:①通用标准,规定了所有食品容器和包装材料中重金属,特别是铅的含量要求。该类标准还规定,包装材料使用合成色素必须经过劳动厚生省的批准,禁止 PVC 材料中使用 DEHP 作为增塑剂。②类别标准,建立了金属罐、玻璃、陶瓷、橡胶等类物质的类别标准;此外还制定了各类聚合物的标准,包括 PVC、PE、PP、PS、PVDC、PET、PMMA、PC、PVOH 等。③特定用途标准:对于具有特定用途的材料制定的标准,如巴氏杀菌牛奶采用包装、街头食品用包装、接触食品的传送设备等。

在日本,除了法律规定的必须遵守的规范外,各种各样的商业组织还建立了许多自愿遵守的标准。尽管从法律意义上来说,这些标准是自愿的,但是在日本这类标准仍然受到广泛的认可,如烯烃与苯乙烯塑料卫生协会(JHOSPA)制定的用于生产食品包装材料的塑料材料的标准[34]。

2. 日本食品接触材料监管

(1)监管机构及其监管方式

第一,厚生劳动省通过《食品卫生法》加强监管。日本食品接触材料是由劳动厚生省负责监管。日本早在 1947 年颁布的《食品卫生法》中就提到了食品接触材料的问题,从公共健康的角度出发,要求食品容器及包装必须符合相应的标准,禁止不符合该法规规定的包装容器进入日本,并授权厚生劳动省无需修改法律本身而制定必要的食品接触材料检测标准和规范来管理食品包装材料的进口。目前,日本厚生劳动省已经针对塑料包装材料、软包装胶黏剂和树脂等的应用推出了一些法规标准,任何包装材料出口到日本,都必须获得厚生劳动省的许可。

2003 年颁布的《食品安全基本法》,是在疯牛病产生后,作为一个转折点,用于对食品安全的程序和方法标准评价。后来为了提高食品安全监管的效率,根据《食品安全基本法》,内阁中成立了食品安全委员会,其主要责任是食品风险评估(食品对健康影响的评价)、风险交流以及应急响应。在食品接触材料标准修正前,日本厚生劳动省部会要求该委员会进行风险评估。由于食品安全委员会的成立,随着风险评估职能的剥离,农林水产省、厚生劳动省在食品安全方面的职能变为实施风险管理,食品安全监管机构体系进一步完善。

第二,依靠行业协会的自我管理。日本对食品接触材料的管理除遵照《食品卫生法》的要求外,更多的是通过相关行业协会的自我管理,需遵守行业协会规范性要求。20 世纪 60 年代,包装生产和产品商、材料供应商以及食品生产商等在官方许可下建立了不同的行业安全协会。作为《食品卫生法》的补充,各个工业安全协会制定了一些自愿规定,协会的成员需要遵守这些规定。在日本,几乎所有的包装生产商和材料供应商分属于不同的工业安全协会,所遵守的自愿规定后来均变成了官方法规。例如,日本卫生烯烃与苯乙烯塑料协会(JHOSPA)制定了各类适合于生产食品包装材料的各类物质的规格要求;日本卫生 PVC 协会(JHPA)制定了适合于生产食品包装材料的物质的肯定列表;日本印刷油墨行业协会则制定了不适合印刷食品包装材料物质的否定列表。行业协会组织制定的推荐性标准被业内广泛采纳,已经成为整个食品包装行业生产销售链的合格评定依据。

在日本,各工业协会提供的食品接触材料的标准主要基于以下 4 个选择原则:美国 CFR21 和 FCNs 中允许的材料;欧盟接触材料相关条例所列物质;允许直接加入的食品添加剂;在英国、德国、意大利、荷兰、比利时和法国立法中涉及的材料。新的材料由各个工业安全协会进行评估,评估的方法与 FDA 或者欧盟的法规相似,包括迁移试验和迁移物的安全性水平评价[27]。

(2)对食品接触材料进口检验监管措施

日本对包括进口接触材料的检验监管措施主要有监控检查和命令检查两种形式。原则上,日本厚生劳动省负责进口食品卫生检疫工作。

第一,监控检查。监控检查主要是针对违反《食品安全法》概率较低的食品接触材料所采取的检查制度,其主要目的是大范围地监视进口食品的卫生状况。针对进口食品、添加剂、食品接触材料,日本每年均会根据往年的监控检查结果及其他相关信息制定年度监控计划对外公布,并按该计划实施监控检查,具体工作由厚生劳动省下属的检疫所负责执行,抽样比例一般为 2%~3%,鉴于进口日本食品接触材料不合格案例的不断上升,日本近几年来不断加大监控检查的频率。一般情况下,监控检查允许客户先办理通关手续,在少量抽查并确认货物无安全隐患的前提下,允许报检货物办理通关手续进入日本国内市场。如货物进入日本市场后通过抽查发现问题,日本也有相应的措施进行召回。在货物上市后,从允许入境的货物中有计划地抽取一定数量的产品,分送到 7 个检疫所进行检疫。其间通过监控检查如发现违法货物,日本厚生劳动省通过与各地方政府联系进行召回、退货或废弃处理。当某种食品在监控检查中发现违反日本食品卫生法,或得知其在原产国及其他国家被回收或有损健康等相关消息时,则提高抽样比例,实施强化监控检查。在监控检查和强化监控检查阶段,不收取检测费用,也不妨碍货物通关。

第二,命令检查。即日本对违反食品卫生法概率较高的食品采取的强制性检查措施,根据食品卫生法第 26 条规定,厚生劳动大臣为了防止发生食品卫生方面的危害,在认为有必要的情况下,可以命令进口方接受检查。具体说来,当进口食品接触材料违规可能性较高时,比如同一出口国、制造者或加工者生产的某种食品接触材料被发现两批或两批以上卫生项目不合格时,则启动命令检查。命令检查的抽样比例为 100%,在检查结果出来前货物不允许通关,同时企业要支付全部检测费用。实施命令检查后,只有符合下列条件之一,才能解除命令检查:①出口国查明原因,制定了保证措施,并通过两国

之间的协议、实地调查、进口时的检查等确认了其有效性;②如果在 2 年内,被接受命令检查的食品接触材料没有不符合法规要求的事例发生,且命令检查的实施件数在 300 件以上,日本官方机构将暂时解除命令检查。

2.6　韩国食品接触材料法规体系

1. 韩国食品接触材料法规基本规定

韩国与食品接触材料相关技术法规主要有韩国《食品卫生法》和《食品器具、容器和包装的规范标准》。

(1)韩国《食品卫生法》

韩国《食品卫生法》是韩国国会 1962 年 1 月颁布的法律第 1007 号,该法令为食品框架性法律,制定该法律是以防范食品危害、谋求食品营养质量的提高、推进国民保健为目的。其中在第三章《器具、容器和包装》中规定了食品器具及容器包装的标准和规格等基本规范,主要相关条款如下:

第八条规定:禁止使用、销售有毒有害的器具、容器和包装;禁止以销售为目的生产、运输、储藏、搬运和陈列,或在营业中使用会对人体健康造成不良影响的含有有毒有害物质或者附着有有毒有害物质的容器、器具和包装;禁止以销售为目的生产、进口、贮藏、运输和陈列,或在营业中使用通过接触食品或食品添加剂而对人体健康造成不良影响的器具、容器和包装。

其第九条就"标准和规格"做出了规定:①出于保障国民健康的需要,对凡是以销售为目的或在营业中使用的器具、容器和包装的原材料和制造方法必须明确标准和规格并且进行公示;②如果按第一款的规定,制造和加工从业者生产器具、容器和包装的制造方法和原材料的标准和规格未经公示的,则依照第 18 条的规定由食品卫生检查机关对该器具、容器和包装的制造方法和原材料的标准和规格进行检验并进行短期质量认定;③以出口为目的的器具、容器和包装的制造方法以及其原材料的标准和规格应该依照进口的要求,不适用上述第一款和第二款的相关规定;④应按照上述第一款和第二款的规定进行器具、容器和包装的生产,不符合规定的器具、容器和包装不得进行销售,或以销售为目的进行生产、进口、储藏、运输和陈列,或在营业中使用。

(2)《食品器具、容器和包装的规范标准》

《食品器具、容器和包装的规范标准》由韩国食品药品管理局制定,包括各类禁止在加工中使用的物质、各类具体物质的限量要求、相应的检验方法等。其中有关食品接触材料及制品的规格标准主要分为 2 类,即通用标准和类别标准。其中通用标准适用各类食品接触材料及制品;类别标准主要针对玻璃、陶瓷、搪瓷、橡胶、聚合物、纸制品、木制品、金属制品、淀粉基制品等材料。

2. 职能机构及监管方式

在韩国,涉及食品卫生管理的政府部门比较多,但各部门间分工合理,权责明确。另外，为了加强部门间的协作，韩国还成立了"食品安全对策委员会"，由总理担任委员长，致力于制定统一的食品安全规章制度、处理重大食品安全事故。其次，行业协会在协助政府从事食品安全工作起到了重要作用：食品工业协会负责检查食品及包装物的卫生、安全，协助官方制定标准、发布信息；收集各界意见，举办听证会，定期向政府反映情况，为立法提供依据。协会下辖研究所，负责检测重金属、农药、兽药、添加剂，并认证转基因食品。同时，为了鼓励社会大众的监督，政府开设了为消费者提供农产品安全信息服务的网站，农林水产部和食品药品安全厅都设立了专门的举报电话，并设立高额的奖金。政府在韩国食品质量安全问题中起到主导作用，但行业协会、社会力量对食品行业的监督力量也相当重要[35]。

韩国政府对食品接触材料的管理和评价由韩国保健福利家庭部下属的食品药品安全局(KFDA)承担。根据韩国《食品卫生法》，食品药品管理局负责制定食品包装材料、容器的标准、法规等各项管理规定，而其下属6个地方FDA则具体执行KFDA制定的相关法律法规及标准。对于食品药品管理厅未公布规范的食品器具、容器和包装材料，可要求生产企业提供制造方法标准和原材料规格，经指定卫生检验机关审查后，暂定为该产品的标准和规范。对于需要修订可更新的内容，政府通过颁布公告的形式定时增补法典标准[36]。对于需要修订或更新的内容，政府通过颁布公告的形式对法典进行增补或删改。如：韩国于2001年1月起禁止使用PVC保鲜膜；于2003年修订了《有关产品的包装方法及包装材料标准的规定》；从2004年开始，禁止使用PVC包装材料包装鸡蛋、鹌鹑蛋、汉堡、三明治等食品[37]；2008年，《韩国食品法典》对食品接触材料又增加了多条限量规范，包括金属材料的重金属迁移、环氧衍生物、邻苯二甲酸酯类增塑剂等。

3. 食品接触材料进口监管

韩国进口食品、食品接触材料的检验监管工作由韩国保健福利家庭部下属的食品药品安全局(KFDA)负责。

(1)进口检验监管措施

韩国KFDA对进口食品接触材料采取的检验监管措施包括事前确认登记制度、进口环节和流通环节抽查检验以及精密检验。

第一，事前确认登记制度。事前确认登记制度是韩国政府食品医药品安全局为了提高进口食品检查制度的效率以及加强对进口食品的管理，通过修订"食品卫生法实行规则"(2003年8月18日保健富祉部令第254号)从2003年10月10日起予以实施的。这项措施的主要内容是韩国通过采取事前的现场检查手段来确认出口国工厂制造/加工的食品接触材料符合韩国食品卫生法的规定，现场调查将主要确认企业是否符合HACCP规定的卫生及质量管理标准。凡经事前确认的食品接触材料在进口时可免于精密检查，只需提交相关符合性书面资料给FDA审查即可，从而可以减少通关程序，提高通关速度，为进口申报人提供方便。

第二，进口环节和流通环节抽查检验。进口环节和流通环节抽查检验的具体类型包括文件检查、外观检查、实验室检查与随机抽样检查。韩国对进口食品接触材料批批进行感官检验，每年进口食品抽样送实验室检测的比例平均为20%左右，而且首次进口的

食品接触材料一般需按照《食品卫生法》中的相关要求进行全项目检验。如果该种进口食品接触材料历史检验记录良好,地方 FDA 将根据产品风险适当降低抽检比例,或者采取验证放行的方式。

第三,精密检验。所谓精密检验,也就是食品安全监管机构在一定期限内对相关产品实行批批检验的措施,如果进口产品历史检验记录较差的话,地方 FDA 将会采取精密检查的方式加强进口监管,KFDA 会根据进口商品危害程度、不合格案例发生比例的不同而采取不同的精密检查比率(1%～100%),对于不合格进口食品接触材料的生产企业,地方 FDA 将会对其向韩国出口的同类食品接触材料实施为期一年的批批检验,而且其他公司生产的同类食品也会因为这类食品接触材料的整体抽样检验比例上升而受到影响。对于检出不符合法规要求的商品,将采取临时禁止进口措施,直至其查明原因并采取改善措施。

2.7　中国台湾地区食品接触材料法规体系

中国台湾地区目前涉及食品接触材料的法规及标准主要有“食品卫生管理法”和“食品器具容器包装卫生标准”。

“食品卫生管理法”是台湾地区于 2002 年 1 月 30 日颁布的第 0910003033 号法规,该法规为食品框架性法规,制定该法规的目的是为了管理食品卫生安全及品质,维护人民健康。

依据台湾地区“食品卫生管理法”第十条规定,台湾地区“行政院卫生署”于 2003 年 11 月 26 日制定了“食品器具、容器、包装卫生标准”(“卫署”食字第 0920402784 号),该标准多次进行修订。该标准规定:塑料制食品容器及包装不得回收使用;食品器具、容器或包装不得有不良变色、异臭、异味、污染、发霉、含有异物或纤维剥落。特别是该标准第 4 条要求食品器具、容器、包装应符合相关试验标准,并规定了具体的试验标准,分为 3 部分,即一般规定、塑胶类规定和乳品用容器、包装规定。

1. 一般规定

对金属、玻璃、陶瓷、塑胶、纸等食品接触材料规定的一般要求。

2. 塑胶类规定

对聚氯乙烯、聚二氯乙烯、聚乙烯、聚苯乙烯、聚对苯二甲酸乙二酯、聚甲基丙烯酸甲酯、橡胶、聚碳酸酯等食品接触材料规定的限量指标。

3. 乳品用容器、包装规定

对盛装各类乳品的塑胶、金属、玻璃等食品接触材料规定的限量指标。

“行政院卫生署”是中国台湾地区公共卫生、医疗等攸关全民健康事务的最高主管机关,同时监督各县市“政府卫生局”。在台湾地区,由台湾“行政院卫生署”依据台湾“食品卫生管理法”和“食品器具容器包装卫生标准”对食品容器、器具及包装等食品接触材料进行监管。

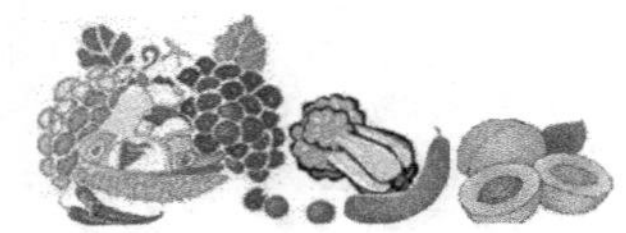

2.8 欧美等发达国家与中国食品接触材料管理对比

2.8.1 欧美食品接触材料管理的特点

1.统一的管理原则

职能整合、统一管理是欧盟等发达国家食品接触材料安全监管的一个重要特征。它们将食品接触材料安全监管集中到一个或几个部门,加大部门间的协调力度,以提高食品接触材料监管的效率。欧盟专门成立了独立行使职能的欧盟食品安全管理局,负责整个欧洲的食品及食品接触材料的安全工作;欧盟各成员国也有各自独立的食品安全部门。

2.建立健全的法规体系

健全的法律体系是食品接触材料安全监管顺利推行的基础。欧美已经建立了较为完善的食品接触材料法规体系,为制定监管政策、检测标准以及质量认证等工作提供了依据。如:欧盟关于塑料食品接触材料的规定,最早为89/109/EEC,经过数次修订后被废除,由2002/72/EC替代,而该指令从2002年发布到2011年又经过若干次修订,最终被废除并由(EU)No.10/2011法规所替代;美国联邦法规每年至少修订一次,其中FDA范围的规章第21篇的修订版在每年4月由联邦注册处出版发行。

当然,欧盟法规通常是在原法规保持有效的情况下,发布新法规对原法规中某个或某些条款进行修订,而不是废除或全文替代原法规,因而可能出现对同一管理对象不同时间的多项法规或指令并存有效的状况。

3.实施风险管理原则

风险管理的首要目标是通过选择和实施适当的措施,尽可能控制食品接触材料风险,保障公众健康。欧美对食品接触材料的安全管理,都实行了以风险评估为基础的风险管理。

风险管理的程序包括"风险评估"、"风险管理措施的评估"、"管理决策的实施"、"监控和评价"等内容。风险评估是对所有食品接触材料的危险因素进行系统、客观的评估,应用科学手段,研究危害因素的特征,并对它们影响的范围、涉及的人群和危害程度进行分析;风险管理措施的评估包括确定现有的管理选项、选择最佳的管理选项、确定最终的管理措施等;监控和评价指的是对实施措施的有效性进行评估,以及在必要时对风险管理和评估进行审查。风险管理是一个综合工程,不但要考虑与风险有关的因素,还要考虑政治、社会、经济等因素。管理者需要理解与风险评估相关的不确定因素,并在风险管理决策过程中予以考虑。

4.责任主体限定原则

欧美发达国家认为,食品接触材料安全首先是生产者、加工者的责任,政府在监管中的主要职责就是最大限度地减少食品接触材料的安全风险。

美国政府认为企业作为当事人对食品接触材料安全负主要责任。企业应根据食品接触材料的安全法规要求来生产产品，确保其生产、销售的食品接触材料符合安全卫生标准。政府的作用是制定合适的标准，监督企业按照这些标准和安全法规进行生产，并在必要时采取制裁措施。违法者不仅要承担对于受害者的民事赔偿责任，而且还要受到行政乃至刑事制裁。

在欧盟及各主要成员国的食品链中，各主体的责任非常明确。《欧盟食品安全白皮书》规定，食品生产加工者、饲料生产者和农民对食品安全承担基本责任；政府当局通过国家监督和控制系统的运作来确保食品安全；委员会对政府当局的能力进行评估，运用先进的科学技术来发展食品安全措施，通过审查和检验促使国家监督和控制系统达到更高的水平；消费者对食品的保管、处理与烹煮负有责任。根据《欧盟食品安全白皮书》的规定，食品接触材料的安全基本责任应该由其生产者来承担。

如欧盟除生产者有按良好生产规范(GMP)生产的规定外，欧盟(EU)No. 10/2011 法规的附录列出了大量塑料食品接触材料生产中允许使用的单体和添加剂及其限制和规范。美国 FDA 规章对各类聚合物材料也都作出许多关于原料的安全使用条件和限量的详细规定，生产者在原料、生产配方与工艺的选择中都应遵循这些规定。

5. 充分发挥消费者作用原则

欧美等国家非常重视消费者在食品安全监管，特别是法规、政策制定过程中的作用，充分听取消费者的建议，确保其工作能真正维护消费者的利益。如美国在立法和修订过程中都允许并鼓励消费者积极参与。立法机构通常发表一个条例提案的先期通知，提出存在问题和解决方案，征询公众的意见；在最终法规发表前，要为消费者提供开展讨论和发表评论的机会，当遇到特别复杂的问题，需要立法机构外的专家建议时，立法机构还将根据需要通过非正式信息途径召开公众会议，收集消费者对特定问题的看法。如果个人或机构对立法机构的决策提出异议时，还可以向法庭提出申诉。

6. 预防为主原则

确保食品的安全性，建立和执行有效的食品安全预防体系是非常必要的。欧美十分重视食品安全管理方面的预防措施，并以科学性的危害分析作为制定食品安全系统政策的基础。HACCP 体系作为世界公认的行之有效的食品安全质量保证系统，在欧美等国家和地区的食品生产、加工及食品接触材料生产、加工企业中得到广泛应用。

采用 HACCP 体系，既能全面监控整个生产过程，使食品的加工生产、包装贮藏、销售消费都在统一的规范制约下运行，又能突出重点，减少食品安全控制的总支出，提高经济效益，为保证食品安全奠定可靠的基础。

2.8.2　我国食品接触材料管理存在的问题

随着中国《食品安全法》的生效实施对应出台的新标准，如 GB 9685-2008《食品容器、包装材料用添加剂使用卫生标准》，中国塑料类食品包装的法规体系逐渐健全、完善，更加接近了国际发达国家的标准和监管法规体系的水平，但问题是法律体系并没有得到较

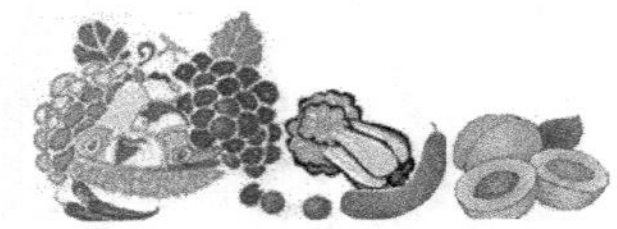

高水平的贯彻执行。

1. 缺乏风险交流

由于缺乏风险交流，多年来消费者及企业本身对食品接触材料可能引起的食品安全风险不了解，食品接触材料被很多人视为一般工业产品，许多企业也往往同时生产非食品用的工业产品，不重视其卫生安全质量。

2. 技术实验室间缺乏协调及交流

我国相关官方检测实验室分散于各系统中，相互间缺乏协调和交流。过去几乎未组织过针对食品接触材料卫生安全项目的实验室能力验证。实验室间检测结果的互认尚未形成，造成企业重复送检、成本增加。相对于同一个系统内（如均为检验检疫系统），对于不同系统内的实验室间缺乏足够的交流与合作。

3. 食品接触材料安全监管体制设置效率低

食品接触材料监管效率的高低主要是由政府所设置的安全监管体制所决定的。尽管《食品安全法》在理顺监管体制方面作了一些努力和尝试，如设立食品安全委员会、明确卫生行政部门承担食品安全综合协调职责等，但并未从根本上改变分段管理、多头管理所带来的一些弊病。目前，我国对食品接触材料的安全控制仍实行多部门执法的监管体制，从而导致了职能交错、权责不清、监管体系断层的局面出现。不同系统的主管部门对同一对象出台的管理条例、办法的相关条款既有重复又有不一致甚至矛盾之处。

4. 监管预防性、持续性及规范性不强

对于食品及食品接触材料监管的预防性、持续性和规范性不强，往往在出现重大安全事故后才进行急风暴雨般的突击检查，缺乏日常的长期有效的管理机制。如使用伪劣产品制造密胺制品导致甲醛超标、北京的一次性筷子二氧化硫超标等事件，如能长期地、持续地对该类产品进行有力监管，就不会出现这些问题。

5. 食品接触材料卫生标准更新太慢

受多种因素的影响，现行部分食品容器、包装材料及加工助剂的卫生标准的标龄较长，标准的部分内容已不适应行业发展的需要。对于新型食品接触材料和加工助剂缺乏有效的准入和管理机制，导致目前市场上大部分食品接触材料的监管空白。

虽然我国对食品接触材料有一些法律法规和相应的卫生标准，但有关食品接触材料中有害物质的安全性评价尚未作出任何规定。尤其针对活性和智能材料和制品、黏合剂、离子交换树脂、打印墨水、再生纤维素、软木等这些欧盟指令中明确列出的包装材料和制品，缺乏基本的安全评价技术方法和标准。

6. 食品接触材料安全评价能力及检测技术落后

我国已经具有了食品接触材料安全管理的基本法律框架和标准体系，但目前的法律体系并没有得到较高水平的贯彻执行，与西方国家相比存在不足，如新产品的研发和应用往往由发达工业国家引导，一些新材料的安全性评价资料往往掌握在发达国家政府和一些跨国企业手中，我国在食品包装工业上还处于跟风状态。我国在安全评价和检测技

术方面与发达国家也有一定差距，影响了对新物质和新材料的评价能力。

2.8.3　对于我国食品接触材料监管的建议

《食品安全法》自 2009 年 6 月 1 日实施以来，在保障我国食品安全、保障消费者健康和生命安全等方面，发挥了较大的作用。但我们也必须清醒地认识到，食品安全问题依然是摆在公众特别是政府监管部门面前的一道难题，长期以来在食品安全监管方面所形成的食品监管体制不顺、食品安全标准不一、乱检查、乱收费等问题，并未因《食品安全法》的实施而得到彻底的扭转。

在今后的食品接触材料监管中，应更加贴近全球食品安全管理体系的统一标准，加强对技术支撑机构检测评价能力建设，增进与行业协会等部门的沟通。通过努力，逐步提高中国的食品接触材料卫生安全管理水平，保障中国食品接触材料行业健康发展。

1. 科学划分各机构权限及职能

科学划分各监管主体的职能权限，理顺部门权责，是推进食品及食品接触材料安全监管工作的关键。在《食品安全法》明确规定各部门权责的基础上，对相关监管部门的监管职能权限予以进一步明确，对监管职能存在交叉和重叠之处进行明确重新分工，对目前的监管盲区进行明确的划分，执法过程中可能出现的盲区和职能交叉之处，可以提请国家食品委员会协调处理；并及时修改与之不相符合的法律规定以避免不同法规政策的相互影响，更好地行使职权，减少在执法活动中不必要的冲突，实现对食品及食品接触材料安全的有效监管。

2. 加快标准的更新、提高新技术含量

我国的食品接触材料标准比较陈旧，负责标准制定的国家卫生行政部门应该借鉴发达国家对食品接触材料的危险性评估原则的经验，加速对现有陈旧标准的修订和更新，并定期修订食品接触材料卫生标准。对于一些陈旧、过时的或不能适应新的检测要求的方法，要积极摒弃，根据最新技术发展更新检测方法。

3. 发展我国食品风险评估技术、做好风险交流工作

积极引入先进的预警技术和方法，发展我国风险评估技术，建立食品接触材料安全监控计划。参考美国等发达国家风险分析原则，建立适合我国国情的风险评估模型和方法。为了评价我国食品安全性，并为风险评估提供有效的数据，需要建立食品安全监测点进行主动监测，获得我国食品安全状况动态规律，包括我国食品安全危害的区域分布、时间动态和污染水平，建立我国主要食品中重要危害物监测基本数据库，对食品供应链从生产、加工、包装、储运到销售过程进行全程监控和溯源。

做好风险交流工作，使得食品接触材料生产企业了解更多食品接触卫生要求，配合有关部门做好食品材料接触监管。我国出口产品生产企业务必要充分了解这些内容，从采购进料环节开始，控制包括添加剂、辅料在内的原材料质量；从配方开始，控制物质的用量；按相关卫生要求实施出厂前检验，由此掌握控制产品质量的主动权，而不是到临出口时才由检验机构来判定产品的合格与否。

4. 加强全民食品接触性材料宣传教育

食品接触材料的生产、销售等过程中，难免有漏网之鱼，食品安全监管部门也无法完全在每个环节进行保证不出问题，这就需要全民参与。加强日常的宣传与教育工作，让全民了解食品接触材料安全的重要性、掌握食品接触材料基本安全常识。另外，让全民参与食品接触材料的安全监管，如对未经安全检验的地摊货等向有关部门报告并进行适当奖励。

5. 企业建立完善的质量安全管理体系

虽然，我国已开始推行 HACCP，但是 HACCP 计划的推行步伐慢，落后于发展的需要。目前仅在部分出口水产品加工企业中推行了 HACCP 计划，大多数食品企业未实行 HACCP 计划，使企业质量保证体系没有得到完善，产品的安全卫生项目不能有效保证，使食品出口受到一定限制。

食品接触材料生产企业应高度重视与食品接触材料的安全卫生质量，严把原料关、加强生产管理、杜绝使用有毒有害物质生产加工，规范加工工艺，改善生产环境卫生条件，确保产品的安全卫生。尤其是在落实 HACCP 体系（危害分析与关键控制点）、良好卫生规范等涉及食品接触材料安全的质量控制体系上要进一步抓严抓实。

本章参考文献

1. 王志才. 国内外食品包装材料安全管理现状[J]. 中国公共卫生管理，2007，23(6)：562－564

2. 欧盟食品接触材料法规与指南[M]. 北京：中国轻工业出版社，2009

3. 席兴军，刘俊华，刘文. 欧盟食品安全技术法规及标准：现状与启示[J]. 世界标准化与质量管理，2005(12)：39－41

4. REGULATION (EC) No. 1935/2004 of THE EUROPEAN PARLIAMENT AND OF THE COUCIL of 27 October 2004-on materials and articles intended to come into contact with food and repealing Directives 80/590/EEC and 89/109/EEC[J]. Official Journal of the European Union, 2004, 13(11): 4-17

5. COMMISSION REGULATION (EC) No. 2023/2006 of 22 December 2006-on good manufacturing practice for materials and articles intended to come into contact with food[J]. Official Journal of the European Union, 2006, 29 (12): 75-78

6. COMMISSION REGULATION (EU) No. 10/2011 of 14 January 2011-on plastic materials and articles intended to come into contact with food[J]. Official Journal of the European Union, 2011, 15 (1): 1-89

7. COUNCIL DIRECTIVE of 15 October 1984-on the approximation of the laws of the Member States relating to ceramics articles intended to come into contact with foodstuffs[J]. Official Journal of the European Communities, 1984, 20(10): 12-16

8. COMMISSION REGULATION 2007/42/EC of 29 June 2007-relating to materials and articles made of regenerated cellulose film intended to come into contact with foodstuffs[J]. Official Journal of the European Union, 2007, 30(6): 17-82

9. COMMISSION REGULATION (EC) No. 450/2009 of 29 May 2009-on active and intelligent materials and articles intended to come into contact with food[J]. Official Journal of the European Union, 2009, 30 (5): 3-11

10. 姜婷.欧盟食品接触活性和智能材料及物品新规(EC)No. 450/2009 解读[J].标准科学,2010(1):94—96

11. 王朝晖,王超.欧盟委员会(EC)No. 282/2008 法规解析[J].中国标准化,2010(2):17—19

12. COMMISSION DIRECTIVE 93/11/EEC of 15 March 1993-concerning the release of the N-nitrosamines and N-nitrosatable substances from elastomer or rubber teats and soothers[J]. Official Journal of the European Communities, 1993, 17 (4): 37-38

13. COMMISSION REGULATION (EC) No. 1895/2005 of 18 November 2005-on the restriction of use of certain epoxy derivatives in materials and articles intended to come into contact with food[J]. Official Journal of the European Union, 2005, 19 (11): 28-32

14. COMMISSION REGULATION (EC) No. 372/2007 of 2 April 2007-laying down transitional migration limits for plasticisers in gaskets in lids intended to come into contact with foods[J]. Official Journal of the European Union, 2007, 3 (4): 9-12

15. Commission Implementing Regulation (EU) No. 321/2011 of 1 April 2011 amending Regulation (EU) No. 10/2011-as regards the restriction of use of Bisphenol A in plastic infant feeding bottles[J]. Official Journal of the European Union, 2011, 2 (4): 1-2

16. 周磊,迟文鹤,向雪洁.与食品接触材料进出口管理法规的分析和对策研究[J].口岸卫生控制,2010,15(1):12—18

17. 陈洁,邓志喜.欧盟食品、农产品包装和标识立法与管理研究[J].农业质量标准,2008(6):41—45

18. 李怀.发达国家食品安全监管体制及其对我国的启示[J].东北财经大学学报,2005(1):3—8

19. 沈学友.欧盟食品包装材料安全管理模式[J].包装世界,2006(6):59—59

20. 王宝根.HACCP 体系在接触食品包装容器及材料上的应用[J].中国国境卫生检疫杂志,2007,30(1):49—51

21. 陈蓉芳,李洁.欧盟食品安全监管体系研究及启示[J].上海食品药品监管情报研究,2010(3):1—4

22. 李克强.浅谈美国食品安全监管体系[J].淮海工学院学报,2011,9(12):77—78

23. 世界上最安全的美国食品监测体系[J].广西质量监督导报,2008(1):10—10

24. 邬建平.食品接触材料及制品监管法律法规选编[M].北京:中国标准出版社,2007

25. 国泰,平安.国外食品包装安全体系——包装安全与总统行动计划[J].中国包装工业,2005(2):16—18

26. 浅述国外食品包装安全体系[J].中外食品,2006(5):38—40

27. 张庆生,曹进.食品接触材料安全性风险分析及国内外法规管理纵览[J].中国药事,2011,25(3):219—223

28. 顾振华.中国食品包装材料卫生监管及与美国、欧盟的比较[J].中国食品卫生杂志,2007,19(5):418—421

29. 刘春青,于婷婷.论国外强制性标准与技术法规的关系[J].科技与法律,2010,87(5):39—44

30. 董金狮,段玉静.中国食品包装安全问题的现状及最新政策标准动态[J].湖南包装,2011(2):3—6

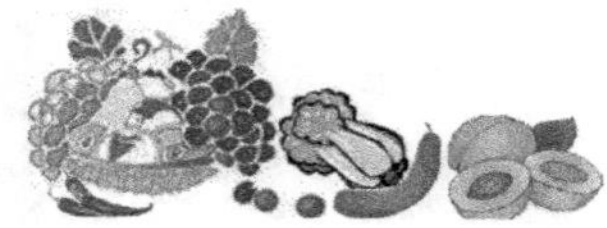

31. 王利兵，于艳军，李宁涛. 我国食品包装标准现状及对策分析[J]. 包装工程，2007，28(8)：223—225

32. GB 9685—2008 食品容器、包装材料用添加剂使用卫生标准[S]. 北京：中国标准出版社，2008

33. 中华人民共和国质量监督检验检疫总局检验监管司. 进出口食品包装容器、包装材料实施检验监管工作管理规定[z]. 北京：中华人民共和国质量监督检验检疫总局，2006

34. 兰敏，王少敏，谢丽芬. 国内外食品包装安全管理法规体系分析与建议[J]. 检验检疫学刊，2009，19(1)：72—75

35. 赫璟. 韩国食品安全监管对我国的启示[J]. 现代商贸工业，2012(3)：253

36. 魏华杰. 日韩食品包装材料安全管理模式[J]. 包装世界，2008(4)：12

37. 张岩，王丽霞，李挥等. 食品接触材料安全性研究进展与相关法规[J]. 塑料助剂，2009(3)：16—18

第3章　各国(地区)食品接触材料的理化检测项目、检测方法分析与比较

3.1　概述

食品接触材料的质量安全检测是防止不合格食品接触材料进入市场、保护消费者健康的重要环节。通过质量检测，不但可以发现产品的质量问题，还可以为企业提供相关信息，帮助其发现问题来源、解决问题以减少经济损失。

世界许多国家规定了食品接触材料卫生限量并建立了检测方法，由于科技、经济发展水平等差异，不同国家对食品接触材料的质量安全要求往往存在差异，对应的检测方法也有所不同。因而在进行跨国贸易时，可能出现技术性贸易壁垒问题。因此，了解并熟悉各国家(或地区)对食品接触材料的质量安全要求及检测方法显得非常必要，一方面可以学习并借鉴各国家(或地区)尤其是发达国家先进的检测方法及理念，有利于提高我国的检测技术能力；另一方面，对于出口产品我们可以以目的国的要求检测并评定，消除不必要的贸易壁垒。

3.2　各国家(或地区)食品接触材料的检测项目及限量

食品接触材料的具体检测项目繁多，有些项目在各国家(或地区)的名称不一样但实际意义相同，如欧盟的“总迁移量”测定、中国的“蒸发残渣”测定；而有的项目在该国有要求但别国并无此要求，如中国有ABS/AS塑料的“丙烯腈残留总量”测定要求而日本没有、日本有ABS/AS塑料中“苯乙烯、甲苯、乙苯等挥发物总量”测定要求而中国没有。但是，总的来说，食品接触材料的检测项目可归纳为两类：“迁移量”测定、“残留量”测定，其中迁移量又可分为“总迁移量”和“特定迁移量”。

3.2.1　迁移量

根据食品接触材料的用途及特性可知，它们在使用过程中可能将自身组分迁移到食品中而造成食品污染，这也就是食品接触材料安全问题的来源。因此，要确定某产品是否安全、能否用于日常接触(包装、烹调等)食品，主要就是考察其含有的化学物质是否迁移进入食品且迁移的量是否达到危及使用者健康的水平，而一种有效的考察方式便是“迁移量”测定，即检测与食品接触材料已接触的食品中含有的食品接触材料组分数量是

否处于对人体有害的数值范围。

一般而言，食品接触材料接触到的食品不止一种，而对所有可能接触的食品进行分析以确定迁移量大小并不实际，再加上食品中常常存在干扰物而使得直接对其进行迁移量测定比较困难。基于上述原因，通常使用“食品模拟物”(food simulants)进行迁移量测定，即使用某些与食品性质相似的化学试剂与食品接触材料进行接触，以此模拟食品接触材料与食品接触的过程，这是一种具可行性的操作，而使用的化学试剂被称为“食品模拟物”。该食品模拟物与食品接触材料的接触过程在我国被称为“浸泡”(immerse)，欧盟称之为“暴露”(exposure)，而美国FDA将其称为“提取”(extraction)。以下章节均将其称为浸泡。

1. 总迁移量

“总迁移量”反映的是从食品接触材料中向食品模拟物迁移的各种物质的总量大小，它能有效反映食品接触材料的卫生安全状况。总迁移量对应的最高允许值即为“总迁移限量”，当总迁移量超过这一限值时，便会对饮食者的健康造成危害风险。总迁移量其实是一种欧盟的叫法，在中国大陆、中国台湾地区及日本被称为“蒸发残渣”，美国FDA将其称为“溶剂提取物”。另外，此过程测定的是非挥发组分(后面章节会作说明)，挥发物未纳入计算，因此韩国称之为“非挥发物残渣”。各国家(或地区)总迁移量测定的具体过程有所差异，但是意义相同。各国家(或地区)对食品接触材料的总迁移限量规定不一，以下以塑料、橡胶、内壁含涂层等制品为例分析各国家(或地区)食品接触材料的总迁移限量指标。

(1)欧盟食品接触材料总迁移限量及法规依据

表3.1　欧盟食品接触材料总迁移限量及法规依据

食品接触材料种类	限量	法规依据
塑料制品	60mg/kg	(EU)No. 10/2011
橡胶制品	60mg/kg	ResAP(2004)4决议
内壁含涂层制品	60mg/kg	ResAP(2004)1框架决议

欧盟食品接触材料总迁移限量及法规依据见表3.1。由表3.1可知，欧盟对食品接触材料总迁移限量统一规定为60mg/kg，并不区分塑料(橡胶、内壁含涂层)种类，即进入每千克食品模拟物的食品接触材料组分不得超过60mg。除此之外，欧盟规定塑料及内壁含涂层制品的总迁移限量还可表示为$10mg/dm^2$，即在每平方分米制品的食品接触面积中，进入食品模拟物的食品接触材料组分不得超过10mg。两种限量的使用条件不同：

第一，当制品为容器，且容积为500mL与10L之间；垫片、瓶塞等密封性制品；可盛装物品，但无法确定接触食品表面积时，总迁移限量以60mg/kg表示。

第二，当制品为容器，且容积小于500mL或大于10L；薄片、膜或其他不可填充制品，或无法估算其表面积与所接触食品量之间关系制品时，总迁移限量以$10mg/dm^2$表示。此外，欧盟法规规定婴幼儿餐具的总迁移限量一律以60mg/kg表示。

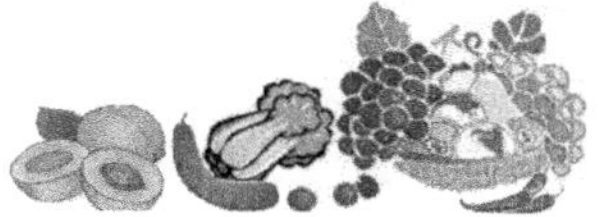

(2)美国 FDA 的食品接触材料总迁移限量及法规依据

美国 FDA 的食品接触材料总迁移限量及法规依据(部分)见表 3.2。由表 3.2 可知，美国 FDA 规定的总迁移限量随着材质种类及提取溶剂种类不同而不同。甚至是同一种材料，如聚乙烯制品，不同的使用条件下其限量也可能不同。美国 FDA 对食品接触材料的总迁移限量规定一般有以下两种单位量纲：

第一种，“%”，如表 3.2 中聚乙烯制品的正己烷提取物限量为 5.5%，即被正己烷提取的组分质量不得超过食品接触材料质量的 5.5%。

第二种，“$mg/inch^2$”，如 ABS 制品的蒸馏水提取物限量为 $0.0005mg/inch^2$，即每平方英寸的食品接触材料表面中进入提取溶剂的组分质量不得超过 0.0005mg；对某些材料，如三聚氰胺—甲醛树脂制品还规定了各类溶剂提取物中氯仿可溶物的限量指标，如水提取物中氯仿可溶物限量为 $0.5mg/inch^2$，即用食品模拟物蒸馏水提取后，提取物再用氯仿溶解提取测定，每平方英寸的食品接触材料表面中进入氯仿的组分质量不得超过 0.5mg。

另外，美国 FDA 对不少的材料未规定成型制品的总迁移限量指标，而是对树脂原料及其他辅料进行规范(如 177.1520 对烯烃类聚合物提出了溶剂提取物限量)。

表 3.2　美国 FDA 的食品接触材料总迁移限量及法规依据(部分)

食品接触材料种类	限量	法规依据
塑料聚乙烯制品 (非烹调时包装和支撑用途)	5.5%(正己烷提取物) 11.3%(二甲苯提取物)	FDA CFR 177.1520
塑料聚乙烯制品 (烹调过程中包装和支撑用途)	2.6%(正己烷提取物) 11.3%(二甲苯提取物)	
塑料 ABS 制品	$0.0005mg/inch^2$ (蒸馏水、3%乙酸提取物)	FDA CFR 177.1020
三聚氰胺—甲醛树脂制品	$0.5mg/inch^2$ (水、8%乙醇、正庚烷提取物的氯仿可溶物)	FDA CFR 177.1460
橡胶制品 (重复使用并接触水性食品)	$20mg/inch^2$ (初次蒸馏水总提取物) $1mg/inch^2$ (二次蒸馏水总提取物)	FDA CFR 177.2600
部分磷酸酯化的聚酯树脂涂层	$0.0465mg/cm^2$ (蒸馏水、正庚烷、8%乙醇提取物)	FDA CFR 175.260

(3)中国食品接触材料总限量及卫生标准依据

中国食品接触材料总限量及卫生标准依据(部分)见表 3.3。表 3.3 列出了我国食品接触材料的总迁移限量(部分)，包括塑料、橡胶及内壁环氧酚醛涂层制品。由表 3.3 可知，我国对总迁移限量的单位统一是“mg/L”，即迁移入单位体积的食品模拟物中的食品接触材料组分的最大允许质量。

表 3.3 中国食品接触材料总迁移限量及卫生标准依据(部分)

食品接触材料种类	限量	卫生标准
聚丙烯制品	30mg/L (4%乙酸、正己烷)	GB 9687-1988
ABS 塑料制品	15mg/L (水、4%乙酸、20%乙醇、正己烷)	GB 17326-1998
橡胶高压密封圈	50mg/L(水) 500mg/L(正己烷)	GB 4806.1-1994
环氧酚醛涂层	30mg/L (水、4%乙酸、20%乙醇、正己烷)	GB 4805-1994

同美国类似,我国对总迁移限量的规定细化到了塑料(橡胶、内壁涂层)种类及其食品模拟物种类,如聚丙烯塑料的酸性食品模拟物(4%乙酸)的蒸发残渣限量为 30mg/L;ABS 塑料的各类食品模拟物中的蒸发残渣限量均为 15mg/L;橡胶高压密封圈的油性食品模拟物(正己烷)蒸发残渣限量为 500mg/L。此外,我国对未加工为成型品前的树脂原料规定了正己烷提取物限量,是指能被正己烷提取出的组分质量占树脂原料质量的百分比,这与美国对食品接触材料原料树脂规定相类似。

(4)日本、韩国、中国台湾地区食品接触材料总迁移限量及法规依据

日本、韩国、中国台湾地区食品接触材料总迁移限量及法规依据(部分)见表 3.4。与中国相同,日本、韩国、中国台湾地区对总迁移限量的单位统一是“mg/L”,即迁移入单位体积的食品模拟物中的食品接触材料组分的最大允许质量,且总迁移限量由塑料(橡胶、塑料涂层)种类及其食品模拟物种类共同决定。而且,韩国、日本、中国台湾地区对各类食品接触材料的总迁移限量要求也比较接近。

表 3.4 日本、韩国、中国台湾地区食品接触材料总迁移限量及相关依据(部分)

食品接触材料种类	总迁移限量	相关依据
聚丙烯制品	30mg/L(4%乙酸、水、20%乙醇) 150mg/L(正庚烷)	韩国食品器具、容器和包装的规范标准
聚碳酸酯制品	30mg/L(4%乙酸、水、20%乙醇、正庚烷)	
非奶嘴橡胶制品	60mg/L(水、20%乙醇)	
聚碳酸酯制品	30mg/L(4%乙酸、水、20%乙醇、正庚烷)	日本厚生省告示第 370 号
聚苯乙烯制品	30mg/L(4%乙酸、水、20%乙醇) 240mg/L(正庚烷)	
非奶嘴橡胶制品	60mg/L(水、20%乙醇)	

续表

食品接触材料种类	总迁移限量	相关依据
聚丙烯制品	30mg/L(4%乙酸、水、20%乙醇) 150mg/L(正庚烷)	中国台湾地区食品器具容器包装卫生标准
聚苯乙烯制品	30mg/L(4%乙酸、水)	
非奶嘴橡胶制品	60mg/L(水、20%乙醇)	

(5)各国(或地区)食品接触材料总迁移限量的比较分析

当前,美国、中国、日本、韩国以及中国台湾地区对食品接触材料的总迁移限量都基于材质及浸泡液种类来确定。这样一来,当遇到不常见或新型材料时就变得无据可依了,特别是我国当前有总迁移限量规定的材料数量要明显少于其他国家。因此,一方面我国要加快对各种材料总迁移限量要求的出台;另一方面,从长远看,我国也可以参考欧盟做法对各类食品接触材料总迁移限量作出统一规定,这将在客观上避免对新型材料安全评估无据可依的情况。

另外,各国(或地区)对食品接触材料的限量要求均存在一定差异,特别是欧盟、美国、中国对食品接触材料的总迁移限量要求在单位量纲、限量数值等方面差别较大,加上检测方法不同使得各国家(或地区)限量几乎完全没有可比性。这对我国出口至欧美产品在客观上形成了技术性贸易壁垒,需要我们在了解限量差别的基础上进一步了解欧美国家的检测方法,只有这样才能有效地打破贸易壁垒。

以上仅列出了欧盟、美国、中国、日本、韩国以及中国台湾地区部分的食品接触材料的总迁移限量要求,各国家(或地区)完整的总迁移限量可参见本书的附录。

2. 特定迁移量

由于总迁移量测定的是所有非挥发性组分的迁移总和量,因此并没有对其中的各种组分进行定性。总迁移量测定结果符合限量要求时,其中某些单个成分的量仍然可能迁移太多,特别是当这些成分是危害性较大的高关注物质,如有毒重金属镉及有毒有机物分子丙烯腈等时,一旦进入食品将对饮食者的健康造成巨大危害,因此需要对这些物质独立出来进行检测,也就是进行特定迁移量测定。

"特定迁移量"是指从食品接触材料向食品模拟物中释放的某些特定物质的量,"特定组分迁移量"考察的是从食品接触材料向食品模拟物迁移的某一个或某一类组分数量的大小程度。当然,有时无法获得尚未与食品接触的制品时,则必须在实际的食品中进行特定迁移量测定。特定迁移量对应的最高允许值即为"特定迁移限量"。

当前各国家(或地区)对特定迁移量的测试不外乎是两种:塑料、橡胶、有机涂层等制品的有机物分子迁移量测定;塑料、橡胶、陶瓷、玻璃、金属等制品的重金属迁移量测定。以下以塑料、橡胶、内壁涂层等制品的有机物迁移量及陶瓷制品的重金属迁移量为例,分析各国家(或地区)食品接触材料的特定迁移限量指标。

(1)欧盟食品接触材料特定迁移量及法规依据

欧盟食品接触材料特定迁移量及法规依据(部分)见表 3.5。该表列出了欧盟的食品接触材料的特定迁移限量(部分)。根据欧盟法规(EU)No. 10/2011及ResAP(2004)1框架决议,塑料制品及内壁涂层制品的特定迁移限量单位为mg/kg或mg/dm^2(不限溶剂种类),若将表中mg/kg表示的限量转化为mg/dm^2表示,应除以“常规换算系数”6。如密胺制品的甲醛迁移限量为15mg/kg,即迁移入1kg食品模拟物的甲醛质量不得超过15mg,该限量可换算成$15mg/6dm^2=2.5mg/dm^2$。两种单位的使用条件与欧盟对总迁移限量单位的使用规定是一致的。

表3.5　欧盟食品接触材料特定迁移量及法规依据(部分)

食品接触材料种类	特定迁移限量	法规依据
黑色尼龙制品	初级芳香胺:不得检出 (检出限:0.01mg/kg)	(EU)No. 10/2011
密胺制品	甲醛:15mg/kg	
含丙烯腈橡胶制品	丙烯腈:不得检出 (检出限:0.01mg/kg)	ResAP(2004)4决议
内壁聚四氟乙烯涂料	四氟乙烯:0.05mg/kg	ResAP(2004)1 框架决议
不可灌液制品,及可灌液的、其内部深度(从最低点到上边缘水平面之间的距离)不超过25mm的制品	铅:$0.8mg/dm^2$; (四件平均值)	84/500/EEC
除上述外所有其他可灌液制品	铅:4.0mg/L; (四件中任何一件)	
烹调器具;容积超过3L的包装和储藏容器	铅:1.5mg/L; (四件中任何一件)	

根据欧盟ResAP(2004)4决议,EFSA(欧洲食品安全局)的毒理学评估被公认为是基于生产塑料材料和制品的物质的评估数据,这种评估假定消费者暴露于$6dm^2$塑料材料包装的1kg食品中。因而,特定迁移限量可用mg/kg或$mg/6dm^2$表示。然而,由于橡胶产品表面积与食品的比值不同,这种方法不能应用于橡胶产品中,故而其特定迁移限量始终以mg/kg表示。如含丙烯腈橡胶制品中丙烯腈迁移量为不得检出(检出限:0.01mg/kg)。

塑料、橡胶及内壁涂层的种类繁多、工艺复杂,这些材料在生产中使用的添加剂种类就达几百种,有些添加剂规定了特定迁移限量而有些尚待规定。尤其欧盟关于塑料食品接触材料的法规(EU)No. 10/2011规定的有特定迁移限量的物质多达数百种,特别是对一些高敏感物质的要求特别严格。当然,对如此之多的物质全都进行检测,既不可能也无必要,根本上还是要从源头上把好原料关和生产关。

对于在欧盟物质清单中尚未规定特定迁移限量的物质,欧盟规定其迁移量不得超过总迁移限量,即60mg/kg或$10mg/dm^2$。如有些塑料中作为填料大量使用的碳酸钙,会被乙酸溶解而迁移到乙酸溶液中,虽然对碳酸钙未规定特定迁移量指标,但如在乙酸模拟物中的迁移量超过60mg/kg,就会视为不合格。欧盟还规定各种物质迁移量之和也不

得超过总迁移限量。仍以密胺制品为例,假定测出其三聚氰胺迁移量为 28mg/kg,甲醛迁移量为 12mg/kg,硬脂酸锌的迁移量(以锌计)为 24mg/kg,虽然各物质迁移量均未超过其特定迁移限量,但总和高于 60mg/kg,因而也判为不合格。

对于陶瓷等食品接触材料,并没有总迁移限量要求,只规定了铅、镉等重金属在 4%乙酸溶液中的特定迁移限量要求。如表 3.5 中不可灌液的陶瓷制品(扁平制品)的铅特定迁移限量为 0.8mg/dm^2(四件平均值),即“选四件陶瓷制品,测定每件制品每平方分米的陶瓷面中迁移出的重金属铅质量,四件陶瓷制品铅迁移量平均值不得超过 0.8mg”;而可灌液的陶瓷制品的铅特定迁移量为 4.0mg/L(四件中任何一件),即“选四件陶瓷制品,要求迁移入每升 4%乙酸溶液中的铅质量不得超过 4.0mg,任一件制品均需满足”。由此可知,欧盟对可灌液制品,其限量单位为“mg/L”;而对不可灌液制品是相对表面面积计算的,即其限量单位为“mg/dm^2”。

(2)美国食品接触材料特定迁移限量及法规依据

美国食品接触材料特定迁移限量及法规依据(部分)见表 3.6。如 ABS 塑料制品在食品模拟物(蒸馏水、3%乙酸)中,丙烯腈迁移限量为 0.0015mg/inch^2;内壁为部分磷酸酯化的聚酯树脂涂层制品在食品模拟物(蒸馏水、正庚烷、8%乙醇)中 2,3-二甲基-1,3-二丙醇迁移限量为 0.3μg/inch^2。美国对高聚物食品接触材料的特定组分迁移量一般表达为“μg/inch^2 或 mg/inch^2”,即单位食品接触材料表面积中某种组分的迁移入模拟物中的最高允许质量。

表 3.6　美国食品接触材料特定迁移限量及法规依据(部分)

食品接触材料种类	特定迁移限量	法规依据
ABS 塑料制品	丙烯腈:0.0015mg/inch^2 (蒸馏水、3%乙酸)	FDA CFR 177.1020
丙烯腈共聚物和树脂制成的橡胶制品(重复使用)	丙烯腈:0.003mg/inch^2 (蒸馏水、3%乙酸、50%乙醇、正己烷)	FDA CFR 181.32
部分磷酸酯化的聚酯树脂涂层制品	2,3-二甲基-1,3-二丙醇:0.3μg/inch^2 (蒸馏水、正庚烷、8%乙醇)	FDA CFR 175.30
陶瓷(扁平器皿)	铅:3μg/mL(六件中任何一件)	FDA CPG 7117.06、FDA CPG 7117.07
杯和大杯	铅:0.5μg/mL(六件中任何一件)	
罐	铅:0.5μg/mL(六件中任何一件)	

与欧盟类似,美国 FDA 对于陶瓷等食品接触材料没有总迁移限量要求,只规定了铅、镉等重金属在 3%乙酸溶液中特定迁移限量要求。如美国 FDA 规定陶瓷制品(扁平器皿)在 3%乙酸中迁移限量为 3μg/mL(六件中任何一件),即“选六件陶瓷制品,要求迁移入每毫升 3%乙酸溶液中的铅质量不得超过 3μg,任一件制品均需满足”;陶瓷制品(罐)在 3%乙酸中迁移限量为 0.5μg/mL(六件中任何一件),即“选六件陶瓷制品,要求迁移入每毫升 3%乙酸溶液中的铅质量不得超过 0.5μg,任一件制品均需满足”。美国对陶瓷食品接触材料的特定组分迁移量一般表达为“μg/mL”,即迁移入单位体积食品模拟

物中重金属铅、镉最高质量要求，无论扁平制品及可灌液容器均是如此。

(3)中国食品接触材料特定迁移限量及卫生标准依据

中国食品接触材料特定迁移限量及卫生标准依据(部分)见表3.7。表3.7列出了我国的高聚物、内壁涂层及陶瓷食品接触材料特定迁移限量(部分)。2009年开始实施的GB 9685-2008中首次明确引入特定迁移限量这一概念，如之前的国标GB 9683-1988中描述的“复合材料中二氨基甲苯的测定”，“塑料制品中重金属(以Pb计)”等并未明确说明为迁移限量，但根据方法描述可知其指的就是特定迁移量(特定组分迁移量)的测定。我国国标中特定迁移限量绝大多数以“mg/L”为量纲，即迁移入单位体积的食品模拟物中的食品接触材料组分的最高允许质量。

表3.7 中国食品接触材料特定迁移限量及卫生标准依据

食品接触材料种类	特定迁移限量	卫生标准依据
聚乙烯制品	高锰酸钾消耗量:10mg/L(水)	GB 9687-1988
	脱色试验:阴性(4%乙酸、65%乙醇、正己烷)	
复合包装	2,4-二氨基甲苯:0.004mg/L(4%乙酸)	GB 9683-1988
高压密封橡胶圈	锌:100mg/L(4%乙酸)	GB 4806.1-1994
环氧酚醛涂层	甲醛:0.1mg/L(水)	GB 4805-1994
特殊装饰产品陶瓷(扁平制品)	铅:5.0mg/L;镉:0.5mg/L(六件中任何一件)(4%乙酸)	GB 12651-2003
特殊装饰产品陶瓷(杯类)	铅:0.5mg/L;镉:0.25mg/L(六件中任何一件)(4%乙酸)	

一般来说，塑料、内壁涂层、橡胶等食品接触材料的特定迁移限量规定均为明确的限量值且为某一种(或同一类)明确的物质。我国当前国标中，有两个非常重要的测试项目:脱色试验及高锰酸钾消耗量，前者测定结果是以视觉分辨而没有明确的限量数值；后者有明确限量值但是测定的并非是某一种或某一类物质，我国绝大多数这类食品接触材料需要进行这两项测试。高锰酸钾消耗量测定是以水作为模拟物浸泡食品接触材料，然后通过化学法测定迁移入单位体积的水中可被氧化性高锰酸钾氧化的有机分子的数量，包括残留溶剂、黏合剂、添加剂等有机分子，这并未包括所有迁移的组分。因此，我们将高锰酸钾消耗量视为易溶入食品模拟物水且易被氧化的各种有机物的特定迁移量。我国规定塑料等制品中高锰酸钾消耗量限量为10mg/L，即溶入每升水中的易被高锰酸钾氧化的有机分子总量不得超过10mg。在美国《联邦规章法典》第21卷第170部分(FDA 21CFR 177.1010)中对某些塑料(如丙烯酸塑料)有一个称为“高锰酸钾可氧化浸提物的吸光度”的指标，与我国的“高锰酸钾消耗量”测定意义类似，所不同的是该项目是通过测

定分光光度法测定高锰酸钾反应产物的吸光度。

"脱色试验"是考核食品包装材料在遇到酒、油、酸性物质等情况下的脱色情况。一是用沾有冷餐油(色拉油)或65%乙醇的棉花,在材料或制品接触食品部位的小面积内,用力往返擦拭100次,观察棉花上是否染有颜色;二是观察迁移试验中各种食品模拟物(浸泡液)是否染色。如染色,则表明着色剂会从材料中迁移出来,产品判为阳性即不合格;如不染色,则表明着色剂不会从材料中迁移出来,产品判为阴性即合格。脱色试验不合格的产品在使用过程中会导致塑料着色剂溶解在食物中而被人体摄入,而这些塑料着色剂一般都不是食用色素,长期过量摄入会影响健康。实际上,国标中这项检测所测定的物质就是对应于欧盟所规定的对深颜色、黑色塑料食品接触材料中芳香伯胺类及偶氮染料、一些无机盐类的颜料的迁移试验。此处,我们将其归入色素的特定迁移量测定。

对于陶瓷制品,我国与欧盟、美国一样,只规定了陶瓷制品的重金属迁移限量要求,且规定4%乙酸溶液作为测试陶瓷中重金属铅、镉的模拟物。如特殊装饰产品陶瓷(扁平制品)重金属迁移限量为铅:5.0mg/L;镉:0.5mg/L(六件中任何一件);特殊装饰产品陶瓷(杯类)铅:0.5mg/L;镉:0.25mg/L(六件中任何一件),即"选六件陶瓷制品,要求迁移入每升4%乙酸溶液中的铅质量不得超过以上限量值,任一件制品均需满足",其单位量纲均为mg/L。

(4)日本、韩国、中国台湾地区食品接触材料特定迁移限量法规或卫生标准依据

日本、韩国、中国台湾地区食品接触材料特定迁移限量及法规或卫生标准依据(部分)见表3.8。从表3.8中可以看出日本、韩国、中国台湾地区的法规标准中对塑料制品高锰酸钾消耗量的测定要求与中国国标一致,限量为低于10mg/L。当然,各国家(或地区)对某些材料的特定组分迁移量限制不一,如韩国对聚丙烯制品规定了1-辛烯的特定迁移限量为15mg/L,而中国大陆及中国台湾地区等并无这一限量。

对于陶瓷制品,日本、韩国、中国台湾地区与欧盟、中国大陆一致,均使用4%乙酸溶液为食品模拟物。对于陶瓷扁平器(深度<2.5cm),日本、韩国、中国台湾地区均规定了铅与镉的特定迁移量Pb为17mg/dm^2,Cd为1.7mg/dm^2,即对这类产品规定了从单位面积的制品表面迁移入模拟物的重金属最高质量。对于陶瓷容器(深度>2.5cm且容积<1.1L),日本、韩国、中国台湾地区均规定了铅与镉的特定迁移量Pb为2.5mg/L,Cd为0.25mg/L,即对这类产品的重金属迁移量是以单位"mg/L"表示,即迁移入单位体积的模拟物的重金属最高质量。

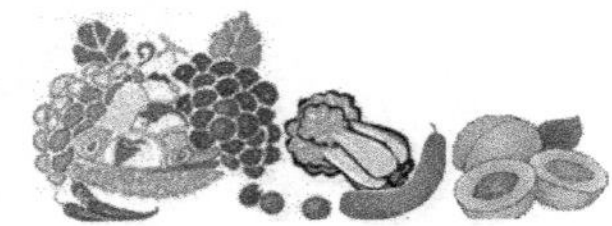

表 3.8　日本、韩国、中国台湾地区食品接触材料特定迁移限量及依据

食品接触材料种类	特定迁移限量	依据
聚丙烯制品	1-辛烯:15mg/L (水、4%酸、20%乙醇、正庚烷)	韩国食品器具、容器和包装的规范标准
聚丙烯制品	高锰酸钾消耗量:10mg/L (水)	
非奶嘴橡胶制品	Zn:15mg/L(4%乙酸)	
酚醛树脂涂层	甲醛:4mg/L(4%乙酸)	
陶瓷扁平器(深度<2.5cm)	Pb:0.8mg/dm^2;Cd:0.7mg/dm^2(4%乙酸)	
陶瓷制品(深度>2.5cm且容积<1.1L)	Pb:1.5mg/L;Cd:0.5mg/L(4%乙酸)	
尼龙制品	已内酰胺:15mg/L(20%乙醇)	日本厚生省告示第370号
聚丙烯制品	高锰酸钾消耗量:10mg/L (水)	
非奶嘴橡胶制品	Zn:15mg/L(4%乙酸)	
酚醛树脂涂层	苯酚:5mg/L(水)	
陶瓷扁平器(深度<2.5cm)	Pb:0.8mg/dm^2;Cd:0.7mg/dm^2(4%乙酸)	
陶瓷制品(深度>2.5cm且容积<1.1L)	Pb:2mg/L;Cd:0.5mg/L(4%乙酸) (4%乙酸)	
PMMA 制品	甲基丙烯酸甲酯:15mg/L(20%)	中国台湾地区食品器具容器包装卫生标准
聚丙烯制品	高锰酸钾消耗量:10mg/L (水)	
非奶嘴橡胶制品	Zn:15mg/L(水)	
环氧树脂涂层	酚:5mg/L	
陶瓷扁平器(深度<2.5cm)	Pb:17mg/dm^2;Cd:1.7mg/dm^2 (4%乙酸)	
陶瓷制品(深度>2.5cm且容积<1.1L)	Pb:2.5mg/L;Cd:0.25mg/L (4%乙酸)	

(5)各国家(或地区)食品接触材料特定迁移限量的比较分析

通过上述分析可知,各国家(或地区)均规定了食品接触材料的特定迁移限量。如对塑料、橡胶等高聚物均规定了单体、添加剂等有机物分子迁移限量,有些高聚物还规定了重金属的迁移量,如 PET 塑料中的重金属锑的迁移量等。当然,各国家(或地区)对这些食品接触材料的特定迁移限量的要求不一。一方面有些国家有某组分的特定迁移量要求而另一些国家无此限量,如韩国规定聚丙烯塑料中 1-辛烯特定迁移限量 15mg/L,而我国并没有这样的规定;另一方面不同国家均有同样的特定组分迁移限量,但是不同国家的限量值规定不一或规定的食品模拟物不一样，如韩国与我国均规定尼龙制品中己内酰胺的特定迁移量，但是韩国规定了20%乙醇作为食品模拟物，而我国规定了水作为食品模拟物。另外，各国家(或地区)对陶瓷类食品接触材料均规定了4%乙酸溶液(仅美国为3%乙酸溶液)作为食品模拟物，但是其限量规定各不相同，有的甚至的量纲也不相同，如欧盟等除了规定“mg/L”作为量纲外，还规定了“mg/dm^2”作为量纲；而我国、美国等对所有的器形均以“mg/L”作为量纲。

和总迁移限量类似，各国家(或地区)对食品接触材料的特定迁移限量要求在单位量纲表达、限量数值等方面差别较大，加上检测过程不同使得限量完全没有可比性。这对我国出口至欧美产品会形成技术性贸易壁垒，需要我们在了解限量差别的基础上进一步了解欧美国家的检测方法以打破贸易壁垒。

以上仅列出了欧盟、美国、中国、日本、韩国以及中国台湾地区部分的食品接触材料的特定组分迁移限量要求，各国家(或地区)其他限量要求可参见本书附录。

3. 残留量测定

“残留量”是指食品接触材料中残留的某一单体、添加剂或重金属等组分物质总含量。对于确定的食品接触材料，其残留量也是一定的，含量越高，迁移并进入食品的风险就越高。与残留量对应的最高允许值即为“残留限量”，它是除总特定迁移量外，另一个评估食品接触材料是否安全的重要指标。食品接触材料的残留量测定包括塑料、橡胶、竹木、纸张等制品中的有机物、重金属残留。下面以塑料、橡胶制品为例，分析各国家(或地区)食品接触材料的残留限量。

(1)欧盟食品接触材料残留限量及法规依据

欧盟食品接触材料残留限量及法规依据(部分)见表3.9。根据表3.9可知，一些组分残留限量单位量纲与迁移量相同，都以“mg/kg”表示，但两者的含义不同。残留限量表示每千克材料中某一组分物质的最高允许毫克数，而迁移量则是材料中物质迁移到每千克食品或食品模拟物中的最高允许毫克数。如聚氯乙烯塑料制品(PVC)，瓶盖垫片、垫圈中氯乙烯组分残留限量为1mg/kg，是指1kg该类产品中含有氯乙烯单体残留量不得超过1mg。除此之外，欧盟还有一个“单位面积残留限量”，其单位量纲为“$mg/6dm^2$”，即$6dm^2$食品接触材料表面积中含有的某一受限组分的最大允许毫克数。如聚苯乙烯制品的二乙烯基苯组分残留限量为$0.01mg/6dm^2$，即$6dm^2$该类制品表面积中含有的二乙烯基苯不得超过0.01mg。

表3.9 欧盟食品接触材料残留限量及法规依据(部分)

食品接触材料种类	限量	法规依据
聚氯乙烯塑料制品(PVC)，瓶盖垫片、垫圈	氯乙烯：1mg/kg	(EU)No. 10/2011
聚苯乙烯制品	二乙烯基苯：$0.01mg/6dm^2$	
橡胶制品(含丁二烯)	丁二烯：1mg/kg	ResAP(2004)4决议

(2)美国食品接触材料残留限量及法规依据

美国食品接触材料残留限量及法规依据(部分)见表3.10。根据该表可知,美国FDA对食品接触材料残留限量单位量纲为“mg/kg”,即每千克材料中含有某一组分物质的最高允许毫克数。除此之外,美国FDA对食品接触材料残留限量单位量纲还以%表示,即食品接触材料中某一受限物质质量占食品接触材料的最高百分比数。如美国FDA规定聚苯乙烯制品中苯乙烯单体残留限量为1%,即聚苯乙烯制品中苯乙烯单体质量占聚苯乙烯质量百分比数不得超过1%。另外,美国FDA规定了不少原料树脂的组分残留限量,如苯乙烯树脂原料中苯乙烯单体限量为0.5%。

表3.10 美国食品接触材料残留限量及法规依据(部分)

食品接触材料种类	限量	法规依据
聚苯乙烯制品	苯乙烯单体:1%	FDA CFR 177.1640
苯乙烯树脂原料	苯乙烯单体:0.5%	
丙烯腈-丁二烯-苯乙烯塑料制品	11mg/kg	FDA CFR 177.1020

(3)中国食品接触材料残留限量及卫生标准依据

中国食品接触材料残留限量及卫生标准依据(部分)见表3.11。根据该表可知,与美国类似,我国对食品接触材料组分残留限量单位量纲以“mg/kg”及“%”表示。如ABS制品中丙烯腈单体残留限量为11mg/kg;苯乙烯树脂原料中苯乙烯单体残留限量为0.5%。

表3.11 中国食品接触材料残留限量及卫生标准依据(部分)

食品接触材料种类	限量	卫生标准依据
ABS塑料	丙烯腈单体:11mg/kg	GB 17326-1998
AS塑料	丙烯腈单体:50mg/kg	GB 17327-1998
苯乙烯树脂原料	苯乙烯单体:0.5%	GB 9692-1988
PET树脂原料	锑:1.5mg/kg	GB 13114-1991

(4)日本、韩国及中国台湾地区食品接触材料残留限量及依据

日本、韩国及中国台湾地区食品接触材料残留限量及依据(部分)见表3.12。总的来说,日本、韩国及中国台湾地区食品接触材料残留限量比较接近,如对于橡胶制品(非奶嘴)其均要求2-硫基咪唑啉为阴性(未检出),其他材料组分残留限量均以量纲“mg/kg”表示。另外,日本与中国台湾地区对塑料制品均有通用组分残留限量,即铅、镉限量为100mg/kg,而韩国对塑料制品的通用组分残留限量为铅、钙、汞、六价铬总和不得超过100mg/kg。

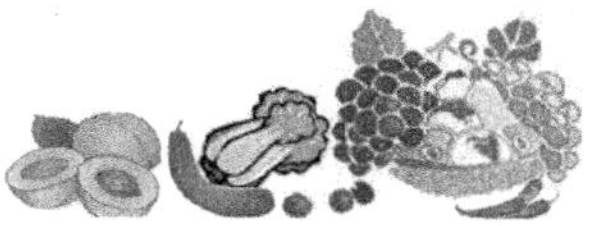

表3.12　日本、韩国及中国台湾地区食品接触材料组分残留限量及依据(部分)

食品接触材料种类	限量	依据
塑料制品	铅、钙、汞、六价铬总和:100mg/kg	韩国食品器具、容器和包装的规范标准
橡胶制品	2-硫基咪唑啉:未检出	
聚氯乙烯制品	氯乙烯单体:1mg/kg	
聚苯乙烯制品	挥发性有机物:5000mg/kg	
塑料制品	铅、镉:100mg/kg	日本厚生省告示第370号
橡胶制品	2-硫基咪唑啉:阴性	
聚氯乙烯制品	氯乙烯单体:1mg/kg	
聚苯乙烯制品	挥发性物质:5000mg/kg	
塑料制品	铅、镉:100mg/kg	中国台湾地区食品器具容器包装卫生标准
橡胶制品	2-硫基咪唑啉:阴性	
聚氯乙烯制品	氯乙烯单体:1mg/kg	
聚苯乙烯制品	挥发性物质:5000mg/kg	

(5)各国家(或地区)食品接触材料残留量分析与比较

由上述分析可知,除了通用组分残留限量会相同外,一般不同材料因含组分不同而含有不同的残留限量,如对苯乙烯单体的限量只会来自聚苯乙烯塑料而对氯乙烯单体的限量只会来自聚氯乙烯塑料。

各国家(或地区)对食品接触材料的组分残留限量要求不一,包括有该限量要求的材料种类数量、限量大小及单位量纲,特别是欧盟还规定了单位面积中食品接触材料含有的残留限量与别国均不同。相对其他国家而言,我国现有卫生标准中规定有残留限量的材料种类并不多,为了与国际接轨并减少贸易障碍,我国需加紧修订食品接触材料残留限量的卫生标准。总的来说,各国家(或地区)有特定迁移限量要求的材料数量要大大多于有残留限量要求的材料数量,这是因为相对残留量而言,迁移量更能反映食品接触材料的安全性,它能更直观地反映出其有毒有害物质迁移入食品的容易程度。当然,对某一固定材料而言,如果食品模拟物(食品)、温度、接触时间等使用条件相同,那么其组分残留量越大就越容易迁移该组分。反之,即便某一材料中某组分残留量是一定的,但在不同的接触条件下(温度、时间、食品或模拟物种类)其迁移量可能不同。

以上仅列出了欧盟、美国、中国、日本、韩国以及中国台湾地区部分的食品接触材料的残留限量要求,各国家(或地区)其他的限量可参见本书附录。

4.总迁移量、特定组分迁移量及总残留量之间的关系

根据总迁移量、特定迁移量的定义可以发现,总迁移量数值上应等于所有非挥发性组分的特定迁移量的总和。因此,只要证明总迁移量的测定值小于某种非挥发物的特定迁移量,便可证明该组分特定迁移量符合其限量要求。以欧盟为例,对于密胺制品,欧盟规定三聚氰胺特定迁移限量为30mg/kg,甲醛特定迁移限量为15mg/kg。假定测得的水

溶液模拟物(水、乙酸或乙醇溶液)中总迁移量为5mg/kg,则表明三聚氰胺的特定迁移量必不会超过5mg/kg,当然更不会超过限量30mg/kg,因此可不用检测三聚氰胺的特定迁移量而说明其合格。但是,如前所述,总迁移量实际是非挥发性组分特定迁移量的总和,而甲醛易挥发,总迁移量5mg/kg并不包括甲醛的特定迁移量值,所以这不能直接说明甲醛迁移量未超过其特定迁移限量,仍需通过检测判定。

此外,还可以通过组分残留量大小来直接确定特定组分迁移量是否不合格。以欧盟为例,某聚氯乙烯制品中氯乙烯单体残留为2mg/kg,每3g该制品面积为$6dm^2$,根据欧盟EFSA假定"$6dm^2$塑料材料包装的1kg食品",该制品会与1kg食品接触。考虑最极端情况,即氯乙烯单体百分之百地迁移到1kg食品中去,其特定迁移量为(2×0.003/1)=0.006(mg/kg),小于限量0.01mg/kg,那么此时便可判定氯乙烯单体的特定迁移量必定符合限量要求,故可免去对这种氯乙烯的特定迁移量检测。当然,若按照极端情况获得的迁移量超过限量,便无法判定是否合格。此时,仍然需要通过实际检测判定。欧盟法规(EU)No.10/2011规定的两种可不必强制检测特定迁移量的情况,归纳为如图3.1所示,在使用我国国家标准测试时,也可作为参考。

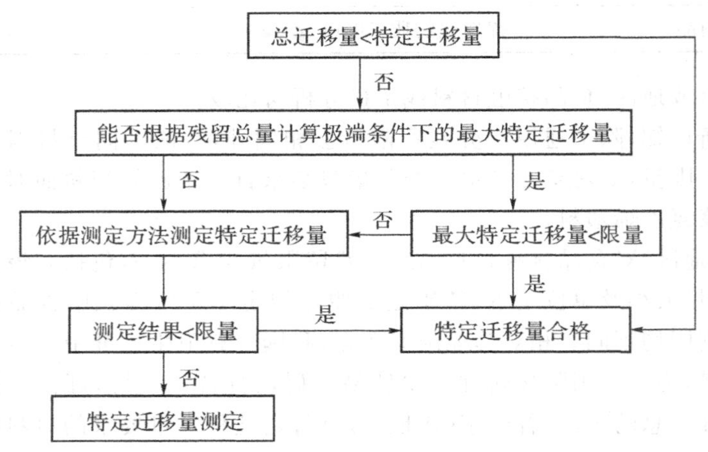

图3.1 欧盟检测特定迁移量的一般步骤

3.3 各国家(或地区)食品接触材料的检测方法探讨

3.3.1 总迁移量及特定迁移量测定

图3.2及图3.3所示是总迁移量及特定迁移量测定的一般操作流程。由图3.2、图3.3可知,总迁移量及特定迁移量测定可分为两个阶段:第一阶段,将食品接触材料浸泡于食品模拟物中;第二阶段,测定食品模拟物中的迁移量。从图3.2可知,此阶段涉及水浴加热蒸发皿,因此挥发性物质会被蒸发掉,留在蒸发皿中仅为非挥发性物质。其中第一阶段是关键性的前处理过程,涉及食品模拟物的选择、浸泡条件(浸泡温度、浸泡时间)的确定、模拟物

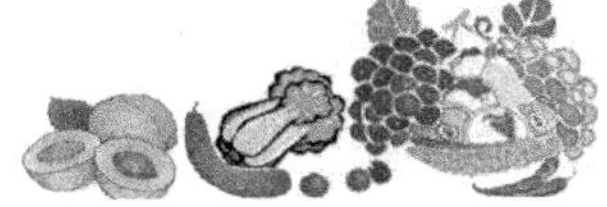

浸泡方式的确定。欧盟、美国、中国、日本、韩国等在食品接触材料的浸泡过程存在一定差异，本章将进行分析比较。对陶瓷、玻璃等制品，由于各国家(或地区)在食品模拟物选择及浸泡条件确定时相对简单，此处只对塑料、橡胶及含内壁涂层等制品进行讨论。

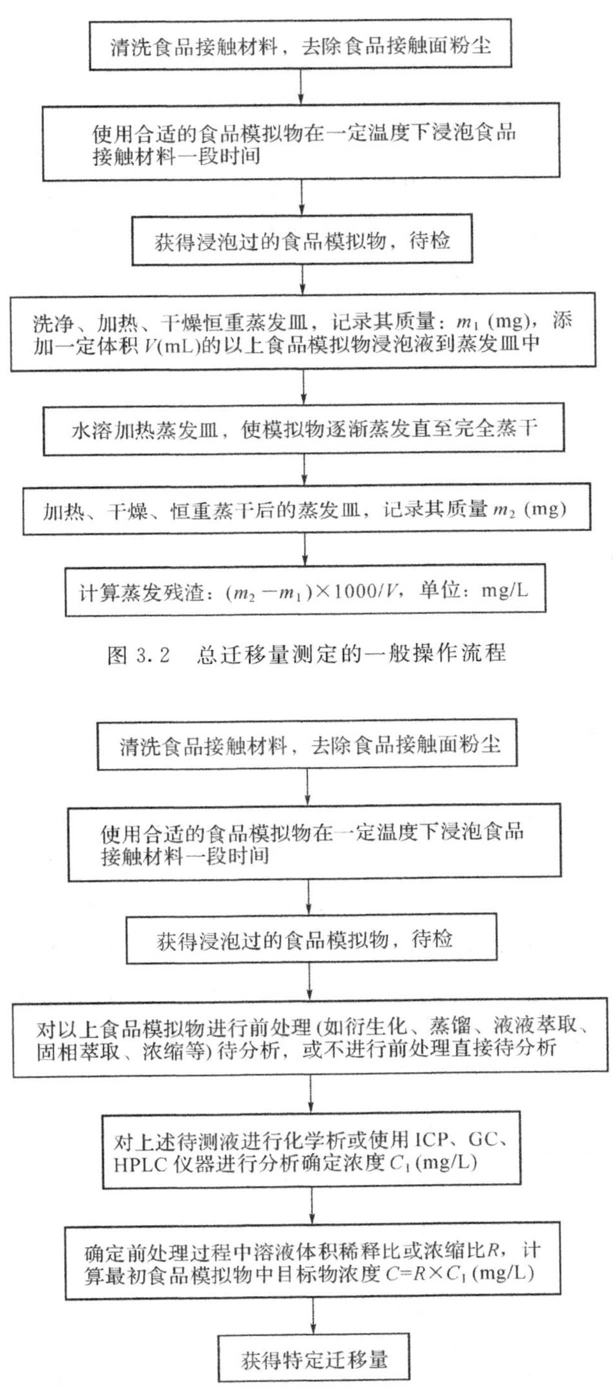

图 3.2　总迁移量测定的一般操作流程

图 3.3　特定迁移量测定的一般操作流程

1. 食品的分类及对应食品模拟物的选择

各国家(或地区)根据食品性质对其进行分类,并规定了对应的食品模拟物种类。原则上,为使迁移量测定结果更准确,应该使用与实际食品性质接近的食品模拟物。

(1)欧盟

欧盟将食品分为6类,见表3.13,其实施食品接触材料的迁移量测定时,首先需确定该产品实际使用过程中可能接触的食品。这可以通过该产品的标签、生产商声明或使用习惯加以确定。然后,确定其食品类型(属于水性、油性等),最后以此确定对应的食品模拟物种类。例如,若食品接触材料预期会接触酸性食品,那么需要选择模拟物B进行浸泡后测定总迁移量及特定迁移量。关于某种食品属于何种食品类型的确定,欧盟法规(EU)No. 10/2011中有详细的分类规定。

表3.13　欧盟对食品的分类及对应的食品模拟物

食品类型	对应食品模拟物	编号
非酸性食品(pH>4.5)	10%(V/V)乙醇(或水)	A
酸性食品(pH≤4.5的水性食品)	3%(W/V)乙酸	B
乙醇含量不超过20%的食品	20%(V/V)乙醇	C
乙醇含量不超过20%的食品、牛奶制品、水包油食品	50%(V/V)乙醇	D1
油性食品	植物油	D2
干性食品	聚2,6-二苯基苯乙烷(60~80目,200nm)	E

(2)美国

美国FDA将食品分为8类,见表3.14。但是,进一步细分后,大体上为水性、油性、低醇和高醇四大类。其中,将非酸性和酸性水质产品均归为水性类;含醇饮料再按乙醇含量高于或不高于8%进行分类,不同食品种类对应的食品模拟物见表3.15。与欧盟类似,美国FDA需要在弄清实际接触食品种类的基础上来选择模拟物。如知道预期接触的食品为酒精食品(不超过8%),则需要使用8%乙醇水溶液进行浸泡。但是,美国FDA并非对所有的塑料及橡胶制品都采用这一原则,如对聚丙烯及聚乙烯制品,提取溶剂选择的是固定不变的正己烷和二甲苯。

表3.14　美国FDA对食品的分类

类别号	食品类型
Ⅰ	非酸性(pH大于5.0)水性食品:可能含盐、糖或二者均含有,包括低脂或高脂的水包油乳液
Ⅱ	酸性(pH≤5.0)水性食品:可能含盐、糖或二者均含有,包括低脂或高脂的水包油乳液
Ⅲ	酸性或非酸性的含有游离油脂的水性食品:可能含盐,包括低脂或高脂的油包水乳液

续表

类别号		食品类型
Ⅳ	A	乳制品和配方乳制品:高脂或低脂的油包水乳液
	B	乳制品和配方乳制品:低脂或高脂的水包油乳液
Ⅴ		低水分油脂
Ⅵ	A	含醇饮料
	B	无醇饮料
Ⅶ		焙烤类食品
Ⅷ		干性固体食品(无测试要求)

表 3.15　美国 FDA 规定食品的种类及对应的食品模拟物种类

食品类型	食品模拟物种类
非酸性食品(pH>5.0)	蒸馏水或同质水
酸性食品(pH≤5.0 的水性食品)	
酒精食品(含醇量不高于 8%)	(1)8%(V/V)乙醇水溶液
酒精食品(含醇量高于 8%)	(2)50%(V/V)乙醇水溶液
油性食品	正庚烷

(3)中国

我国将食品分为非酸性、酸性(但我国未明确规定 pH 值界限)、酒精食品、油性食品,分别用水、4%乙酸、65%乙醇(有时为 20%)水溶液、正己烷来模拟,见表 3.16。目前,我国现行卫生标准中绝大多数并未明确规定食品模拟物适用的食品类型,也就是选择食品模拟物时并不考虑食品类型。因此检测时往往不分产品实际接触的食品类型来选用模拟物,而是按标准规定的浸泡液种类进行迁移试验。浸泡液种类选择只与材质有关,这可能会出现检测用食品模拟物与实际使用的食品性质存在较大差异的情况。

表 3.16　中国对食品的分类及对应食品模拟物种类

食品类型	食品模拟物种类
非酸性食品	蒸馏水
酸性食品	4%乙酸
酒精食品	65%或 20%乙醇
油性食品	正己烷

(4)日本、韩国、中国台湾地区

日本、韩国、中国台湾地区均将食品分为非酸性(pH>5)、酸性(pH<5)、酒精食品、油性食品,分别用水、4%乙酸、20%乙醇水溶液、正庚烷模拟,见表 3.17。日本、韩国、中国台湾地区对食品分类及对应的食品模拟物种类与中国大陆非常相似,但是它们在选择模

拟物时采用了与欧盟相同的原则，即根据产品预期接触的食品类型来选择对应的浸泡液。

表 3.17 日本、韩国、中国台湾地区对食品的分类及对应食品模拟物种类

食品类型	食品模拟物种类
非酸性食品(pH>5.0)	蒸馏水
酸性食品(pH≤5.0 的水性食品)	4%乙酸
酒精食品	20%乙醇
油性食品	正庚烷

(5)各国家(或地区)模拟物分类及选择特点

对非酸性、酸性和含醇食品，各国(或地区)使用的模拟物基本一致，如蒸馏水、乙酸水溶液及乙醇水溶液，只是浓度略有不同。对于脂类食品，其他国家或地区(包括我国)都使用挥发性有机溶剂，如我国选择正己烷、美国选择正庚烷，但欧盟则使用沸点较高的橄榄油，这导致欧盟使用脂类模拟物测定总迁移量的检测方法与其他国家(或地区)有较大差异。由于橄榄油的沸点较高，因此很难用图 3.2 中总迁移量测定时使用的水浴进行蒸发，其一般流程如图 3.4 所示。

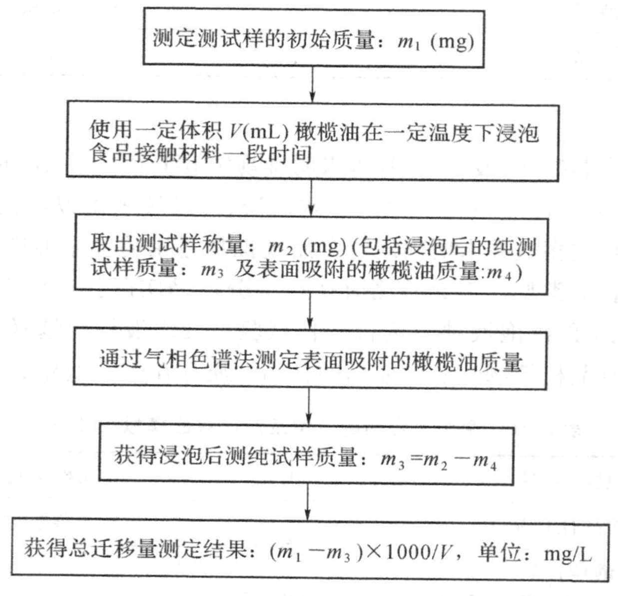

图 3.4 欧盟以橄榄油浸泡时总迁移量的测定流程

由于脂肪类模拟物(橄榄油)相对实际食品具有更高的提取能力，对采用这类模拟物进行迁移试验的测定结果，需使用一个 1～5 的“缩减换算系数”校正后再与限量指标比较。这个与美国 FDA 规定的庚烷提取后应将提取物量除以 5，然后再与限量指标比较的原因类似。另外，若由于技术原因不能使用橄榄油时，欧盟在一定条件下也可用 95%乙醇或异辛烷替代橄榄油。只有当替代实验结果不合格时，才必须使用橄榄油进行验证结

果。除我国外,其他国家(或地区)在选择食品模拟物时均会以实际接触的食物类型为依据。也就是说,食品接触材料盛装什么食品就使用对应的食品模拟物试验,与该类制品材质无关,以使食品模拟物与食品接触材料的接触过程更接近实际情况,特别是欧盟有一整套完整的食品模拟物选择原则。我国选择模拟物的方式,有时会由于食品模拟物未全面考虑而导致有害物质未能检出的情况发生。

2.浸泡温度及时间的选择

与选择食品模拟物一样,迁移试验条件应尽可能接近材料实际使用条件(温度和时间)。但是,由于实际情况多种多样,不可能一一试验,而且不同条件下的测试结果也不相同,因而需在尽可能反映实际情况的前提下对试验条件作出一定的规定。

(1)欧盟

表 3.18 列出了可预见的食品接触材料的最严厉使用温度或时间条件(部分),及该使用条件下可直接选出的对应的试验温度及时间。欧盟确定浸泡温度及时间的基本程序:无论何种材料,首先确定食品接触材料可预见的最严厉接触条件或标签中注明的最高使用温度条件,然后选择表 3.18 中对应的试验条件,不同模拟物的试验条件是一致的。例如,当制品的接触时间为 4～24h,接触温度 20～40℃时,按表 3.18 选择的试验条件都为 24h/40℃。如果实际使用时间大于 24h,则要求进行 10 天的迁移试验。

欧盟法规(EU)No. 10/2011 还规定了其他特殊或者极端使用条件下试验条件的选择方法,如:

(a)食品接触材料预期用于反复接触食品时,迁移试验应针对同一样品进行三次,每次均使用一份新的食品模拟物。

(b)食品接触材料预期用于不同的用途,该用途经历连续两次或两次以上的时间和温度的组合时,则应将测试样在同一食品模拟物中、在可预见的最严厉条件下连续实施迁移试验。

(c)当食品接触材料在室温及室温以下的接触时间为 30 天以上时,应基于相关公式确定测试时间及温度条件。

表 3.18　可预见的最严厉使用条件下,样品测试的暴露温度和时间(部分)

可预见最严厉使用条件	试验条件
接触时间	试验时间
$t \leqslant$ 5min(分)	5min
5min $< t \leqslant$ 0.5h(小时)	0.5h
0.5h $< t \leqslant$ 1h	1h
1h $< t \leqslant$ 2h	2h
2h $< t \leqslant$ 6h	6h
6h $< t \leqslant$ 24h	24h
1d $< t \leqslant$ 3d(天)	3d

续表

可预见最严厉使用条件	试验条件
3d<t≤30d	10d
接触温度	测定温度
T≤5℃	5℃
5℃<T≤20℃	20℃
20℃<T≤40℃	40℃
40℃<T≤70℃	70℃
70℃<T≤100℃	100℃或回流温度
100℃<T≤121℃	121℃(*)
121℃<T≤130℃	130℃(*)
130℃<T≤150℃	150℃(*)
150℃<T≤175℃	175℃(*)
175℃<T	调整温度至与食品接触面的实际温度

(*)该温度仅用于模拟物 D2,对模拟物 A、B、C 或 D1 可替换为 100℃或回流温度,时间是规定选择检测时间的四倍(一般的规定)

此外,当由于技术原因无法使用橄榄油进行试验时,可进行"替代试验"(即用 95%乙醇或异辛烷替代模拟物 D),但存在不同的提取能力,因此替代物试验条件与模拟物 D 会有所不同。表 3.19 列出了替代试验的常规条件(部分)。由表 3.19 可知,挥发性试验介质在低于 60℃的条件下使用。另外,替代试验的一个先决条件为,食品接触材料能够承受在该条件下使用模拟物 D。若物理性质发生改变,例如熔化或变形,则该材料被认为不适合在该条件下使用。若物理性质未发生改变,则可使用新的样品进行替代试验。

表 3.19 替代试验的常规条件(部分)

采用模拟物 D 试验条件	采用异辛烷试验条件	采用 95%乙醇水溶液试验条件
5℃,240h	5℃,12h	5℃,240h
20℃,240h	20℃,24h	20℃,240h
40℃,240h	20℃,48h	40℃,240h
70℃,2h	40℃,0.5h	60℃,2h
100℃,0.5h	60℃,0.5h	60℃,2.5h
100℃,1h	60℃,1h	60℃,3.0h
100℃,2h	60℃,1.5h	60℃,3.5h
121℃,0.5h	60℃,1.5h	60℃,3.5h
121℃,1h	60℃,2h	60℃,4.0h

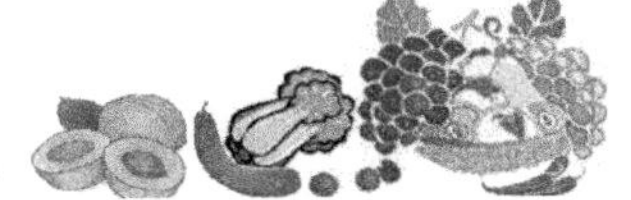

续表

采用模拟物 D 试验条件	采用异辛烷试验条件	采用 95%乙醇水溶液试验条件
121℃,2h	60℃,2.5h	60℃,4.5h
130℃,0.5h	60℃,2h	60℃,4.0h
130℃,1h	60℃,2.5h	60℃,4.5h
150℃,2h	60℃,3h	60℃,5.0h
175℃,2h	60℃,4h	60℃,6.0h

(2)美国

美国《联邦规章法典》(U.S. FDA 21CFR)175.300、176.170、177.1210 等节中分别列出了聚合物及树脂涂层、纸及纸板、带垫圈的食品容器密封件等食品接触材料的相关提取试验的时间—温度条件的选择方法,各种材料各不相同。以上方法将使用条件分为若干种,如超过 100℃的高温热灭菌、沸水灭菌、冷冻贮藏等。一旦材质确定,选择试验的温度和时间由该食品接触材料的实际使用条件(温度),以及由食品类型确定的食品模拟物类型来共同决定。食品模拟物类型或使用条件的不同,就会导致选择的迁移试验条件的不同。

表 3.20 所示为 21CFR177.1210 规定的带垫圈的食品容器密封件的不同食品类型的浸提试验条件。根据此表,对于带垫圈的食品容器密封件,食品类型为Ⅲ、Ⅳ-A、Ⅶ,使用条件为高温热灭菌(如超过 100℃),确定蒸馏水作为溶剂时,要求 121℃,保温 2h;确定正庚烷为溶剂时,要求 66℃,保温 2h。对于带垫圈的食品容器密封件,食品类型为Ⅲ、Ⅶ,使用条件为沸水灭菌,确定蒸馏水作为溶剂时,要求 100℃,保温 30min;确定正庚烷为溶剂时,要求 49℃,保温 30min。此外,与前文讲到的选择模拟物时的情况类似,美国 FDA 并非对所有的塑料及橡胶制品都采用这一浸泡条件选择方法,如对聚丙烯及聚乙烯等制品的浸泡温度与时间选择方法相对比较简单。

表 3.20　21CFR177.1210 中对带垫圈的食品容器密封件的浸泡条件

制品使用条件	食品类型	各种浸提物的提取条件(时间和温度)		
		水	正庚烷	8%乙醇
A. 高温热灭菌(如超过 100℃)	Ⅰ、Ⅳ-B	121℃,2h	—	—
	Ⅲ、Ⅳ-A、Ⅶ	121℃,2h	66℃,2h	—
B. 沸水灭菌	Ⅱ	100℃,30min	—	
	Ⅲ、Ⅶ	100℃,30min	49℃,30min	
C. 65.6℃以上热灌装或巴氏灭菌	Ⅱ、Ⅳ-B	沸水灌注,冷至 38℃	—	—
	Ⅲ、Ⅳ-A	沸水灌注,冷至 38℃	49℃,15min	—
	Ⅴ	—	49℃,15min	—

续表

制品使用条件	食品类型	各种浸提物的提取条件(时间和温度)		
		水	正庚烷	8%乙醇
D. 65.6℃以下热灌装或巴氏灭菌	Ⅱ、Ⅳ-B、Ⅵ-B	66℃,2h	—	—
	Ⅲ、Ⅳ-A	66℃,2h	38℃,30min	—
	Ⅴ	—	38℃,30min	—
	Ⅵ-A	—	—	66℃,2h
E. 室温灌装和储存(在容器内无热处理)	Ⅱ、Ⅳ-B、Ⅵ-B	49℃,24h	—	—
	Ⅲ、Ⅳ-A	49℃,24h	21℃,30min	—
	Ⅴ	—	21℃,30min	—
	Ⅵ-A	—	—	49℃,24h
F. 冷藏(在容器内无热处理)	Ⅰ、Ⅱ、Ⅲ、Ⅳ-A、Ⅳ-B	21℃,48h	21℃,30min	—
	Ⅵ-B、Ⅶ	—	—	—
	Ⅵ-A	—	—	21℃,48h
G. 冷冻贮藏(在容器内无需热处理)	Ⅰ、Ⅱ、Ⅲ、Ⅳ-B、Ⅶ	21℃,24h	—	—

(3)中国

我国对食品接触材料测定时,其模拟物种类及浸泡条件依据材质来确定,不同材料的浸泡试验条件可能不同,如表3.21所示。一旦产品类型已知,那么对应的浸泡条件根据标准便固定下来。如根据GB 9687-1988食品包装用聚乙烯成型品卫生标准,聚乙烯成型品的水(非酸性模拟物)、4%乙酸水溶液(酸性模拟物)浸泡条件为60℃,2h,而65%乙醇水溶液(醇类模拟物)及正己烷(油性模拟物)浸泡条件为常温,2h,无论该种成型品用于盛装何种食品,均同时采用这些模拟物。这种规定使得试验条件的选择比较简单,优点是由于简化了样品浸泡处理的程序而使得测试方法易于操作。但弊端是,浸泡温度及时间条件往往会与实际使用条件相去甚远,导致检测结果与实际情况完全不同。比如若其实际使用时温度远远高于或低于这一温度,或使用时间远远长于或短于这一时间,那么显然所获得的迁移测定结果将过高或过低,最严重的情况是造成产品合格与否的误判。

表3.21 我国食品接触材料浸泡条件的选择方法(部分)

食品接触材料种类	浸泡条件选择	依据
聚乙烯制品	水、4%乙酸:60℃,2h 65%乙醇、正己烷:常温,2h	GB 9687-1988
橡胶密封圈	水、4%酸、20%醇:60℃,30min 正己烷:水浴回流,30min	GB 4806.1-1994

续表

食品接触材料种类	浸泡条件选择	依据
环氧酚醛涂层	水:95℃,30min 4%酸、20%醇:60℃,30min 正己烷:37℃,30min	GB 4805-1994

(4)日本、韩国、中国台湾地区

虽然具体浸泡条件不同,但总体而言日本、韩国及中国台湾地区选择条件的方法与我国是相似的,即它们也按各种材料品种分别规定模拟物和试验条件。如中国台湾地区规定,对聚乙烯制品来说,其浸泡条件为,水、4%酸、20%乙醇为 60℃,30min;而正庚烷为 25℃,1h。但是,日本、韩国及中国台湾地区选择浸泡条件时多了一个附加说明,当食品接触材料的使用温度超过 100℃时,对于食品模拟物 4%乙酸及水,其浸泡温度由 60℃提高为 95℃,见表 3.22(以聚乙烯为例)。

表 3.22　日本、韩国、中国台湾地区的食品接触材料浸泡条件的选择方法(聚乙烯)

食品接触材料种类	浸泡条件选择	依据
聚乙烯制品	水、4%乙酸、20%乙醇:60℃,30min 正庚烷:25℃,1h	韩国食品器具、容器和包装的规范标准; 日本厚生省告示第 370 号; 中国台湾地区食品器具容器包装卫生标准
聚乙烯制品	水、4%酸:95℃,30min 20%醇:60℃,30min 正己烷:25℃,1h (使用温度到达 100℃)	

(5)各国家(或地区)浸泡条件选择方法比较

在进行浸泡时,最理想的状态是浸泡温度及时间与实际情况完全吻合,但这是无法达到的,只能尽可能地接近。相对而言,欧盟、美国浸泡条件的选择理念要比其他国家特别是我国等更为先进,其考虑了各种实际因素,如使用温度、盛装的食品等。

3.各国家(或地区)食品接触材料浸泡方式的选择

迁移量测定时还需要考虑食品接触材料与食品模拟物之间如何浸泡,即浸泡方式的选择,例如可将食品接触材料完全浸没于食品模拟物中或将食品模拟物灌装入食品容器等。其中食品模拟物体积与制品的接触面积之比(以下简称"体积—面积比")是需要考虑的一个核心要素。体积—面积比不一致,会导致浸泡同样数量的食品接触材料用到的食品模拟物数量不一样,最终影响测定结果,不同国家对此的规定各有不同。

(1)欧盟

欧盟规定,若已知实际使用时的体积—面积比,则需按这一比值及材料的食品接触面积确定试验所需模拟物体积。例如,某个容器预期盛放一定体积的食品(未必能完全装满瓶子),那么对该制品应使用规定体积的模拟物灌装进行测试;若试验的体积—面积比与实际不一致,则测得结果需根据实际比值换算。当不知实际体积—面积比时,则采用一个假设的常规比值:1L∶6dm^2,即让 6dm^2 的食品接触面与 1L 食品模拟物进行浸泡

（欧盟对迁移试验所制定的规则中，所有的食品模拟物的比重被假定为“1”）。例如一个塑料调羹，无法知道其实际使用时的体积—面积比，则根据常规比值：1L：6dm^2 及其表面积确定模拟物体积，采用全浸没方式浸泡。

（2）美国

美国 FDA 21 CFR 175.300 及 CFR 176.170 规定对容积为 1 加仑以下的容器，提取液加至距顶部 1/4 英寸（约 0.63cm）处。对容积大于 1 加仑的容器，可采用其他适当的比例。例如，对大容积制品，首先进行切割，然后可采用测试池试验（见图 3.5），每 2.5inch^2 食品接触材料表面积加模拟物为 100mL。

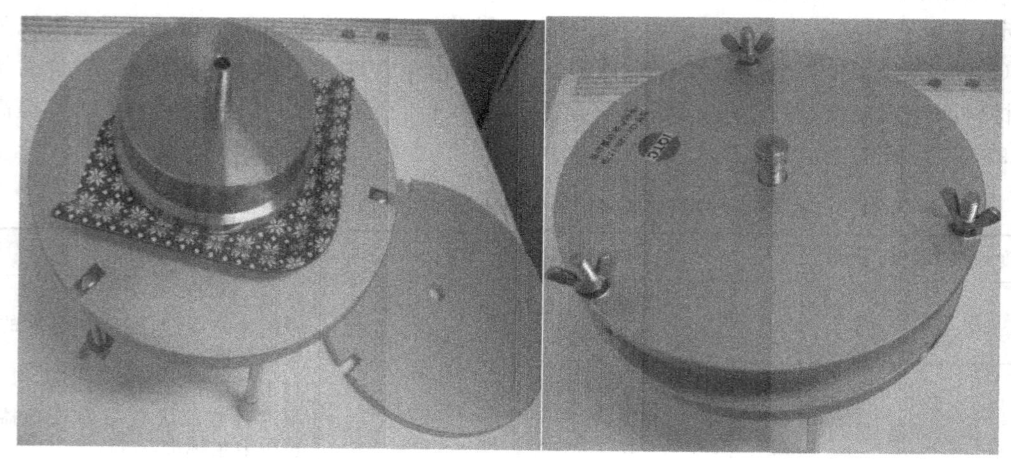

图 3.5　测试池

（3）中国大陆、中国台湾地区、日本、韩国

中国大陆、中国台湾地区、日本、韩国对食品接触材料的浸泡方式的规定是比较接近的：对不可填充制品，依据体积—面积比均为 2mL/cm^2 这一原则来进行浸泡。区别在于，进行对容器灌装浸泡时，对加入的模拟物量的规定不一。例如，我国 GB/T 5009.60 规定：加入的模拟物体积为容器本身体积的 2/3～4/5；韩国《食品器具、容器和包装的规范标准》规定：加入的模拟物使容器完全灌满；中国台湾地区《食品器具、容器、包装检验方法一聚丙烯等塑胶类之检验》规定：加入容器本身体积约 80％的食品模拟物。

（4）各国家（或地区）浸泡方式的选择比较

虽然各国家（或地区）在浸泡方式的选择方法上有着不同的具体规定，但也遵循着一些相同的原则是：a. 对一般容器类或可填充的制品，只需将模拟物注入制品内使之与制品内壁接触即可；b. 对于不可填充的材质均匀的制品，各国家（或地区）规定了各自的食品模拟物体积与制品的接触面积之比的常规比值，采用全浸没方式进行浸泡；c. 对于材质内外均匀的大容器，尤其是食品工业用设备，采用灌注法因为需要耗费大量模拟物而显然不适宜时，采用切割成片，再采用全浸没方式进行浸泡。

但当制品的食品接触面与非食品接触面材质不同时，如体积很大的复合材料托盘等，为防止非食品接触面材料干扰测定结果，只能进行“单面浸泡”，即迁移试验中，食品

模拟物只能接触到制品的食品接触面，而不能同时接触到非食品接触面，这就不能采用全浸没方式浸泡了。为保持“单面接触”，欧、美、日、韩都规定了特别的单面迁移试验方法——测试池法，见图 3.5。测试池是一种带有夹持装置的设备，可将试样固定在池中，向池中注入的食品模拟物只与试样的食品接触面相接触。

我国 GB/T 5009.156《食品用包装材料及其制品的浸泡试验方法通则》中，对大多数样品采用填充法和浸泡法，尚未对上述单面接触情况的检测方法作出规定，更无标准测试池设备可用。由此可见，我国对食品模拟物体积的加入方式划分不太细致，未充分考虑到各种食品接触材料的不同形态所带来的影响。这就会造成不同操作者理解不一致而带有一定的随意性，导致各自具体试验方法有所不同，造成结果不一。另外，对于橡胶制品还有少数特殊规定，如国标 GB4806.1-1994 规定，如果无法计算接触面积可按每克样品加入 20mL 模拟物浸泡；日本、韩国则规定，婴儿奶瓶奶嘴浸泡时，每克样品加入 20mL 模拟物。

3.3.2　残留量测定

食品接触材料残留量包括重金属残留量及有机物残留量测定。

1. 重金属残留量测定

重金属残留量测定的一般流程如图 3.6 所示。重金属残留量测定，关键是灰化或消解过程，只有完全灰化或消解，才能准确地测定重金属残留量。

以塑料为例，有高温炉灰化法及微波高压消解法。高温炉灰化法的一般操作步骤分为干燥、碳化、灰化和溶解灰分残渣几个过程。此方法的缺点是操作繁琐、耗时冗长，因此在食品接触材料领域应用不多。相对而言，微波高压消解法操作较简单，只需将样品与消解液(一般为硝酸及双氧水)加入耐高压消解罐进行密封高压加热即可，无需碳化及灰化，大大缩短了处理时间。但缺点是，对于一些加入填料的塑料，如 ABS 等就需要再加入氢氟酸等才能达到完全消解，而且进仪器前需要去除氢氟酸。

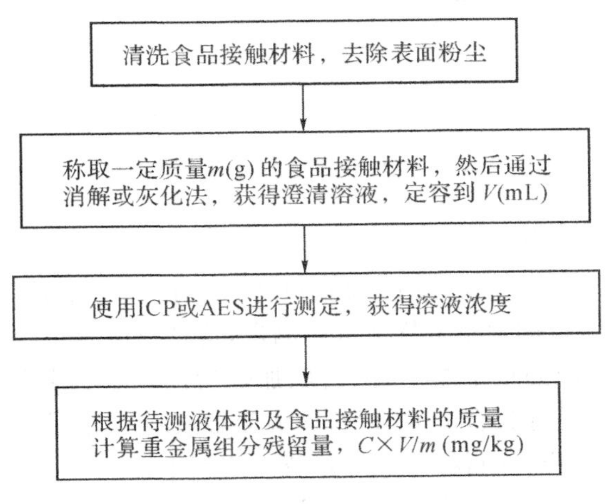

图 3.6　重金属残留量测定的一般流程

2. 有机残留量测定

有机残留量测定的一般程序如图 3.7 所示。有机残留量测定时，关键是寻找合适的溶剂溶解塑料，只有这样才能完全释放出有机分子，以达到准确测定的目的。

如测定聚苯乙烯塑料中二乙烯基苯时，可选用二氯甲烷溶解聚苯乙烯塑料；测定 ABS 塑料中溶剂（甲苯、乙苯、丙苯等）残留总量时也可选用二氯甲烷溶解聚 ABS 塑料。当无法找到合适的溶剂溶解塑料时，则必须将食品接触材料粉碎。理论上讲应该是粉碎的颗粒越小越好，因为这样可以增加与萃取溶剂的接触面积。待溶剂将塑料样品颗粒溶解后，使用一种不能溶解塑料样品基质、但对待测目标物质是强溶剂的有机溶剂来充分提取样品中的目标物。如测定聚氯乙烯塑料中的增塑剂时，常可以选择正己烷作为提取剂。正己烷不能溶解聚氯乙烯，且对目标物质增塑剂溶解度很高，可较好地进行提取。此外，在获得满意的提取效率前提下，选用合适的萃取手段也非常重要，如超声萃取、索氏萃取、加速溶剂萃取等。特别是加速溶剂萃取，可以利用高温高压来加大溶剂对样品本体的渗透作用，以大大提高萃取效率。实际测试过程中，可以通过比较不同萃取方式的萃取效率，选择合适的萃取手段。

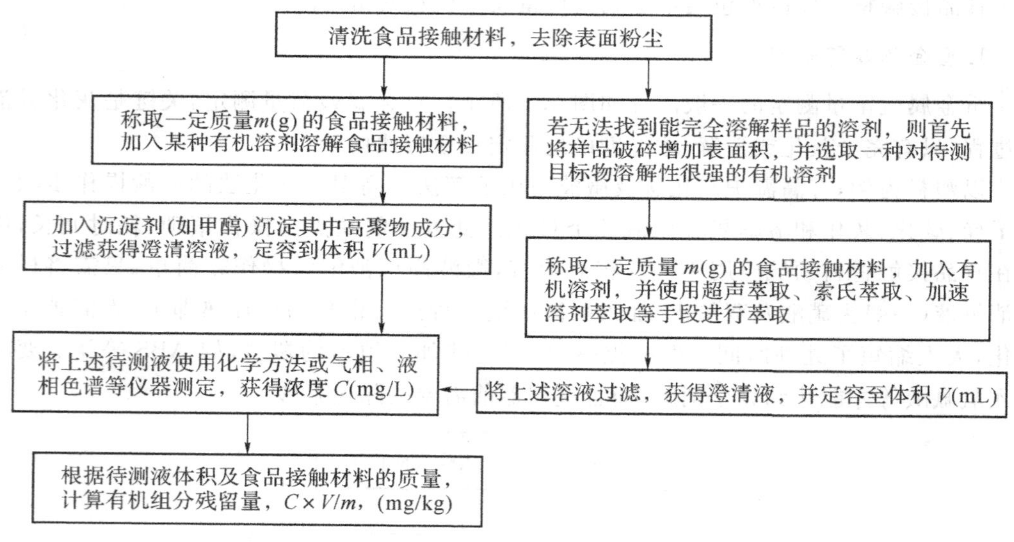

图 3.7　有机残留量测定的一般流程

3. 挥发性有机残留量测定

若目标有机物为挥发性物质，如丙烯腈单体，则有一种更为简单的测定流程，如图 3.8 所示。采用简单、快捷的顶空进样法进行测定，这种方法只需使用某种高沸点溶剂完全溶解该塑料基质于密闭的顶空瓶中，然后取加热后的顶空部分气体进样，测定其目标物质含量。方法的关键是寻找合适的溶剂，该溶剂必须满足两个条件：

(1)能完全溶解测试样，使目标物完全释放入溶剂中；

(2)其沸点要大大高于测定目标物，使目标物使用顶空法测定时有足够的灵敏度。如测定 ABS 中丙烯腈单体时，可使用沸点较高的 *N*,*N*-二甲基乙酰胺（或 *N*,*N*-二甲基甲

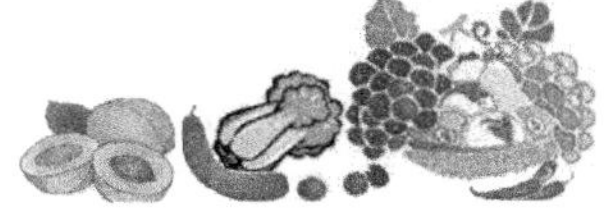

酰胺)溶解塑料,然后直接通过顶空—气相联用法测定。

当无法找到合适溶剂用于顶空分析时,也可以将食品接触材料粉碎后,直接进行顶空分析。由于很难找到不含目标物的空白,对于这种测定方式往往采取标准加入法比较有效,但操作相对比较繁琐。

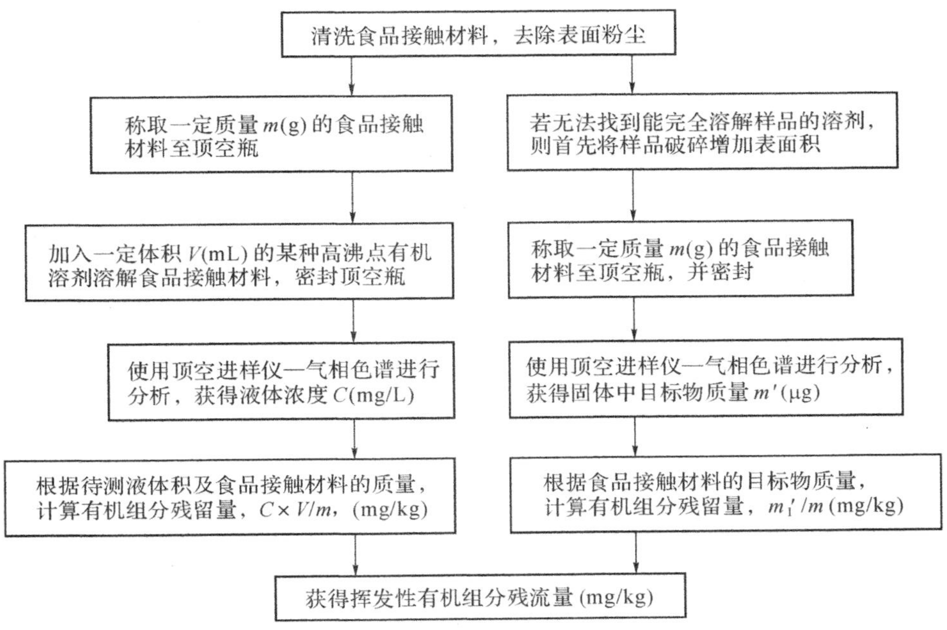

图3.8　挥发性有机残留量测定的一般流程

4. 欧盟对"单位面积残留量"的测定

以上分析了食品接触材料中残留量的测定方法及关键步骤,各国家(或地区)对此是基本一致的。但是,欧盟还有一个不同于其他国家的单位面积残留量,方法稍稍复杂一点。其单位是"$mg/6dm^2$",即$6dm^2$食品接触材料表面积中含有的某一受限组分的最大允许毫克数。

根据欧盟标准,进入实际食品的迁移物主要来自塑料0.25mm厚度的表层,来自表层以下深度大于等于0.25mm部分的迁移量相对较小,可忽略不计。因此,仅考虑将塑料最表层0.25mm厚度所含有的物质的量用于计算"单位面积残留量"值。对于厚度大于0.25mm的样品,若塑料是均一的,则先通过前面提到的方法测定残留量,然后将得到物质总量应除以$D/0.25$(D为塑料厚度)。例如,若样品厚度为1mm,面积为$6dm^2$,测得某物质残留量为$6\mu g$,则单位面积残留量为$6\mu g/(1mm/0.25mm)/6dm^2=4\mu g/dm^2$。

3.4　结论

发达国家(地区)尤其是欧美对食品接触材料检测技术及监管水平属于世界前列,通过对比我国与发达国家(地区)在食品接触材料的检测方法,可以发现我国食品接触材料

检测水平尚有较大提升空间。

随着食品接触材料及制品的出口越来越多，无论是从与国际接轨的角度考虑，还是从保障消费者的安全立场出发，都应该在借鉴欧美等发达国家的食品接触材料及制品检测方法基础上，加快我国食品接触标准体系建设步伐，提高接触材料检测分析能力。

第二部分

食品接触材料中高关注有害物质检测技术

第 4 章　食品接触材料中双酚 A 的分析与检测

4.1　概论

双酚 A 的学名为 2,2-二(4-羟基苯基)丙烷,又称为二酚基丙烷,英文名称为 Bisphenol A,简称 BPA。双酚 A 是一种十分重要的有机化工原料,它的工业化生产从 1923 年由德国的 ALBERT 公司开始,发展至今全球产量已达到 145 万吨。在我国,自 20 世纪 90 年代开始在双酚 A 技术攻关中突破了其生产核心催化剂技术难题,成功研制了苯酚丙酮缩合催化剂,在天津完成了万吨级双酚 A 长周期工业试验,并在江苏省蓝星新材料无锡树脂厂建成了 25000 吨/年的生产装置,掌握了具有自主知识产权的双酚 A 生产工艺。

双酚 A 由苯酚和丙酮在酸性介质中在催化剂作用下缩合而成,在环境条件下为白色固体,其反应式见图 4.1。目前市售的双酚 A 为晶体、球状或片状,是高脂溶而非水溶性的物质。双酚 A 理化性质见表 4.1。

表 4.1　双酚 A 理化性质

分子式	$C_{15}H_{16}O_2$
CAS 号	80-05-7
外观	白色针晶或片状粉末
分子量	228.29
密度	1.195g/cm^3
熔点	155～158℃
沸点	250～252℃
闪点	79.4℃
溶解性	易溶于碱性水溶液、醇类和丙酮中,比如甲醇、丙酮、乙醚、苯及稀碱液等,微溶于四氯化碳,难溶于水(溶解度在 21.5℃时小于 0.1g/100mL)

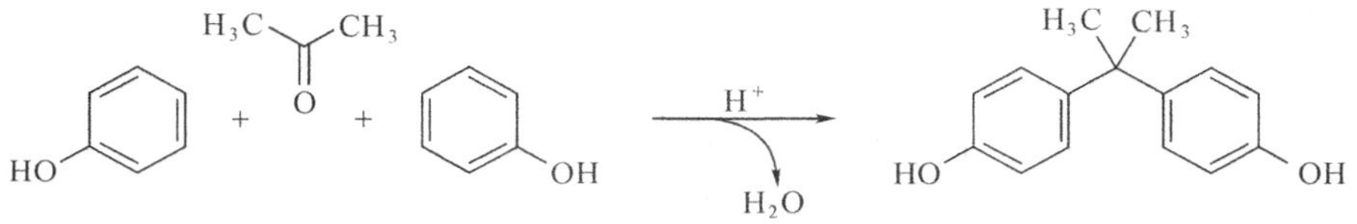

H_3C　CH_3　O　HO　+　+　OH　H^+　H_2O　H_3C　CH_3　HO　OH

图 4.1　合成双酚 A 反应式

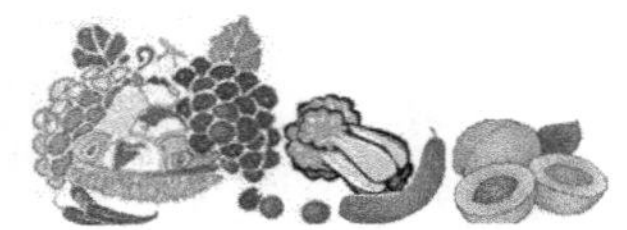

4.2 食品接触材料中使用的双酚 A

双酚 A 作为世界上使用最为广泛的工业化合物之一，主要用于生产聚碳酸酯（约占 35%）、环氧树脂（约占 65%）、聚砜树脂、聚苯醚树脂、不饱和聚酯树脂等多种高分子材料，也可用于生产增塑剂、阻燃剂、抗氧剂、热稳定剂、橡胶防老剂、农药、涂料等精细化工产品。其在食品接触材料生产制造中最为广泛的应用，是用于生产聚碳酸酯塑料和环氧树脂，继而制造与食品接触的制品及器皿。例如，双酚 A 作为单体与二苯基碳酸酯或氯羧酸反应合成聚碳酸酯塑料（PC 树脂），这种材料具有透明度好、耐热、耐高温、耐撞击及抗辐射和不易碎裂等特性，可以用来加工成奶瓶、婴幼儿食具、咖啡具、饮水瓶等食品接触制品。而由双酚 A 合成的环氧树脂常作为罐头产品的内壁涂料使用，能防止酸性蔬菜和水果等食品从内部腐蚀金属容器。可见，以双酚 A 作为生产原料，已广泛用于罐头食品和饮料的包装、奶瓶、水瓶等多种日常使用的食品接触产品的制造过程中。

然而根据研究发现，双酚 A 具有致癌、致畸、致突变的潜在毒性，从婴儿奶瓶、高档保鲜盒、饮用水壶等食品接触产品中渗出的残留双酚 A 可通过与食品或饮料在一定温度时间条件下接触从而迁移进入食品或饮料，继而被人体摄入[1]，对人体健康产生负面影响。这一发现引起了全球消费者的极大关注，同时也受到各国食品接触材料政策和法规制定者及检测部门的高度重视。以下将按照食品接触材料的材质类别，分别综述并分析其中双酚 A 的存在状态及迁移渗出的具体情况。

4.2.1 聚碳酸酯

双酚 A 是生产聚碳酸酯树脂（Polycarbonate，缩写为 PC，见图 4.2）的重要原料，聚碳酸酯广泛应用于婴儿奶瓶、微波炉饭盒及饮用水、饮料的包装材料中。生产聚碳酸酯树脂，在聚合反应进行时，绝大多数所使用的双酚 A 已经被消耗变成了聚合物的一部分，因此在聚合物中残留的双酚 A 单体是很微量的，一般低于 5ppm。但是聚碳酸酯容易水解，除残留的单体之外，聚碳酸酯还会发生分子链断裂而释放新的双酚 A，且最严重的水解一般都是发生在聚合物的表面，因此由水解产生的双酚 A 在食品接触制品表面具有最高浓度，导致其可以比较容易地被萃取出来。1993 年，Krishnann 等[2]首次发现高压灭菌时双酚 A 从聚碳酸酯塑料瓶中扩散出来，并对人乳癌细胞株（MCF-7）产生增殖作用，具有雌激素活性。彭青枝[3]等检测出聚碳酸酯水桶及聚碳酸酯奶瓶中的 BPA 含量分别为 77.7μg/L 和 45.6μg/L。吕刚等[4]测得聚碳酸酯包装材料中 BPA 含量为 78.4μg/kg。唐熙等[5]从奶瓶中测出微量的双酚 A。姚卫蓉等[6]还发现室温下，PC 桶装水中双酚 A

$$n\,HO{-}C_6H_4{-}C(CH_3)_2{-}C_6H_4{-}OH + n\,Cl{-}C(=O){-}Cl \xrightarrow[-2n\,HCl]{} \left[{-}O{-}C_6H_4{-}C(CH_3)_2{-}C_6H_4{-}O{-}C(=O){-}\right]_n$$

图 4.2 双酚 A 合成聚碳酸酯反应式

的含量会随着存放时间的延长首先增加得非常不显著，然后快速增加，再随着时间的推移，双酚 A 的增量又变得不显著。

4.2.2　食品罐头内壁环氧涂料

用金属材料制作的食品罐头包装材料，通常需要在其内表面涂覆涂层，以防止罐头内容物对罐壁的腐蚀。食品罐内涂料主要是环氧树脂涂料与酚醛树脂涂料，这些涂料均使用了双酚 A。在涂料的制作过程中，双酚 A 还会聚合成多种双酚 A-二环氧甘油醚，残留的双酚 A 单体和低聚物能终止酚类化合物和溶液的羟基族反应[7-9]，最终涂层在烘烤成膜过程中，微量的双酚 A 及其环氧衍生物将残留在涂层中，双酚 A 易溶于水性食品，双酚 A 低聚反应产生的化合物易溶于食用油和食物类脂中并能迁移到油性食品中去[10,11]。

自 1996 年 Cooper[12] 等报道了从食品罐中检出双酚 A 后，越来越多的研究人员都对罐装食品中的双酚 A 展开了调查。Imanaka 等[13] 检出罐头食品中双酚 A 含量为 0.5～602μg/kg。Yoshida[14] 等测定了来自美国、日本、中国、印度尼西亚及澳大利亚等国家的 14 份罐装食品样品中双酚 A 的浓度，结果表明小玉米、蘑菇、竹笋的检出量为 18.4～95.3μg/kg，其他样品的检出量均小于 10μg/kg。Goodson[15] 等对来自欧洲、加拿大、美国、南非及泰国等十几个国家生产的 62 份蔬菜、鱼、饮料、浓汤、什锦、甜食等罐头中的双酚 A 进行了检测，结果表明除一份羊肉检出双酚 A 含量为 0.38mg/kg 外，其他样品的双酚 A 含量均小于 0.07mg/kg，其中 38 份样品中的双酚 A 含量小于检测限 0.002 mg/kg。河村等[16] 对市售的 47 份饮料作了测试，咖啡、红茶、茶及酒精性饮料的检出含量分别为 3.3～213μg/L、8.5～90μg/L、3.7～22μg/L 和 13μg/L。龙野等[17] 测试的 7 份鱼和肉类罐头中，有 4 份检出双酚 A，其含量在 71.9～319μg/kg。缪佳铮等[18] 对国内市场上常见的 21 种食品罐头进行了分析，其内壁涂层中均有双酚 A 及其环氧衍生物检出。杨晓燕等[19] 也检测到了奶粉罐中的双酚 A。

4.2.3　纸质包装材料

现代包装技术中有一类是以纸或者纸的复合材料为材料加工成型的包装材料，比较常见的主要有纸袋、纸盒、淋膜纸盒、纸杯、纸餐具等，包括食品包装纸、糖果包装纸、冰棍包装纸等。纯净的纸是无毒、无害的，但由于纸的原材料本身及在其加工过程中均易于受到污染，因而纸中通常会存在一些杂质、细菌和某些化学残留物，从而影响包装食品的安全性。一些文献表明，在纸制食品包装中也检出了双酚 A 残留。例如，卫碧文等[20] 测得蜡质饮料纸杯、饮料纸杯和食品包装纸中的双酚 A 含量为 51.92mg/kg，140.50mg/kg 和 64.95mg/kg。吕刚等[4] 测得纸质包装材料中双酚 A 含量为 1.26μg/kg。陈啟荣等[21] 用加速溶剂萃取/气相色谱—质谱法测出了糖果包装材料中的双酚 A。

4.2.4　其他食品接触材料

除了上述三大类食品接触材料外，其他食品接触材料也可能由于在生产加工及储存

运输过程中受到污染而导致双酚 A 残留。文献查阅表明，吕刚等[4]测得聚乙烯包装材料中双酚 A 的含量为 6.28μg/kg，张文德等[22]在 PVC 瓶垫中也发现了双酚 A。此外，欧盟委员会联合研究中心(JRC)公布了一项针对塑料婴儿奶瓶释放化学物质的监测研究的最终结果，发现在一个由聚酰胺制成的产品中发现了双酚 A 的存在。

4.3 双酚 A 在人体中的存在及影响

由以上文献数据可以得出，双酚 A 在食品接触材料及其制品中的残留非常普遍，且极易迁移进入各类食品，因此人体暴露双酚 A 的途径是连续的和多来源的[23]。一般人群主要是由于生活消费品(婴儿奶瓶、食品罐和牙科密封圈等)的加热消毒、反复冲洗、酸、碱腐蚀等使双酚 A 溶解释放而暴露[24]。双酚 A 又相当容易被吸收，通过饮食、呼吸、皮肤接触等就能被人体吸入，当使用塑料产品盛装热饮、微波加热时将大大增加其吸收量。

4.3.1 双酚 A 的暴露水平

已有研究表明[25]，双酚 A 在普通人群中广泛暴露，在普通人群中使用塑料食品容器双酚 A 的暴露量约为 6.3mg/d，饮料罐为 0.75mg/d，使用牙科密封圈后最初 1 小时双酚 A 的暴露剂量为 90～931mg。美国疾控中心[26]抽检发现尿样中双酚 A 的浓度为 0.4～8ppb。国内的一项在 20 个健康人(10 位男性，10 位女性)中进行的研究表明：尿液中的双酚 A 水平男性为 1.22±1.38mg/L，检出率为 60%；女性为 1.29±1.22 mg/L，检出率为 100%[27,28]。另一项研究表明，孕妇的羊水、绒毛膜、胎盘中普遍可以检出 ng 级的双酚 A，经口摄入的双酚 A 可直接通过胎盘进入胎儿体内，胎盘对双酚 A 几乎没有屏障作用[29,30]。

4.3.2 双酚 A 的毒害

研究者公认，双酚 A 作为一种内分泌干扰物，对哺乳动物和水生动物的生殖发育会造成不同程度的影响，是近几年从食品接触材料中新发现的一种“破坏内分泌化学物质(英文名 Endocrine Disrupting Chemicals，缩写名 ECD)”，具有某些雌激素特性[31,32]，会造成人类和野生动物的内分泌系统、免疫系统、神经系统出现异常，不仅具有“三致”作用(致突变、致畸及致癌)，还会严重干扰人类和动物的生殖遗传功能[33-36]。还有研究报道[37]，低剂量的双酚 A(7～10mol/L)即能够引起支持细胞和精子细胞凋亡。据《星期日泰晤士报》2005 年 5 月 1 日报道[38]，低含量的双酚 A 及其环氧化合物侵入食品而被孕妇吸收后，将影响胎儿的正常发育；同时，该类化合物对前列腺和尿道发育也会产生微小的影响，随着年龄的增加，会出现如前列腺肥大、前列腺癌和尿道畸形等病症。

但是，低剂量双酚 A 是否对人体构成危害，工业界与学术界的看法莫衷一是，争论十分激烈。低剂量的双酚 A 在体内的半衰期为 6 小时，尽管双酚 A 暴露水平和生物蓄积作用较低，但是由于它具有激素活性，故极低的暴露水平仍可能对人体健康产生影响。

双酚A被美国国家毒理学项目(NTP)的RACB(Reproductive Assessment by Continuous Breeding)草案认定是可疑的内分泌干扰物[39-41]。在大规模的动物模型中,可以观察到它可以引起激素分泌紊乱、生殖器官形态学和功能及性发育的异常[39,40,42,43]。2008年10月,加拿大联邦政府正式宣布将双酚A列入有毒物质列表中。2008年9月《美国医学协会杂志》上发表的一项研究认为,双酚A与成年人的心脏病、糖尿病、肝功能不正常等有关联。双酚A对人类生殖功能的影响,除1999年复旦大学与上海市计划生育研究所进行了一些预研究提示其会影响男性的生殖功能外[44],目前仍然没有在人类中开展的关于双酚A对生殖健康影响效应的研究。

然而,双酚A确实可能会引发癌变和系统功能紊乱,特别是可能影响新生儿和18个月以下的婴幼儿的神经系统发育,这个事实已被绝大多数专家和民众接受。婴儿若是使用含有双酚A制作而成的聚碳酸酯婴儿奶瓶,双酚A在加热时易从容器或包装中析出进入食品和饮料中。因此,关注目前国内外对双酚A使用及迁移的限量、研究双酚A的分析检测方法,具有非常重要的意义。

4.4 各国双酚A法规限量及风险评估

双酚A是一种工业用化学品,自20世纪60年代以来被用于环氧树脂和聚碳酸酯塑料的制作过程。近年来,由于在广泛的科学性研究和宣传的基础上,民众一致认为双酚A对人体健康特别是对儿童健康造成一定危害,双酚A在婴儿产品中的使用已成为重要的争论焦点。美国和其他国家的主要制造商已经在自愿基础上从婴儿奶瓶和儿童产品制造过程中逐渐移除该物质,各个国家的相关政府部门也都纷纷出台有力的措施来强制推行双酚A禁令。同时,世界卫生组织以及各国政府也纷纷对双酚A进行持续的风险评估,欧盟就分别于2002、2007、2008年多次对双酚A开展风险评估。根据各方风险评估的结果,虽然目前尚未得出双酚A影响环境及人体健康的评估结论,但各国对双酚A的风险评估还在继续,现有风险评估数据也将成为各国政府出台双酚A法规限量的依据。

4.4.1 挪威

挪威PoHS指令(英文全称为"Prohibition on Certain Hazardous Substances in Consumer Products",中文译为"消费性产品中禁用特定有害物质")最早将双酚A纳入受限物质。2007年6月8日,挪威通报WTO,提出"在消费性产品中禁用某些危险化学物质"的要求,这就是目前为业界所熟知的PoHS指令,这一法规成为《挪威产品法典》中针对消费品的一章,要求在消费性产品中限制使用18种物质,其中就包括双酚A,规定其在消费品中含量应不高于0.005%。受限制的18种物质为:六溴环十二烷、四溴双酚A、中链氯化石蜡、铅和铅化合物、镉及化合物、砷及化合物、三丁基锡化合物、三苯基锡化合物、二甲苯麝香、麝香酮、全氟辛酸及盐类和酯类、表面活性剂(DTDMAC、DODMAC/DSDMAC、DHTDMAC)、双酚A、邻苯二甲酸二异辛酯、五氯苯酚和三氯生。被限用的物质具有持久性、生物累积性和/或毒性的特点。

PoHS法规于2007年12月15日通过，原本定于2008年1月1日生效，但最终由于各方难以达成共识而推迟实施。之后由于挪威污染管制局(SFT)从2007年5月起开始收集针对初期提议的18项有害物质的咨询建议，整理了超过100个咨询意见后决定调整管控范围，将管控的18项有害物质减为10项，双酚A仍列其中。尽管2011年12月20日挪威又向WTO提交了一份PoHS法规的修正案，将限制物质修改为4种，其中已不包含双酚A，但由此可见，挪威对消费品中使用双酚A高度重视，只是在所有消费品中限制使用双酚A时机仍不够成熟，难以在业界、消费者、政府部门中达成共识。

4.4.2 加拿大

2008年4月，加拿大卫生部(Health Canada)宣称，尽管尚未明确双酚A对人体健康的负面影响，但由于对于婴幼儿来说安全风险系数较小，因而计划将双酚A列为对人体健康和环境存在"毒性"的化学物质。2008年10月18日，加拿大政府宣布双酚A为危险物质，并禁止在婴儿奶瓶的制作过程中使用双酚A，由此成为世界上第一个将双酚A列为危险化学物质的国家。《加拿大官方公报》(也称《加拿大宪报》，英文名 *Canada Gazette*)称"目前已有结论认为一定量或一定浓度的双酚A可能进入环境或可能对加拿大人民健康造成危害"。2010年9月加拿大环境总署(Environment Canada)将双酚A列为"有毒物质"。目前双酚A已列入加拿大环境保护法案中有毒物质列表中(Schedule I of the Canadian Environmental Protection Act，1999)。

4.4.3 美国

20世纪60年代，美国联邦法规(FDA 21CFR 177.1580 Polycarbonate resins)接受双酚A作为食品接触材料的原料使用。2009年6月通过的《美国食品安全加强法案》规定，美国卫生及公共服务部应对食品和饮料容器中的双酚A对人体危害进行风险评估，由此引发全球对双酚A的新一轮讨论和关注。在美国国会对双酚A的最终限制作出规定之前，美国各州纷纷颁布双酚A使用禁令，限制双酚A的使用，尤其是在婴幼儿用品中的使用。

2009年，康涅狄格州通过立法禁止在婴儿奶粉配方、婴儿食品容器以及可重复用食品和饮料容器中使用双酚A，并限制含双酚A产品在该州的销售。到目前为止，在州一级颁布的双酚A禁令主要集中在可重复使用的儿童食品和饮料容器，但某些州(如康涅狄格、马里兰和佛蒙特州)对含双酚A的婴儿食品和配方奶容器也实施了禁令。美国十一个州(康涅狄格州、特拉华州、缅因州、马里兰州、马萨诸塞州、明尼苏达州、纽约、华盛顿、威斯康星州、佛蒙特州和加州)都对婴儿奶瓶和食品、饮料容器颁布双酚A禁令。其中，康涅狄格州和佛蒙特州还将限制令扩大至婴儿配方奶粉和食品罐头，康涅狄格州双酚A限制使用的对象还包括热敏纸收据。美国部分州对双酚A实施禁令的法规进展信息见表4.2。

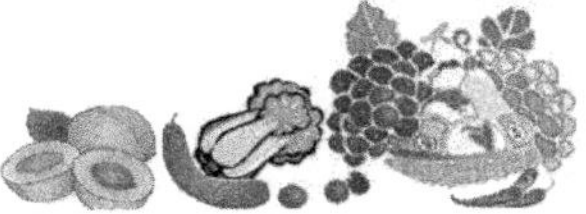

表 4.2　美国部分州对双酚 A 实施禁令法规进展信息

美国各州	限制双酚 A 产品	法规进展
纽约市萨福克县	供 3 岁或以下儿童使用的婴儿奶瓶和杯子	州秘书办公室归档 90 天生效
明尼苏达州	3 岁或以下儿童使用的瓶子、杯子或容器	2010 年 1 月 1 日生效(生产商或批发商),2011 年 1 月 1 日(零售商)
芝加哥市	3 岁或以下儿童使用的所有盛装液体、食品或饮料的容器	2010 年 1 月 31 日生效
康涅狄格州	所有可重复使用的食品/饮料容器,存放在含有 BPA 的铁罐、瓶或塑料容器中的婴儿食品	2011 年 10 月 1 日生效
威斯康星州	3 岁或以下儿童使用的所有儿童容器	公布 90 天后开始生效
华盛顿州	3 岁或以下儿童使用的所有瓶子、杯子或容器	2011 年 7 月 1 日生效
	所有运动水壶	2012 年 7 月 1 日生效
马里兰州	供 4 岁以下儿童使用的空瓶子和杯子	2012 年 2 月 1 日生效
纽约州罗克兰镇	儿童饮料容器和吮吸/出牙辅助产品	2010 年 4 月 20 日批准,文件归档 90 天后生效
佛蒙特州	可重复使用的食品/饮料容器,盛装在含有 BPA 的塑料容器或罐中的婴幼儿配方乳粉或婴儿食品	2012 年 7 月 1 日生效
纽约州	供 3 岁或以下儿童使用的抚慰器、婴儿奶瓶、婴儿奶瓶垫、杯子、杯盖、吸管和吮吸杯	2010 年 12 月 1 日生效
加利福尼亚州	供 3 岁或以下儿童使用的奶瓶、水杯、食品和饮料容器	议会已通过,正待参议院批准
伊利诺伊州	可重复使用的食品/饮料容器,存放在含有 BPA 的铁罐、瓶或塑料容器中的婴儿食品	2011 年 6 月 1 日(已提案)
俄勒冈州	3 岁或以下儿童使用的儿童食品和液体容器	2012 年 6 月 1 日(已提案)
夏威夷	3 岁以下儿童使用的可以放入口中的所有玩具和儿童护理品	已提案
马萨诸塞州	3 岁以下儿童使用的所有儿童护理品	已提案

4.4.4　日本

日本食品卫生法(Ministry of Health and Welfare Notice No. 370, December 28, 1959)中规定:食品包装中双酚 A、对叔丁基酚、苯酚的总溶出量应小于等于 2.5μg/mL;食品包装中双酚 A、对叔丁基酚、苯酚的总量应小于等于 500μg/g。在 1998 年到 2003 年期间,日本的罐头生产企业自愿性地将含有双酚 A 的环氧树脂涂料由不含双酚 A 的对苯二甲酸乙二醇酯(PET)涂层替代。此外,日本学校午餐中使用的餐具也用不含双酚 A

的其他塑料替代。由此可见，在日本虽然没有单独针对双酚A的限制法规，但日本产业界非常关注双酚A的使用，逐步自愿性地采用了替代产品，在双酚A危害风险尚不明确的情况下，降低了日本民众尤其是青少年对双酚A暴露的风险。

4.4.5 欧盟

欧盟在2002/72/EC指令（委员会关于与食品接触的塑料材料和制品的指令）中规定双酚A特定迁移量（SML）应小于等于0.6mg/L。2011年欧盟EU No.10/2011号法规（委员会关于与食品接触的塑料材料和制品的法规）替代了2002/72/EC指令，其中双酚A的限量并未修改，仍为小于等于0.6mg/L。在2008年的一份欧盟食品安全局（European Food Safety Authority，EFSA）对双酚A的风险评估报告中认为，双酚A相关产品，如聚碳酸酯塑料和环氧树脂的使用对消费者和环境是安全的。2009年12月22日，EFSA发布科学观点，认为基于目前双酚A的毒性数据，没有任何数据表明需要修改双酚A 0.05mg/kg体重的每日可耐受摄入量（Tolerable Daily Intake，TDI）。然而欧盟仍于2011年1月28日发布欧盟指令2011/8/EU（限制使用塑料婴儿喂养瓶中双酚A的使用指令），禁止在聚碳酸酯婴儿喂养瓶生产中使用双酚A，该指令于2011年2月1日起生效。

综上所述，尽管欧盟自2002年起多次对双酚A的毒性进行风险评估，风险评估结果也尚未证明使用双酚A相关产品对人体健康存在负面影响，但基于各方关注的压力，仍决定首先在婴儿喂养瓶中开始禁用双酚A。相信各方对于双酚A使用风险的争议还将继续，而相关的法规和限量也将随之不断更新。

4.4.6 中国

2011年5月23日，中国在继加拿大、欧洲以及美国一些州之后也开始对婴儿奶瓶中的双酚A实施限制措施。卫生部、工业和信息化部、商务部、工商总局、质检总局、食品药品监管局6部门发布关于禁止双酚A用于婴幼儿奶瓶的公告（卫生部公告2011年第15号），对聚碳酸酯（PC）及含有BPA的婴儿奶瓶颁布禁令，详细的禁令和实施日期见表4.3。此外，该公告规定双酚A允许用于生产除婴幼儿奶瓶以外的其他食品包装材料、容器和涂料，其迁移量应当符合相关食品安全国家标准规定的限量。相关国家标准包括：2008年修订更新的GB 9685-2008标准《食品容器、包装材料用添加剂使用卫生标准》中规定，双酚A用于食品接触塑料、涂料、黏合剂时，其特定迁移量应不超过0.6mg/L；国家标准GB 13116-1994《食品容器及包装材料用聚碳酸酯树脂卫生标准》、GB 14942-1994《食品容器、包装材料用聚碳酸酯成型品卫生标准》中规定游离酚溶出量不得超过10mg/L。

表4.3 卫生部等6部门颁发的十五号声明相关信息

生效日期	限制内容
2011年6月1日	禁止生产聚碳酸酯以及含有BPA的婴儿奶瓶
2011年9月1日	禁止进口和销售聚碳酸酯以及其他含有BPA的婴儿奶瓶

4.4.7　其他国家和机构

(1)法国：从 2010 年 6 月已对婴儿奶瓶中的 BPA 颁布了禁令，并于 2011 年提出议案，新议案计划从 2014 年 1 月 1 日起禁止制造、进口、出口以及在市场上出售含有 BPA 的食品接触材料和容器，并且从 2013 年起，所有的儿童食品容器不得含有双酚 A。

(2)南非：南非是非洲第一个禁止在婴儿聚碳酸酯奶瓶中使用双酚 A(BPA)的国家。2011 年 10 月 21，南非卫生部签署法规，规定禁止生产、进出口以及销售含有 BPA 的聚碳酸酯婴儿喂食奶瓶。

(3)丹麦：2009 年 5 月丹麦议会(Danish Parliament)通过一项决议，禁止在婴儿奶瓶中使用双酚 A，但该决议并未颁布。2010 年 3 月丹麦卫生部宣布了一项双酚 A 的临时禁令。

(4)奥地利：奥地利官方期刊于 2011 年 10 月 6 日出版规定，禁止在奶嘴和牙胶中使用双酚 A，禁止生产和销售，并已于 2012 年 1 月 1 日实施。

(5)澳大利亚：澳大利亚在《联邦法律公报》公布了关于禁止在婴儿奶嘴和固齿牙胶产品中使用双酚 A(BPA)的禁令，禁止生产和销售，该禁令已于 2012 年 1 月 1 日生效。

(6)阿根廷：阿根廷国家药物、食品和医疗技术管理局(ANMAT)颁布 1207/2012 号法规，禁止制造、进口和销售含有双酚 A(BPA)的婴儿奶瓶。该决定已于 2012 年 3 月 6 日正式生效。

(7)比利时：2010 年 3 月，比利时参议员 Philippe Mahoux 提案立法限制双酚 A 在食品接触塑料中的使用。

(8)德国：2008 年 9 月 19 日，德国联邦风险评估局(German Federal Institute for Risk Assessment，BfR)宣称，暂无理由改变目前对双酚 A 的风险评估结果。2009 年 10 月，德国环境组织(German Environment Organization)要求对儿童产品禁止使用双酚 A，尤其是橡皮奶嘴等与食品接触的产品。作为回应，德国的一些制造商自愿性地从市场上撤回了可能存在双酚 A 的橡皮奶嘴。

(9)荷兰：2008 年 11 月 6 日，荷兰食品和消费产品安全局(Dutch Food and Consumer Product Safety Authority，VWA)在一份通讯中宣称采用聚碳酸酯塑料制造的婴儿奶瓶未检出释放的双酚 A，可安全使用。

(10)瑞士：2009 年 2 月，瑞士国家公共健康办公室(Swiss Federal Office for Public Health)基于其他卫生机构的报告，声明消费者暂无从食物中摄取双酚 A 的风险，包括新生儿和婴儿。然而，在同一份声明中，该机构建议恰当使用聚碳酸酯婴儿奶瓶及其替代品。

(11)瑞典：2010 年 5 月，瑞典化学局(Swedish Chemicals Agency)要求在婴儿奶瓶中禁止使用双酚 A，但是瑞典食品安全局(Swedish Food Safety Authority)更倾向于根据欧洲食品安全局更新的风险评估信息来进行规定。自 2011 年 3 月，瑞典禁止生产含有双酚 A 的婴儿奶瓶，自 2011 年 7 月，这些奶瓶不能出现在市场上。2012 年 4 月 12 日，瑞典政府称瑞典将在 3 岁以下幼儿食用的罐头包装中禁止使用双酚 A。

(12)英国:2009 年 12 月,英国政府根据 7 位科学家的建议“采用其他政府的观点和方法禁止在儿童食品接触产品中使用双酚 A”。2009 年 1 月英国食品标准局(UK Food Standards Agency)发表观点认为“英国消费者从包括食品接触材料在内的各种来源接触到的双酚 A 暴露,远远低于可对人体造成危害的水平”。

(13)土耳其:2011 年 6 月 10 日,土耳其禁止在婴儿奶瓶和其他婴儿聚碳酸酯制品中使用双酚 A。

(14)世界卫生组织:世界卫生组织(World Health Organization,WHO)认为低剂量双酚 A 暴露产生的负面影响,特别是对于神经系统及行为的影响尚不确定,建议对双酚 A 暂不应制定新的法规限制或禁止其使用,认为“发动公共健康测定尚不成熟”。

4.5 双酚 A 检测标准和分析方法

为了确保食品接触材料的使用安全,世界各国政府和研究学者都在进行着不懈的努力,从新型环保材料的开发、各类用途制品的成型、有害物迁移量的控制、安全限量法规的制定等各个环节来最大限度地保护消费者的安全。自 2009 年美国出台的《食品安全加强法案》要求对双酚 A 进行风险评估以来,引发全球对食品接触材料中双酚 A 残留和迁移的新一轮广泛关注,因而各国对食品接触材料或食品中双酚 A 及其衍生物的检测技术日趋成熟,相关的标准也比较完善。现今对食品接触材料中双酚 A 的测定,测定对象一般为双酚 A 迁移量,即从食品接触材料中迁移往食品模拟物的双酚 A 的含量,样品基质为食品模拟物,根据所模拟食品对象的不同,又可分为水基食品模拟物以及脂肪类食品模拟物两大类。从检测技术手段上来看,目前比较通用的有直接滴定法、极谱法、比色法、色谱法及色谱—质谱联用法、荧光法、电化学法等。

本章首先简要介绍现存各国标准检测食品接触材料中双酚 A 所采用的方法,接着按照检测技术手段的不同,分别详述各类方法的具体分析步骤,供生产厂家质量控制技术人员及检测机构检验人员参考和使用。

4.5.1 国内外检测标准

1.欧盟检测标准

欧盟 EU No.10/2011 法规规定双酚 A 在塑料食品接触材料中的迁移限量为 0.6 mg/kg。欧盟技术文件 CEN/TS 13130-13:2005《食品接触材料及其制品 塑料中受限物质 第 13 部分:食品模拟物中 2,2-二(4-羟基苯基)丙烷(双酚 A)的测定》采用液相色谱对食品模拟物中的双酚 A 进行分离,然后采用荧光检测器进行检测。水基食品模拟物直接进样,橄榄油模拟物通过甲醇溶液萃取后进样,双酚 A 的含量用外标法来定量,检出限为 0.2~0.7mg/kg。其中,食品模拟物的浸泡条件应根据样品的实际用途,依据 EU No.10/2011 法规中规定的条件浸泡,具体参见本书第 10 章第 10.4.3 节。

2. 我国检测标准

(1)我国与双酚 A 有关的卫生限量标准有三个：

第一，强制性国家标准 GB 9685-2008《食品容器、包装材料用添加剂使用卫生标准》中规定，双酚 A 用于食品接触塑料、涂料、黏合剂时，其特定迁移量应不超过 0.6mg/L。该标准中仅规定了安全限量，并未规定具体的食品模拟物(或称浸泡液)。

第二，强制性国家标准 GB 13116-1994《食品容器及包装材料用聚碳酸酯树脂卫生标准》、GB 14942-1994《食品容器、包装材料用聚碳酸酯成型品卫生标准》中规定游离酚溶出量不得超过 10mg/L(浸泡条件为：蒸馏水，95±5℃浸泡 6h)。其中浸泡液接触面积每平方厘米加 2mL，容器中加入浸泡液 2/3 至 4/5 容器溶剂(分析结果折算为每平方厘米 2mL 浸泡液)；此外还规定双酚 A 型聚碳酸酯树脂不宜接触高浓度乙醇食品。

(2)就检测标准而言，我国现有两个双酚 A 检测标准，以及一个游离酚检测标准，概述如下：

第一，推荐性国家标准 GB/T 23296.16-2009《食品接触材料—高分子材料—食品模拟物中 2,2-二(4-羟基苯基)丙烷(双酚 A)的测定—高效液相色谱法》，参照欧盟检测方法 CEN/TS 13130-13:2005 制定，技术内容与该方法完全相同。采用液相色谱对食品模拟物中的双酚 A 进行分离，然后采用荧光检测器进行检测。水基食品模拟物直接进样，橄榄油模拟物通过甲醇溶液萃取后进样，双酚 A 的含量用外标法来定量。水基食品模拟物中双酚 A 测定低限为 0.03mg/L，橄榄油食品模拟物中双酚 A 测定低限为 0.3mg/L。

第二，检验检疫行业标准 SN/T 2282-2009《食品接触材料 高分子材料—食品模拟物中双酚 A 的测定—高效液相色谱法》，模拟液直接进液相色谱仪测定。水性食品模拟浸泡液过滤膜后进液相色谱仪测定；橄榄油模拟浸泡液用甲醇—水溶液萃取后，萃取液经过滤，用液相色谱仪测定。

第三，游离酚的含量按照推荐性国家标准 GB/T 5009.69-2008《食品罐头内壁环氧酚醛涂料卫生标准的分析方法中游离酚的方法》进行检测。利用溴与酚结合成三苯酚，剩余的溴与碘化钾作用，析出定量的碘，最后用硫代硫酸钠滴定析出的碘，根据硫代硫酸钠溶液消耗的量，即可计算出酚的含量。

3. 日本检测标准

日本食品卫生法(Food Sanitation Law，Low No. 233，1947)项下的《食品、食品添加剂等规格及标准》(Specifications and Standards for Foods, Food Additives, etc. Under the Food Sanitation Act)中规定：聚碳酸酯制品中双酚 A(包括苯酚 phenol 和对三丁基酚 p-tert-butylphenol)含量应不超过 500μg/g；双酚 A 溶出量应不超过 2.5μg/mL。其中，双酚 A 溶出液样品的浸泡条件为：(1)正庚烷，25℃，1h(模拟油脂类食品)；(2)20%乙醇，60℃，30min(模拟酒精性食品)；(3)蒸馏水，60℃，30min(模拟 pH 值等于或低于 5 的食品)；(4)4%乙酸，60℃，30min(模拟 pH 值超过 5 的酸性食品)。

此外，该法规规定酚醛树脂、密胺树脂、脲醛树脂、甲醛合成树脂、橡胶餐具中酚溶出量不大于 5μg/mL。其中酚溶出液样品的浸泡条件为：蒸馏水，60℃，30min。规定授乳餐具酚溶出量不超过 5μg/mL。其中酚溶出液样品的浸泡条件为：蒸馏水，40℃，24h。

日本现行食品接触材料检测标准(Specifications, Standards and Testing Methods for Foodstuffs, Implements, Containers and Packaging, Toys, Detergents 2008)，依据日本厚生省 1959 年第 370 号通告(Implements Ministry of Health and Welfare Notice No. 370, December 28, 1959; final version Ministry of Health and Welfare Notice No. 529, November 27, 2008)制定。其中对双酚 A(包括苯酚和对三丁基酚)的检测采用液相色谱法，用甲醇配制双酚 A、苯酚、对三丁基酚标准溶液，注射进入液相色谱分析，外标法定量。酚的测定采用比色法，将 20mL 样品溶液与 3mL 硼酸缓冲溶液、5mL 4-氨基安替吡啉溶液和 2.5mL 铁氰化钾溶液相混合，定容至 100mL，室温放置 10min；将上述经处理的样品溶液与同样条件下处理的酚标准溶液进行比较，在 510nm 波长下，样品溶液光谱吸收不应大于酚标准溶液的吸收。其原理为：酚与 4-氨基安替吡啉经铁氰化钾氧化，生成红色的安替吡啉染料，红色的深浅与酚的含量成正比。

4.5.2 双酚 A 检测一般试验步骤

1. 样品准备

因为食品接触材料大多采用单一的塑料或者有涂层的金属材质制成，因此在前期处理样品时，很少需要考虑样品材质的多样性和复杂性对被测物残留的影响。所以，样品的准备可有两种方法。一种是将样品破坏，用剪刀剪成形状较规则且能计算出面积的片状，用肥皂水或洗衣粉进行多次刷洗后，用自来水冲洗数分钟，再用蒸馏水冲洗 3～5 次，晾干备用。另一种是针对罐状或者瓶状的样品，用洗衣粉或肥皂水在空罐或者空瓶内转刷数次，用自来水冲洗数分钟，再用蒸馏水清洗 3～5 次，晾干备用。

2. 样品前处理

因食品接触材料具有不完全惰性，其本身可能会逐渐溶出化学物质或释放其涂层内的化学物质，再迁移进入食品中，危害人类健康。由于双酚 A 具有一定的挥发性，目前对释放双酚 A 材料的前处理大多采用溶剂浸泡法，并将浸泡体系密闭，以防止被测物的挥发。

如前所述，针对不同类别样品分别采用不同的浸泡方式。对规则的有一定尺寸的样品，先计算出样品具体的面积和浸泡液的添加量，将样品放入烧杯或者其他无双酚 A 干扰的容器中，倒入准确体积的浸泡液，密封敞口，保温浸泡并计时；对浸泡样品属罐状或瓶状的样品，往其中直接灌装加入浸泡液，盖好盖子使其密封，保温浸泡并计时。浸泡液在浸泡完成后倒入硬质玻璃容器内备用，对空罐或者空瓶中倒出来的溶液体积进行测量。该浸泡液就是用作后续测定的食品模拟物试液，取出后应放入 4℃ 的冰箱中保存并尽快完成测试。

上述样品的浸泡处理过程中，浸泡液一般使用蒸馏水、4% 乙酸、20% 乙醇、正己烷等，浸泡温度有 95℃、60℃、37℃等，浸泡时间也有 0.5h 和 2h 之分，均按照不同国家法规或标准中规定的分析方法进行操作(参见本章第 4.5.1 节或见本书第 10 章第 10.4.3 节)。

3. 样品分析

由于现代分析技术的不断进步，双酚 A 的检测已经逐步发展并成熟起来，现今的测试技术主要有直接滴定法、极谱法、比色法、色谱法及色谱—质谱联用法、荧光法、电化学法等，最广泛使用的要属色谱法。对双酚 A 而言，测定最为通用的方法是液相色谱法，为帮助分析工作者尤其是分析经验不足的测试者更好地了解并掌握双酚 A 的液相色谱测试方法，本章将有侧重地详细介绍液相色谱分析的原理及采用液相色谱测试双酚 A 的具体步骤。双酚 A 测试的其他各种分析方法也将在本章下文中予以介绍，供分析人员参考使用。

4.5.3　液相色谱法测定双酚 A

色谱法(chromatography)是一种分离和分析方法，起源于 20 世纪初。1903 年俄国植物学家米哈伊尔・茨维特用碳酸钙填充竖立的玻璃管，以石油醚洗脱植物色素的提取液，经过一段时间洗脱之后，植物色素在碳酸钙柱中实现分离，由一条色带分散为数条平行的色带。后来随着技术的发展，色谱不仅用来分析有色物质，还用来分析无色物质，并出现了品种繁多的各种色谱法，广泛应用于许多领域，成为非常重要的分离分析手段。但是无论是哪一种色谱，共同的基本特点就是具备两个相：不动的固定相和携带样品流过固定相的流动相。当流动相中样品混合物经过固定相时，就会与固定相发生作用，由于各组分在性质和结构上的差异，与固定相相互作用的类型、强弱也有差异，因此在同一推动力的作用下，不同组分在固定相停滞时间长短不同，从而按照先后不同的次序从固定相中流出。从两相状态来分类，流动相为气体的色谱称为气相色谱(GC)，流动相为固体的色谱称为液相色谱(LC)。

色谱法有其他分析方法没有的优势，其特点是具有超高的分离能力，而各种分析对象大多又是混合物，为了分析鉴定它们是由什么物质组成和含量是多少，必须进行分离，所以色谱法成为许多分析方法的先决条件和必需的步骤[45,46]。目前应用于食品接触材料中的双酚 A 测定的方法主要是高效液相色谱法。

1. 高效液相色谱概述

高效液相色谱法(HPLC)是 20 世纪 60 年代末 70 年代初发展起来的一种新型分离分析技术，随着不断改进与发展，目前已成为应用极为广泛的化学分离分析的重要手段[47]。它是在经典液相色谱基础上，引入了气相色谱的理论，在技术上采用了高压泵、高效固定相和高灵敏度检测器，因而具备速度快、效率高、灵敏度高、操作自动化的优点。高效液相色谱仪的结构示意见图 4.3，一般可分为 4 个主要部分：高压输液系统、进样系统、分离系统和检测系统。此外还配有辅助装置，如梯度淋洗、自动进样及数据处理等。其工作过程如下：首先高压泵将贮液器中流动相溶剂经过进样器送入色谱柱，然后从控制器的出口流出。当注入欲分离的样品时，流经进样器的流动相将样品同时带入色谱柱进行分离，然后依先后顺序进入检测器，记录仪将检测器的信号记录下来，由此得到液相色谱图。

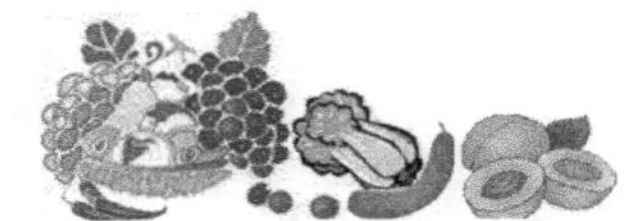

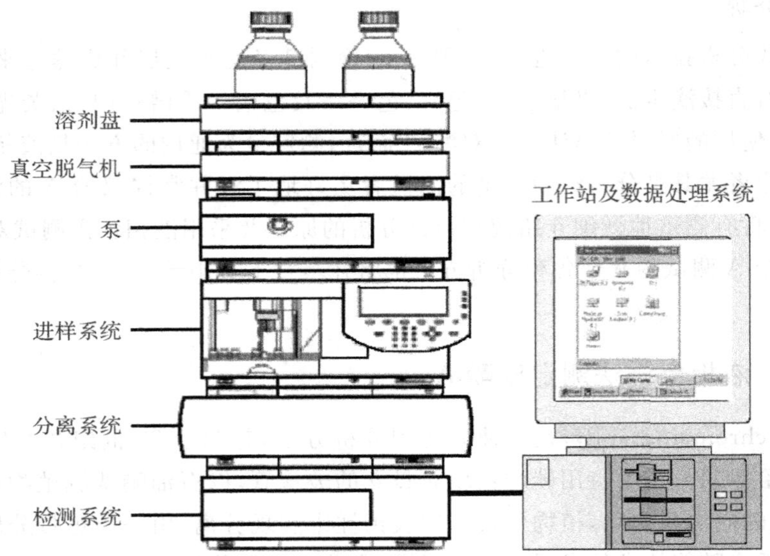

图 4.3　高效液相色谱结构示意图
（此图参照 Agilent 公司 1100 型液相色谱仪外观）

（1）高压输液系统

由于高效液相色谱所用固定相颗粒极细，因此对流动相阻力很大，为使流动相较快流动，必须配备有高压输液系统。它是高效液相色谱仪最重要的部件，一般由储液罐、高压输液泵、过滤器、压力脉动阻力器等组成，其中高压输液泵是核心部件。

（2）进样系统

高效液相色谱的进样装置一般有两类：隔膜注射进样器和高压进样阀。隔膜注射进样器是在色谱柱顶端装一个耐压弹性隔膜，进样时用微量注射器刺穿隔膜将试样注入色谱柱。其优点是装置简单、价格便宜、死体积小，缺点是允许进样量小、重复性差。高压进样阀目前多为六通阀，由于进样可由定量管的体积严格控制，因此进样准确，重复性好，适于做定量分析，更换不同体积的定量管，可调整进样量。

（3）分离系统——色谱柱

色谱柱是液相色谱的心脏部件。一般来说，色谱柱长 3～30cm，内径为 4～5mm，在分离前备有一个前置柱，前置柱内填充物与分离物完全一样，这样可使淋洗溶剂由于经过前置柱为其中的固定相饱和，使它在流动分离柱时不再洗脱其中固定相，保证分离柱的性能不受影响。

（4）检测系统

高效液相色谱检测器的类型基本有两种，一类是溶质性检测器，它仅对被分离组分物理或化学特性有响应，属于这类检测器的有紫外、荧光、电化学检测器等。另一类是总体检测器，它对试样和洗脱液总的化学或者物理性质都有响应，属于这类检测器的有示差折光检测器、电导检测器等。近年来发展的新型检测器还有质谱检测器、Fourier 红外检测器、光散射检测器等。常用的检测器有：

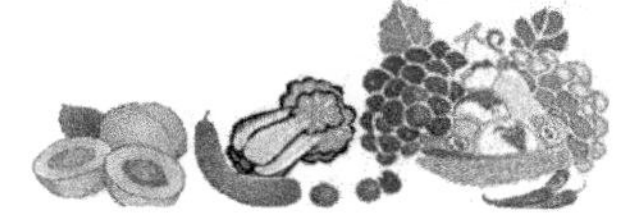

(a)紫外检测器

紫外检测器是高效液相色谱中应用最广泛的一种检测器，它适用于对紫外光或可见光有吸收的样品的检测。据统计，在高效液相色谱分析里，约有 80%的样品可以使用这种检测器。它分为固定波长型和可调波长型两类。固定波长紫外检测器常采用汞灯的 254nm 或者 280nm 谱线，许多有机官能团能吸收这些波长。可调波长型实际是以紫外可见分光光度计作检测器，灵敏度较高、通用性也好，它要求试样必须由紫外吸收，但溶剂必须能透过所选波长的光，选择的波长不能低于溶剂的最低使用波长。近年来，还发展了一种应用光电二极管阵列的紫外检测器，采用计算机快速扫描采集数据，可得到三维的色谱—光谱图像。

(b)荧光检测器

荧光检测器是利用某些试样具有荧光特性来检测的一种选择性很强的检测器，在一定的条件下，荧光强度与试样的浓度成正比，比较适合于稠环芳烃、甾族化合物、酶、氨基酸、维生素、色素、蛋白质等荧光物质的测定。荧光检测器灵敏度高，检出限可达 10^{-12}～10^{-13}g・cm^{-3}，比紫外检测器高出 2～3 个数量级，也可用于梯度淋洗，缺点是适用范围有一定局限性。因双酚 A 具有一定的荧光特性，因此荧光检测器在双酚 A 的检测中起到了很好的作用。

(c)电导检测器

电导检测器是离子色谱法应用最多的检测器，其作用原理是基于物质在某些介质中电离后所产生电导变化来测定电离物质的含量，它的主要部件是电导池。电导检测器的响应受温度的影响较大，因此要求放在恒温箱中，电导检测器的缺点是 pH>7 时不够灵敏。

(d)示差折光率检测器

几乎所有的物质都有各自不同的折射率，因此，示差折光检测器是一种通用型的检测器，按其工作原理可分偏转式和反射式两种。示差折光检测器的灵敏度可达 10^{-7}g・cm^{-3}，主要缺点是对温度变化敏感，并且不能用于梯度淋洗。

(5)附属系统

附属系统包括脱气、梯度淋洗、恒温、自动进样、馏分收集以及数据处理等装置。其中，梯度淋洗装置是高压液相色谱仪中尤为重要的附属装置，其优点是可改进复杂样品分离、改善峰形、减少拖尾并缩短分析时间。所谓梯度淋洗，指在分离过程中使流动相的组成随时间改变而改变，通过连续改变色谱柱中流动相的极性、离子强度或者 pH 等因素，使被测组分的相对保留值得以改变，提高分辨率。梯度淋洗对一些组分复杂及容量因子值范围很宽的样品分离尤为重要，可使样品的组分在最佳容量因子值范围流出柱子，使保留时间过短而拥挤不堪、峰形重叠的组分或保留时间过长而峰形扁平、宽大的组分都能获得良好的分离。另外，由于滞留组分全部流出柱子，可保持柱性能长期良好。当用完梯度淋洗时，在更换流动相时，要注意流动相的极性时间与平衡时间，且由于不同溶剂的紫外吸收程度有差异，可能引起基线漂移。

2. 双酚 A 的高效液相色谱检测方法

按目前国内现有的检测标准来看，对食品接触包装材料中双酚 A 残留的检测标准有以下两个：第一个是国家标准 GB/T 23296.16-2009《食品接触材料—高分子材料—食品模拟物中 2,2-二(4-羟基苯基)丙烷(双酚 A)的测定—高效液相色谱法》；另一个是行业标准 SN/T 2282-2009《食品接触材料 高分子材料—食品模拟物中双酚 A 的测定—高效液相色谱法》。前一种方法是用高效液相色谱柱对食品模拟物中的双酚 A 进行分离，然后采用荧光检测器进行检测，水基食品模拟物直接进样，橄榄油模拟物通过甲醇溶液萃取后进样，外标法定量。而第二种方法则是模拟液直接进液相色谱仪测定，水性食品模拟浸泡液过滤膜后进液相色谱仪测定，橄榄油模拟浸泡液用甲醇—水溶液萃取后，萃取液经过滤，用液相色谱仪测定。

(1)GB/T 23296.16-2009 标准方法

该标准规定了食品模拟物中双酚 A 的测定方法，适用于水、3%(质量浓度)乙酸溶液、10%(体积分数)乙醇溶液和橄榄油四种食品模拟物中双酚 A 含量的测定。双酚 A 在水、3%(质量浓度)乙酸溶液、10%(体积分数)乙醇溶液三种水基食品模拟物中双酚 A 的测定低限为 0.03mg/L，在橄榄油中的测定低限为 0.3mg/kg。该方法原理为先通过高效液相色谱柱将食品模拟物中的双酚 A 进行分离，再采用荧光检测器进行检测，水基食品模拟物直接进样，橄榄油模拟物通过甲醇溶液萃取后进样，采用外标法定量。

(a)仪器和试剂

高效液相色谱仪，配荧光检测器；涡旋振荡器；微量注射器，10μL、50μL、1000μL；具塞试管，10mL；分析天平，感量 0.0001g、0.01g。

水，GB/T 6682 中规定的一级水；双酚 A，分析纯；冰乙酸，分析纯；无水乙醇，分析纯；精制橄榄油；正己烷，色谱纯；甲醇，色谱纯；3%(质量浓度)乙醇溶液；10%(体积分数)乙醇溶液。

双酚 A 储备液(375mg/L)：精确称取 37.5mg 双酚 A(精确至 0.1mg)至 100mL 容量瓶中，用色谱纯甲醇定容，在 −20～20℃条件下避光保存，密封的双酚 A 储备液浓度在 3 个月内保持稳定；双酚 A 标准中间液(37.5mg/L)：取 10mL 双酚 A 储备液于 100mL 容量瓶中，用色谱纯甲醇定容。

(b)标准工作溶液的制备

水基食品模拟物标准工作溶液用微量注射器分别准确量取 0μL、20μL、40μL、100μL、200μL、500μL 双酚 A 标准中间液于 6 个 25mL 容量瓶中，用水定容，得到水中双酚 A 浓度分别为 0.00mg/L、0.03mg/L、0.06mg/L、0.15mg/L、0.30mg/L、0.75mg/L 的标准工作液。采用同样方式，分别用 3%(质量浓度)乙酸溶液和 10%(体积分数)乙醇溶液配置同样浓度系列的双酚 A 标准工作溶液。

橄榄油模拟物标准工作溶液按照以下步骤制作，分别准确称取 1g(精确至 0.01g)橄榄油至 6 个具塞试管中，用微量注射器分别移取 0μL、8μL、12μL、20μL、40μL、80μL 双酚 A 标准中间液于试管中，得到浓度分别为 0.00mg/kg、0.30mg/kg、0.45mg/kg、0.75 mg/kg、1.5mg/kg、3.0mg/kg 的标准工作溶液。分别在每个试管中再加入 3mL 正己烷，

混匀，加入 2mL(1＋1)甲醇—水混合液，涡旋振荡 2min，静置分层。用注射器吸取下层水溶液，通过 0.2μm 滤膜过滤后供高效液相色谱进样。

(c)食品模拟物试液的制备

食品模拟物试液的准备按照 4.5.2 节的步骤操作。所有的食品模拟物从试液迁移浸泡液中获取后应置于 4℃冰箱中避光保存。

水基食品模拟物准确量取迁移试验中得到的水基食品模拟物约 1mL，通过 0.2μm 滤膜过滤后供高效液相色谱进样。平行制样两份。橄榄油的食品模拟物准确称取迁移试验中得到的橄榄油模拟物 1g±0.01g 于试管中，加入 3mL 正己烷，充分混合，加入 2mL 甲醇—水混合液，涡旋振荡 2min，静置分层。用移液器吸取下层水溶液，通过 0.2μm 滤膜过滤后供高效液相色谱进样。平行制样两份。按照同样的实验操作处理未与食品接触材料接触的食品模拟物作本次实验空白试验。

(d)测定条件

色谱柱：C18 柱，柱长 250mm，内径 4.6mm，粒度 5μm，或性能类似的分析柱；流动相：甲醇—水(70＋30)；流速：1mL/min；柱温：室温；荧光检测器：激发波长 227nm，发射波长 313nm。

(e)绘制标准工作曲线

按照上述所列测定条件，对水基食品和橄榄油模拟物标准工作溶液进行检测。在食品模拟物标准工作曲线中，以双酚 A 浓度为横坐标，以对应的峰面积为纵坐标，绘制标准工作曲线，得到线性方程。标准溶液色谱图见图 4.4。

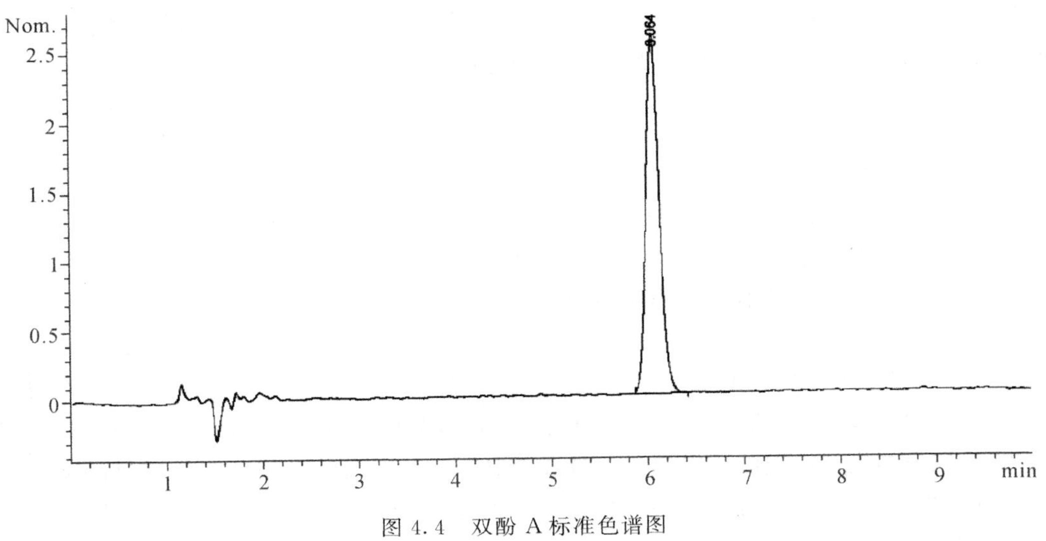

图 4.4　双酚 A 标准色谱图

按式 4.1 计算回归参数：

$$y=a\times x+b \tag{4.1}$$

式中：y——食品模拟物标准工作溶液中双酚 A 的峰面积；

a——回归曲线的斜率；

x——食品模拟物标准工作溶液中双酚A浓度，mg/L或mg/kg；

b——回归曲线的截距。

(f)试液测定

对空白试液和食品模拟物试液依次进样进行测定，扣除空白值，得到各不同食品模拟物中双酚A的色谱峰峰面积并记录。

(g)结果计算

食物模拟物试液中双酚A的浓度c按式4.2计算。

$$c=\frac{y-b}{a} \tag{4.2}$$

式中：c——食品模拟物试液中双酚A的浓度，mg/L或mg/kg；

y——食品模拟物标准工作溶液中双酚A的峰面积；

b——回归曲线的截距；

a——回归曲线的斜率。

在得到食物模拟物试液中双酚A的浓度c值后，即可接着计算双酚A的特定迁移量。根据得到的食品模拟物试液中双酚A的浓度，按照迁移试液中所使用的食品模拟物的体积和测试试样与食品模拟物接触面积，通过数学换算计算出双酚A的特定迁移量，单位以"mg/kg"或"mg/dm^2"表示。计算结果以平行测定值的算术平均值表示，保留两位有效数字。

当使用的样品表面积—体积比不好计算时，测试结果以"mg/dm^2"表示。当实验中的样品为容器类可灌装测试时，且表面积—体积比已知，容积小于500mL和大于10L，特定迁移量结果用"mg/dm^2"表示。若不是容器类可灌装的样品的情况下，结果则以"mg/kg"表示。"mg/kg"和"mg/dm^2"之间的换算按式4.3计算。

$$M=\frac{c_1\times V_1}{A_1\times 1000} \tag{4.3}$$

式中：M——迁移量，mg/dm^2；

c_1——对样品进行迁移试验时释放至食品模拟物的受限物质浓度，mg/kg；

V_1——迁移试验中使用的食品模拟物体积，mL；

A_1——迁移测定中样品与食品或视频模拟物接触的表面积，dm^2。

(2)SN/T 2282-2009标准方法

该标准规定了食品模拟物中双酚A的测定方法，适用于食品模拟物水、3%乙酸溶液、10%乙醇溶液、橄榄油中双酚A的测定。水性食品模拟浸泡液过滤膜后，进液相色谱仪测定；橄榄油模拟浸泡液用甲醇—水溶液萃取，萃取液经过滤，用液相色谱仪测定。该方法对水性食品模拟浸泡液测定低限为0.1mg/L，橄榄油模拟浸泡液测定低限为0.5mg/kg。

(a)仪器和试剂

液相色谱仪，配有紫外检测器；离心机，5000r/min。

去离子水；甲醇，分析纯；无水乙醇，分析纯；冰乙酸，分析纯；甲醇—水溶液(1+1)；3%(质量浓度)乙醇溶液；10%(体积分数)乙醇溶液；精炼橄榄油；双酚A标准物质，分析

纯，纯度≥99%。

双酚 A 标准储备溶液：准确称取 50.0mg 双酚 A 标准物质于 100mL 容量瓶中，加入少量甲醇溶解后，用甲醇定容至刻度。

(b)标准工作溶液的制备

水基食品模拟物标准工作溶液用微量注射器分别准确吸取适量双酚 A 标准储备溶液，用不含待测物的水、3%乙酸溶液、10%乙醇水溶液配制成不同浓度的标准工作液。

(c)食品模拟物试液的制备

食品模拟物试液的准备按照 4.5.2.1、4.5.2.2 节的步骤操作。所有的食品模拟物从试液迁移浸泡液中获取后应置于 4℃冰箱中避光保存。

迁移试验中得到的水、3%乙酸溶液和 10%乙醇浸泡液通过 0.45μm 滤膜过滤，保存，供液相色谱进样。准确称取迁移试验中得到的橄榄油模拟物 1.00g，加入 3.0mL 正己烷，充分混合后，加入 2mL 甲醇—水混合液，振摇 10min，然后 3000r/min 离心 10min。取甲醇—水溶液层，通过 0.45μm 滤膜过滤，待液相色谱分析。按照同样的实验操作处理未与食品接触材料接触的食品模拟物作本次实验空白试验。

(d)测定条件

色谱柱：ODS C_{18}(5μm)250mm×4.5mm，或相当者；检测波长：280nm；流动相：甲醇＋水(3＋1)；流速：0.8mL/min；进样量：10μL。

(e)绘制标准工作曲线

按照上述所列测定条件，对水基食品和橄榄油模拟物标准工作溶液进行检测。在食品模拟物标准工作曲线中，以双酚 A 浓度为横坐标，以对应的峰面积为纵坐标，绘制标准工作曲线，得到线性方程。

按式 4.4 计算回归参数：

$$y=a\times x+b \tag{4.4}$$

式中：y——食品模拟物标准工作溶液中双酚 A 的峰面积；

a——回归曲线的斜率；

x——食品模拟物标准工作溶液中双酚 A 浓度，mg/L 或 mg/kg；

b——回归曲线的截距。

(f)试液测定

对空白试液和食品模拟物试液依次进样进行测定，扣除空白值，得到各不同食品模拟物中双酚 A 的色谱峰峰面积并记录。

标准工作溶液和待测样液中双酚 A 的响应值均应在仪器检测的线性范围内，若待测液含量超出线性范围，应适当稀释后再测定。对标准工作溶液和样液等体积进样测定。

(g)结果计算

试样中双酚 A 的含量按式 4.5 计算，当模拟物为橄榄油时双酚 A 含量的单位为毫克每千克(mg/kg)。

$$X=\frac{c\times A\times V}{A_S\times m} \tag{4.5}$$

式中：X——试样中双酚 A 含量，mg/L；

c——双酚标准工作溶液的浓度，μg/mL；

A——双酚 A 试液的峰面积；

V——样液的最终定容体积，mL；

m——试样的质量，g。

4.5.4 直接滴定法测定酚

在我国，色谱法在食品安全检测中的应用较迟，目前我国现行有效的检测方法中，许多食品安全的检测项目采用常规的分析方法较多[48]。适用于以熔融法聚合而成的双酚 A 型聚碳酸醋树脂的 GB/T 5009.99-2003《食品容器及包装材料用聚碳酸酯树脂卫生标准的分析方法》和适用于内壁涂抹环氧酚醛涂料的食品罐头的 GB/T 5009.69-2008《食品罐头内壁环氧酚醛涂料卫生标准的分析方法》都是按照直接滴定法来进行检测的。化学滴定法检测的基本原理是利用溴和酚结合成三苯酚，剩余的溴与碘化钾作用，析出定量的碘，最后用硫代硫酸钠滴定析出的碘，根据硫代硫酸钠溶液消耗的量，计算出酚的含量。

(1)试剂

盐酸：分析纯；三氯甲烷：分析纯；乙醇：分析纯；饱和溴溶液；碘化钾溶液：100g/L；淀粉指示剂：称取 0.5g 可溶性淀粉，加少量水调至糊状，然后倒入 100mL 沸水中，煮沸片刻，临用时现配；溴标准溶液：$c(1/2Br_2)=0.1mol/L$；硫代硫酸钠标准滴定溶液：$c(Na_2S_2O_3)=0.1mol/L$。

(2)分析步骤

称取约 1.00 克树脂或者酚醛树脂试样，小心地放入蒸馏瓶内，以 20mL 乙醇溶解（如水溶性树脂用 20mL 水），再加入 50mL 水，然后用水蒸气加热蒸馏出游离酚。馏出溶液收集于 500mL 容量瓶中，控制在 40～50min 内馏出蒸馏液 300～400mL。最后取少量新蒸出液样，加 1～2 滴饱和溴水，如无白色沉淀，证明酚已蒸完，即可停止蒸馏。蒸馏液用水稀释至刻度，充分摇匀，备用。

吸取 100mL 蒸馏液，置于 500mL 具塞锥形瓶中，加入 25mL 溴标准溶液（0.1mol/L）、5mL 盐酸，在室温下放在暗处 15min，加入 10mL 碘化钾（100g/L），在暗处放置 10min，加 1mL 三氯甲烷，用硫代硫酸钠标准滴定溶液（0.1mol/L）滴定至淡黄色，加 1mL 淀粉指示液，继续滴定至蓝色消退为终点。同时用 20mL 乙醇加水稀释至 500mL，然后吸取 100mL 进行空白试验（若水溶性树脂则以 100mL 水做空白试验）。

(3)结果计算

按式 4.6 计算，计算结果表示到三位有效数字。

$$X=\frac{(V_1-V_2)\times c\times 0.01568\times 5}{m}\times 100 \tag{4.6}$$

式中：X——试样中游离酚的含量，g/100g；

V_1——试剂空白滴定消耗硫代硫酸钠标准滴定溶液的体积，mL；

V_2——滴定试样消耗硫代硫酸钠标准滴定溶液的体积，mL；

c——硫代硫酸钠标准滴定溶液的浓度，mol/L；

0.01568——与 1.0mL 硫代硫酸钠标准滴定溶液[$c(Na_2S_2O_3)=1.000mol/L$]相当的苯酚的质量，g；

m——样品质量，g。

4.5.5　紫外—可见吸收光谱法测定酚

紫外—可见吸收光谱法是研究在 200 至 800nm 光区内的分子吸收光谱的一种方法，它广泛地用于无机和有机物质的定性和定量测定，灵敏度和选择性较好。紫外—可见吸收光谱法遵循朗伯—比尔定律 $A=\varepsilon bc$，根据量子理论，光是由光子所组成，吸收光的过程就是光子被吸光质点（如分子或离子）的俘获，使吸光质点能量增加而处于激发状态，光子被俘获的几率取决于吸光质点的吸光截面积。在做测试时，读出分光光度计上刻有的百分透光度 T 和吸光度 A，以百分透光度和吸光度分别对溶液浓度作图可得到一条指数曲线和一条直线。

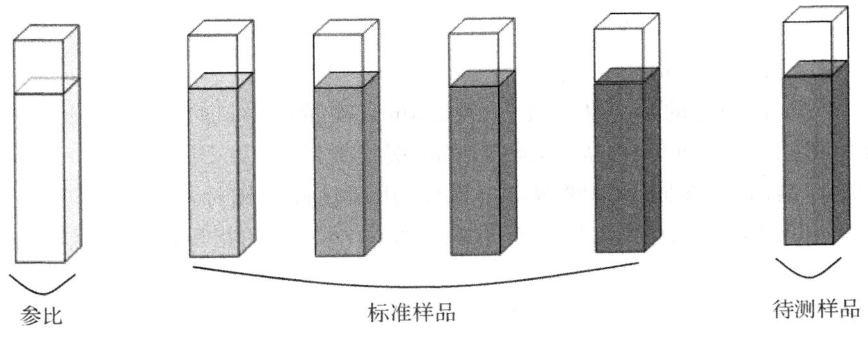

图 4.5　紫外—可见吸收光谱法测定过程

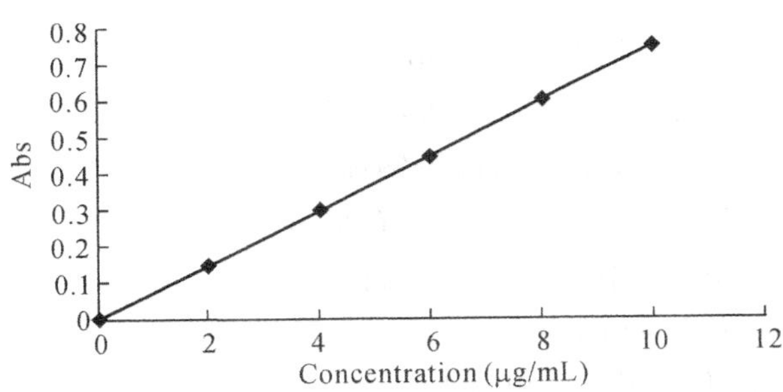

图 4.6　紫外—可见吸收光谱法测定标准工作曲线示意图

采用紫外—可见吸收光谱法测定酚，是利用经处理过的酚溶液在 460nm 处有特殊的吸收作用，采用紫外—可见吸收光谱法做标准工作曲线进行定量测定。如图 4.5、图 4.6 所示，通常步骤是先配置一系列不同浓度的被测组分的标准溶液，在选定的波长和最佳的实验条件下分别测定其吸光度 A，以吸光度 A 对试液浓度作图得到一条标准工作直线。然后在相同的测试条件下，再测量样品溶液的吸光度，这样就可以从工作曲线上查得样品溶液的浓度。我国标准 GB/T 5009.69-2008《食品罐头内壁环氧酚醛涂料卫生标准的分析方法》中 7.1.2 节也是采用该法测定食品模拟浸泡液中游离酚的含量。食品模拟浸泡液在碱性的环境(pH＝9～10.5)下，酚与 4-氨基安替吡啉经铁氰化钾氧化，生成红色的安替吡啉染料，红色的深浅与酚的含量成正比。

(1)仪器和试剂

紫外—可见分光光度计；

磷酸溶液：1 体积磷酸(分析纯)和 9 体积水混合；硫代硫酸钠标准溶液：$c(Na_2S_2O_3)$＝0.025mol/L；溴酸钾—溴化钾溶液：准确称取 2.78g 经过干燥的溴酸钾，加水溶解，置于 1000mL 容量瓶中，加 10g 溴化钾溶解后，以水稀释到刻度；盐酸：分析纯；硫酸铜溶液：100g/L；4-氨基安替吡啉溶液：20g/L，贮于冰箱能保存一星期；铁氰化钾溶液：80g/L；缓冲液：pH＝9.8，称取 20g 氯化铵于 100mL 氨水中，盖紧贮于冰箱；三氯甲烷：分析纯；碘化钾：分析纯；淀粉指示剂：称取 0.5g 可溶性淀粉，加少量水调至糊状，然后倒入 100mL 沸水中，煮沸片刻，临用时现配；酚标准溶液：准确称取新蒸 182～184℃馏程的苯酚约 1g，溶于水中移入 1000mL 容量瓶中，加水稀释至刻度。

(2)标准工作曲线的制备

(a)酚标准溶液的标定

吸取 10mL 待测定的酚标准溶液，放入 250mL 碘量瓶中，加入 50mL 水、10mL 溴酸钾—溴化钾溶液，随即加 5mL 盐酸，盖好瓶塞，缓缓摇动，静置 10min 后加入 1g 碘化钾。同时取 10mL 蒸馏水，按同上步骤做空白试验，用硫代硫酸钠标准滴定溶液(0.025mol/L)滴定空白和酚标准溶液，当溶液滴至淡黄色加入 2mL 淀粉指示液，继续滴至蓝色消失为终点。

按式 4.7 计算标准溶液中酚的含量：

$$X=\frac{(V_1-V_2)\times c\times 15.68}{V} \tag{4.7}$$

式中：X——酚标准溶液中酚的含量，mg/mL；

V_1——空白滴定消耗硫代硫酸钠标准滴定溶液的体积，mL；

V_2——酚标准溶液滴定消耗硫代硫酸钠标准滴定溶液的体积，mL；

c——硫代硫酸钠标准滴定溶液的实际浓度，mol/L；

15.68——与 1.00mL 硫代硫酸钠标准滴定溶液[$c(Na_2S_2O_3)=1.000$mol/L]相当的酚的质量，mg；

V——标定用酚标准使用液体积，mL。

根据上述计算的含量，将酚标准溶液稀释至 1mg/mL，临用时吸取 10mL，置于 1000mL 容量瓶中，加水稀释至刻度，使此溶液每毫升相当于 10μg 苯酚。再吸取此溶液 10mL，置于 100mL 容量瓶中，加水稀释至刻度，此溶液每毫升相当于 1.0μg 苯酚。此溶液为苯酚标准使用液。

(b)标准曲线的制备

吸取上节制得的苯酚标准使用液0mL、2mL、4mL、8mL、12mL、16mL、20mL和30mL分别置于250mL分液漏斗中，相当于每个分液漏斗中分别含有0μg、2μg、4μg、8μg、12μg、16μg、20μg和30μg苯酚，往分液漏斗中各加入无酚水至200mL，再分别加入1mL缓冲液、1mL 4-氨基安替吡啉溶液(20g/L)、1mL铁氰化钾溶液(80g/L)。每加入一种试剂后，都要充分摇匀，放置10min后，再各加入10mL三氯甲烷溶液，振摇2min，静止分层后将三氯甲烷层经无水硫酸钠过滤于具塞比色管中，用2cm比色杯以零管调节零点，于波长460nm处测吸光度，绘制浓度—吸光度标准曲线。

(3)食品模拟液的制备

将样品裁剪成一定尺寸，清洗晾干后计算涂层面积，浸泡液的量按涂层面积每平方厘米加2mL计算。本试验测定的是水浸泡液中的游离酚的含量，所以分析用水不得含有酚和氯。一般用活性炭吸附过的蒸馏水(1000mL蒸馏水加入1g色层分析用的活性炭，充分搅拌，10min后静止，过滤待用)。将样品没入与涂层面积相对应的体积的水中，在95℃下浸泡30min。

(4)测试步骤

量取250mL样品水浸泡混合液，置于500mL全磨口蒸馏瓶中，加入5mL硫酸铜溶液(100g/L)、用磷酸(1+9)调节pH在4以下(也可用两滴甲基橙指示液(1g/L)调至溶液为橙红色)，加入少量玻璃珠进行蒸馏，在200mL或者250mL容量瓶中预先放入5mL氢氧化钠溶液(4g/L)，接收管插入氢氧化钠溶液液面下接收蒸馏液，收集馏液至200mL，同时用250mL无酚水按上述方法进行蒸馏，做试剂空白试验。

将上述全部样品蒸馏液及试剂空白蒸馏液分别置于250mL分液漏斗中，分别加入1mL缓冲液、1mL氨基安替吡啉溶液(20g/L)、1mL铁氰化钾溶液(80g/L)，每加入一种试剂后充分摇匀，放置10min，各加入10mL三氯甲烷溶液，振摇2min，静止分层后将三氯甲烷层经无水硫酸钠过滤于具塞比色管中，用2cm比色杯以零管调节零点，于波长460nm处测吸光度，并与标准工作曲线进行比较定量。

(5)结果计算

按照式4.8进行结果计算：

$$X=\frac{(m_1-m_2)\times 1000}{V\times 1000} \tag{4.8}$$

式中：X——试样水浸泡液中游离酚的含量，mg/L；

m_1——测定试样浸泡液中游离酚的含量，μg；

m_2——测定试样浸泡液中游离酚的含量，μg；

V——测定用浸泡液的体积，mL。

空罐浸泡液游离酚含量换算成$2mL/cm^2$浸泡液游离酚的含量见式4.9。

$$X_1=X\times\frac{V}{S\times 2} \tag{4.9}$$

式中：X_1——测定试样水浸泡液中换算后的游离酚含量，mg/L；

X——试样浸泡液中游离酚的含量，mg/L；

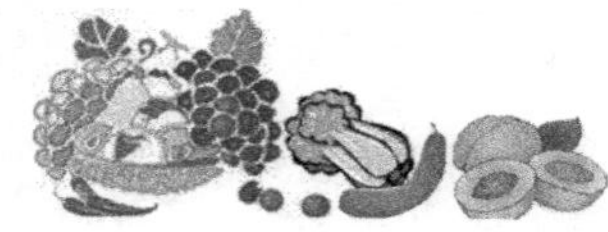

V——每个空罐模拟液的体积，mL；

S——每个空罐内面总面积，cm^2。

4.5.6 极谱法测定双酚 A

从 1922 年 Heyrovsky 开创了极谱学以来，已形成了一系列的极谱分析方法和技术。极谱法是一种特殊的电解方法，电解池由滴汞电极与参比电极组成。其工作电极使用表面作周期性连续更新的滴汞电极，工作电极面积较小，分析物的浓度也较小，浓差极化的现象比较明显；其参比电极常采用面积较大、不易极化的电极。极谱法根据电解过程中的电流—电位曲线进行分析。

极谱分析的装置见图 4.7。滴汞电极做工作电极，它由贮汞瓶下接一厚壁塑料管，再接一内径为 0.05mm 的玻璃毛细管构成。汞在毛细管中周期性地长大滴落，周期为 3～5s。参比电极常采用饱和甘汞电极，其电极面积较大，电流密度小，没有浓差极化现象，称为非极化电极。通常使用时滴汞电极做负极，饱和甘汞电极为正极。直流电源 1、可变电阻和滑线电阻 2 构成电位计线路。移动电压表 3 接触键，在 0～－2V 范围内，以 100～200mV/min 的速度连续改变加于两电极间的电位差。4 是灵敏检流计，用来测量通过电解池的电流。记录得到的是电流—电压曲线，称为极谱图。

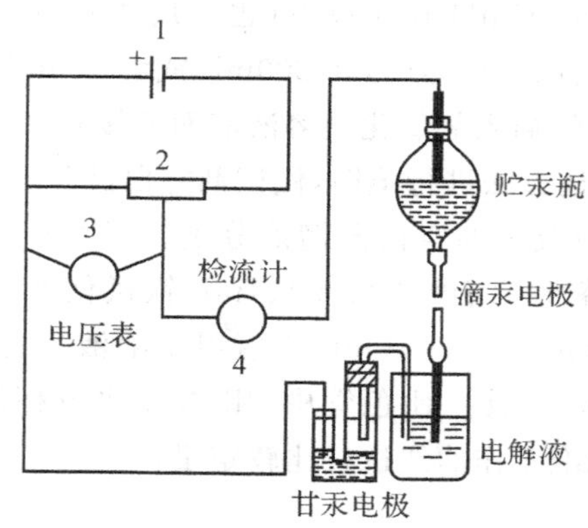

图 4.7 极谱分析装置

极谱法适用于食品容器漆涂料、食品罐头内壁脱模涂料、水基改性环氧易拉罐内壁涂料、食品罐头内壁环氧酚醛涂料、食品容器及包装材料用聚碳酸酯树脂、食品容器、包装材料用聚碳酸酯成型品中双酚 A 的检测。极谱法主要是利用双酚 A 与硝酸生成的硝基化合物在示波极谱上产生灵敏的二阶导数吸附波，在一定范围内峰电流与双酚 A 的含量呈良好线性关系的原理进行。该方法操作简便、快速、准确，其检测结果与液相色谱法检测结果无显著差异，十分适合用于食品包装材料中双酚 A 的测定。我国标准 GB/T 5009.69-2008《食品罐头内壁环氧酚醛涂料卫生标准的分析方法》中 7.1.3 就是用示波极谱法测定浸泡液中游离酚的含量。在加热条件下，游离苯酚与亚硝酸钠发生亚硝化反应生成亚硝基酚化合物，在滴汞电极上产生灵敏的极谱催化波，于电位－0.47V 处，波高与苯酚的浓度在一定范围内呈现良好的线性关系。试样的波高与苯酚标准曲线的波高比

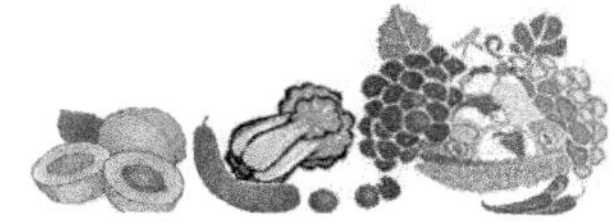

较而进行定量。此方法规定最低检出限为 0.02μg,取试样为 5mL 时,最低检出浓度为 0.004mg/L。标准曲线的线性范围为 0.004～0.10mg/L。

(1)仪器和试剂

示波极谱仪;三电极体系:滴汞电极、饱和氯化钾甘汞电极和铂电极;电热恒温水浴箱:温度为 100±0.5℃;10mL 容量瓶。

无酚蒸馏水:不含酚,于水中加入氢氧化钠至 pH12 以上,进行蒸馏,在碱性溶液中酚形成酚钠不被蒸出;纯汞:分析纯,滴汞电极使用;磷酸溶液:1 体积磷酸和 9 体积蒸馏水混合;硫酸铜溶液:100g/L;氢氧化钠溶液:4g/L;硫代硫酸钠标准溶液:$c(Na_2S_2O_3)=0.025mol/L$;溴酸钾[$c(1/6KBrO_3)=0.1000mol/L$]—溴化钾(10g/L)溶液:准确称取 2.78g 经过干燥的溴酸钾,加水溶解,置于 1000mL 容量瓶中,加 10g 溴化钾溶解后,以水稀释至刻度;盐酸:分析纯;碘化钾:分析纯;淀粉指示剂:称取 0.5g 可溶性淀粉,加少量水调至糊状,然后倒入 100mL 沸水中,煮沸片刻,临用时现配;亚硝酸钠溶液:2mol/L,称取 138.0g 亚硝酸钠,加水溶解至 1000mL。

酚标准储备液:1mg/mL,准确称取新蒸 182～184℃馏程的无色苯酚约 1g,溶于水中移入 1000mL 容量瓶中,加水稀释至刻度,标定后保存于冰箱中。

(2)标准工作曲线的制备

(a)苯酚标准储备液的标定

吸取 10mL 酚标准储备溶液,放入 250mL 碘量瓶中,加入 50mL 水、10mL 溴酸钾—溴化钾溶液,随即加 5mL 盐酸,盖好瓶塞,缓缓摇动,静置 10min 后加入 1g 碘化钾,盖严瓶塞,摇匀。于暗处放置 5min,用硫代硫酸钠标准溶液(0.025mol/L)滴定至淡黄色后加入 2mL 淀粉指示剂,继续滴定至蓝色消失为终点。同时取 10mL 水,同上步骤做空白滴定。

按式 4.10 计算酚标准储备液中酚的含量:

$$X=\frac{(V_1-V_2)\times c\times 15.68}{V} \tag{4.10}$$

式中:X——酚标准溶液中酚的含量,mg/mL;

V_1——空白滴定消耗硫代硫酸钠标准滴定溶液的体积,mL;

V_2——酚储备溶液滴定消耗硫代硫酸钠标准滴定溶液的体积,mL;

c——硫代硫酸钠标准滴定溶液的实际浓度,mol/L;

15.68——与 1.00mL 硫代硫酸钠标准滴定溶液[$c(Na_2S_2O_3)$]=1.000mol/L]相当的酚的质量,mg;

V——标定用酚标准储备液体积,mL。

根据上面计算的酚标准使用液配制成浓度为 0.2μg/mL 的酚标准使用溶液。在使用前将酚标准储备溶液用纯水先稀释成 1mL 含 10μg 苯酚。再吸取此溶液 5mL,用纯水定容至 250mL,则该标准使用液 1mL 含有 0.2μg 苯酚。

(b)标准工作曲线的制作

精确吸取 0mL、0.5mL、1.0mL、2.0mL、3.0mL、4.0mL、5.0mL 酚标准使用液(相当

于 0μg、0.1μg、0.2μg、0.4μg、0.6μg、0.8μg、1.0μg 苯酚)分别置于 10mL 容量瓶内。加 3mL 2mol/L 亚硝酸钠溶液,加水至刻度,盖塞,混匀。放入 100℃水浴中,即可准确记时 1h,取出,立即放入冷水中冷却终止反应,待温度至室温后,全部溶液移入电解池(15mL 烧杯)中,起始电位-0.20V 进行线性扫描,读取电位-0.47V 处二阶导数的波高值。以苯酚浓度为横坐标,波高值为纵坐标,绘制成标准曲线或计算回归方程。

(3)食品模拟液的制备

食品模拟浸泡液按 4.5.2 节的内容准备,浸泡液的量按接触面积每平方厘米加 2mL 溶液,或者在容器中则加入浸泡液至 2/3～4/5 溶剂为准。

针对不同的材质,试样浸泡条件如下:

食品容器漆酚涂料:蒸馏水,95℃,30min;

食品罐头内壁脱模涂料:蒸馏水,95℃,30min;

水基改性环氧易拉罐内壁涂料:蒸馏水,95℃,30min;

食品罐头内壁环氧酚醛涂料:蒸馏水,95℃,30min;

食品容器、包装材料用聚碳酸酯成型品:蒸馏水,95℃,6h;

食品容器及包装材料用聚碳酸酯成型品:蒸馏水回流,6h。

(4)测试步骤

吸取 50mL 试样水浸泡混合液,置于 250mL 全磨口蒸馏瓶中,加 1mL 硫酸铜溶液(100g/L),用磷酸(1+9)调节 pH4 以下(两滴甲基橙指示液(1g/L),调至溶液为橙红色),加少量玻璃珠进行蒸馏,在 50mL 容量瓶中预先放入 1mL 氢氧化钠溶液(4g/L),接收管须插入氢氧化钠溶液液面下接收蒸馏液,收集馏液约 45mL,停止蒸馏,加水至刻度,混匀。同时用 50mL 无酚水按上法蒸馏,做试剂空白试验。

准确吸取 1～5mL 试样蒸馏液及试剂空白蒸馏液,分别置于 10mL 容量瓶中,加 3mL 2mol/L 亚硝酸钠溶液,加水至刻度,盖塞,混匀。放入 100°C 水浴中,即刻准确记时 1h,取出,立即放冷水中冷却终止反应,待温度至室温后,全部溶液移入电解池(15mL 烧杯)中,起始电位-0.20V 进行线性扫描,读取电位-0.47V 处二阶导数的波高值。试样波高值与标准曲线比较或者代入方程求出苯酚的含量。

(5)结果计算

试样水浸泡液中游离酚的含量按式 4.11 计算:

$$X=\frac{(m_1-m_2)\times 1000}{V\times 1000} \tag{4.11}$$

式中:X——试样水浸泡液中游离酚的含量,mg/L;

m_1——测定时所取试样蒸馏液中游离酚的质量,μg;

m_2——测定时所取试样空白蒸馏液中游离酚的质量,μg;

V——测定时所取试样蒸馏液的体积,mL。

空罐浸泡液游离酚含量换算成 $2mL/cm^2$ 浸泡液游离酚含量的计算见式 4.12:

$$X_1=X\times\frac{V}{S\times 2} \tag{4.12}$$

式中:X_1——测定试样水浸泡液中换算后的游离酚含量,mg/L;

X——试样浸泡液中游离酚的含量，mg/L；

V——每个空罐模拟液的体积，mL；

S——每个空罐内面总面积，cm^2。

4.5.7　荧光光谱法法测定双酚 A

室温下，大多数分子处在基态的最低振动能层，处于基态的分子吸收能量（电能、热能、化学能或者光能等）后被激发为激发态，激发态不稳定，将很快衰变到基态。若返回到基态时伴随着光子的辐射，这种现象称为发光。但分子处于单重激发态的最低振动能级时，去活化过程的一种形式是以 10^{-9}～10^{-7}s 左右的短时间内发射一个光子返回基态，这一过程成为荧光发射。荧光分析法的优点很多，灵敏度高，选择性强，试样量少，方法简便。与紫外—可见分光光度法相比，其灵敏度可高出 2～4 个数量级，其检测下限通常可达 0.1～0.001μg/cm。但是由于本身能发荧光的物质相对较少，用加入某种试剂的方法将非荧光物质转化为荧光物质来进行分析，其数量也不是很多，所以荧光光谱分析法的应用范围还不够广泛。而且，荧光分析的灵敏度高，测定时对环境因素比较敏感，受干扰也较多。

双酚 A 的荧光光谱分析法是在酸性介质下，加入适量的 β-环糊精使其荧光强度增强了双酚 A 本身的光谱特性，建立荧光分光光度法测定双酚 A 的简单又灵敏的办法。该方法有较低的检出限，灵敏度较高。

东华大学的余宇燕等[49]发现用 β-环糊精包被双酚 A 能引起体系的荧光强度大大增强，建立了用荧光光度法定量测定食品包装材料中微量双酚 A 含量的较灵敏、准确、快速简便的检测方法。在 pH＝4，波长 $\lambda_{ex}/\lambda_{em}$＝282/318nm 时，检出限为 0.2μg/L，线性范围为 1～10μg/L，回收率为 98％～102％。

东华大学唐舒雅等[50]发现在 pH 为 1 的酸性介质中，β-环糊精对双酚 A 荧光强度的显著增强，由此建立了荧光法测定水中双酚 A 残留的简单灵敏的方法。该法的线性范围为 0.4～300.0μg/L，相对标准偏差为 1.3％，检出限为 0.020/μg/L。继而用此方法检测形状规则的 PC 膜浸泡水样中双酚 A 残留量。

4.5.8　气相色谱法及气质联用法测定双酚 A

气相色谱法是一种以气体为流动相的柱色谱分离分析方法，原理简单，操作方便。在全部色谱分析的对象中，约 20％的物质可用气相色谱法分析，具有分离效率高、灵敏度高、分析速度快及应用范围广等特点。在仪器允许的气化条件下，凡是能够气化且热稳定、不具腐蚀性的特体或气体，都可用气相色谱法分析。有的化合物因沸点过高难以气化或热不稳定而分解，则可以通过化学衍生化的方法使其转变为易气化或热稳定的物质后再进行分析。由于双酚 A 的强极性容易损坏色谱柱，且峰形不好，而双酚 A 经衍生后，氢氧键被硅烷化，可减少气相色谱柱的损害。目前就有很多研究报道，采用气相色谱法或者气相色谱—质谱法对食品接触材料的特定浸泡液萃取并衍生化后进行测定双酚 A 迁移量，都取得了比较满意的结果。

福建出入境检验检疫局的唐熙等[51]将PC奶瓶的水浸泡液固相萃取富集，五氟丙酸酐衍生后用GC-ECD检测迁移出的微量双酚A。该方法灵敏度高，准确可靠，最低检测检出限为0.2μg/L，在0.2～50μg/L的线性范围内，相关系数r=0.9994。三种不同添加水平，三次平行实验平均回收率为92.3%～98.5%。方法的精密度(RSD)为3.35%～5.96%。北京理化分析测试中心的陈啟荣[52]等建立了用加速溶剂萃取/气相色谱—质谱法测定糖果包装材料中双酚A的分析方法。样品用二氯甲烷—丙酮作提取剂，加速溶剂萃取仪提取，经衍生剂三氟双乙酰胺[(三甲基硅烷，BSTFA)—三甲基硅氧烷(TMCS)衍生化，用气相色谱—质谱联用仪进行定性定量分析，双酚A的回收率为75.2%～90.7%、方法的检出限为5μg/kg。

4.5.9 电化学法测定双酚A

电化学传感器是近二三十年来发展较快的新型检测技术，与传统方法相比，具有灵敏、快速、经济等优点，广泛应用于医疗卫生、食品安全和环境科学等领域。双酚A分子中含有酚羟基，在一定富集电位和时间条件下可以在电极或修饰电极上吸附及电化学氧化，产生电化学响应，其电化学信号被检测器记录则实现双酚A的电化学测定。

运城学院的王玉春[53]等利用功能化单壁碳纳米管(SWCNT)修饰电极大的有效面积和较多的催化活性中心，研究双酚A在该修饰电极上的电催化作用。结果表明：在pH6.5的磷酸盐缓冲溶液中，于0.2V富集100s后，以扫描速度0.10V/s进行循环伏安测定，BPA的氧化峰电流(Ipa)与其浓度在2.0×10^{-8}～3.5×10^{-5}mol/L范围内呈良好的线性关系，检出限为8.0×10^{-9}mol/L(S/N=3)，回收率为97.5%～105%。何琼等[54]研究了双酚A在多壁碳纳米管化学修饰电极上的电化学行为：在0.30V富集后，双酚A在多壁碳纳米管修饰玻碳电极上出现一个氧化峰，在pH7.0的磷酸盐缓冲溶液中峰电位位于0.58V；在此基础上建立了一种直接检测双酚A的电化学分析方法，双酚A的氧化峰电流与其浓度在5.0×10^{-8}～2.0×10^{-5}mol/L浓度范围内呈良好的线性关系，检出限为2.0×10^{-8}，用此方法测定了塑料中双酚A的含量，结果满意。

4.5.10 检测方法的比较

(1)气相色谱法(GC)与多种样品前期处理方法相结合，可用于测定食品接触材料中的双酚A，其特点是分析快速、结果可靠。气相色谱—质谱联用技术(GC-MS)结合了定性和定量的双重功能，尤其是采用选择离子方式(SIM)更是提高了灵敏度，降低了检出限。但由于双酚A极性大，易于在气相色谱柱中残留，破坏色谱柱，检出限较高，不适用于食品接触材料中低含量双酚A的定量分析。因此，采用气相色谱或气质联用法测定双酚A，一般需要先对双酚A进行衍生化处理后再进行分析，操作步骤较为繁琐。

(2)高效液相色谱—荧光法(HPLC)省去了气相色谱法的衍生化过程且不需专用液相色谱柱，具有灵敏度高、选择性好的优点，适用于食品接触材料中双酚A的分析。但由于荧光检测器检测微量双酚A，尤其是橄榄油等油脂类食品模拟物中的双酚A时，由于干扰物较多，易于出现假阳性的结果。因此，也常采用高效液相色谱—荧光法对双酚A

进行定量分析，并用气质联用的方法确证被测物的存在。

(3)液相色谱—质谱联用法，包括高效液相色谱—大气压化学电离源质谱(HPLC-APCI)或高效液相色谱—电喷雾源质谱(HPLC-ESI)检测双酚 A 及其衍生物的方法已得到初步发展。但由于液质仪价格高，分析成本昂贵，不利于推广使用。

(4)直接滴定法和紫外可见分光光度法对分析实验室的要求不高，测定也较为简单易行，但其测定的是食品模拟液中溶出酚的总量而非双酚 A 本身。若法规或标准对酚规定有限量，或仅对产品质量进行双酚 A 超标筛查而非准确定量，则可使用这两种方法。

(5)极谱法主要是利用双酚 A 与硝酸生成的硝基化合物在示波极谱上产生灵敏的二阶导数吸附波，在一定范围内峰电流与双酚 A 的含量呈良好线性关系的原理进行。该方法操作简便、快速、准确，其检测结果与液相色谱法检测结果无显著差异，适合用于食品包装材料中双酚 A 的测定[55]。但现今因使用到汞毒性较大，对分析人员健康可能产生负面影响而较少使用。

(6)荧光光谱法是利用双酚 A 本身的光谱特性进行测量，但需要加入适量的 β-CD 使其荧光强度增强但是不改变其本身的特性。该方法有较低的检出限，灵敏度较高，但测定时对环境因素比较敏感，受干扰也较多。

(7)电化学法测定双酚 A 具有灵敏、高效的优点，且分析成本较低。但由于双酚 A 的电化学氧化产物易于吸附在电极上而大大降低电极的灵敏度，且若进行重复测定，电极的状态易发生改变，将导致数据结果不稳定、重现性差。

综合分析几种常见的分析方法，若测定食品模拟物中微量的双酚 A，液相色谱法较为通用，配合气相色谱—质谱法可对目标物进行确证；测定食品模拟物中酚溶出量，可采用直接滴定法或紫外—可见分光光度法；液质联用法是近年来渐渐发展起来的双酚 A 新型检测技术，然而由于仪器成本高昂等限制，其被推广为一种通用的检测方法条件仍不成熟。

4.6　对厂家和消费者的建议

4.6.1　商家正积极寻找双酚 A 产品的替代商品

全球所关注的双酚 A 对人体健康可能存在危害的问题，对双酚 A 相关产品生产商及销售商也产生较大的影响。部分含双酚 A 产品的生产商已开始行动，开发另一种可取代双酚 A 制造幼儿食品罐内衬的材料，而另一类生产无双酚 A 塑料产品的公司则销路大涨。

加拿大最大的运动产品零售商 Forzani Group 从其 500 多个商店撤下了所有含有双酚 A 的水瓶；沃尔玛超市等其他一些主要零售商，以及一些婴儿用品商店正逐步淘汰含双酚 A 的产品。Bornfree 公司主席维格多说："大型零售商正在远离双酚 A 产品，这将会迫使厂商改变策略，制造不含双酚 A 的产品。"该公司的不含双酚 A 产品的销售量就已出现大幅度的增长。

然而业者也指出，虽然大型化学公司和食物包装商已着手研究其他替代产品，不过完全禁止使用双酚A是不理智、也不必要的。美国化学理事会工业组的昂特热说："替代品必须是有效的；其次，它也必须是安全的。"另外一些塑料和食品包装业者也为双酚A的安全性辩护，表示双酚A的替代品并不能够完全取代双酚A的功能，目前虽然这些替代品被视为是较安全的选择，但日后是否也会对健康构成威胁还言之过早。

4.6.2 消费者也应采取有效措施，减少双酚A对于人体的暴露

目前，市面上广泛使用的含双酚A产品是否威胁人体健康尚存在争议，在此情况下，如何采取合理措施减少人体于食物供应中接触双酚A的机会应是广大消费者现阶段都应关注的问题。塑料制品通常由化工原料在一定条件下生产制成，在其生产过程中常加入一些添加剂，以增加塑料的强度、韧性、抗老化性等特殊性能，这些添加剂以及塑料合成过程中残留的单体，均可能在塑料制品使用过程中迁移进入食品，从而对人体健康构成威胁。然而，随着人们对塑料制品使用安全的关注，各生产厂商及各类检测机构都在产品投入市场前进行越来越严格的测试。各类食品接触塑料制品的测试一般在其实际使用条件下进行，这也意味着检验合格进入市场的制品，若遵照其使用条件正常使用，则塑料制品中残留的有害物质对人体健康的影响在安全范围内，若消费者未遵照产品使用说明，则人体暴露于有害物质的可能性将明显增大。因此，正确使用塑料制品也是消费者减少暴露、对健康进行自我保护的最有效手段。

可重复使用的塑料制品一般附带有使用说明，例如运动水壶、保鲜盒等，使用说明中规定了该产品在何种温度条件下使用及可以盛装何种类型的食品。大部分食品包装等一次性制品或未附带详细使用说明的产品，一般根据该产品材质特性及现有使用情况判断其正确使用方法。每个塑料容器，一般在底部都有一个标明其属于何种材质的三角形符号，三角形内有数字1～7的编号，每个编号代表一种塑料材质，不同材质使用条件各有不同。"1"代表聚对苯二甲酸乙二醇酯(PET)，常用于制作矿泉水瓶及饮料瓶，只适合常温下使用，盛装高温液体或加热则易变形，可能导致有毒有害物质迁移进入饮料；"2"代表高密度聚乙烯(HDPE)，多用于制作盛放清洁用品、沐浴产品的容器，建议未清洗干净前不要循环使用；"3"代表聚氯乙烯(PVC)，目前仅有少量用作罐头瓶盖密封垫圈，建议避免接触脂肪类食品及重复使用。"4"代表低密度聚乙烯塑料(LDPE)，为生产保鲜膜、塑料膜等常用材料，保鲜膜耐热性不强，因此应避免使用保鲜膜直接覆盖在食物表面进行加热，以免其分解产生有毒有害物质。"5"代表聚丙烯(PP)，用于生产微波炉餐盒，可在小心清洁后重复使用。"6"代表聚苯乙烯(PS)，常用于碗装泡面盒、快餐盒的生产。耐热、抗寒，但不能放进微波炉中，会分解出易致癌的苯乙烯。"7"代表聚碳酸酯(PC)及其他类，多用于制造奶瓶、太空杯等，使用时勿长时间加热。此外，不应将特定用途塑料制品挪作他用，例如不使用水壶盛装食用油。同时，应避免循环使用不具有重复使用功能的制品，且可重复使用制品在第一次使用前应仔细清洗，因为有毒有害物质会在第一次使用时较多释放，并在长期使用过程中逐渐释放。本书作者对塑料使用说明进行特别介绍，也是希望消费者认清这些标识，保护自我健康和安全。

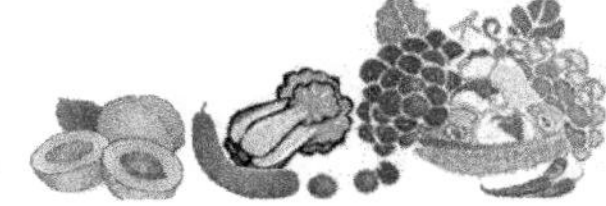

本章参考文献

1. 王佳. 双酚 A 对机体影响及其机制的研究进展[J]. 预防医学情报杂志，2005，21(5)：541－544

2. Krishnan A. V.，Starhis P.，Permuth S. F.，Bisphenol A. An Estrogenic Substance is Released from Polycarbonate Flasks during Autoclaving[J]. Endocrinology，1993，132：2279-2286

3. 彭青枝，李涛，潘思轶. 食品包装材料聚碳酸酯中双酚 A 残留量的测定[J]. 中国卫生检验杂志，2009，4(4)：798－799

4. 吕刚，王利兵，刘军等. 包装材料中的酚类环境雌激素的测定——固相萃取/气相色谱质谱法[J]. 分析实验室，2008，9(27)：73－75

5. 唐熙，陈高群，梁鸣等. 气相色谱法测定塑料奶瓶中迁移出的双酚 A[J]. 福建分析测试，2010，19(4)：13－17

6. 张彦丽，任佳丽，李忠海. 食品包装材料中双酚 A 的研究进展[J]. 食品与机械，2011，27(1)：155－157

7. Vicente B S，Villoslada F N，Moreno-Bondi M C. Determination of Bisphenol A in Water Using a Packed Needle Extraction Device [J]. Anal. Bioanal. Chem，2004，380：115-122

8. Garcia R S，Losada P P，Lamela C P. Determination of Compounds from Epoxy Resins in Food Simulants by HPLC-Fluorescenc[J]. Chromatogr.，2003，58：337-342

9. Shao B，Han H，Tu X M，et al. Analysis of alkylphenol and bisphenol A in eggs and milk by matrix solid phase dispersion extraction and liquid chromatography with tandem mass spectrometry[J]. Journal of Chromatograpgy B，2007，850：412-416

10. Theobald A，Simoneau C，Hannaert P，et al. Occurrence of bisphenol-F-diglycidyl ether (BFDGE) in fish canned in oil[J]. Food Additives and Contaminants，2000，17(10)：881-887

11. Brede C，Skjevrak I，Herikstad H，et al. Improved sample extraction and clean-up for the GC-MS determinafion of BADGE and BFDGE in vegetable oil[J]. Food Additives and Contaminants，2002，19(5)：483-491

12. Cooper I，Bristow A Tice P A，et al. Methods of analysis to testmigration from coatings on metal containers [R]. Final Reports Ministry of Agriculture. Fisheries and Food，UK，Project FS 1996，2217.

13. Imanaka M，Sasaki K，Nemoto S，et al. Determination of bisphenol A in canned foods by GC/MS [J]. Journal of Food Hygienic Society of Japan，2001，42(2)：71-78

14. Yoshida T，Horie M，Hoshino Y，et al. Determination ofbisphenol A in canned vegetables and fruit by high performance liquid chromatography [J]. Food Additives and Contaminants，2001，18(1)：69-75

15. Goodson A，Summerfield W，Cooper I. Survey of bisphenol Aand bisphenol F in canned food [J]. Food Additives and Contaminants，2002，19(8)：796-802

16. 河村叶子，佐野比吕美，山田隆. 缶ユーテングかろ饮料へのゼスフエノルAの移行[J]. 食品卫生学杂志(日)，1999，40 (2)：158

17. 张文德. 食品及包装材料中双酚 A 的残留检测方法[J]. 理化检验－化学分册，2001，37(4)：188－191

18. 缪佳铮，薛鸣，张虹. 高效液相色谱分析食品罐内涂料中双酚 A 和双酚 F 环氧衍生物残留[J]. 分析化学，2009,37:911－914

19. 杨晓燕，刘玉莲，张伟等. HPLC 检测食品接触材料中双酚 A 的含量[J]. 山东化工，2011,40(4):47－52

20. 卫碧文，缪俊文，于文佳. 气相色谱—质谱法分析食品包装材料中双酚 A [J]. 分析实验室，2009，28(1)：107－109

21. 陈啟荣，魏岩，郎爽等. 加速溶剂萃取/气相色谱—质谱法测定糖果包装材料中的双酚 A[J]. 食品科学，2010，31(6)：165－167

22. 张文德，马志东，郭忠. 食品包装材料中双酚 A 的极谱测定[J]. 分析化学，2003,31(2)：249

23. 贺天锋. 双酚 A、雌激素受体基因多态性对女性职业暴露人群生殖功能影响研究[D]. 苏州大学硕士学位论文

24. 孙树萍,阮文举. 食品塑料包装中的有害物质[J]. 化学教育,2007(6):3－5

25. 邓茂先,吴德生,陈祥贵等. 双酚 A 对大鼠睾丸支持细胞波形蛋白影响的体外实验研究. 环境与健康杂志,2002,19(1):14－16

26. Toyama Y, Yuasa S. Effects of neonatal administration of 17 beta-estradiol, betaestradiol 3-benzoate, or bisphenol A on mouse and rats permatogenesis. Reprod Toxicol,2004,19:181-188

27. ToyamaY, Suzuki Toyota F, Maekawa M, et al. Adverse effects of bisphenol A to spermiogenesis in mice and rats. Arch Histol Cytol,2004. 67:373-381

28. Akingberni BT, Sottas CM, Koulova AI, et al. Inhibition of testicular steroido genesis by the xenoestrogen bisphenol A is associated with reduced pituitary luteinizing horm one secretion and decreased steroidogenic enzyme gene expression in fat Leydig cells. Endocrinology, 2004, 145:592-603

29. Tsutsui T, Tamura Y, Suzuki A, etal. Mammalian cell transformation and aneuploidy induced by five bisphenols. Int J Cancer,2000,86(2):151-154

30. Masaru F, Kazuhide A, Sachi K. et al. Inhibition of male chickphenotypes and apermatogenesis by Bisphenol A. Life Sciences, 2006(78): 1767-1776

31. 贾凌志,李君文. 环境中双酚 A 的污染及降解去除的研究进展[J]. 环境与健康杂志,2004,21(2):120－122

32. Iso T, Watanabe T, Iwamoto T, et al. DNA damage causedby bisphenol A and estradiol through estrogenic activity[J]. Biol Pharm Bull,2006,29:206-210

33. 李思瑜,刘兴荣,黄敏等. 环境内分泌干扰物双酚 A 脱除方法研究进展[J]. 现代预防医学，2007,34(11):2094—2095

34. 端正花,朱琳,王平. 双酚 A 对斑马鱼不同发育阶段的毒性及机理[J]. 环境化学，2007，26(4)：491－494

35. Graciela Ramilo, Iago Valverde, Jorge Lago, et al. Cytotoxic effects of BADGE (bisphenol A diglycidyl ether) and BFDGE(bisphenol F diglycidyl ether) on Caco-2 cells in vitro[J]. Arch Toxicol, 2006,80(23):748-755

36. Jose Luis V, Ichez, Alberto Antonio Gonzalez-Casado, et al. Determination of trace amounts of bisphenol F, bisphenol A and their diglycidyl ethers in wastewater by gas chromatography—mass spectrometry [J]. Analytica Chimica Acta, 2001, 431: 31-40

37. 孟祥东,于景华,严云勤等. 双酚 A 体外诱导雄性小鼠生殖细胞凋亡及其分子机制 [J]. 毒理学杂志,2007,21(3):201－204

38. 薛鸣，张虹. 食品及包装材料中双酚 A 及其环氧衍生物残留分析的研究进展[J]. 食品研究与开发，2009,30(7):169—173

39. Kloas W, Lutz I, Einspanier R. Amphibians as a model to study endocrine disruptors: II. Estrogenic activity of environmental chemical in vitro and in vivo[J]. Sci Total Environ, 1999, 225:59—68.

40. Steinmetz R, Brown NG, Allen DL, et al. The environmental estrogen bisphenol A stimulates prolactin release in vitro and in vivo[J]. Endocrinology, 1997, 138(5): 1780-1796

41. Brelons JA, Olea-Serrano MF, Vilobes M, et al. Xenocestwgens released from lacquer coating in food Cans[J]. Environ Health Perspect, 1995, 103(6):608-612

42. 王旭平，任道风，逄兵等. 男工接触双酚 A 的雌激素样作用调查报告[J]. 职业卫生与应急救援，1999,17(1):15—16

43. 邓茂先，吴德生，陈祥贵等. 双酚 A 对雄性生殖毒性的体内外实验研究[J]. 中华预防医学杂志，2004,38(6):383—387

44. 肖国兵，石峻岭，何国华等. 环氧树脂生产工人血清双酚 A 与性激素水平的调查 [J]. 环境与职业医学，2005, 220: 295—298

45. 傅诺农. 色谱分析概论(色谱技术丛书)[M]. 北京:化学工业出版社，2004

46. 徐春祥，钱凯，秦金平. 色谱技术在食品安全检测中的应用[J]. 江苏食品与发酵，2006, 1(124):16—18

47. 北京大学化学系 仪器分析教学组. 仪器分析教程[M]. 北京:北京大学出版社，2004

48. 王立，汪正范. 色谱分析样品处理[M]. 北京:化学工业出版社，2006

49. 余宇燕，庄惠生，沙玫等. 荧光法测定食品包装材料中的双酚 A [J]. 分析测试学报，2006, 25(5): 99—101

50. 唐舒雅，庄惠生. 荧光法测定水中双酚 A 残留的研究 [J]. 工业水处理，2006, 25(3):74—76

51. 唐熙，陈高群，梁鸣. 气相色谱法测定塑料奶瓶中迁移出的双酚 A [J]. 福建分析测试，2010, 19(4):13—17

52. 陈啟荣，魏岩，郎爽等. 加速溶剂萃取/气相色谱—质谱法测定糖果包装材料中的双酚 A[J]. 食品科学. 2010, 31(6):165—167

53. 王玉春，刘赵荣，弓巧娟. 电化学分析法对食品包装材料中双酚 A 的检测[J]. 食品科学，2010, 31(20):303—306

54. 何琼，常艳兵，张承聪. 双酚 A 在多壁碳纳米修饰电极上电化学性质及其测定研究 [J]. 云南大学学报(自然科学版)，2004,26(1):70—74

55. 罗辉甲，曹国荣，许文才. 食品包装材料中双酚 A 检测与分析方法的研究进展[J]. 包装工程，2010,17:47—51

第5章　食品接触材料中增塑剂的分析与检测

5.1　概述

增塑剂，又称塑化剂、可塑剂，是一种增加材料柔软性等特性的添加剂，其添加对象包含了塑胶、混凝土、水泥与石膏等。增塑剂作为一种高分子材料助剂在工业上被广泛使用，在塑料加工中添加这种物质，可以使塑料制品更加柔软、具有韧性和弹性、更耐用、容易加工，它不仅使用在塑料制品的生产中，也会添加在一部分混凝土、墙板泥灰、水泥与石膏等材料中。同一种塑化剂使用在不同的对象上，其效果也往往并不相同。

增塑剂是世界上产量和消费量最大的塑料助剂之一，全球增塑剂需求的三大主要区域北美、欧洲和亚洲，约占总量的60%，其余的消耗量分布在世界其他地区。近年来，我国已成为亚洲地区增塑剂生产和消费最多的国家。对增塑剂需求量最多的产品是聚氯乙烯(PVC)，约有90%的增塑剂用于生产PVC，其余用于合成橡胶、纤维素塑料和丙烯酸树脂等产品，主要应用在电线、电缆、地板、壁纸、建筑、汽车和包装方面。

5.2　增塑剂的种类

目前国内市场上常用的增塑剂种类包括邻苯二甲酸酯、脂肪族二元酸酯、磷酸酯、环氧化合物、偏苯三酸酯、石油酯、含氯增塑剂和聚合增塑剂等，其中使用最普遍的就是邻苯二甲酸酯类增塑剂和己二酸酯类增塑剂。

5.2.1　邻苯二甲酸酯类增塑剂

邻苯二甲酸酯，又称酞酸酯，缩写为PAEs，是邻苯二甲酸形成的酯的统称，是由邻苯二甲酸酐与醇在酸(如硫酸)催化剂存在下酯化而成。当被用作塑料增塑剂时，一般指的是邻苯二甲酸与4～15个碳的醇形成的酯，这是一类能起到软化作用的化学品，被普遍应用于玩具、食品包装、塑料地板、壁纸、清洁剂、指甲油、喷雾剂、洗发水和沐浴液等数百种产品中。邻苯二甲酸酯类增塑剂消费量大约占增塑剂总消费量的90%左右。邻苯二甲酸酯类化合物的共同特性是：一般为挥发性很低的黏稠液体，无色，无臭，有毒，不溶于水，但溶于大多有机溶液，比如乙醚、乙醇、矿物油等。

常用的邻苯二甲酸酯类主要包括16种(详细信息见表5.1、表5.2)，分别是邻苯二甲酸二辛酯(DOP, DnOP)、邻苯二甲酸二(2-乙基己基)酯(DEHP)、邻苯二甲酸二丁酯

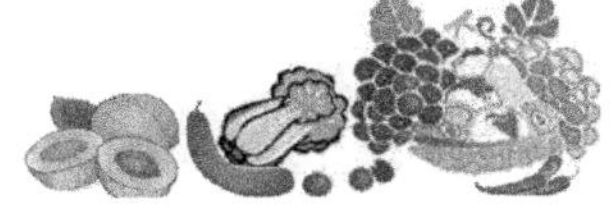

(DBP,DnBP)、邻苯二甲酸甲苯基丁酯(BBP,BBzP)、邻苯二甲酸二乙酯(DEP)、邻苯二甲酸二苯酯、邻苯二甲酸二丙酯(DPrP)、邻苯二甲酸二异丁酯(DIBP)、邻苯二甲酸二戊酯(DPP)、邻苯二甲酸二异壬酯(DINP)、邻苯二甲酸二异癸酯(DIDP)、邻苯二甲酸二甲酯(DMP)、邻苯二甲酸二己酯(DHP,DnHP)、邻苯二甲酸二环己酯(DCHP)、邻苯二甲酸二异辛酯(DIOP)、邻苯二甲酸二正壬酯(DNP)。这类塑化剂并非食品或食品添加物,且具有毒性。在增塑剂总产量中,这些邻苯二甲酸酯占总产量的80%以上,而DOP、DBP是其主导产品。

表 5.1　常见的 16 种邻苯二甲酸酯中英文名称及结构简式

中文名	英文名(缩写)	化学文摘号(CAS No.)	分子式(结构简式)
邻苯二甲酸二甲酯	Dimethyl phthalate ester (DMP)	131-11-3	$C_{10}H_{10}O_4$ $C_6H_4(COOCH_3)_2$
邻苯二甲酸二乙酯	Diethyl phthalate ester (DEP)	84-66-2	$C_{12}H_{14}O_4$ $C_6H_4(COOCH_2CH_3)_2$
邻苯二甲酸二丙酯	Dipropyl phthalate ester (DPrP)	131-16-8	$C_{14}H_{18}O_4$ $C_6H_4(COOCH_2C_2H_5)_2$
邻苯二甲酸二丁酯	Dibutyl phthalate ester (DBP)	84-74-2	$C_{16}H_{22}O_4$ $C_6H_4(COOCH_2C_3H_7)_2$
邻苯二甲酸二戊酯	Diamyl phthalate ester (DAP)	131-18-0	$C_{18}H_{26}O_4$ $C_6H_4(COOCH_2C_4H_9)_2$

续表

中文名	英文名(缩写)	化学文摘号(CAS No.)	分子式(结构简式)
邻苯二甲酸二己酯	Dihexyl phthalate ester (DHP)	68515-50-4	$C_{20}H_{30}O_4$
邻苯二甲酸丁基苄基酯	Benzyl-n-butyl phthalate ester (BBP)	85-68-7	$C_{19}H_{20}O_4$
邻苯二甲酸二(2-乙基己基)酯	Di-2-ethylh exyl phthalate (DEHP)	117-81-7	$C_{24}H_{38}O_4$
邻苯二甲酸二正辛酯	Di-n-octyl phthalate (DnOP)	117-84-0	$C_{24}H_{38}O_4$
邻苯二甲酸二异壬酯	Diisononyl phthalate (DiNP)	28553-12-0	$C_{26}H_{42}O_4$

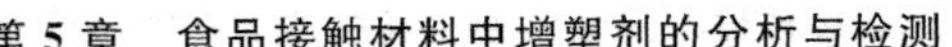

续表

中文名	英文名(缩写)	化学文摘号(CAS No.)	分子式(结构简式)
邻苯二甲酸二异癸酯	Diisodecyl phthalate (DIDP)	68515-49-1	$C_{28}H_{46}O_4$

表5.2 常见邻苯二甲酸酯的物理化学参数

PAEs	水溶度/mg/L	蒸汽压/Pa	比重/g/cm^3	沸点/℃	熔点/℃
DMP	4000	0.22	1.192	—	5.5
DEP	1080	0.22	1.118	298	−40
DPrP	108	—	—	317	—
DBP	11.2	9.73×10^{-3}	1.042	340	−35
DAP	182	—	—	350	—
DHP	0.24	1.87×10^{-3}	1.011	345	−27
BBP	2.69	1.20×10^{-3}	1.011	372	−27
DEHP	0.135	9.47×10^{-5}	0.986	384	−47
DnOP	3.00	2.53×10^{-2}	0.978	—	−25
DiNP	0.20	7.20×10^{-5}	0.970	—	−48
DIDP	1.7×10^{-4}	6.80×10^{-6}	0.961	—	

5.2.2 己二酸酯类增塑剂

己二酸酯类增塑剂属于以直链的亚甲基为主体的增塑剂，同环状结构的增塑剂相比，在较低温度下可保持聚合物分子链间的运动，因而具有良好的耐寒性能，且烷基链越长，其耐寒性能越好。己二酸酯类增塑剂主要应用于聚氯乙烯(PVC)制品中，因其具有高的增速效率而赋予PVC塑料制品突出的低温柔软性，增进光稳定性，改善加工性能，因此广泛应用于耐寒性农业薄膜、冷冻食品包装膜等塑料制品中。在日常生活中，各种食品是PVC食品接触材料经常接触的一大介质，PVC包装材料广泛用作熟食、油脂食品、蔬菜等物品的外包装材料。己二酸酯类的塑化剂比较常见的要属己二酸二辛酯，英文名是Dioctyl adipate，缩写为DEHA或DOA。其他常见己二酸酯类增塑剂基本信息

见表5.3。

表5.3 常见己二酸酯类增塑剂的中文名称、英文名称、化学文摘编号和分子式

中文名	英文名(缩写)	化学文摘号(CAS No.)	化学分子式
己二酸二甲酯	dimethyl adipate (DMA)	627-93-0	$C_8H_{14}O_4$ 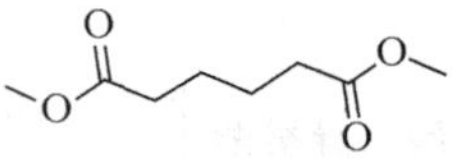
己二酸二异丁酯	diisobutyl adipate (DIBA)	37141-04-8	$C_{14}H_{26}O_4$ 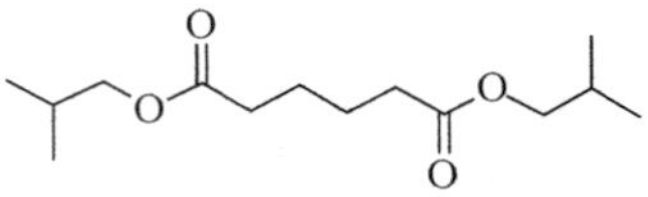
己二酸二丁酯	dibutyl adipate (DBA)	105-99-7	$C_{14}H_{26}O_4$ 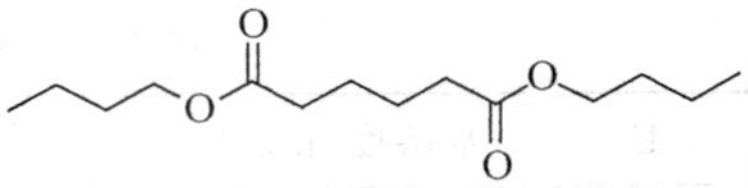
己二酸二(2-乙基己基)酯	di(2-ethylhexyl) adipate(DEHA)	103-23-1	$C_{22}H_{42}O_4$ 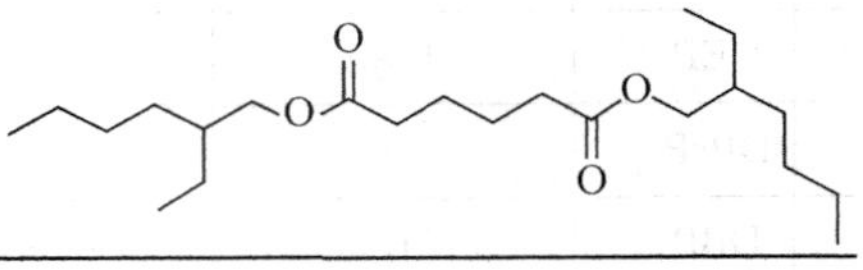

5.3 增塑剂在食品接触材料中的使用

食品接触材料中所涉及的增塑剂一般是指塑胶用添加塑化剂。依据产品使用的功能、环境不同,可制造成拥有各种韧性的软硬度、光泽的成品,其中越软的塑胶成品所需添加的增塑剂也越多。

5.3.1 增塑剂在食品接触材料中所起的作用

增塑剂主要用在聚氯乙烯(PVC)等材质的软质塑料制品中,例如保鲜膜、食品包装、食品容器的密封垫圈、饮料或啤酒瓶盖内衬等。它在塑料制品中的含量变化范围很大,从1%到40%都有可能。例如在日常使用的保鲜膜中,一种是无添加剂的聚乙烯(PE)材料,其黏性较差;另一种被广泛使用的是PVC保鲜膜,含有一定量的塑化剂,以让PVC材质变得柔软且增加黏度,非常适合生鲜食品的包装。当增塑剂加入塑料制品中,加入的比例越大,塑料制品越柔软:一般当加入量小于5%时,塑料制品为硬质;当加入量在15%～25%时,塑料制品为半硬质;当加入量大于25%时,塑料制品为软质。由于塑料原料本身是硬质的物料,添加塑化剂后,可使得塑胶成品具有柔软、易于弯曲、折叠、弹性佳的性质而易于塑形。以上介绍的是塑化剂的一些优点,但是其缺点也不容忽视。例如,保鲜膜由于添加了大量的塑化剂,并非以化学键键结于聚合物中,所以容易受到外在环

境因素如使用温度、使用时间、食品的酸碱性的影响而释放到食品中，即使与食物接触时并未加热，塑化剂也有机会渗出到食物中，尤其当接触的是表面具非极性油脂的食物时，则塑化剂更易“溶出”到食物中去。

邻苯二甲酸二辛酯（缩写为 DEHP 或 DOP）和己二酸二辛酯（缩写为 DEHA 或 DOA）目前均为在国内广泛应用的增塑剂品种。其中，DOP 是用量最大的增塑剂品种。我国 2003 年颁布的国家标准 GB 9685-2003《食品容器、包装材料用助剂使用卫生标准》，此标准于 2008 年更新。GB 9685-2003 未将增塑剂己二酸二辛酯 DEHA 列为可用作食品包装的助剂，更新的标准中规定了 20 类 65 种可以使用的加工助剂，仍然未将 DEHA 列入国家标准，毫无疑问在我国 DEHA 增塑剂是不允许被使用在食品包装中的[1]。此外，该国家标准即使允许使用邻苯二甲酸酯类增塑剂，对其也都有严格的限制，如标准规定：邻苯二酸二异丁酯（DBP）在塑料中的使用量不得超过 10％。

5.3.2　增塑剂在食品接触材料中检出的情况

陕西理工学院的孙海燕[2]在一次性方便面碗内的塑料膜里测出了 3 种邻苯二甲酸酯类邻苯二甲酸二乙酯（DEP）、邻苯二甲酸二丁酯（DBP）、邻苯二甲酸二辛酯（DOP）。南昌大学分析测试中心的刘超[3]等在塑料袋、塑料杯和保鲜袋等一次性塑料用品中测出了四种邻苯二甲酸酯类增塑剂：DMP、DEP、DBP、DOP。同济大学基础医学院厉曙光教授领导的科研小组分别采集了市场上不同品牌和不同出厂日期的塑料桶装大豆色拉油、调和油、花生油，以及市场上销售的散装豆油、某快餐店煎炸食物的固体起酥油、居民厨房抽油烟机收集的冷凝油等检测样品进行测定后发现，几乎所有品牌的塑料桶装食用油中都含有“邻苯二甲酸二丁酯（DBP）”和“邻苯二甲酸二辛酯（DOP）”，而未使用塑料容器盛装的散装豆油和固体起酥油中几乎不含增塑剂。由此推定，食用油中检出的增塑剂，主要来源于其包装用的塑料容器。深圳市龙岗区自来水有限公司的龚丽雯[4]等在 PVC 包装膜中检出己二酸酯类增塑剂。吴景武[5]等用气相色谱—质谱法检测出了 PVC 食品保鲜膜中 DEHA 等己二酸酯类增塑剂。

5.4　增塑剂在人体中的存在及影响

我国是一个食品包装材料生产和使用的大国，许多塑料制品、食具、容器及这些材料包装的各类食品和饮料已成为人们生活的必用品。可是据研究发现，由于邻苯二甲酸酯和己二酸酯类作为增塑剂被添加到塑料生产过程中时并不与塑料分子发生结合，这类物质可以从塑料制品中渗出，人类在使用塑料产品的过程中可通过皮肤接触、吸入、直接摄取此类物质，从而对人体的健康造成极大的危害。

5.4.1　暴露途径

目前，全世界增塑剂实际使用量可达到200 万吨/年，其中 90％被用做塑料制品，另外许多化妆品和纺织品的生产也离不开增塑剂。在这些商品中，邻苯二甲酸酯的含量变化较大，一般为20%～50%，有的甚至高达90%以上[6]。专家认为，环境中残留、积累的增塑剂普遍存在。

人体主要通过食品和空气两个途径吸收增塑剂，一般人容易在塑胶制品中接触到增塑剂，因为增塑剂在塑料中并非采用牢固的共价结合，比较容易从塑料中脱离进入人体中。在生活中，还有很多食物在加工、加热、包装、盛装的过程中也都可能会造成增塑剂从塑胶制的食品加工器具、食品包装、烹调器具中溶出并渗入食物中，从而被人体摄入。例如，家庭中常用的保鲜膜中添加了一定量的增塑剂，并非以化学键键合于聚合物中，所以容易受到外在环境因素如温度、使用时间、pH值的影响而释放到环境中。即使与食物接触时并未加热，增塑剂也有机会渗出到食物中，尤其当接触的是表面具非极性油脂的食物时则更易"溶出"增塑剂。食品在生产和运输过程中，也很容易与含增塑剂的塑料制品接触而受到污染。蔡智鸣[7]于2002年对上海市场上销售的豆油、大豆色拉油、食用调和油、花生油进行分析研究，结果食用油中存在一定量DBP和DOP。对食品中增塑剂的测定表明，其中DEHP、DBP检出量最高。Petersen和Breindahl[8]对餐饮食品和婴儿食品中增塑剂成分进行测定，也得到类似的结果。在其他被检食品中，也是DEHP含量最高，方便盒饭中检出DEHP 54～272μg/kg、黄油中检出DEHP 324～1008μg/kg[9]。

塑胶制品中的塑化剂释放至环境中所含浓度并不高，但在自然界分解机制所需时间可能长达数年，再经由食物链浓缩，人体无意间所摄入的塑化剂浓度，就比环境中的浓度要高出多倍。而且塑胶制品在使用后通常是直接丢弃，进入焚化厂后若焚烧温度不当则易产生所谓世纪之毒——戴奥辛(Dioxin)，将对人体造成各式各样的文明病，如心脏病、糖尿病、过敏、不孕、癌症等。增塑剂被归类为疑似环境荷尔蒙，其生物毒性主要属雌激素与抗雄激素活性，会造成内分泌失调，阻害生物体生殖机能，包括生殖率降低、流产、天生缺陷、异常的精子数、睾丸损害，还会引发恶性肿瘤、造成畸形儿。

5.4.2 暴露水平

如前文中所介绍，人体一般通过食品或其他相关来源摄入增塑剂，例如通过皮肤接触(化妆品)和空气吸入(呼吸)等途径进入人体[10]。由于增塑剂没有与高分子物质聚合，且其分子量较小，所以此类物质迁移特性比较显著。关于增塑剂暴露水平的研究举两个例子进行说明：

例一，有关部门对其辖区内有关食品接触制品中增塑剂使用情况进行了抽查，实验室根据产品的使用环境及条件用相应食品模拟物进行浸泡，通过测定食品模拟物中相关物质含量来分析其迁移特性。结果发现：在抽检的98个样品中，共有37个样品被检出含有DEHP、BBP、DBP等物质，分别存在于尼龙餐具、PVC密封圈和硅胶模制品中，其中检出的最高含量达到8.8mg/kg，而DEHP和DBP的平均检出含量为1.06mg/kg。由上述数据，以正常环境和条件为前提，以人类的正常食物消耗量为基础对人体的暴露量进行评估，假定成年人每日摄入水(饮料)量为2L，固体食物为2kg，考虑当前水及食物与其包装的关联度情况，假定60%水及食物与塑料制品相接触，由此得出摄入的DBP等有害物质总量为2.78mg，成年人体质量按照60kg计算，每日暴露剂量=1.06×4×60%/60

=42μg/(kgbw·d),对于儿童来说,其值可能更大。在上述分析的情况下,人体对邻苯甲酸酯类增塑剂的暴露量已处于高风险水平。如果再考虑其他途径的摄入,如大气环境及水本身污染、化妆品、医疗器械等,人体的暴露量会更大,健康风险大大提高。

例二,曾有某大学研究学者指出,抽样调查 60 个人的尿液中就有 90%的人检验出增塑剂的代谢物。2004 年张蕴辉对人体脂肪、血清和精液进行了 DEP、DBP 和 DEHP 的分析测定,结果发现人体普遍含有邻苯二甲酸酯,含量水平分别为:0.72mg/kg(脂肪),5.39mg/L(血清),0.30mg/L(精液)[11]。这些调查研究表明邻苯二甲酸酯已广泛存在于食品和人体中,已成为全球性的最普遍的污染物。香港抽样 200 名市民血液,发现 99%含致癌塑化剂,说明塑化剂已经广泛积聚于人体中,且其接触基本不被人们察觉。

5.4.3　塑化剂的毒害

邻苯二甲酸酯类塑化剂被归类为疑似环境荷尔蒙,环境荷尔蒙系指外在因素干扰生物体内分泌的化学物质,在环境中残留的此类微量化合物,经由食物链进入体内,形成假性荷尔蒙,传送假性化学讯号,并影响本身体内荷尔蒙含量,进而干扰内分泌之原本机制,造成内分泌失调。其生物毒性主要属雌激素与抗雄激素活性,对人体毒性虽不明确,但它太广泛分布于各种食物内,其毒性远高于三聚氰胺,体内必须停留一段时间才会排出,长期累积下来会影响肝脏和肾脏,造成内分泌失调,阻害生物体生殖机能,包括生殖率降低、流产、天生缺陷、异常的精子数、睾丸损害,还会引发恶性肿瘤或造成畸形儿。欧盟、美国等已将邻苯二甲酸酯列为优先控制污染物,并不断增加监控种类。我国也将 DMP、DBP 和 DOP 三种邻苯二甲酸酯列入“中国环境优先污染物黑名单”。

表 5.4 列出邻苯二甲酸酯的致癌性及生殖毒性信息,致癌性部分以国际癌症研究机构(IARC)的分类为主。

表 5.4　邻苯二甲酸酯的致癌性与生殖毒性信息

名称	应用范围	致癌性	生殖毒性
DEHP	食品包装、医疗器材 建筑材料、塑化剂	动物:有 3 类	动物:有 人类:研究中
DINP	鞋底、建筑材料、塑化剂	动物:有 未列入致癌物分类中	动物:不明显 人类:研究中
DNOP	地板胶、聚乙烯瓷砖、帆布、塑化剂	未列入致癌物分类中	动物:不明显 人类:研究中
DIDP	电缆线、胶鞋、地毯黏胶、橡胶衬垫	未列入致癌物分类中	动物:不明显 人类:研究中
DIBP	油漆、纸浆、纸板、接着剂、塑化剂、黏度调整剂	未列入致癌物分类中	动物:不明显 人类:研究中
DBP	食品包装、乳胶黏合剂、溶剂	未列入致癌物分类中	动物:有 人类:研究中

续表

名称	应用范围	致癌性	生殖毒性
BBP	建筑材料(含 PVC)、人造皮革、汽车内饰、塑化剂	动物:有 3类	动物:有 人类:研究中
DEP	溶剂、护理用品、油墨	未列入致癌物分类中	动物:有 人类:研究中
DMP	溶剂、个人卫生用品、护理用品、油墨	未列入致癌物分类中	动物:不明显 人类:研究中

总体归纳来说,塑化剂对人体的主要危害主要有三个:

(1)危害男性生殖能力

邻苯二甲酸酯大多用于塑胶材质,属环境荷尔蒙,会危害男性生殖能力。研究表明,邻苯二甲酸酯可干扰内分泌,使男性精子数量减少、运动能力低下、形态异常,严重的还会导致死精症和睾丸癌,是精子的主要杀手,造成男性生殖问题的"罪魁祸首"。香港浸会大学生物系用白老鼠作进一步研究,发现曾经服食"塑化剂"的老鼠,诞下的后代以雌性为主,并会影响其正常的排卵;即使诞下雄性,其生殖器官较正常的小三分之二,而精子数量亦大减,反映"塑化剂"毒性属抗雄激素活性,造成内分泌失调。专家表示,研究可以应用到人类身上,显示长期摄吸"塑化剂"对男性的影响是较女性化。

(2)导致女性性早熟

在化妆品中,指甲油的邻苯二甲酸酯含量最高,很多化妆品的芳香成分也含有该物质。化妆品中的这种物质会通过女性的呼吸系统和皮肤进入体内,如果过多使用,会增加女性患乳腺癌的几率,还会危害到她们未来生育的男婴的生殖系统。

(3)导致儿童性别错乱

塑化剂类似人工荷尔蒙,作用于腺体,长期累积,影响人体内分泌,可能造成小孩性别错乱,包括生殖器变短小、性征不明显。幼儿正处于内分泌系统、生殖系统发育期,它对幼儿带来的潜在危害会更大。动物实验也证明了这一点。邻苯二甲酸酯可能影响胎儿和婴幼儿体内荷尔蒙分泌,引发激素失调,有可能导致儿童性早熟。

5.5 各国(地区)增塑剂法规限量及风险评估

5.5.1 欧盟限制食品接触材料中增塑剂相关法规

欧盟是最早对邻苯二甲酸酯的应用做出限制的国家(或地区或国际组织)。欧盟关于食品接触材料指令引入了特定迁移限量(SML)的概念,是指从塑料迁移至食品的某一特定物质的最大允许量,以毫克物质/千克食品或食品模拟物表示(单位为 mg/kg)。当塑料接触食品时,塑料助剂可能自塑料中迁移进入食品,从而改变食品的风味或对人体健康产生潜在危害。欧盟塑料食品接触材料法规(EU)No. 10/2011 中列出了可用于生产塑料材料和制品的添加剂清单及其限制和规范，其中与增塑剂相关的限量指标见表 5.5。出口往欧洲市场的塑料制品应进行相关测试，确保其符合特定迁移限量标准。

表 5.5　欧盟(EU)No. 10/2011 法规中与增塑剂相关的限量指标

名称	CAS 号	限量和/或指标
磷酸单烷基和二烷基（C16 和 C18）酯	—	SML＝0.05mg/kg
磷酸三(2-氯乙基)酯	115-96-8	SML＝ND 未检出(检测限 DL＝0.02mg/kg)
二(2,4-二叔丁基-6-甲基苯基)乙基磷酸酯	145650-60-8	SML＝5mg/kg(亚磷酸酯与磷酸酯之和)
三(2,4-二叔丁基苯基)磷酸酯	31570-04-4	暂无限量和/或指标限制
己二酸二(2-乙基己基)酯	103-23-1	SML＝18mg/kg

另一限制增塑剂的 2007/19/EC 指令规定，自 2008 年 6 月 1 日起，若食品接触塑料材料和制品中的增塑剂不符合表 5.6 中的限量指标，欧盟将禁止生产和进口该产品。

表 5.6　欧盟 2007/19/EC 指令中与增塑剂相关的限量指标

名称	CAS 号	限量和/或指标
邻苯二甲酸二(2-乙基己基)酯 (DEHP)	117-81-7	仅用作： a)接触非脂类食品的重复使用材料和制品中的增塑剂； b)用作技术助剂 DEHP 在最终产品中不超过 0.1%，DBP 不超过 0.05%。 DEHP：SML＝1.5mg/kg；DBP：SML＝0.3mg/kg
邻苯二甲酸二丁酯 (DBP)	84-74-2	
邻苯二甲酸苄基丁基酯 (BBP)	85-68-7	仅用作： a)重复使用材料和制品中的增塑剂； b)与非脂类食品接触的一次性材料和制品中的增塑剂(婴幼儿用品及 91/321/EEC 和 95/6/EC 指令所规定的产品除外)； c)用作技术助剂在最终产品中不超过 0.1%。 BBP：SML＝30mg/kg。 C9、C10：总特定迁移限量 SML(T)＝9mg/kg
邻苯二甲酸二酯，初级饱和 C8-C10 支链醇二酯，C9 超过 60%	68515-48-0 28553-12-0	
邻苯二甲酸二酯，初级饱和 C9-C11 醇二酯，C10 超过 90%	6851-49-1 26761-40-0	
环氧大豆油 Soybean oil, epoxidised	8013-07-8	SML＝60mg/kg。 对于用以密封婴儿食品玻璃罐的 PVC 垫圈，和 91/321/ EEC 定义的或 96/5/EC 定义的装有经加工谷物食品和婴幼儿食品的产品，SML 降低为 30mg/kg
乙酰柠檬酸三丁酯 (TBAC)	77-90-7	暂无限量和/或指标限制

为在 2007/19/EC 指令实施前对市售的产品进行监管，同时让企业能有足够的时间执行(EU)No. 10/2011 法规及 2007/19/EC 指令生产符合特定迁移限量的瓶盖垫片，欧

盟发布过渡性指令(EC)No.372/2007,规定在2008年6月30日之前的一段过渡期内,7种指定的增塑剂应满足在脂类食品模拟物中特定迁移限量300mg/kg,在其他类别食品模拟物中特定迁移限量60mg/kg。后因欧盟食品及瓶盖企业无法在过渡期内完成所有产品的符合性测试,欧盟委员会于2008年6月24日发布(EC)No.597/2008指令对(EC)No.372/2007进行补充,将其过渡期限由2008年6月30日修订为2009年4月30日。

5.5.2 美国限制增塑剂相关法规

根据于2008年8月14日通过的《美国消费品安全加强法》第108条,由2009年2月10日起禁止销售、分销及进口含有浓度超过0.1%的DEHP、DBP或BBP的儿童玩具和儿童护理产品。此外,暂时禁止销售、分销及进口可放进儿童口中、含有浓度超过0.1%的DINP、DIDP或DNOP的儿童产品及护理用品,直至最终规定颁布为止。根据法案的定义,儿童玩具是指生产商专为供儿童使用而设的消费品;儿童护理产品是指生产商专为协助3岁或以下儿童入睡或进食,或协助儿童吃奶或出牙而设的消费品。此外,美国玩具标准ASTM F963-08新版本于2009年8月17日成为消费品安全改进法案(CPSIA)的强制性玩具安全标准,该标准规定奶嘴、摇铃和咬圈不能有目的地含有DEHP。

5.5.3 日本对于增塑剂的限制法规

日本《食品卫生法JFSL》[12]和日本《玩具安全标准ST2002》[13]是日本对塑料增塑剂限制的两部主要法规,涉及的产品仍主要为玩具和食品接触材料。对于食品接触材料中的增塑剂,《食品卫生法》中规定聚氯乙烯塑料制品中己二酸二(2-乙基己基)酯(DEHA)不得检出,磷酸三甲苯酯类增塑剂含量不得超过1mg/g。日本《玩具安全标准ST2002》第十版于2011年8月23日做了新的修订,修订后指定玩具的塑化材料中邻苯二甲酸盐的含量与新的《食品卫生法》保持一致,指定玩具中,DEHP、DBP或BBP的含量不得超过塑化材料总量的0.1%。(指定玩具的)直接与婴儿口部接触的部分,DINP、DIDP或DNOP的含量不应超过塑化材料总量的0.1%。(指定玩具的)不直接与婴儿口部接触的部分,DINP的含量不应超过主要由PVC合成的人造树脂总量的0.1%。供6岁以下儿童使用的非指定玩具,DEHP的含量不应超过PVC合成的人造树脂总量的0.1%。玩具中直接与婴儿口部接触的部分,DINP的含量不应超过主要由PVC合成的人造树脂总量的0.1%。

5.5.4 我国关于增塑剂的限制法规

我国最新发布的国家标准GB 9685-2008《食品容器、包装材料用助剂使用卫生标准》替代了GB 9685-2003。此新版标准是基于《中华人民共和国食品卫生法》制定,并参考了美国联邦法规(Code of Federal Regulation)、欧盟2002/72/EC食品接触材料指令等相关法规,已逐步与国际相关标准接轨。该标准将塑料包装材料用添加剂从2003版标准的

38 种增加到 580 种，与增塑剂相关规定见表 5.7。我国的行业标准 SN/T 2549-2010《食品接触材料检验规程 辅助材料类》明确规定凹印油墨和柔印油墨中禁止人为添加邻苯二甲酸二辛酯和邻苯二甲酸二正丁酯。

表 5.7　GB 9685-2008 中与增塑剂相关规定

名称	在塑料中的最大使用量	特定迁移量
邻苯二甲酸二(2-乙基己基)酯(DEHP)	40%	SML＝1.5mg/kg(仅用于接触非脂肪性食品的容器)
邻苯二甲酸二甲酯(DMP)	PP、PE、PS:3.0%	—
邻苯二甲酸二异丁酯(DIBP)	PVC:10%	—
邻苯二甲酸二异壬酯(DINP)	PVC:43%	
邻苯二甲酸二异辛酯(DIOP)	瓶垫塑料:50%;PE、PP、PS、AS、ABS、PA、PET、PC、PVC、PVDC、橡胶:43%	该材料不得长期接触油脂制品
邻苯二甲酸二丁酯(DBP)	10%	—
邻苯二羧酸-二-C8-C10 支链烷基酯(C9 富集)	PVC:43%	—
邻苯二羧酸-二-C9-C11 支链烷基酯(C10 富集)	PVC:43%	—
己二酸二(2-乙基己基)酯(DEHA)	35%	SML＝18mg/kg
磷酸-2-乙基己基二苯酯;磷酸二苯异辛酯	涂料与黏合剂:40%	SML＝2.4mg/kg，不得用于长期接触油脂的制品
环氧大豆油	PE:0.5%，PET:1.0%，其他塑料:按生产需要适量使用	—

5.5.5　其他国家和地区与增塑剂相关法规

我国台湾地区“环保署”也已将 DEHP、DBP、DMP 列为第四类毒性化学物质管制。DnOP 则被列管为第一类毒性化学物质，限制其使用用途。根据台湾地区“食品器具容器包装卫生标准”塑胶类中规定，DEHP 溶出限量标准为 1.5ppm 以下，而食品中则不得添加。2011 年 9 月，台湾“环保署”(EPA)在新闻发布会上宣布，为了与欧盟在邻苯二甲酸盐物质的监管限制措施一致，将对归类为等级Ⅰ及等级Ⅱ中的化学品进行更新。

阿根廷政府公布，从 2008 年 9 月 9 日起禁止生产、进口、出口、销售或免费提供由 6 种邻苯二甲酸盐含量大于 0.1%的塑料材料制成的玩具和儿童护理品；丹麦方面，除了同欧盟所规定的六项含量要求外，针对小于三岁幼童所使用的玩具及育儿物品，其他任一项邻苯二甲酸酯类含量不得超过 0.05%。

加拿大卫生部(Health Canada)于 2009 年 6 月提议修正《危险产品法》(Hazardous

Products Act，HPA），以纳入对某些能与使用者口腔接触的儿童产品的铅含量，以及玩具和儿童护理用品的邻苯二甲酸酯含量的限制。

5.6 增塑剂的检测方法

增塑剂是世界产量和消费量最大的塑料助剂之一。随着塑料制品使用范围的不断扩大，增塑剂已成为环境中几乎无所不在的物质，在所有环境类样品中几乎都能检测到其存在。随着世界各国环保意识的提高，人们对增塑剂的毒性作用也越来越重视。尽管国际上对于 DEHP 等增塑剂是否致癌到目前仍争论不休，但国际共识就是要开始采取相应的措施，限制使用范围和添加量。因此，势必要求世界各国重视掌握检测标准和技术手段。

增塑剂的分析检测方法已成为近几年的研究热点之一。现今对食品接触材料中增塑剂的测定，测定对象一般为增塑剂在制品中的总量，或向食品模拟物的迁移量（即从食品接触材料中迁移往食品模拟物的增塑剂的含量）。本书作者从近几年来不同种类样品中的增塑剂的分析检测方法的总结，可以清楚地发现，目前在增塑剂的测定主要还是利用气相色谱和气相色谱—质谱分析技术。一般检测方法都是用有机溶剂将增塑剂从塑料制品中萃取出来，或用食品模拟物与塑料制品接触后使增塑剂迁移出来，然后再使用气相色谱—质谱联用仪（GC-MS）进行检测。

本章主要介绍目前各国标准检测食品接触材料中邻苯二甲酸酯类和己二酸二辛酯类塑化剂所采用的方法，接着按照检测技术手段的不同，分别详述各类方法的具体分析步骤，供生产厂家质量控制技术人员及检测机构检验人员参考和使用。

5.6.1 国内外检测标准

1. 欧盟检测标准

欧盟指令 2007/19/EC、78/142/EEC 及欧盟法规（EU）No. 10/2011 规定了聚氯乙烯塑料制品中各类增塑剂的含量及其模拟液中增塑剂的迁移量，并明确对塑料杯盖垫片、垫圈中增塑剂的限制等同于聚氯乙烯塑料制品。欧盟标准 EN13130-1：2004 确定了用食品模拟物与塑料制品接触后使增塑剂迁移进入食品模拟物的方法，继而用 GC 或者 GC-MS对食品模拟物中的增塑剂进行检测。

2. 我国检测标准

我国强制性国家标准 GB 9685-2008《食品容器、包装材料用添加剂使用卫生标准》中规定了各种邻苯二甲酸酯的最大使用量、特定迁移量或最大残留量，并特地指明邻苯二甲酸二（2-乙基己基）酯 DEHP 不能使用于接触非脂肪性食品的容器，邻苯二甲酸二异辛酯 DIOP 不得用于长期接触油脂的制品。该标准中仅规定了安全限量，并未规定具体的食品模拟物（或称浸泡液）。

就检测标准而言，我国现有 6 个增塑剂检测标准，概述如下：

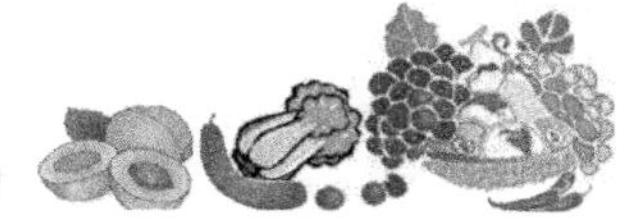

(1)推荐性国家标准 GB/T 21928-2008《食品塑料包装材料中邻苯二甲酸酯的测定》,该标准规定了食品塑料包装材料中 16 种邻苯二甲酸酯类物质总量的气相色谱—质谱联用的测定方法。采用特征选择离子监测扫描模式(SIM),以碎片的丰度比定性,外标法定量。该标准中各邻苯二甲酸酯化合物的检出限为 0.05mg/kg。

(2)检验检疫行业标准 SN/T 2037-2007《与食品接触的塑料成型品中邻苯二甲酸酯类增塑剂迁移量的测定 气相色谱质谱联用法》适用于与食品接触的塑料容器及包装制品中邻苯二甲酸酯类增塑剂特定迁移量的气相色谱质谱法测定。该标准中样品采用四种食品模拟物浸泡,增塑剂迁移到浸泡液中。取一定量模拟物浸泡液进行液液萃取,提取液经气相色谱—质谱测定,在一定浓度范围内可以对样品中的增塑剂迁移量进行外标法定量检测并确证。四种食品模拟物中邻苯二甲酸酯迁移量的测定低限是 2.0mg/kg。

(3)检验检疫行业标准 SN/T 2249-2009《塑料及其制品中邻苯二甲酸酯类增塑剂的测定 气相色谱—质谱法》适用于塑料及其制品中 12 种邻苯二甲酸酯类增塑剂总量的气相色谱—质谱检测方法。技术路线为将样品用乙酸乙酯提取,经微波萃取,提取液定容后,用气相色谱—质谱仪进行测定,内标法定量。该标准对 12 种邻苯二甲酸酯类增塑剂的测定低限为 0.5mg/L(DIBP、DH_XP、DCHP、DNOP)、0.3mg/L(DMP、DEP、DPRP、DBP、BBP、DEHP),10mg/L(DINP、DIDP)。

(4)检验检疫行业标准 SN/T 1778-2006《PVC 食品保鲜膜中 DEHA 等己二酸酯类增塑剂的测定—气相色谱串联质谱法》适用于 PVC 食品保鲜膜中 DEHA 等己二酸酯类增塑剂总量的气相色谱—质谱测定方法及阳性确证方法。PVC 样品经异丙醇超声波提取,提取液定容后,用气相色谱—质谱仪进行检测,用内标物己二酸二(1-丁基戊基)酯(BBPA)以内标法定量。该方法可扩展使用于与食品接触的其他塑料制品中己二酸酯类增塑剂总量的测定。

(5)检验检疫行业标准 SN/T 2250-2009《塑料原料及其制品中增塑剂的测定 气相色谱—质谱法》适用于塑料原料及其制品中 18 种增塑剂总量的气相色谱—质谱检测方法。样品采用乙酸乙酯为提取溶剂,经微波萃取,提取液定容后,用气相色谱—质谱仪进行测定,采用己二酸二(1-丁基戊基)酯(BBPA)以内标法定量分析。该标准对 18 种增塑剂的测定低限分别为:0.5mg/L(DMA、DEA、ATBC、DNOP)、0.3mg/L(TBP、DIBA、DBA、DPRP、DBP、DHA、BBOEA、DHP、BBP、DEHA、TEHP、DEHP)、10mg/L(DINP、DIDP)。

(6)检验检疫行业标准 SN/T 2826-2011《食品接触材料 高分子材料 食品模拟物中己二酸酯类增塑剂的测定 气相色谱—质谱法》适用于与食品接触的高分子材料中己二酸酯类增塑剂在四种食品模拟物(水、3%乙酸溶液、10%乙醇溶液和橄榄油)中迁移量的气相色谱—质谱测定方法。该标准方法中,水基食品模拟物采用乙酸乙酯提取,脂类食品模拟物橄榄油采用甲醇提取,提取液注入气相色谱仪,质谱确证,外标法定量。在水基食品模拟物中,测定低限为 2.0mg/L;在脂类食品模拟物橄榄油中,测定低限为 5.0mg/kg。

5.6.2 增塑剂检测一般试验步骤

1.样品准备

因为食品接触材料大多采用单一的塑料制成，因此在前期处理样品时，很少需要考虑样品材质的多样性和复杂性对被测物残留的影响。所以，在增塑剂检测项目中，直接选取5～10g代表性样品，清洁剂洗净试样，用自来水冲洗干净后再用超纯水冲洗三遍后晾干。再用剪刀将样品剪碎至0.25cm×0.25cm以下，混合均匀，备用。

2.样品前处理

增塑剂在软质塑料的应用特别多，它们与塑料分子之间由氢键和范德华力连接，彼此保留各自相对独立的化学性质，因此随着时间的推移，可由塑料中转移到食品中再进入人体造成危害。塑料样品的前处理技术经过近几年的研究，已得到很好的发展。在现代检测技术中，样品前处理的主要目的一般要求是除去影响测定的干扰物，同时要求被测组分损失少，操作简便、省时，成本低廉，对人体和环境无害[14]。本书作者查阅了众多标准和文献，发现常用的样品前处理方法主要有液—液萃取、固相萃取(SPE)、固相微萃取(SPME)等方法。由于萃取具有效率高、消耗溶剂少、省时省力等优点，故SPE和SPME是目前最常用的样品处理方法。

(1)液—液萃取法

液—液萃取方法是最具有历史且使用最广泛的前处理方法，方法基于物质在两种互不相溶液体中分配，采用有机溶剂把被测物质从试样中抽提出来，净化后供测定使用，提取效果的关键是溶剂的选择。为了获得有效的分离和浓缩，目标化合物溶质应对其中一种溶剂表现出明显的“亲合”作用。尽管液—液萃取兼有富集和降低基体干扰的作用，但是液—液萃取法对于多组分残留危害物质的提取效果经常不理想，并且该方法需要耗用较大量的有机溶剂，并易引入新的杂质，涉及费时的浓缩步骤，同时易导致被测物的损失，当组分含量较低时，用萃取法有时难以满足分析测定的要求，需要用吸附柱富集。因此，目前在增塑剂的测定中并不常使用液—液萃取方法。中国台湾地区“环境署”采用液—液萃取法以二氯甲烷为萃取剂，气相色谱/电子捕获检测器(GC-ECD)分析样品中所含邻苯二甲酸酯类物质。金朝晖[15]等采用国产新型D4020大孔吸附树脂吸附水中邻苯二甲酸酯类化合物，结合气相色谱/火焰离子化检测器(GC-FID)进行分析。

(2)固相萃取法

固相萃取(Solid Phase Extraction，SPE)是20世纪70年代初发展起来的样品前处理技术，也是近年来研究发展最快的一种制备和净化技术，具有选择性固定相的小柱目前已有商品出售，而且大多已被列入FDA标准方法。固相萃取方法采用高效、高选择性的固定相，与液—液萃取法相比，能显著减少溶剂用量，简化样品预处理过程。固相萃取是净化和富集相结合的方法，特别适用于液体样品，样品量不受限制，少到几毫升多至几十升都可适应，还可进行现场分析，在线SPE甚至能进行自动控制。SPE原理简单，将液态或者溶解后的样品首先带入活化过的固相萃取柱中，固相吸附剂将目标化合物保留在

柱上，然后用少量的有机溶剂洗脱下来。可以选择各种吸附剂以用于不同化合物的提取净化，也可以两个或多个吸附剂来保留复杂样品中的每一个组分。在美国 EPA 建立的分析水样中增塑剂的方法中，允许使用 SPE 代替液液萃取处理试样[16]。

(3)固相微萃取法

固相微萃取(Solid Phase Microext Extraction,SPME)是一种新型、高效的样品预处理技术，是由加拿大 Waterloo 大学 Pawliszyn 及其合作者于 1990 年提出的[17]，由美国 Supelco 公司于 1994 年推出其商业化产品。它克服了以往预处理的诸多不足，是一种集采样、萃取、浓缩、进样于一体的样品前处理技术。固相微萃取根据有机物与溶剂之间“相似相溶”的原理，利用萃取头表面的色谱固定相的吸附作用，将组分从样品基质中萃取富集起来，从而完成样品的前处理过程。使用时，先将萃取头鞘插入样品瓶中，推动手柄杆使萃取头伸出，进行萃取，在达到或接近平衡后即萃取完成，缩回萃取头，并转移至气相色谱进样器中，推出萃取头完成解吸、色谱分析。李聪辉等[18]将 0.2g 塑料样品剪碎后加入 30mL 二次蒸馏水，超声搅拌，浸泡一定时间后，用定性滤纸过滤并定容至 1000mL。然后用自制萃取头(m(聚硅氧烷 OV1)：m(富勒烯聚二甲基硅氧烷 PSOC 60)＝4：1 的混合固定相)和商用萃取头(100μm 聚二甲基硅氧烷 PDMS)分别顶空萃取，气相色谱—质谱法测定出了邻苯二甲酸二辛酯。SPME 是一种无溶剂萃取技术，并具有操作时间短、样品用量少、重现性好、精密度高、检出限低等优点，已成为目前分析方法研究的一个方向，但其缺点是萃取涂层易磨损，使用寿命有限。基于固相微萃取的特点，它常与色谱联用用于测定邻苯二甲酸酯[19-21]。

(4)超声波萃取

超声波是指频率为 20kHz～50MHz 左右的电磁波，它是一种机械波，需要能量载体和介质来进行传播。超声波在传递过程中存在着正负压强交变周期，在正相位时，对介质分子产生挤压，增加介质原来的密度；负相位时，介质分子稀疏、离散，介质密度减小。也就是说，超声波在溶剂和样品之间产生声波空化作用，导致溶液内气泡的形成、增长和爆破压缩，从而使固体样品分散，增大样品与萃取溶剂之间的接触面积，提高目标物从固相转移到液相的传质速率。另外，超声波的热作用和机械作用也能促进超声波强化萃取，使有效成分迅速逸出。超声波萃取的突出优点是无需高温、常压萃取、安全性好、萃取效率高、能耗小、操作简单易行、维护保养方便，并且超声波萃取对溶剂和目标萃取物的性质(如极性)关系不大。因此，可供选择的萃取溶剂种类多、目标萃取物范围广泛。谈金辉[22]等采用超声波辅助萃取、GC/MS 的选择离子监测方式(SIM)对食品包装用塑料制品进行邻苯二甲酸酯类化合物的检测。徐艳艳等采用正己烷超声提取、再用气相色谱—质谱法测定出了塑料吸管中的邻苯二甲酸酯[23]。

3. 样品分析

国内外对邻苯二甲酸酯分析检测方法报道较多，早期的方法有比色法、滴定法、薄层色谱法和分光光度法等，但这些方法的灵敏度低、选择性差，而且仅能测定邻苯二甲酸酯的总量[7]。随着仪器和分析手段的进步，近年来，用于分析增塑剂的方法主要包括：气相色谱法(GC)、液相色谱法(LC)、红外光谱法(IR)和核磁共振法(NMR)，其中应用最为普

遍的是带有火焰离子化检测器(FID)、电子捕获(ECD)或者质谱检测器(MSD)的气相色谱法,而高效液相色谱—质谱联用技术在分析这类化合物的报道也逐年在增多。

(1)气相色谱法

气相色谱法(Gas Chromatography,GC)具有较高的灵敏度[24],但检测器易受其他有机物的污染,因而灵敏度变动较大,对样品的前处理要求较高[25]。气相色谱法起初采用填充柱测定地面水和工业废水中邻苯二甲酸酯含量,现行多选用毛细管柱,分离时采用的柱子主要有 HP-5 或 DB-17HT 熔融石英毛细管柱,这种方法对大多数化合物有较高的分离度,能满足一般的分析要求,但对于碳原子数较多的异构体化合物,如邻苯二甲酸二异壬酯 DINP、二异癸酯 DIDP 等分离效果较差,峰形重叠,检测限较高,难以准确地定性和定量,不适合于邻苯二甲酸酯的痕量分析[14]。牛增元等[26]采用索氏提取法以正己烷为提取溶剂提取纺织品中的邻苯二甲酸酯类物质,以强阴离子交换固相萃取小柱净化本底杂质并富集待测物,建立了固相萃取—气相色谱法测定纺织品中 10 余种邻苯二甲酸酯类环境激素。贾宁等[27]优化了使用毛细管柱(OV-1701)分离、FID 作为检测器的气相色谱法测定生活用水中 5 种邻苯二甲酸酯(邻苯二甲酸二乙酯,邻苯二甲酸二丁酯,邻苯二甲酸丁基苄基酯,邻苯二甲酸二(2-乙基己基)酯,邻苯二甲酸二环己酯)的色谱条件。刘振华[28]等将 PVC 制玩具样品进行粉碎、用正己烷溶剂抽提,然后采用气相色谱法,选用氢火焰电离检测器 FID,程序升温后进行检测,用内标法对邻苯二甲酸酯的含量进行定量分析。袁丽凤[29]等用气相色谱法对用做食品包装的 PVC 保鲜膜中的增塑剂二-(2-乙基己基)己二酸酯进行检测。

(2)高效液相色谱法

近年来,高效液相色谱法以及液相—质谱联用技术得到了很快的发展[30],高效液相色谱法分离和分析邻苯二甲酸酯类具有灵敏度高、选择性好和快速简便等优点。用 HPLC 分析邻苯二甲酸酯类化合物一般使用反相液相色谱 C-8 或 C-18 柱,用乙腈和水或甲醇和水做流动相,也可以使用正相液相色谱氰基柱或胺基柱。用正己烷和二氯甲烷作为流动相均可,检测器普遍使用紫外检测器,检测波长为 224nm 或 275nm。刘红河等[31]建立了一种同时测定食品中 5 种邻苯二甲酸酯类残留的方法,用正己烷浸泡,超声提取法对样品中邻苯二甲酸酯进行提取并净化,采用反相高效液相色谱—二极管阵列检测法测定其中邻苯二甲酸二甲酯、邻苯二甲酸二乙酯、邻苯二甲酸二丁酯、邻苯二甲酸二异辛酯和邻苯二甲酸二正辛酯。边志忠[32]建立了液相色谱测定袋装牛奶塑料包装袋和食用油塑料桶在水溶性及脂溶性食品模拟液中迁移量的检测方法。李波平[33]等采用快速溶剂萃取—反相高效液相色谱检测塑料中邻苯二甲酸二(2-乙基)己基酯 DEHP 和邻苯二甲酸二正辛酯 DNOP 的方法,测定了塑料中增塑剂邻苯二甲酸酯类的含量,加标回收率 87%～108%,检测限为 10mg/L,方法便捷易行,分离度较好。

液相色谱—质谱联用技术是对有机物进行定性定量的高效简便的方法,近几年得到了快速发展,比较多见被用于测定环境样品中的邻苯二甲酸酯。色谱仪对于混合物中各组分具有高效分离作用,而质谱仪则具有灵敏度高、定性定量强的特点,可以确定化合物的分子量分子式甚至官能团。边志忠研究了溶解沉淀前处理技术结合高效液相色谱法测定火腿肠包装材料中邻苯二甲酸二乙酯 DEP、邻苯二甲酸二丁酯 DBP、邻苯二甲酸二辛酯 DOP 含量的方法。采用四氢呋喃作为溶剂，甲醇作为沉淀剂，可有效地将 DEP、DBP 和 DOP 从火腿肠包装材料中分离出来，然后采用高效液相色谱法进行检测，采用质谱法进行确证。刘超[3]等用高压、液体色谱柱 Lichrospher C-18（250mm4.6mm ID，5μm），以乙腈—水位流动相，流速为 1.0mL/min，线性梯度乙腈从 70%到 100%，采用质谱检测器对一次性塑料用品中的邻苯二甲酸酯增塑剂进行定性鉴定。

5.6.3　增塑剂的气相色谱—质谱联用检测方法

1.GB/T 21928-2008 食品塑料包装材料中邻苯二甲酸酯的测定

该标准适用于食品塑料包装材料中邻苯二甲酸酯类物质总量的测定。检测原理是将食品塑料包装材料提取、净化后经气相色谱—质谱联用仪进行测定。采用特征选择离子检测扫描模式（SIM），以碎片的丰度比定性，标准样品定量离子外标法定量。

（1）仪器和试剂

气相色谱—质谱联用仪（GC-MS）；分析天平：感量 0.1mg 和 0.01g；超声波发生器；玻璃器皿（所用玻璃器皿洗净后，用重蒸水淋洗三次，丙酮浸泡 1h，在 200℃下烘烤 2h，冷却至室温备用）。

所用水均为全玻璃重蒸馏水；正已烷、丙酮，色谱纯；16 种邻苯二甲酸酯标准品，见表 5.8。

表 5.8　16 种邻苯二甲酸酯类化合物信息和标准品浓度

序号	中文名称	英文名称	英文缩写	CAS 号	化学分子式	纯度
1	邻苯二甲酸二甲酯	dimethyl phthalate	DMP	131-11-3	$C_{10}H_{10}O_4$	≥99.0
2	邻苯二甲酸二乙酯	diethyl phthalate	DEP	84-66-2	$C_{12}H_{14}O_4$	≥98.5
3	邻苯二甲酸二异丁酯	diisobutyl phthalate	DIBP	84-69-5	$C_{16}H_{22}O_4$	≥99.9
4	邻苯二甲酸二丁酯	dibutyl phthalate	DBP	84-74-2	$C_{16}H_{22}O_4$	≥99.6
5	邻苯二甲酸二(2-甲氧基)乙酯	bis(2-methoxyethyl)phthalate	DMEP	117-82-8	$C_{14}H_{18}O_6$	≥97.7
6	邻苯二甲酸二(4-甲基-2-戊基)酯	bis(4-methyl-2-pentyl)phthalate	BMPP	146-50-9	$C_{20}H_{30}O_6$	≥98.2
7	邻苯二甲酸二(2-乙氧基)乙酯	bis(2-ethoxyethyl)phthalate	DEEP	605-54-9	$C_{16}H_{22}O_6$	≥98.0
8	邻苯二甲酸二戊酯	dipentyl phthalate	DPP	131-18-0	$C_{18}H_{26}O_4$	≥96.2

续表

序号	中文名称	英文名称	英文缩写	CAS 号	化学分子式	纯度
9	邻苯二甲酸二己酯	dihexyl phthalate	DHXP	84-75-3	$C_{20}H_{30}O_4$	≥98.0
10	邻苯二甲酸丁基苄基酯	benzyl butyl phthalate	BBP	85-68-7	$C_{19}H_{20}O_4$	≥99.0
11	邻苯二甲酸二(2-丁氧基)乙酯	bis(2-n-butoxyethyl)phthalate	DBEP	117-83-9	$C_{20}H_{30}O_6$	≥96.0
12	邻苯二甲酸二环己酯	dicyclohexyl phthalate	DCHP	84-61-7	$C_{20}H_{26}O_4$	≥99.9
13	邻苯二甲酸二(2-乙基)己酯	bis(2-ethylhexyl)phthalate	DEHP	117-81-7	$C_{24}H_{38}O_4$	≥99.6
14	邻苯二甲酸二苯酯	diphenyl phthalate	—	84-62-8	$C_{20}H_{14}O_4$	≥98.0
15	邻苯二甲酸二正辛酯	di-n-octyl phthalate	DNOP	117-84-0	$C_{24}H_{38}O_4$	≥95.0
16	邻苯二甲酸二壬酯	dinonyl phthalate	DNP	84-76-4	$C_{26}H_{42}O_4$	≥98.2

标准储备液：称取上述各种标准品（精确至 0.1mg），用正己烷配制成 1000mg/L 的储备液，于 4℃ 冰箱中避光保存；标准使用液：将标准储备液用正己烷稀释至浓度为 0.5mg/L，1.0mg/L，2.0mg/L，4.0mg/L，8.0mg/L 的标准系列溶液待用。

（2）试样处理

将试样粉碎至单个颗粒≤0.02g 的细小颗粒，混合均匀，准确称取 0.2g 试样（精确至 0.1mg）于具塞三角瓶中，加入 20mL 正己烷，超声提取 30min，滤纸过滤，再用正己烷重复上述提取三次，每次 10mL，合并提取液用正己烷定容至 50.0mL，再视试样中邻苯二价酸酯含量作相应的稀释后，进行 GC-MS 分析。按照同样的试验试剂及操作处理不含试样的空白试验，进行 GC-MS 分析。

（3）测定条件

色谱条件：色谱柱，HP-5MS 石英毛细管柱（30m×0.25mm×0.25μm）或相当型号色谱柱；进样口温度，250℃；升温程序，初始柱温 60℃，保持 1min，以 20℃/min 升温至 220℃，保持 1min，再以 5℃/min 升温至 280℃，保持 4min；载气，氦气（纯度≥99.999%），流速 1mL/min；进样方式，不分流进样；进样量，1μL。质谱条件：色谱与质谱接口温度，280℃；电离方式：电子轰击源（EI）；监测方式：选择离子扫描模式（SIM），监测离子参见表 5.9；电离能量，70eV；容积延迟，5min。

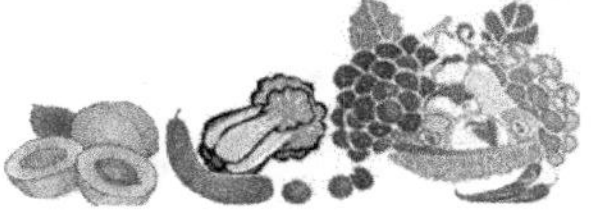

表 5.9　邻苯二甲酸酯类化合物定量和定性选择离子表

序号	中文名称	保留时间/min	定性离子及其丰度比	定量离子	辅助定量离子
1	邻苯二甲酸二甲酯	7.79	163∶77∶135∶194(100∶18∶7∶6)	163	77
2	邻苯二甲酸二乙酯	8.66	149∶177∶121∶222(100∶28∶6∶3)	149	177
3	邻苯二甲酸二异丁酯	10.41	149∶223∶205∶167(100∶10∶5∶2)	149	223
4	邻苯二甲酸二丁酯	11.17	149∶223∶205∶121(100∶5∶4∶2)	149	223
5	邻苯二甲酸二(2-甲氧基)乙酯	11.51	59∶149∶193∶251(100∶33∶28∶14)	59	149、193
6	邻苯二甲酸二(4-甲基-2-戊基)酯	12.26	149∶251∶167∶121(100∶5∶4∶2)	149	251
7	邻苯二甲酸二(2-乙氧基)乙酯	12.59	45∶72∶149∶221(100∶85∶46∶2)	45	72
8	邻苯二甲酸二戊酯	12.95	149∶237∶219∶167(100∶22∶5∶3)	149	237
9	邻苯二甲酸二己酯	15.12	104∶149∶76∶251(100∶96∶91∶8)	104	149、76
10	邻苯二甲酸丁基苄基酯	15.28	149∶91∶206∶238(100∶72∶23∶4)	149	91
11	邻苯二甲酸二(2-丁氧基)乙酯	16.74	149∶223∶205∶278(100∶14∶9∶3)	149	223
12	邻苯二甲酸二环己酯	17.40	149∶167∶83∶249(100∶31∶7∶4)	149	167
13	邻苯二甲酸二(2-乙基)己酯	17.65	149∶167∶279∶113(100∶29∶10∶9)	149	167
14	邻苯二甲酸二苯酯	17.78	225∶77∶153∶197(100∶22∶4∶1)	225	77
15	邻苯二甲酸二正辛酯	20.06	149∶279∶167∶261(100∶7∶2∶1)	149	279
16	邻苯二甲酸二壬酯	22.60	57∶149∶71∶167(100∶94∶48∶13)	57	149、71

(4)定性确证

在上述仪器条件下，试样待测液和标准品的选择离子色谱峰在相同保留时间处(±0.5%)出现，并且对应质谱碎片离子的质荷比与标准品一致，其丰度比与标准品相比应符合：相对丰度>50%时，允许±10%偏差；相对丰度 20%～50%时，允许±15%偏差；相对丰度 10%～20%时，允许±20%偏差；相对丰度≤10%时，允许±50%偏差，此时可定性确证目标分析物。各邻苯二甲酸酯类化合物的保留时间、定性离子和定量离子见表 5.9。各邻苯二甲酸酯类化合物标准物质的气相色谱—质谱选择离子色谱图参见图 5.1。16 种邻苯二甲酸酯类出峰顺序依次为："1"邻苯二甲酸二甲酯(DMP)、"2"邻苯二甲酸二乙酯(DEP)、"3"邻苯二甲酸二异丁酯(DIBP)、"4"邻苯二甲酸二丁酯(DBP)、"5"邻苯二甲酸二(2-甲氧基)乙酯(DMEP)、"6"邻苯二甲酸二(4-甲基-2 戊基)酯(BMPP)、"7"邻苯二甲酸二(2-乙氧基)乙酯(DEEP)、"8"邻苯二甲酸二戊酯(DPP)、"9"邻苯二甲酸二己酯

(DHXP)、“10”邻苯二甲酸丁基苄基酯(BBP)、“11”邻苯二甲酸二(2-丁氧基)乙酯(DBEP)、“12”邻苯二甲酸二环己酯(DCHP)、“13”邻苯二甲酸二(2-乙基)己酯(DEHP)、“14”邻苯二甲酸二苯酯、“15”邻苯二甲酸二正辛酯(DNOP)、“16”邻苯二甲酸二壬酯(DNP)。

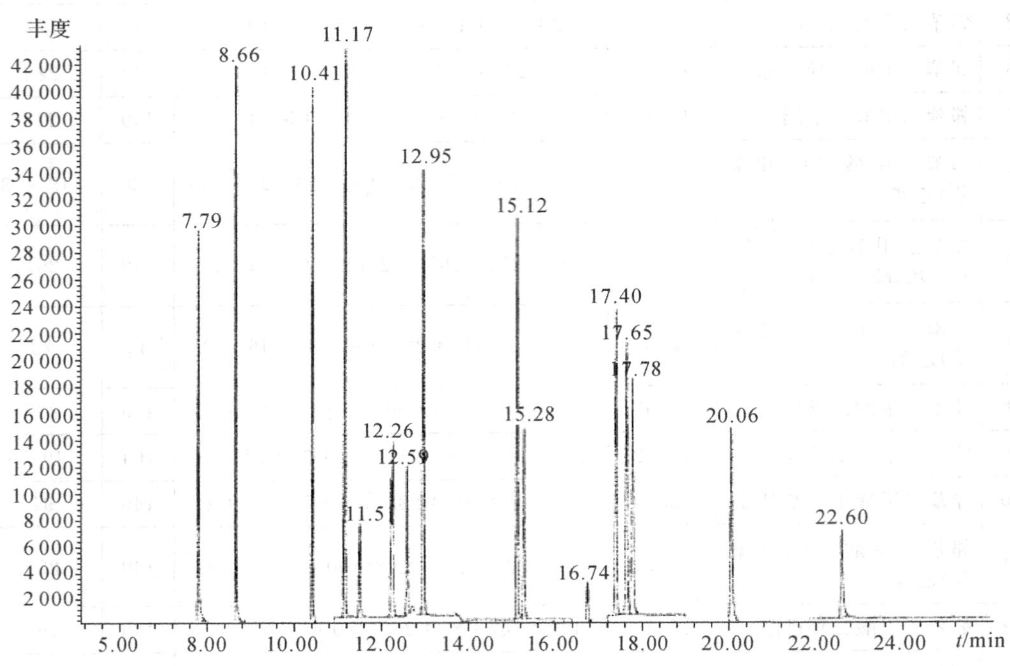

图 5.1 邻苯二甲酸酯类化合物标准物质的气相色谱—质谱选择离子色谱图

(5)定量分析

本标准采用外标校准曲线法定量测定。以各邻苯二甲酸酯化合物的标准溶液浓度为横坐标、各自的定量离子的峰面积为纵坐标,作标准曲线线性回归方程,以试样的峰面积与标准曲线比较定量。邻苯二甲酸酯化合物的含量按式 5.1 进行计算,结果保留三位有效数字:

$$X=\frac{(c_i-c_o)\times V\times K}{m} \tag{5.1}$$

式中:X——试样中某种邻苯二甲酸酯含量,mg/kg;

c_i——试样中某种邻苯二甲酸酯峰面积对应的浓度,mg/L;

c_o——空白试样中某种邻苯二甲酸酯的浓度,mg/L;

V——试样定容体积,mL;

K——稀释倍数;

m——试样质量,g。

(7)精密度

食品塑料包装材料中邻苯二甲酸酯的含量在 0.05～0.2mg/kg 范围时,该标准在重

复性条件下获得的两次独立测定结果的绝对差值不得超过算术平均值 30%；在 0.2～20mg/kg 范围时，该标准在重复性条件下获得的两次独立测定结果的绝对差值不得超过算术平均值的 15%。

2. SN/T 2037-2007 与食品接触的塑料成型品中邻苯二甲酸酯类增塑剂迁移量的测定 气相色谱质谱联用法

该标准适用于与食品接触的塑料容器及包装制品中邻苯二甲酸酯类增塑剂特定迁移量的测定。检测原理是采用食品模拟物浸泡样品，增塑剂迁移到浸泡液中，取一定量模拟物浸泡液进行液液萃取，提取液经气相色谱质谱测定，在一定浓度范围内，可以对样品中的增塑剂迁移量进行外标法定量检测并确证。

(1)仪器和试剂

气相色谱质谱联用仪：带电子轰击源(EI)；离心机；振荡器；固相萃取装置；恒温烘箱；低温培养箱；离心管，10mL；容量瓶：10mL；玻璃器皿(洗净后使用超纯水淋洗三次，丙酮浸泡 30min，在 200℃下烘烤 2h，冷却至室温备用)。

超纯水；正己烷，色谱纯；乙醇，色谱纯；乙酸，色谱纯；异辛烷，色谱纯；邻苯二甲酸二乙酯(DEP)、邻苯二甲酸二异丁酯(DIBP)、邻苯二甲酸二正丁酯(DNBP)、邻苯二甲酸二正戊酯(DNPP)、邻苯二甲酸苄酯丁酯(BBP)、邻苯二甲酸二(2-乙基)己酯(DEHP)、邻苯二甲酸二正辛酯(DNOP)，标准品，纯度>99.0%。

食品模拟物：超纯水；3%(质量浓度)乙酸水溶液；15%(体积分数)乙醇水溶液。

标准储备液：分别称取标准品 DEP、DIBP、DBP、BBP、DEHP、DNOP 各 10.0mg(精确至 0.1mg)，用正己烷溶解并转移到 50mL 容量瓶中，正己烷定容至刻度，得到浓度为 200mg/L 的标准储备液，4℃下保存。

混合标准工作液：量取各标准储备液 2.5mL 于 50mL 容量瓶中，正己烷定容至刻度，得到浓度为 10mg/L 的混合标准工作液，4℃下保存。

(2)试样处理

清洁剂洗净试样，用自来水冲洗干净，再用超纯水冲洗三遍后晾干，备用。样品的浸泡方式按照 GB/T 5009.156-2003 进行，选择浸泡塑料成型品中与食品接触或可能与食品接触的部分，模拟物浸泡液体积按照接触面积每平方厘米取 2mL 模拟液比例选取。样品的浸泡条件按照下面的迁移检测的基本规定进行。

(a)食品模拟物的选择

由于塑料成型品可能与不同类型食品接触，不可能针对所有可能与之接触的食品开展邻苯二甲酸酯类增塑剂迁移量检测，因此引进食品模拟物。食品模拟物通常按照具有一种或多种食品类型特征进行分类。表 5.10 列出了食品类型和使用的食品模拟物，表 5.11 列出了塑料成型品可能接触的各类食品及进行迁移检测时可选用的食品模拟物。

表 5.10 食品类型和食品模拟物

食品类型	食品模拟物	缩写
水性食品(pH>4.5)	蒸馏水或同质水	模拟物 A
酸性食品(pH≤4.5 的水性食品)	3%(质量浓度)乙酸	模拟物 B
酒精食品	15%(体积分数)乙醇	模拟物 C
脂肪食品	异辛烷	模拟物 D

表 5.11 在特定情况下检测塑料成型品选用的食品模拟物

接触食品类型	选取的模拟物
仅接触水性食品	模拟物 A
仅接触酸性食品	模拟物 B
仅接触醇类食品	模拟物 C
仅接触脂肪类食品	模拟物 D
接触所有水性和酸性食品	模拟物 B
接触所有水性和醇类食品	模拟物 C
接触所有酸性和醇类食品	模拟物 C 和 B
接触脂肪和水性食品	模拟物 D 和 A
接触脂肪和酸性食品	模拟物 D 和 B
接触脂肪、水性和醇类食品	模拟物 D 和 C
接触脂肪、酸性和醇类食品	模拟物 D、C 和 B

(b)迁移检测条件

选择迁移检测条件应按照塑料成型品在实际使用过程中可预见的与食品接触的最长时间和最高使用温度进行选择。表 5.12 和表 5.13 列举了食品模拟物 A、B 和 C 的迁移条件。表 5.14 列举了脂肪食品模拟物异辛烷的迁移条件。

表 5.12 使用食品模拟物的常规迁移时间

接触时间	检测时间
$t \leqslant 5$min	5min
5min$< t \leqslant$0.5h	0.5h
0.5h$< t \leqslant$1h	1h
1h$< t \leqslant$2h	2h
2h$< t \leqslant$4h	4h
4h$< t \leqslant$24h	24h
$t >$24h	10d

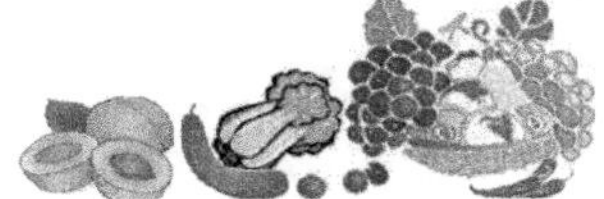

表 5.13　使用食品模拟物的常规迁移温度

接触温度	检测温度
$T \leqslant 5$℃	5℃
5℃$< T \leqslant$20℃	20℃
20℃$< T \leqslant$40℃	40℃
40℃$< T \leqslant$70℃	70℃
70℃$< T \leqslant$100℃	100℃或回流温度
100℃$< T$*	实际使用最高温度

* 该温度对模拟物 A、B 或 C 可替换为 100℃或回流温度

表 5.14　模拟物 D 异辛烷的迁移条件

橄榄油迁移条件	对应使用模拟物 D 异辛烷的检测条件
5℃,10d	5℃,0.5d
20℃,10d	20℃,1d
40℃,10d	40℃,2d
70℃,2h	70℃,0.5h
100℃,0.5h	60℃,0.5h
100℃,1h	60℃,1h
100℃,2h	60℃,1.5h
121℃,1h	60℃,2h
121℃,2h	60℃,2.5h
130℃,0.5h	60℃,2h
130℃,1h	60℃,2.5h
150℃,2h	60℃,3h
175℃,2h	60℃,4h

当塑料成型品标明为在室温或低于室温条件下使用，或该塑料成型品性质清楚表明应在室温或低于室温条件下使用时，对于水性模拟物 A、B 或 C，应在接触温度为 40℃、接触时间为 10d 的迁移条件下进行检测，对于脂肪食品模拟物异辛烷应在接触温度为 20℃、接触时间为 2d 的迁移条件下进行检测。

样品按照上面的迁移规定条件浸泡后，对于异辛烷模拟物浸泡液，准确取 0.5mL 浸泡液，正己烷定容至 1.0mL，供仪器检测。对于其他模拟物浸泡液，量取 5.0mL 模拟物浸泡液于 10mL 离心管中，加入 2mL 正己烷，振荡提取 10min，离心 5min(4000r/min)，取出上层正己烷层，再重复提取两次，合并正己烷于 10mL 容量瓶中，正己烷定容至刻度，混合均匀，取 1mL 溶液供仪器检测。样液可根据具体情况进行稀释，使其测定值在标准曲线的线性范围内。按照同样的试验试剂及操作处理未与样品接触过的模拟物浸泡液作空白试验。

(3)标准曲线的绘制

稀释混合标准工作液，得到浓度为 1.0mg/L、2.0mg/L、4.0mg/L、6.0mg/L、8.0mg/L 混合标准工作液，根据响应值和浓度关系绘制出标准曲线。

(4)仪器参考条件

色谱柱：DB-5ms 石英毛细管柱(30m×0.25mm×0.25μm)，或相当色谱柱；升温程序，初始柱温 60℃，保持 1min，以 20℃/min 的速率升至 260℃，保持 1min，再以 5℃/min 的速率升至 280℃，保持 4min；进样口温度，250℃；色谱与质谱接口温度，280℃；载气，氦气，纯度≥99.999%；流速，1mL/min；进样量，1μL；进样方式，不分流进样；电离方式，EI；检测方式，选择离子检测(SIM)，检测离子参见表 5.15；电离能量，70eV；溶剂延迟，5min。

表 5.15　邻苯二甲酸酯类化合物定量和定性选择离子表

名称	保留时间/min	定性离子及其丰度比	定量离子
DEP	8.74	149∶177∶121∶222(100∶28∶6∶3)	149
DIBP	10.26	149∶223∶205∶167(100∶10∶3∶4)	149
DNBP	10.75	149∶223∶205∶121(100∶7∶6∶2)	149
DNPP	11.72	149∶227∶219∶121(100∶6∶3∶2)	149
BBP	13.04	149∶206∶238∶312(100∶23∶3∶2)	149
DEHP	14.35	149∶167∶279∶113(100∶40∶18∶9)	149
DNOP	16.10	149∶279∶261∶167(100∶14∶4∶2)	149

(5)定量测定与定性确证

本方法采用外标法单离子定量测定。在上述仪器条件下，样品溶液中待测组分和标准品的特征离子色谱图在相同保留时间处(小于±0.5%)出现，并且在扣除背景后的样品谱图中，各特征离子满足：相对丰度高于 10%的离子丰度比变化范围小于±15%，或者相对丰度低于 10%的离子丰度比变化范围小于±50%的条件时，可定性确证目标分析物。各邻苯二甲酸酯化合物的保留时间、定性离子和定量离子参见表 5.15，标准物的色谱图及各组分的参考保留时间参见图 5.2。出峰顺序为："1"邻苯二甲酸二乙酯(DEP)；"2"邻苯二甲酸二异丁酯(DIBP)；"3"邻苯二甲酸二正丁酯(DNBP)；"4"邻苯二甲酸二正戊酯(DNPP)；"5"邻苯二甲酸苄基丁酯(BBP)；"6"邻苯二甲酸二(2-乙基)己酯(DEHP)；"7"邻苯二甲酸二正辛酯(DNOP)。

(6)结果计算

各化合物迁移量按式 5.2 计算：

$$X=\frac{6\times(c-B)\times V}{S} \tag{5.2}$$

式中：X——目标分析物迁移量，mg/kg；

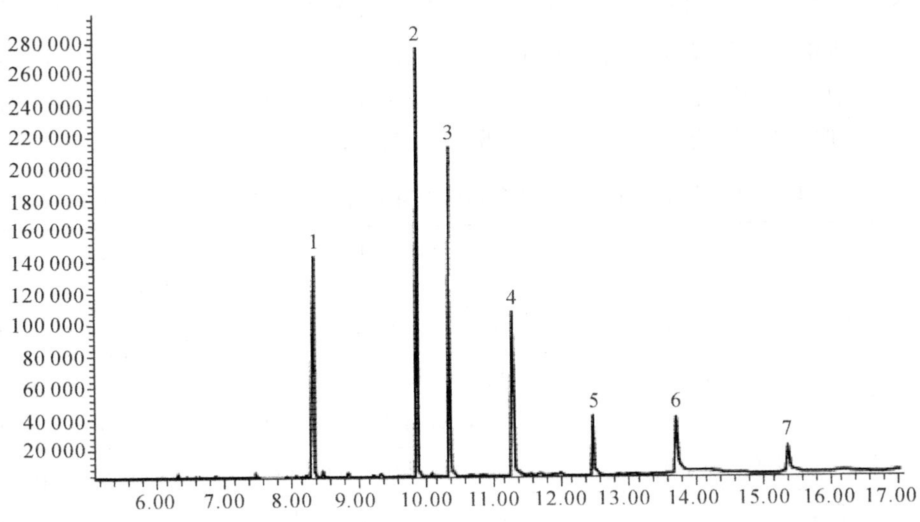

图 5.2　邻苯二甲酸酯标准物质的气相色谱—质谱总离子流图

c——浸泡液中目标分析物的浓度，mg/L；

B——空白实验中目标分析物的浓度，mg/L；

V——浸泡液体积，L；

S——样品与食品模拟物的接触面积，dm^2；

6——欧盟指令 2002/72/EC 中规定 1mg/kg=6mg/dm^2。

(7)回收率

添加浓度在 2.0mg/kg、3.0mg/kg、12.0mg/kg 时，各化合物在四种食品模拟液中的回收率参见表 5.16。

表 5.16　邻苯二甲酸酯类化合物回收率结果

名称	回　收　率/%			
	水	3%乙酸溶液	15%乙醇溶液	异辛烷
DEP	83.0～100.0	80.0～97.4	82.0～99.8	81.8～106.2
DIBP	83.0～97.6	84.0～108.0	83.0～98.9	89.0～107.7
DNBP	81.0～99.3	87.0～105.0	80.0～102.4	81.0～106.9
DNPP	83.0～98.4	87.9～101.0	85.0～101.7	83.0～104.1
BBP	84.0～94.9	86.0～105.6	82.5～106.0	93.0～106.4
DEHP	81.0～98.7	87.0～99.0	81.0～102.0	92.0～102.3
DNOP	81.0～98.7	83.0～104.0	82.0～102.6	94.0～105.4

(8)测定低限

四种食品模拟物中 DEP、DIBP、DNBP、DNPP、BBP、DEHP、DNOP 的迁移量的测定低限为 2.0mg/kg。

3. SN/T 2249-2009 塑料及其制品中邻苯二甲酸酯类增塑剂的测定 气相色谱—质谱法

该标准适用于塑料及其制品中12种分子结构为 $R_1—CO_2—C_6H_4—CO_2—R_2$ 的邻苯二甲酸酯类增塑剂的测定，见表5.17。该方法的检测原理是样品采用乙酸乙酯为提取溶剂，经微波萃取，提取液定容后，用气相色谱—质谱仪进行测定，内标法定量。

表5.17　12种邻苯二甲酸酯类增塑剂的中英文名称、化学文摘编号和分子式

序号	增塑剂名称	英文名称（缩写）	化学文摘编号（CAS No.）	分子式
1	邻苯二甲酸二甲酯	dimethyl phthalate(DMP)	113-11-3	$C_{10}H_{10}O_4$
2	邻苯二甲酸二乙酯	diethyl phthalate(DEP)	84-66-2	$C_{12}H_{14}O_4$
3	邻苯二甲酸二丙酯	di-n-propyl phthalate(DPRP)	131-16-8	$C_{14}H_{18}O_4$
4	邻苯二甲酸二异丁酯	diisobutyl phthalate(DIBP)	84-69-5	$C_{16}H_{22}O_4$
5	邻苯二甲酸二丁酯	dibutyl phthalate(DBP)	84-74-2	$C_{16}H_{22}O_4$
6	邻苯二甲酸二正己酯	dihexyl phthalate(DHxP)	84-75-3	$C_{20}H_{30}O_4$
7	邻苯二甲酸丁基苄基酯	benzyl butyl phthalate(BBP)	85-68-7	$C_{19}H_{20}O_4$
8	邻苯二甲酸二环己酯	dicyclohexyl phthalate(DCHP)	84-61-7	$C_{20}H_{26}O_4$
9	邻苯二甲酸二(2-乙基己基)乙酯	bis(2-ethylhexyl) phthalate(DEHP)	117-81-7	$C_{24}H_{38}O_4$
10	邻苯二甲酸二正辛酯	di-n-octyl phthalate(DNOP)	117-84-0	$C_{24}H_{38}O_4$
11	邻苯二甲酸二异壬酯	diisononyl phthalate(DINP)	28553-12-0	$C_{26}H_{42}O_4$
12	邻苯二甲酸二异癸酯	diisodecyl phthalate(DIDP)	26761-40-0	$C_{28}H_{46}O_4$

（1）仪器和试剂

气相色谱—质谱联用仪（GC-MS），配EI源；分析天平，感量0.1mg；微波萃取仪；容量瓶，10mL、50mL、100mL。

乙酸乙酯，分析纯；邻苯二甲酸酯类标准品，纯度≥97%；内标物邻苯二甲酸二戊酯（DAP）（diamylphthalate，简称DAP），纯度≥97%；有机过滤膜：0.45μm。

增塑剂标准储备溶液，分别准确称取邻苯二甲酸酯标准品各100.0mg，分别置于100mL容量瓶中，用乙酸乙酯稀释至刻度，混匀；内标物标准储备溶液，准确称取适量的邻苯二甲酸二戊酯（DAP）标准品，用乙酸乙酯配制成浓度为0.10mg/mL的标准储备液；混合标准工作溶液，取适量内标物标准储备溶液、增塑剂标准储备溶液，根据需要用乙酸乙酯稀释成适用浓度的混合标准工作溶液；内标溶液，取适量内标物储备溶液，根据需要用乙酸乙酯稀释成适当浓度的溶液。

（2）试样处理

取5～10g代表性样品，将其剪碎至0.25cm×0.25cm以下，混匀。称取0.5g样品（精确到0.001g），置于微波萃取管中，加入15mL乙酸乙酯，在100℃下微波萃取30min，然后将萃取液转移至50mL容量瓶中，残渣用少量乙酸乙酯洗涤3次，合并萃取液，定容至 50mL。准确移取适量该样品溶液至 10mL 容量瓶中，准备加入适量的 DAP 内标溶液，以乙酸乙酯定容至刻度。用 0.45μm 有机过滤膜过滤，上机待测。如溶液中待测物浓度过高，则适当稀释后再进样。同时，不加试样按上述测定步骤进行空白试验。

(3)气相色谱—质谱条件

色谱柱：DB-5MS 毛细管柱 30m×0.25mm×0.25μm，或相当者；色谱柱温度，初温 90℃，保持 1min，以 15℃/min 升至 200℃，保留 2min，然后以 15℃/min 升至 235℃，保留 8min，再以 5℃/min 升至 250℃，保留 2min，最后以 20℃/min 升至 300℃，保持 7min；进样口温度，250℃；色谱—质谱接口温度，250℃；离子源温度，250℃；载气，氦气，纯度≥99.999%；流速，1.0mL/min；进样量，1μL；进样方式，不分流进样，1.0min 后开阀；电离方式，EI；质量扫描范围，45～550u；电离能量，70eV；扫描方式，全扫描；溶剂延迟，3.0min。

(4)定量测定与定性确证

本标准采用全扫描模式定性。如果样液与混合标准溶液的总离子流图比较，在相同保留时间有峰出现，则根据表 5.18 中定性离子对其确证。

表 5.18　12 种邻苯二甲酸酯类增塑剂的化学名称、分子式、定性离子及定量离子

序号	化学名称	分子式	特征碎片	
			参考定性离子(m/z)及丰度比	定量离子(m/z)
1	邻苯二甲酸二甲酯	$C_{10}H_{10}O_4$	163∶135∶164∶194=100∶6∶10∶8	163
2	邻苯二甲酸二乙酯	$C_{12}H_{14}O_4$	149∶177∶150∶105=100∶27∶3∶8	149
3	邻苯二甲酸二丙酯	$C_{14}H_{18}O_4$	149∶150∶41∶76=100∶14∶21∶16	149
4	邻苯二甲酸二异丁酯	$C_{16}H_{22}O_4$	149∶57∶29∶41=100∶13∶12∶11	149
5	邻苯二甲酸二丁酯	$C_{16}H_{22}O_4$	149∶150∶205∶223=100∶9∶6∶7	149
6	邻苯二甲酸二正己酯	$C_{20}H_{30}O_4$	149∶43∶41∶29=100∶27∶16∶12	149
7	邻苯二甲酸丁基苄基酯	$C_{19}H_{20}O_4$	149∶150∶206∶238=100∶12∶31∶6	149
8	邻苯二甲酸二环己酯	$C_{20}H_{26}O_4$	149∶167∶55∶150=100∶48∶21∶16	149
9	邻苯二甲酸二(2-乙基己基)乙酯	$C_{24}H_{38}O_4$	149∶150∶167∶279=100∶11∶36∶18	149
10	邻苯二甲酸二正辛酯	$C_{24}H_{38}O_4$	279∶390∶261=100∶3∶20	279
11	邻苯二甲酸二异壬酯	$C_{26}H_{42}O_4$	293∶418∶275=100∶5∶3	293
12	邻苯二甲酸二异癸酯	$C_{28}H_{46}O_4$	307∶446∶321=100∶5∶8	307

根据样液中被测物含量情况，加入浓度相近的内标溶液，根据表 5.18 中定量离子的峰面积用内标法定量。按上述气相色谱—质谱分析条件对混合标准工作溶液进行分析，所得 12 种邻苯二甲酸增塑剂的总离子流色谱图参见图 5.3。出峰顺序为："1"邻苯二甲酸二甲酯 dimethyl phthalate(DMP)(7.2min)；"2"邻苯二甲酸二乙酯 diethyl phthalate

(DEP)(8.4min);"3"邻苯二甲酸二丙酯 di-*n*-propyl phthalate(DPRP)(10.1min);"4"邻苯二甲酸二异丁酯 diisobutyl phthalate(DIBP)(11.2min);"5"邻苯二甲酸二丁酯 dibutyl phthalate(DBP)(12.1min);"6"邻苯二甲酸二正戊酯 diamyl phthalate(DAP)(14min)(内标);"7"邻苯二甲酸二正己酯 dihexyl phthalate(DHxP)(16.8min);"8"邻苯二甲酸丁基苄基酯 benzyl butyl phthalate(BBP)(17.0min);"9"邻苯二甲酸二环己酯 dicyclohexyl phthalate(DCHP)(20.7min);"10"邻苯二甲酸二(2-乙基己基)乙酯 bis(2-ethylhexyl) phthalate(DEHP)(21.3min);"11"邻苯二甲酸二正辛酯 di-*n*-octyl phthalate(DNOP)(26.1min);"12"邻苯二甲酸二异壬酯 diisononyl phthalate(DINP)(25.7～28.6min);"13"邻苯二甲酸二异癸酯 diisodecyl phthalate(DIDP)(27.1～29.2min)。

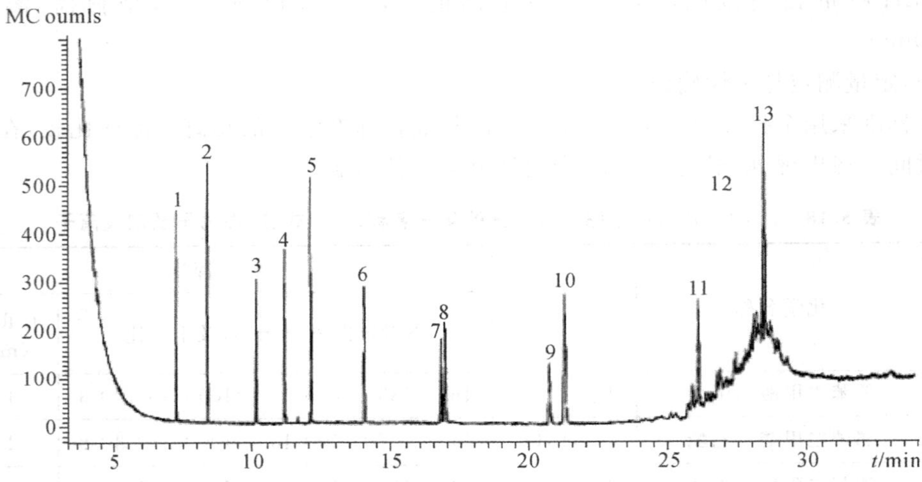

图 5.3 12 种邻苯二甲酸酯类增塑剂标准品的总离子流色谱图

对于 DMP、DEP、DPRP、DIBP、DBP、DHxP、BBP、DCHP、DEHP,其色谱峰分离比较完全,采用总离子流色谱峰面积或提取相应的定量离子的峰面积即可准确定量。对于 DINP 和 DIDP,由于有大量同分异构体的存在,其色谱峰为一系列的"五指峰",它们之间存在谱峰的部分重叠,而 DNOP 的色谱峰和它们之间也存在色谱峰的部分重叠。因此选取它们互不相同且相对具有一定特征性的碎片进行定量,其提取离子色谱图参见图 5.4。

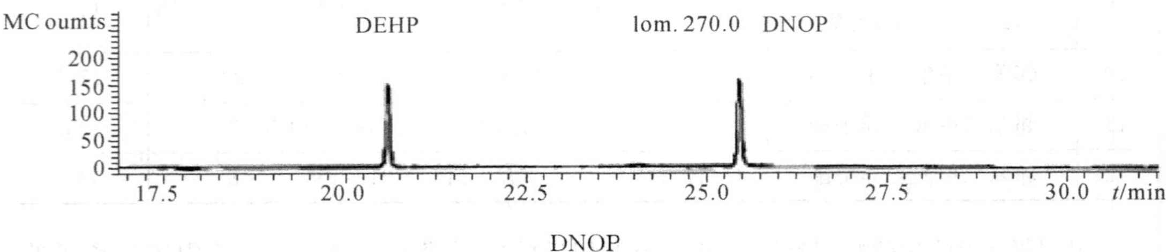

DNOP

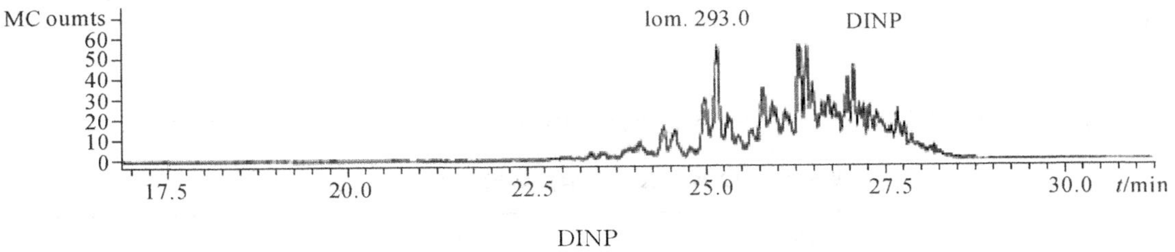

DINP

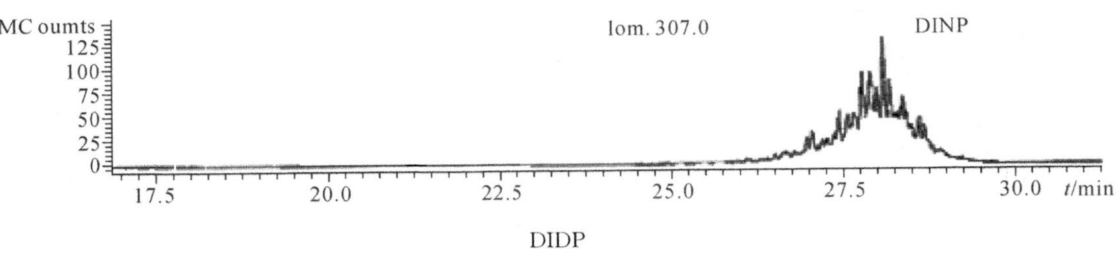

DIDP

图 5.4　邻苯二甲酸二正辛酯 di-*n*-octyl phthalate(DNOP)(26.1min)、邻苯二甲酸二异壬酯 diisononyl phthalate(DINP)(25.7～28.6min)和邻苯二甲酸二异癸酯 diisodecyl phthalate(DIDP)(27.1～29.2min)的提取离子色谱图

(5)结果计算

增塑剂各自对内标的相对校正因子 f_i 按式 5.3 计算:

$$f_i=\frac{A_s\times m_i}{A_i\times m_s} \tag{5.3}$$

式中:f_i——12 种邻苯二甲酸酯类增塑剂各自对内标物的校正因子;

A_s——标准溶液中的内标峰面积;

m_i——增塑剂标准品质量,mg;

A_i——混合标准溶液中相应物质的峰面积;

m_s——折算过的标准溶液中的内标质量,mg。

试样中增塑剂各自的含量按式 5.4 计算,计算结果表示到小数点后两位:

$$X_i=\frac{f_i\times(A_2-A_0)\times m_1}{A_1\times m_2}\times 10^6 \tag{5.4}$$

式中:X_i——试样中增塑剂的含量,mg/kg;

f_i——校正因子;

A_2——试样中增塑剂峰面积;

A_0——空白峰面积;

m_1——试样中内标质量,mg;

A_1——试样中标峰面积;

m_2——样品质量,mg。

(6)测定低限

该标准对 12 种邻苯二甲酸酯类增塑剂的测定低限分别为 0.5mg/L(DIBP、DHxP、

DCHP、DNOP)、0.3mg/L(DMP、DEP、DPRP、DBP、BBP、DEHP),10mg/L(DINP、DIDP)。

(7)回收率

该标准中12种邻苯二甲酸酯类增塑剂的回收率见表5.19。

表5.19　12种邻苯二甲酸酯类增塑剂的回收率

组分	水平Ⅰ		水平Ⅱ		水平Ⅲ	
	加入量/μg	回收率/%	加入量/μg	回收率/%	加入量/μg	回收率/%
DMP	22	86～105	225	88～105	2249	90～104
DEP	23	87～104	227	88～105	2266	93～103
DPRP	20	95～110	204	95～110	2037	96～105
DIBP	21	90～105	212	92～103	2118	96～105
DBP	20	90～105	200	94～104	2000	93～102
DHxP	20	95～110	202	92～106	2016	94～103
BBP	21	90～105	206	92～105	2058	97～103
DCHP	21	90～105	206	89～104	2060	94～102
DEHP	20	95～110	195	95～106	1952	98～103
DNOP	101	87～103	507	91～103	2536	95～103
DINP	1005	88～99	5024	94～104	25118	93～101
DIDP	1031	85～97	5156	86～96	25780	88～99

4. SN/T 1778-2006 PVC食品保鲜膜中DEHA等己二酸酯类增塑剂的测定　气相色谱串联质谱法

该标准规定了PVC食品保鲜膜中DEHA等己二酸酯类增塑剂含量的气相色谱—质谱测定方法及阳性确证方法,适用于PVC食品保鲜膜中分子结构为R_1—CO—C_4H_8—CO—R_2的DEHA等己二酸酯类增塑剂含量的测定和确证。方法的检测原理是样品经异丙醇超声波提取,提取液定容后,用气相色谱—质谱仪进行检测,内标法定量。

(1)仪器和试剂

气相色谱—质谱联用仪(GC/MS);超声波发生器,功率500W;带盖螺口瓶,100mL;量筒,50mL;容量瓶,10mL、100mL;砂芯漏斗:G3。

异丙醇,分析纯;DEHA等己二酸酯类增塑剂标准品:纯度≥98%;内标物,己二酸二(1-丁基戊基)酯[bis(1-butylpentyl)adipate,简称BBPA],纯度≥98%。

DEHA等己二酸酯类增塑剂标准储备溶液,分别准确称取适量的DEHA等己二酸酯类增塑剂标准品,用异丙醇分别配制成浓度为10mg/mL的标准储备液;内标物标准储备溶液,准确称取适量的己二酸二(1-丁基戊基)酯标准品,用异丙醇配制成浓度为10 mg/mL的标准储备液;混合标准工作溶液,取适量内标物标准溶液和DEHA等己二酸酯类增塑剂标准储备溶液，根据需要用异丙醇稀释成适用浓度的混合标准工作溶液。

(2)试样处理

取 5～10g 代表性样品，将其剪碎至 0.25cm×0.25cm 以下，混匀。称取上述 0.5g 样品，精确至 0.0001g，置于 100mL 带盖螺口瓶中，加入 50mL 异丙醇，于超声波发生器中提取 20min。冷却后，将萃取液经砂芯漏斗过滤到 100mL 容量瓶中，残渣用异丙醇洗涤 3 次，每次 10mL，合并萃取液，定容至 100mL。准确移取适量该样品溶液至 10mL 容量瓶中，加入适量的内标液，定容至刻度，样品经 0.45μm 有机滤膜过滤后，进行 GC/MS 分析。

(3)气相色谱—质谱条件

色谱柱，DB-5MS 毛细管柱(30m×0.25mm×0.25μm)，或相当者；色谱柱温度，90℃ $\xrightarrow{10℃/min}$ 170℃ $\xrightarrow{8℃/min}$ 200℃ $\xrightarrow{15℃/min}$ 260℃(9.25min)；进样口温度，250℃；色谱—质谱接口温度，260℃；离子源温度，200℃；载气，氦气，纯度≥99.999%；流速，1.0mL/min；进样量，1.0μL；进样方式，不分流进样，1.0min 后开阀；电离方式，EI；质量扫描范围，35～400amu；电离能量，70eV；电子倍增器电压，Autotune；溶剂延迟，6.5min。

(4)气相色谱—质谱确证

采用全扫描模式定性。如果样液与标准液的总离子流图中，在相同保留时间有峰出现，则根据表 5.20 中参考定性离子对其确证。

表 5.20　DEHA 等己二酸酯类增塑剂的分子量、参考定性离子及参考定量离子

峰号	化学名称	CAS 编号	分子式	分子量	参考定性离子	参考定量离子
1	己二酸二乙酯	141-28-6	$C_{10}H_{18}O_4$	202	111,128,157	128
2	己二酸二异丁酯	141-04-8	$C_{14}H_{26}O_4$	258	111,129,185	129
3	己二酸二丁酯	105-99-7	$C_{14}H_{26}O_4$	258	111,129,185	129
4	己二酸二(2-丁氧基乙基)酯	141-18-4	$C_{18}H_{34}O_6$	346	128,155,173	155
5	己二酸二(2-乙基己基)酯	103-23-1	$C_{22}H_{42}O_4$	370	111,129,147	129
6	己二酸二(1-丁基戊基)酯	77916-77-9	$C_{24}H_{46}O_4$	398	111,129,147	129

根据样液中被测物含量情况，加入浓度相近的内标溶液，根据表 5.20 中参考定量离子的峰面积用内标法定量。混合标准工作溶液和待测样液中每种己二酸酯类增塑剂的响应值均应在仪器检测的线性范围内。

按上述分析条件对混合标准工作溶液进行分析，所得 DEHA 等己二酸酯类增塑剂的总离子流色谱图参见图 5.5。出峰顺序为："1"己二酸二乙酯(diethyl adipate，DEA)；"2"己二酸二异丁酯(diisobutyl adipate，DIBA)；"3"己二酸二丁酯(dibutyl adipate)；"4"己二酸二(2-丁氧基乙基)酯[bis(2-butoxyethyl)adipate，BBOEA]；"5"己二酸二(2-乙基己基)酯[di(2-ethylhexyl)adipate；DEHA]；"6"己二酸二(1-丁基戊基)酯[bis(1-butylpentyl)adipate，BBPA]。

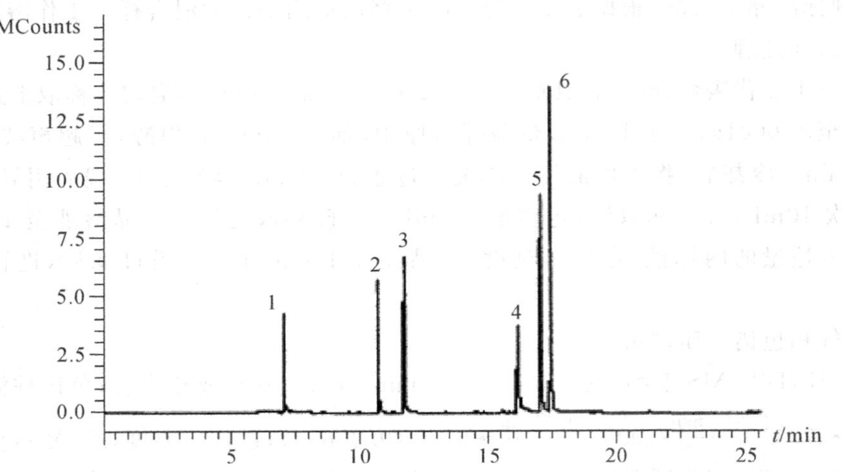

图 5.5　DEHA 等己二酸酯类增塑剂标准溶液的总离子流色谱图

(5)结果计算

按式 5.5 计算校正因子，按式 5.6 计算试样中 DEHA 等己二酸酯类增塑剂的含量，计算结果表示到小数点后两位。

$$F_i=\frac{A_s\times m_i}{A_i\times m_s} \tag{5.5}$$

式中：F_i——DEHA 等己二酸酯类增塑剂各自对内标物的校正因子；

A_s——内标峰面积；

m_s——内标质量，mg；

A_i——DEHA 等己二酸酯类增塑剂标准品峰面积；

m_i——DEHA 等己二酸酯类增塑剂标准品质量，mg。

$$X_i=\frac{F_i\times A_2\times m_1}{A_1\times m_2}\times 100 \tag{5.6}$$

式中：X_i——DEHA 等己二酸酯类增塑剂的含量，%；

F_i——校正因子；

A_1——试样中内标峰面积；

A_2——试样中 DEHA 等己二酸酯类增塑剂峰面积；

m_1——试样中内标质量，mg；

m_2——样品质量，mg。

(6)精密度

实验室内两次平行测定结果的相对标准偏差在 10%以内。

5. SN/T 2250-2009 塑料原料及其制品中增塑剂的测定 气相色谱—质谱法

本标准规定了塑料原料及其制品中 18 种增塑剂的气相色谱—质谱检测方法，其中包括了己二酸酯类和邻苯二甲酸酯类增塑剂，具体待测物见表 5.21 和表 5.22。检测原理是样品采用乙酸乙酯为提取溶剂，经微波萃取，提取液定容后，用气相色谱—质谱仪进

行测定，内标法定量。具体的检测过程类似于 SN/T 2249-2009《塑料及其制品中邻苯二甲酸酯类增塑剂的测定 气相色谱—质谱法》，此处就不再赘述。

表 5.21　18 种增塑剂的中英文名称、化学文摘编号和分子式

序号	增塑剂名称	英文名称（缩写）	化学文摘编号（CAS No.）	化学分子式
1	己二酸二甲酯	dimethyl adipate(DMA)	627-93-0	$C_8H_{14}O_4$
2	己二酸二乙酯	diethyl adipate(DEA)	141-28-6	$C_{10}H_{18}O_4$
3	磷酸三丁酯	tibutyl phosphate(TBP)	126-73-8	$C_{12}H_{27}O_4P$
4	己二酸二异丁酯	diisobutyl adipate(DIBA)	141-04-8	$C_{14}H_{26}O_4$
5	己二酸二丁酯	dibutyl adipate(DBA)	105-99-7	$C_{14}H_{26}O_4$
6	邻苯二甲酸二丙酯	di-n-propyl phthalate(DPRP)	131-16-8	$C_{14}H_{18}O_4$
7	邻苯二甲酸二丁酯	dibutyl phthalate(DBP)	84-74-2	$C_{16}H_{22}O_4$
8	己二酸二己酯	di-n-hexyl adipate(DHA)	110-33-8	$C_{18}H_{34}O_4$
9	乙酰柠檬酸三丁酯	acetyl tributyl citrate(ATBC)	77-90-7	$C_{20}H_{34}O_8$
10	己二酸二(2-丁氧基乙基)酯	bis(2-butoxyethyl) adipate(BBOEA)	141-18-4	$C_{18}H_{34}O_6$
11	邻苯二甲酸二庚酯	diheptyl phthalate(DHP)	41451-28-9	$C_{22}H_{34}O_4$
12	邻苯二甲酸丁基苄基酯	benzyl butyl phthalate(BBP)	85-68-7	$C_{19}H_{20}O_4$
13	己二酸二(2-乙基己基)酯	di-(2-ethylhexyl) adipate(DEHA)	103-23-1	$C_{22}H_{42}O_4$
14	磷酸三辛酯	tri (2-ethylhexyl) phosphate (TEHP)	78-42-2	$C_{24}H_{51}O_4P$
15	邻苯二甲酸二(2-乙基己基)酯	bis(2-ethylhexyl)phthalate (DEHP)	117-81-7	$C_{24}H_{38}O_4$
16	邻苯二甲酸二正辛酯	di-n-octyl phthalate(DNOP)	117-84-0	$C_{24}H_{38}O_4$
17	邻苯二甲酸二异壬酯	diisononyl phthalate(DINP)	28553-12-0	$C_{26}H_{42}O_4$
18	邻苯二甲酸二异癸酯	diisodecyl phthalate (DIDP)	26761-40-0	$C_{28}H_{46}O_4$

表 5.22　18 种增塑剂的化学名称、分子式、定性离子及定量离子

序号	化学名称	分子式	特征碎片	
			参考定性离子(m/z)及丰度比	定量离子(m/z)
1	己二酸二甲酯	$C_8H_{14}O_4$	114：111：101：143＝100：88：83：76	114
2	己二酸二乙酯	$C_{10}H_{18}O_4$	111：157：128：115＝100：95：58：57	128
3	磷酸三丁酯	$C_{12}H_{27}O_4P$	99：155：41：29＝100：26：16：13	99

续表

序号	化学名称	分子式	特征碎片	
			参考定性离子(m/z)及丰度比	定量离子(m/z)
4	己二酸二异丁酯	$C_{14}H_{26}O_4$	129∶57∶111∶185=100∶55∶23∶43	129
5	己二酸二丁酯	$C_{14}H_{26}O_4$	185∶129∶55∶111=100∶70∶60∶44	129
6	邻苯二甲酸二丙酯	$C_{14}H_{18}O_4$	149∶150∶41∶76=100∶14∶21∶16	149
7	邻苯二甲酸二丁酯	$C_{16}H_{22}O_4$	149∶150∶205∶223=100∶9∶6∶7	149
8	己二酸二己酯	$C_{18}H_{34}O_4$	129∶85∶111∶213=100∶29∶13∶13	129
9	乙酰柠檬酸三丁酯	$C_{20}H_{34}O_8$	185∶129∶259∶43=100∶57∶54∶54	185
10	己二酸二(2-丁氧基乙基)酯	$C_{18}H_{34}O_6$	57∶85∶155∶101=100∶56∶39∶39	155
11	邻苯二甲酸二庚酯	$C_{22}H_{34}O_4$	149∶265∶99∶167=100∶52∶22∶10	149
12	邻苯二甲酸丁基苄基酯	$C_{19}H_{20}O_4$	149∶150∶206∶238=100∶12∶31∶6	149
13	己二酸二(2-乙基己基)酯	$C_{22}H_{42}O_4$	129∶112∶147∶71=100∶25∶25∶31	129
14	磷酸三辛酯	$C_{24}H_{51}O_4P$	99∶113∶211∶323=100∶25∶14∶13	99
15	邻苯二甲酸二(2-乙基己基)酯	$C_{24}H_{38}O_4$	149∶150∶167∶279=100∶11∶36∶18	149
16	邻苯二甲酸二正辛酯	$C_{24}H_{38}O_4$	279∶390∶261=100∶3∶20	279
17	邻苯二甲酸二异壬酯	$C_{26}H_{42}O_4$	293∶418∶275=100∶5∶3	293
18	邻苯二甲酸二异癸酯	$C_{28}H_{46}O_4$	307∶446∶321=100∶5∶8	307

6. SN/T 2826-2011 食品接触材料 高分子材料 食品模拟物中己二酸酯类增塑剂的测定 气相色谱—质谱法

该标准适用于与食品接触的高分子材料中己二酸酯类增塑剂在四种食品模拟物(水、3%乙酸溶液、10%乙醇溶液和橄榄油)中迁移量的测定。水基食品模拟物采用乙酸乙酯提取，脂类食品模拟物橄榄油采用甲醇提取，提取液注入气相色谱仪中，质谱确证、外标法定量。

(1)仪器和试剂

气相色谱/质谱联用仪(GC/MS)，配电子轰击离子源(EI)；氮吹仪；涡旋振荡器；分析天平，感量 0.1mg；离心机，配 10mL 具塞离心管；容量瓶，10mL、25mL、50mL、100mL。

冰乙酸(含量≥99.5%)，分析纯；无水乙醇，分析纯；正己烷，分析纯；乙酸乙酯；甲醇，分析纯；己二酸酯类增塑剂标准物质，浓度≥99.8%，4 种己二酸酯类增塑剂的中、英文名称、化学文摘号和分子式参见表 5.23。

表 5.23　4 种己二酸酯类增塑剂的中英文名称、英文名称和分子式

序号	中文名称	英文名称（缩写）	CAS 编号	化学分子式
1	己二酸二甲酯	dimethyl adipate(DMA)	627-93-0	$C_8H_{14}O_4$
2	己二酸二异丁酯	diisobutyl adipate(DIBA)	141-04-8	$C_{14}H_{26}O_4$
3	己二酸二丁酯	dibutyl adipate(DBA)	105-99-7	$C_{14}H_{26}O_4$
4	己二酸二(2-丁基己基)酯	bis(2-ethylhexyl) adipate(DEHA)	103-23-1	$C_{22}H_{42}O_4$

该标准使用的食品模拟物分为水基食品模拟物和酯类食品模拟物两种。水基食品模拟物有 3 类：模拟物 A，水；模拟物 B，3％（质量分数）乙酸水溶液；模拟物 C，10％（体积分数）乙醇水溶液。酯类食品模拟物为模拟物 D，精馏橄榄油。

己二酸酯类增塑剂的正己烷标准储备液 A、分别准确称取己二酸酯类增塑剂标品约 100mg（精确至 0.2mg）至同一 100mL 容量瓶中，用正己烷稀释至刻度，混合均匀后该标准储备液浓度约为 1000mg/L，储存在冰箱中备用。同样配制另一份标准储备液 B。己二酸酯类增塑剂的橄榄油标准储备液 C：分别准确称取己二酸酯类增塑剂标品约 20mg（精确至 0.2mg）至 25mL 容量瓶中，用橄榄油稀释至 20g（精确至 0.2mg），混合均匀后该标准储备液浓度约为 1000mg/kg。同样配制另一份标准储备液 D。

（2）分析步骤

根据待测样品的预期用途和使用条件，根据 GB/T 23296.1 选择适当的食品模拟物进行己二酸增塑剂的迁移试验，在本书的第 10 章第 10.4.3 节也进行了详细的说明。针对水基和酯类不同的食品模拟物浸泡液，应分别选择不同的处理方式。准确移取经迁移试验中得到的水基食品模拟物 2.0mL 于 10mL 具塞离心管中，加入 2.0mL 乙酸乙酯，于涡旋振荡器振荡提取 10min 后，4500r/min 离心 5min，移取乙酸乙酯层萃取液。再往离心管中加入 2.0mL 乙酸乙酯，振荡提取。合并两次乙酸乙酯萃取液，氮气室温吹至近干，用正己烷定容至 1.0mL，供气相色谱/质谱分析。平行制样两份。针对迁移试验得到的橄榄油浸泡液，准确称取橄榄油浸泡液 2.0±0.02g（精确至 0.2mg）至 10mL 具塞离心管中，准确加入 2.0mL 甲醇，于涡旋振荡器振荡提取 10min，静置至少 30min 使两相分层后离心，吸取上层萃取液供气相色谱/质谱仪分析。如浸泡液中待测物浓度过高，则适当稀释后再用甲醇萃取进样。平行制样两份。同时分别按照以上的操作处理未与食品接触材料接触的水基食品模拟物和脂肪食品模拟物橄榄油作空白试验。

（3）校正工作溶液的制备

己二酸酯类增塑剂的正己烷标准工作溶液按以下步骤制备：准确移取适量标准储备液 A，用正己烷分别稀释成 0mg/L、1mg/L、5mg/L、10mg/L、25mg/L、50mg/L、100mg/L 的系列标准工作溶液，供气相色谱/质谱仪分析测定。另一份标准储备液 B 同样配置第 2 套标准工作溶液。

己二酸酯类增塑剂的橄榄油标准工作溶液按以下步骤制备：分别称取适量的标准储备液 C 和橄榄油，配制成浓度为 0mg/kg、5mg/kg、10mg/kg、20mg/kg、30mg/kg、40mg/kg、50mg/kg 的系列标准工作溶液。按分析步骤中橄榄油浸泡液的操作步骤进行处理。

用另一份标准储备液D同样配制并处理第2套标准工作溶液。

(4)气相色谱—质谱条件

色谱柱，HP-5MS 毛细管柱 30m×0.25mm(内径)×0.25μm(壁厚)，或相当者；色谱柱程序升温条件，90℃(1min) $\xrightarrow{15℃/min}$ 200℃(2min) $\xrightarrow{10℃/min}$ 280℃(20min)；进样口温度，280℃；色谱—质谱接口温度，280℃；载气，氦气，纯度≥99.999%；流速，1.0mL/min；进样模式，不分流进样，1.0min后开阀；进样量，0.2μL；离子化方式，EI；离子化能量，70eV；质量扫描范围，40～200amu；溶剂延迟，8.0min；四级杆温度，150℃；离子源温度，230℃。

(5)气相色谱—质谱测定及阳性结果确证

将标准工作溶液和样液注入气相色谱/质谱仪按上述测定条件进行分析测定，根据提取离子色谱峰或选择离子色谱峰用外标法定量。校准曲线应呈线性，线性相关系数应大于等于0.996，标准工作溶液和待测样液中每种己二酸酯的响应值均应在仪器检测的线性范围内。若相关系数低于0.996，则应重新用标准储备液B、D制备标准工作溶液。若两组经独立配制的标准储备液制备的标准工作液同水平相应值之差超过±5%，则应重新制备标准储备液和标准工作液。

该标准根据总离子流色谱图的保留时间和质谱图进行定性确证分析。如果样液与标准工作溶液的总离子流图比较，在相同保留时间有色谱峰出现，则根据表5.24中每种己二酸酯列出的参考定性离子的种类及其丰度比对其进行确证。在上述气相色谱/质谱条件下，4种己二酸酯的总离子流图参见图5.6，其提取离子色谱图参见图5.7。出峰顺序为："1"己二酸二甲酯 dimethyl adipate(DMA)；"2"己二酸二异丁酯 diisobutyl adipate(DIBA)；"3"己二酸二丁酯 dibutyl adipate(DBA)；"4"己二酸二(2-丁基己基)酯 bis(2-ethylhexyl) adipate(DEHA)。

表5.24　4种增塑剂的化学名称、分子式、定性离子及定量离子

序号	化学名称	分子式	特征碎片	
			参考定性离子(m/z)及丰度比	定量离子 m/s
1	己二酸二甲酯	$C_8H_{14}O_4$	114∶111∶101∶143=100∶88∶83∶76	114
2	己二酸二异丁酯	$C_{14}H_{26}O_4$	129∶57∶111∶185=100∶55∶23∶43	129
3	己二酸二丁酯	$C_{14}H_{26}O_4$	185∶129∶55∶111=100∶70∶60∶44	129
4	己二酸二(2-乙基己基)酯	$C_{22}H_{42}O_4$	129∶112∶147∶71=100∶25∶25∶31	129

(6)结果计算

通过校准曲线，根据己二酸酯的峰面积比值与己二酸酯的关系，内推检测试样提取物的己二酸酯含量。根据式5.9计算被检物提取的己二酸酯的浓度：

$$c=\frac{y-b}{a} \tag{5.9}$$

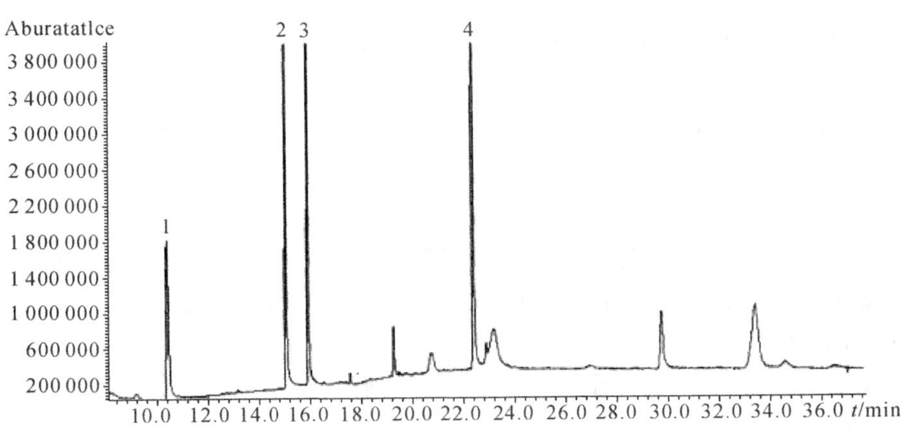

图 5.6　4 种己二酸酯类增塑剂标准品的总离子流色谱图

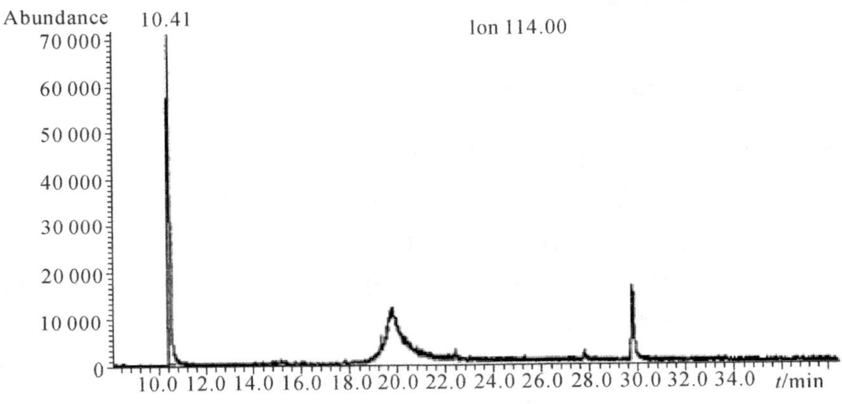

(A)DMA(10.4min)的提取离子色谱图

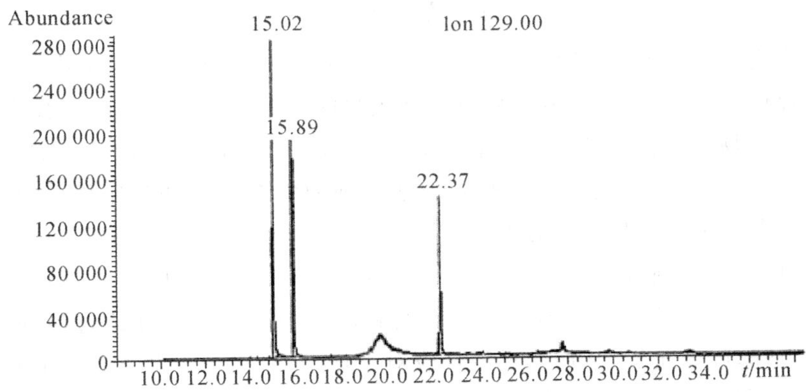

(B)DIBA(15.0min)、DBA(15.9min)和 DEHA(22.4min)的提取离子色谱图

图 5.7　己二酸酯的提取离子色谱图

式中：c——己二酸酯的浓度（对于水基食品模拟物，己二酸酯浓度以毫克己二酸酯每升食品模拟物计；对于脂类食品模拟物橄榄油，己二酸酯浓度以毫克己二酸酯每千克模拟物计）；

y——标准曲线（峰面积比值）；

b——曲线截距；

a——曲线斜率，mg^{-1}。

若试液中己二酸酯含量超出校准曲线范围，可将（2）中迁移试验所得浸泡液用相应的空白溶液稀释一定倍数 f，再按照模拟物浸泡液的步骤处理后进行测定。

（8）测定低限

水基食品模拟物中，测定低限为 2.0mg/L。在脂类食品模拟物橄榄油中，测定低限为 5.0mg/kg。

5.7 对厂家和消费者的建议

5.7.1 商家正积极开发环保型增塑剂替代传统增塑剂

增塑剂在生产高品质塑料制品中的作用是不可或缺的。然而，正因其被塑料制品行业普遍使用，世界上各塑料制品主要生产、消费国家和地区对增塑剂这一塑料生产的主要助剂给予越来越多的关注。随着科技的进步，一些经研究表明会对环境产生污染或对人体健康产生危害的增塑剂必然会逐步被淘汰退出市场，而那些环保、无害、价廉、高性能的新型增塑剂将成为塑料制品行业发展的关键一环。各类国际行业法规的出台正是为了确保有害增塑剂的危险性被合理控制并逐步被替代。然而由于我国许多企业对国际上相关行业法规关注不够，面对层出不穷的各类法规显得有些措手不及，外贸出口形势非常严峻。鉴于此，建议企业：

1. 关注相关领域法规，跟踪出口国的最新标准更新和进展

全球共有超过 500 种增塑剂，目前约有 50～100 种用于商业用途，近几年又出现了由生产厂家提供的 1200 多种特殊增塑剂以及大量能适于用作增塑剂的化合物[34]。每个品种均有各自的物理和化学性能，应用领域各不相同，且不同制品对卫生安全性能的要求各有差异，因而各国家和地区对消费品中增塑剂的安全监管和限制指标也不尽相同。虽然我国在增塑剂限制法规标准方面近年来也正在做出一些调整和修订，逐步与国际相关法规接轨，但仍不全面，因此建议企业不断关注相关领域出口国的法规最新更新和进展，关注各方法规的调整变化。国际法规在实施前一般都有评议期或过渡期，企业应在此期间及时跟踪、高度重视，从而及早做好应对工作，防止措手不及。若企业在获得信息方面存在困难，则应及时向相关部门或权威检测机构咨询。

2. 正视国外技术壁垒，加大新型增塑剂研发力度

目前，全球已加快了“无毒”型、“环保”型增塑剂产品的研发力度，新技术的开发速度

在加快，新品种层出不穷，检测手段更加先进，评估方法更加合理。例如，BASF 公司研发了非邻苯二甲酸酯增塑剂 Hexamoll DINCH，并在玩具生产企业中进行了广泛的宣传。朗盛集团宣称其研发的 Mesamoll® II 增塑剂最近获得美国食品及药物管理局（FDA）的认可，确认可用于与水基食品直接接触的材料中。韩国爱敬油脂工业（株式会社）生产的 Citrocizer、Pyrocizer 及 Olicizer 等高附加增塑剂得到韩国生活环境试验研究院等分析机构的环保认证。

目前，世界上研究得比较多的新品种有生物降解型增塑剂、柠檬酸酯类增塑剂、环氧化增塑剂和聚酯类增塑剂[35-38]。植物油基型增塑剂是一类高效、无毒可降解型增塑剂，一直是塑料加工行业的关注热点。丹麦科学家用植物油开发了一种商品名为 Grindsted Soft-N-Safe 的增塑剂，可直接替代传统的邻苯二甲酸酯类增塑剂，已获许在欧盟各国使用和出售，可用于对卫生要求较高的食品接触材料、玩具和医疗器械中。柠檬酸酯类增塑剂是以植物经发酵生产的柠檬酸为原料而合成的，无毒无味，可替代邻苯二甲酸增塑剂在化妆品、日用品和玩具等领域的使用。国外已出现了这种环保 PVC 柠檬酸酯类增塑剂的工业化生产，产品已进入美国、日本和欧洲市场，国内也有企业进行少量工业化生产。环氧化增塑剂在 PVC 制品中的作用既有增塑性又有稳定性，很适用于冷冻设备的塑料制品、机动车塑料、食品包装等塑料制品中使用。聚酯类增塑剂也是一种性能优异的增塑剂，因相对分子质量与 PVC 相当接近，具有很高的亲和力，且毒性低、挥发性低、耐抽出和耐迁移性好，已经被广泛应用于耐油电缆、人造革、儿童玩具、饮料软管、乳制品机械及瓶盖垫片等各种制品[39]。

而在我国，在国外因受限而逐渐被淘汰的低价邻苯二甲酸酯类增塑剂仍大有市场，广大增塑剂生产企业对于无毒新型增塑剂的开发和推广并没有引起足够重视。鉴于国际上限制并最终禁用高风险增塑剂势在必行，建议增塑剂企业正视国外技术壁垒，正确判断市场需求，根据形势及时调整生产结构，或加大研发力度，尽快开发更加安全可靠、对环境友好的新增塑剂产品，从技术和市场两个方面同时促进增塑剂产业的转型。

5.7.2 消费者也应采取有效措施，减少增塑剂对于人体的暴露

虽然目前发达国家也无法找到彻底解决增塑剂污染的办法，但欧美韩等国已经用柠檬酸酯类、环氧酸酯类等安全环保增塑剂作更新替代产品。所以消费者在选择容器产品的时候一定要注意看好标签标识，尽量使用玻璃瓶或玻璃管。尤其在选购保鲜膜的时候，看清保鲜膜的包装上有没有产品说明，有没有“QS”标志、编号和生产厂家详细地址。如果上面标注着 PE 保鲜膜或者聚乙烯保鲜膜，就可以放心使用。如果写着聚氯乙烯（PVC）或者是没有写材质的话，那就尽量不要选购。再查看保鲜膜整卷的颜色，泛黄色的为聚氯乙烯（PVC）材质，白色的为聚乙烯（PE）材质。接着看透明度，聚乙烯（PE）保鲜膜一般黏性和透明度较差，用手揉搓以后容易打开，而聚氯乙烯（PVC）保鲜膜则透明度和黏性较好，用手揉搓以后不易展开。还可以将 PE 保鲜膜用火点燃，火焰呈黄色，迅速燃烧，离开火源也不会熄灭，有滴油现象，有蜡烛燃烧的味道，而聚氯乙烯保鲜膜不易点燃，火焰根部有淡淡的绿色且冒黑烟，离开火源后会熄灭，而且有强烈刺鼻的异味。

本章参考文献

1. 黄欣，厉曙光．酞酸酯毒性作用及其机制的研究进展[J]．环境与职业医学，2004,21(3)：198－204

2. 孙海燕．3种脂溶性溶剂对 PVC 膜中邻苯二甲酸酯类增塑剂溶出量的测定[J]．科技信息，2010,33:15－16

3. 刘超，李来生，许丽丽等．HPLC 测定一次性塑料用品中邻苯二甲酸酯类增塑剂[J]．化学研究与应用，2007,19(7):834－837

4. 龚丽雯，王成云，李京会等．PVC 包装膜中己二酸酯类增塑剂在水中的迁移行为研究[J]．聚氯乙烯，2006,9:31－35

5. 吴景武，张伟亚，刘丽等．气相色谱—质谱法测定 PVC 食品保鲜膜中 DEHA 等己二酸酯类增塑剂[J]．中国卫生检验杂志，2006,16(7):817－818

6. Mihovec Grdic M, Smit Z, Puntaric D, et al. Phthalates in underground waters of the Zagreb area[J]. Croat Med J, 2002, 43(4): 493-497

7. 杨科峰，厉曙光，蔡智鸣．食用油及其加热产物中酞酸酯类增塑剂的分析[J]．环境与职业医学，2002,19(2):32－34

8. Petersen J H, Breindahl T. Plasticizers in total diet samples, baby food and infant formulae[J]. Food-Additives-and-Contaminants, 2000, 17(2): 133-141

9. Tsumura Y, Lshimitsu S, Nakamura, et al. Simultaneous determination of 11 phthalates and di (2-ethylhexyl) adipate in foods by GC/MS[J]. Shokuhin Eiseigaku Zasshi Journal of the Food hygienic Society of Japan, 2000,41(4):254-260

10. 曹国洲，肖道清，朱晓艳．食品接触制品中邻苯二甲酸酯类增塑剂的风险评估[J]．食品科学，2010,31(5):325－327

11. 张蕴晖．邻苯二甲酸酯类的雄性生殖发育毒性及健康危险度评价[D]．复旦大学公共卫生学院博士学位论文，2004

12. Food Sanitation Law in Japan

13. Toy safety standard 2002 ST

14. 刘超．液质联用技术测定邻苯二甲酸酯类及酚类环境激素的研究[D]．南昌大学硕士论文，2007

15. 金朝晖，黄国兰，李红亮等．水中邻苯二甲酸酯类化合物的预富集[J]．环境科学，1998,19(1)：30－33

16. 张海霞，朱彭龄．固相萃取[J]．分析化学，2000,28(9):1172－1180

17. Belardi R P, Pawliszyn J. The application of chemically modified fused silica fibers in the extraction of organics from water matrix samples and their rapid to capillary columns[J]. Water Pollution, Canada, 1990, 24:179

18. 李聪辉，刘振岭等．固相微萃取技术测定塑料浸取液中邻苯二甲酸二辛酯[J]．新乡医学院学报，2001,18(2):112－114

19. Penalver A, Pocurull E, Borrull F. Determination of phthalate esters in water samples by solid-phase microextraction and gas chromatography with mass spectrometric detection [J]. Journal of Chromatography A, 2000, 872:191-201

20. 张天永，崔新安，费学宁. 环境激素酞酸酯类化合物的净化技术进展[J]. 环境科学与技术，2005，28(1)：103－107

21. 刘振岭，李聪辉，吴采樱. 固相微萃取—气相色谱联用技术测定水相中邻苯二甲酸二(2-乙基)己酯[J]. 分析试验室，2002，21(1)：71－73

22. 谈金辉，蒋永祥，孟靖颖. 食品包装用塑料制品中六中邻苯二甲酸酯类化合物的测定方法研究[J]. 分析实验室，2007，26：133－135

23. 徐艳艳，楼文斌，许菲菲等. 气相色谱/质谱法测定塑料吸管中的邻苯二甲酸酯[J]. 现代科学仪器，2009，6：111－113

24. 刘振岭，肖春华，吴采樱等. 固相微萃取气相色谱法测定水相中邻苯二甲酸二酯[J]. 色谱，2000，18(6)：568－570

25. 陈晓秋. 大气和废气中邻苯二甲酸酯的测定方法[J]. 中国环境监测，1998，14(6)：21－23

26. 牛增元，房丽萍，杨桂朋. 纺织品中邻苯二甲酸酯类环境激素在人工汗液中的迁移[J]. 纺织学报，2006，27 (2)：74－77

27. 贾宁，许恒智，胡亚丽等. 固相萃取—气相色谱法测定北京市水样中的邻苯二甲酸酯[J]. 分析试验室，2005，24(11)：18－21

28. 刘振华，丁卓平，杨勇等. PVC 玩具中邻苯二甲酸酯类增塑剂分析方法初探[J]. 现代科学仪器，2007，4：67－69

29. 袁丽凤，叶海雷，邬蓓蕾等. 气相色谱法测定用于食品包装的 PVC 保鲜膜中作为增塑剂加入的二-(2-乙基己基)己二酸酯[J]. 理化检验：化学分册，2008，44：1103－1104

30. 王超英，李碧芳，李攻科. 固相微萃取/高效液相色谱联用分析水样中邻苯二甲酸酯[J]. 分析测试学报，2005，24(5)：35－38

31. 刘红河，黄晓群，王晖等. 食品中邻苯二甲酸酯的二极管阵列检测高效液相色谱测定法[J]. 职业与健康，2006，22(11)：801－803

32. 边志忠. 塑料包装食品中酞酸酯类增塑剂污染状况的检测与研究[D]. 江南大学硕士论文，2008

33. 李波平，林勤保，宋欢等. 快速溶剂萃取——高效液相色谱测定塑料中邻苯二甲酸酯类化合物[J]. 应用化学，2008，25(1)：63－66

34. Wypych A. Plasticizers Database. Chem. Tec. Publishing，Toronto，2004

35. 黄泽雄. 植物油剂增塑剂[J]. 国外塑料，2006，24：53

36. Lang J. M.，Luxem F. J.，Streeter B. E.，et al. Polyester plasticizers for halogen-containing-polymers[P]，WO2002050158 A2

37. Kwak S. Y.，Choi J. S.. Aliphatic polyester compounds having highly branched structure as a plasticizers of polyvinyl chloride and flexible polyvinyl chloride blend[P]. US2002111406 A1

38. Maly N. A.，Fantozzi，J. J.. Tire with trend of rubber composition containing selective low molecular weight polyester plasticizer[P]. US6405775

39. 蒋平平，周永芳. 环保增塑剂[M]. 北京：国防工业出版社，2009

第6章 密胺食品接触材料中甲醛及三聚氰胺的分析与检测

6.1 密胺食品接触材料简介

密胺又称蜜胺、仿瓷、美耐皿、三聚氰胺甲醛等，英文全称为 Melamine Formaldehyde resin，缩写为 MF(CAS No. 9003-08-1)。密胺树脂(即三聚氰胺甲醛树脂)系由三聚氰胺与甲醛在一定条件下按照严格比例进行化学反应所形成的高分子聚合物；密胺树脂与 α-纤维素等辅助材料混合后经过一系列工序制成密胺粉(即三聚氰胺模塑料)；密胺粉再经热压或注塑成型为密胺制品。密胺树脂是热固性材料，属于一种常见的氨基树脂(amino resin)，在人们日常生活及工业生产中有着广泛应用。总体来说，密胺制品的优点可归纳如下：

(1)耐碱性、耐溶剂性能优异，在高温高湿环境下化学稳定性好；

(2)热变形温度较高，耐热性强，能耐 100℃以上的高温和 0℃以下的低温，在－20℃至＋110℃之间性能优良；

(3)无臭无毒无味，且抗味性强，不易残留食物味道，容易去污；

(4)耐冲击性、耐开裂性强，破损率低，使用寿命长；

(5)热传导性差，用作餐具时不会烫手，饭菜也不会很快变凉；

(6)阻燃性好，有自熄性；

(7)介电性好，耐电弧性能突出(180s)，在高温高湿环境下绝缘性好；

(8)吸水性低(0.15%)；

(9)原料为浅色粉末，可自由上色，产品着色稳定、色彩艳丽；

(10)制品表面平整、细腻、光滑，具有类似陶瓷的手感，耐刮刻；

(11)重量轻，比重约为 1.5，有适度的重量感。

由于上述诸多优点，加之密胺制品加工方便、成本低廉，因此密胺行业发展迅速，产品种类日益增加。目前密胺产品已经普遍用作家庭以及餐厅、公共卫生等服务行业的餐具和洁具等日用杂品，此外还常用于制作电器零部件、电气配件、工业绝缘件等。随着科技日新月异的发展，密胺的应用范围还在进一步扩大，并开始涉及其他传统塑料领域。目前，氨基模塑料的环保再生问题已经得到解决，这使得密胺材质成为一种较为环保的材料，符合可持续发展要求[1]。

6.2　密胺粉及密胺制品的生产过程

由于借鉴了尿素甲醛树脂的生产工艺，密胺产业的发展经历了一个较为迅速的过程：1933 年文献首次报道了密胺树脂的合成方法；1939 年美国氰胺公司开始生产并出售密胺粉、层压制品和涂料等商品；20 世纪五六十年代日本实现了氨基模塑料的全面产业化；20 世纪 60 年代中国开始引入密胺生产技术。经过数十年的发展，如今国内密胺制品生产能力雄踞世界第一，占据了全球 80%以上的市场份额。

6.2.1　密胺粉的生产过程

密胺制品的主要原料为三聚氰胺模塑料，又称三聚氰胺甲醛树脂粉、密胺树脂模塑粉或简称密胺粉，而密胺粉的主要原材料则是有高反应活性和交联性的密胺树脂。密胺树脂系由三聚氰胺与甲醛水溶液在一定条件下按照严格比例进行化学反应而合成的高分子聚合物[1-4]。反应通常在配备有搅拌、加热和冷凝装置的反应釜中进行，一般可分为两个阶段：

第一阶段是加成反应：首先向反应釜中加入 37%的甲醛水溶液并调节 pH 值至 7～9 以获取中性或弱碱性的介质环境，再加入适量的三聚氰胺，使得甲醛与三聚氰胺的摩尔比介于 2 到 3 之间。调节反应釜温度令其缓慢升温到 60～85℃，此时甲醛与三聚氰胺开始羟甲基化反应，将生成含有 1 到 6 个羟甲基的三聚氰胺线性低聚物。上述反应为不可逆的放热反应。甲醛比例越高，则越容易生成多羟甲基三聚氰胺。

第二阶段是缩合反应：高温条件下，高反应活性的羟甲基三聚氰胺其分子内或分子间在酸性介质环境中通过脱水或脱甲醛的方式，进一步醚化缩聚生成含亚甲基键或二亚甲基醚键的交联结构线性树脂化合物。当羟甲基数量少时，一般以亚甲基键为主；在高羟基树脂中一般先生成二亚甲基醚键，再生成亚甲基键。缩聚反应的缩合度越大，三聚氰胺甲醛树脂溶液的水溶性降低，黏度也越大。

在上述反应过程中，最终产物的分子量是由具体反应条件决定的，产物的水溶性变化也很大，产品形态从树脂溶液到难溶物及不溶不熔的固体都广泛存在。树脂溶液稳定性差、不利于保存，在实际生产中常以此为基材，加入 σ-纤维素、木浆、二氧化硅等无机填料以及着色剂等辅助材料，并使用喷雾干燥等方法将其制成粉状固体，这就是所谓的密胺粉[5]。

6.2.2　密胺制品的生产过程

密胺制品由密胺粉经热压或注塑成型而成。成型后的密胺制品表面硬度较高，色泽美观，着色稳定且不易剥离，可印制各种花色图案，广受人民大众欢迎。三聚氰胺甲醛树脂在 130℃到 150℃之间热固化，相较注塑而言，热压成型是当前更为普遍的做法。热压成型法的工序一般如下：

在加热的餐具模腔里投料之后，使料在加热加压的状态下进行硬化反应，成型步骤分为称量、预热、投料、初压、排气、固化、出模、研磨和包装等[6,7]，见图 6.1。压制成型的条件：温度 145～165℃，压力 25～36MPa；注塑成型的条件：料筒前段温度 90～110℃，后段 60～80℃，模温 170℃[8]。密胺的热压产品制造流程示例[9]：

(1)预热程序：用原料盒按所需生产的餐具克重称料，称好放进高周波均匀预热，让粉状的原料结块。

(2)素面程序：将预热好结块的原料倒进模具，启动机械素面程序，经过高温高压、固化成型。

(3)贴花程序：将刷好罩光粉的花纸按花形剪好，按要求贴在素面成型的餐具上，花纸要贴正，贴花方位适中，让人看起来觉得美观大方，贴好花启动机械印花程序。

(4)加金程序：产品贴好花后，在产品表面均匀撒上光粉，光粉不能撒少，否则影响产品的色泽度，当然也不可撒多。然后启动机器，在经机械的高温高压、固化，产品表面有瓷器一般的亮泽。

(5)抛光程序：产品生产出来后还要进行打磨、抛光，因为生产出来的产品有毛边，不利于人们生活的使用，容易对人的手和嘴造成伤害，所以打磨、抛光必不可少。通过打磨、抛光可以把产品的毛边去掉，使产品看起来更加美观，边口更加光滑。

(6)检验、包装程序：产品通过了打磨、抛光作业，就进入了检验环节。为了保证产品质量，严把质检关，应设有初检和复检，挑出不合格产品，然后进库包装。

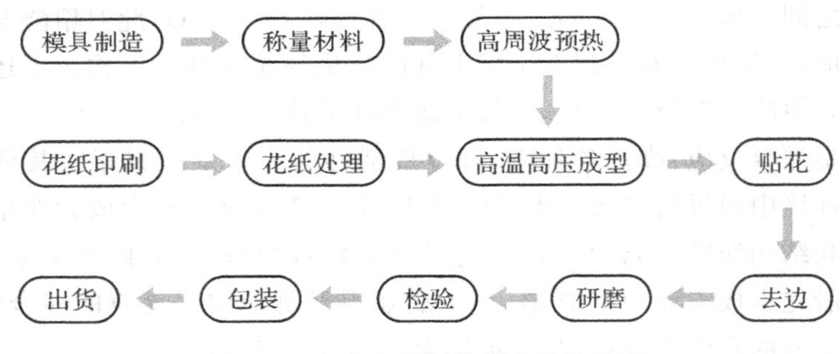

图 6.1　企业密胺制品制造流程示例

6.3　密胺食品接触材料的使用风险

三聚氰胺甲醛树脂固化成型后呈无色透明，热变形温度达 180℃，连续使用温度在 100℃以上，甚至可以在 150℃高温下使用，是一种具有稳定结构的高分子聚合物[10,11]。如今人们对于密胺树脂已达成共识：虽然甲醛和三聚氰胺分别被认为是具有高毒性和轻微毒性的物质，但严格遵守生产规程而制成的密胺树脂却没有毒性；在日常使用中，只要正确地使用合格的密胺制品，该材料其实并不存在安全卫生风险。由于民众对于密胺制品往往并不熟悉，导致在使用中存在很多误区，因而如何引导消费者正确使用密胺制品将是规避安全卫生风险的重要方向。由于密胺树脂的成分问题，目前潜在的风险主要来自游离甲醛和三聚氰胺，它们的来源出自下述两个方面：

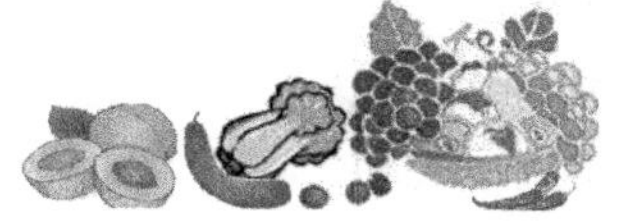

6.3.1 生产中

由前述密胺粉的生产过程可知，大量的甲醛和三聚氰胺参与了密胺树脂的合成过程。如果没有掌握好甲醛与三聚氰胺的配比，没能严格按照加工工序进行操作，或者三聚氰胺甲醛树脂溶液的贮存不当，都容易造成游离甲醛残留。三聚氰胺迁移量则与生产环境的稳定性相关，特别在高温季节，加工环境温度的不稳定更易引起三聚氰胺迁移量偏高。

6.3.2 使用中

如果作为基材的三聚氰胺甲醛树脂稳定性不好，产品在常温下也会陆续释放甲醛[12]。研究表明当温度升至220℃时，密胺树脂可发生降解并游离出甲醛及三聚氰胺，当温度高于220℃时降解速率将加快。因此，在高温条件下使用密胺餐具是相当危险的，只有在低于200℃时才较为安全[13]。

密胺制品中游离甲醛含量过高，将不可避免地迁移到食品或空气中，尤其在加热时更容易释放出来。2004年6月5日，世界卫生组织发布第153号公告，宣布甲醛为一级致癌物，但另一方面世界卫生组织认为也有相关证据显示通过进食而摄入的甲醛不会致癌。长期接触低剂量甲醛可引发过敏、慢性呼吸道疾病、白血病等疾病，甚至致畸、致癌，是一种变态反应源，对儿童和孕妇危害尤为严重[14-16]。

三聚氰胺在生物体内无代谢转化，急性毒性很低，未发现遗传毒性和生殖发育毒性，但与三聚氰酸联合作用会形成泌尿结石，造成继发性肾损伤、肾衰竭甚至膀胱癌等疾病，对泌尿系统造成恶劣影响[17,18]。世界卫生组织下属的国际癌症研究机构由于没有有关人类的足够证据，故把三聚氰胺列为第3组(在是否致使人类患癌方面未能分类)。世界卫生组织制定三聚氰胺的每日可容忍摄入量为每公斤体重0.2mg。常压下三聚氰胺在354℃时分解、升华，且高温下可能分解产生有较强毒性的氰化物。在高温条件下使用密胺餐具时，不仅三聚氰胺向食品中的迁移速率以及迁移量都会迅速增加，而且有生成氰化物的潜在风险，故应坚决禁止。

6.4 各国(地区)法规限量及风险评估

6.4.1 关于密胺餐厨具的风险评估

1. 美国风险评估

2007年5月，美国食品药物管理局(FDA)发布了名为《三聚氰胺及其类似物的安全/风险评估》(*Interim Melamine and Analogues Safety/Risk Assessment*)的评估报告，对以无意间掺入三聚氰胺及类似物(三聚氰酸、三聚氰酸一酰胺、三聚氰酸二酰胺)的饲料喂养的动物产出的食用猪肉、鸡肉、鱼肉及蛋类进行了人类健康风险评估。评估报告由FDA协同美国农业部食品安全检验署(FSIS)、美国疾病控制与预防中心(CDC)、美国环境保护署(EPA)及美国国土安全部(DHS)共同签发。报告声称针对中国进口的标志为麦麸及大米蛋白精的含植物蛋白产品展开调查。基于调查数据和信息,风险评估结果显示以无意间掺入三聚氰胺及类似物(三聚氰酸、三聚氰酸一酰胺、三聚氰酸二酰胺)的饲料喂养的动物产出的猪肉、鸡肉、鱼肉及蛋类消费品对人类健康并无引起健康风险的可能。

2008年10月,FDA发布了名为《人类食品中三聚氰胺及其类似物的临时安全与风险评估》(*Interim Safety and Risk Assessment of Melamine and its Analogues in Food for Humans*)的评估报告,报告完全采用了上面所提及的2007年5月的中期评估中每日可耐受摄入量(TDI)部分,并额外考虑了现有科研数据,得出如下结论:不考虑儿童配方,假设50%的食品含有2.5ppm水平的三聚氰胺及类似物,那么在膳食暴露评估(摄入)和无毒性反应三聚氰胺剂量水平(NOAEL)之间有1000倍的差别。因此除婴儿配方之外的食品中三聚氰胺和类似物在2.5ppm水平以下时并不会引起公共健康威胁。FDA表示上述安全及风险评估都是综合了多方意见而形成的,并通过动物实验加以验证,最终再由独立缔约商遴选专家组对其进行同行评审。只有超出风险评估水平的受三聚氰胺污染的制品才可能将人们置于例如肾结石、肾衰竭、死亡等风险之中。

用三聚氰胺制作密胺餐具时,很少量的三聚氰胺将在化学反应中剩余并残留在塑料上。剩余的三聚氰胺将非常缓慢地从塑料向接触到餐厨具的食品中迁移。但实验发现,三聚氰胺很难从密胺餐厨具向大多数食品中迁移。在实验中,一些样品(在19例市售商品盘子和杯子有3例)在最极端情况下(食品盛放在餐厨具中在160℃下加热2个小时)向酸性食品中才能检测到迁移。当调整至实际使用情况时(冷橙汁在餐厨具中盛放15分钟),三聚氰胺迁移量将少于橙汁的亿分之一。三聚氰胺(单体或与相关化合物合成的已知可以增加它的毒性的类似物中)低于FDA规定的除婴儿配方外食品中可接受限量(十亿分之2500)的250分之一。换句话说,远在风险水平之下。另外,这种高酸性食品仅占到食品总量的10%左右,所以三聚氰胺膳食水平将低于十亿分之一。但是,当高酸性食品加热到极高温度(例如,160℃或更高),塑料中迁移出的三聚氰胺含量将会上升。盛放在三聚氰胺餐厨具中的食品和饮料不应置于微波炉内加热,仅限使用陶瓷或其他特定的微波安全的炊具,然后才可以盛放在三聚氰胺餐厨具内。

2. 欧盟风险评估

2011年3月,德国联邦风险评估研究所(BfR)发布了名为《菜肴和厨具中三聚氰胺与甲醛的释放》(*Release of melamine and formaldehyde from dishes and kitchen utensils*)的评估报告,报告中明确指出:

(1)密胺餐厨具不得暴露于70℃以上的高温条件下,必须制定关于三聚氰胺和甲醛向食品中迁移的迁移限量;

(2)当温度升高时,三聚氰胺和甲醛的迁移量将超过调控迁移限量,尤其是在100℃即沸水温度下;

(3)如果密胺餐厨具用于煎炸和烹饪或者在微波炉内加热食物,其含量足以引起健康风险的三聚氰胺和甲醛将转移到食物中,尤其是在加工制作酸性食品如水果和蔬菜

时，并且可能向空气中排放甲醛有害气体，因此消费者应坚决避免这种不当的使用行为；

(4)如果密胺餐厨具在 70℃以下使用，则不可能对人类健康造成危害。需要警惕的是，比如当热的饮料或食物倒入杯子、碗或盘中时，这个温度是很容易升到的。三聚氰胺制品用作沙拉容器或餐具时是安全的。

3. 中国香港风险评估

中国香港于 2010 年 11 月发布了风险评估研究第四十二号报告书，名为《本地食肆使用的仿瓷餐具的安全性》，针对仿瓷餐具三聚氰胺和甲醛可能过量迁移到食物而引起的食物安全问题，香港食物安全中心对香港食肆使用的仿瓷餐具的三聚氰胺和甲醛迁移量进行了检测及评估。

食物研究化验所根据中华人民共和国国家标准(简称国标)的测试方法(GB 9690-2009)和欧洲联盟(简称欧盟)的测试方法(欧洲标准委员会方法 EN 13130-1:2004)，对三聚氰胺和甲醛的迁移量进行检测分析。此项研究收集和分析了共 61 个仿瓷餐具样本，包括 7 种餐具，涉及 9 个品牌。根据国家标准的方法进行测试，仿瓷餐具的三聚氰胺整体平均迁移量(定量限为 0.003mg/dm^2)为 0.027mg/dm^2(检测范围介乎未检出至 0.190mg/dm^2)，而采用欧盟的方法进行测试，则为 0.050mg/dm^2(检测范围介乎未检出至 0.280mg/dm^2)。至于仿瓷餐具的甲醛整体平均迁移量(定量限为 0.044mg/dm^2)，以国家标准的方法进行测试，结果为 0.090mg/dm^2(检测范围介乎未检出至 0.407mg/dm^2)，而以欧盟的方法进行测试则为 0.217mg/dm^2(检测范围介乎未检出至 0.750mg/dm^2)。这项研究检测到的三聚氰胺和甲醛迁移量均低于国家标准和欧盟订定的限量。研究结果显示，即使在实验环境模拟最差的情况下，香港食肆常用仿瓷餐具测试样本(包括不同种类和牌子)的三聚氰胺和甲醛迁移量都属低水平，远低于国家标准及欧盟订的特定迁移限量。

6.4.2　密胺食品接触材料法规发展的最新趋势

欧盟食品和饲料快速预警系统(RASFF)根据欧共体条例第 178/2002 号建立，每周定期发布预警通报及信息通报以公布不符合欧盟标准的相关食品。由于来自中国和中国香港的尼龙和密胺餐厨具频频出现在通报中，欧盟理事会于 2010 年 12 月 9 日正式受理了名为《制定产自中国和香港特别行政区聚酰胺和三聚氰胺塑料厨具的进口具体条件和详细程序》的立法草案，对由中国内地和中国香港出口至欧盟的尼龙和密胺餐厨具提出了特殊的检测要求及处理程序。

2011 年 3 月 23 日，欧盟委员会在在欧盟官方通报(Official Journal of the European Union)正式发布(EU)No. 284/2011 号法规。法规规定中国内地和中国香港制造的尼龙和密胺餐厨具出口到欧盟时必须经过批批检测合格方可进口，且欧盟成员国主管部门将对其中 10%的货物抽样检测，包括文件审查识别和物理检查等。范围针对所有来自中国内地或中国香港的尼龙和密胺树脂厨具。法规具体内容如下：

(1)进口商或其代理商须为每批货物提供一份能够证明符合指令 2002/72/EC 中关于初级芳香胺和甲醛要求的声明，且须附带一份实验室合格检测报告；

(2)进口商及其代理商须在由中国内地或中国香港发出的货物到达第一进口地点前至少两个工作日通知主管机关；

(3)主管机关将在货物到港前2工作日内完成文件审核；

(4)主管机关会对货物进行识别和物理检查，并对10%的货物进行实验室检测；

(5)如发现不符合规定的货物会立即通报RASFF；

(6)货物必须经过文件审核、识别审核、物理检查后方可放行；

(7)所有检查完成后，主管机关会保存以下信息：被检货物的详细信息，抽检货物数量，检查结果；

(8)法规生效日期为2011年7月1日。

上文提到的审核类型包括文件审核，即主管机关对进口商及其代理商提供的声明和报告等文件进行审核；识别审核，即审核货物与其附带文件的符合性。物理审核，即抽样并送交实验室检测以确保其符合欧盟指令(EU) No. 10/2011及(EU) No. 284/2011中关于初级芳香胺和甲醛的要求，见表6.1。

表6.1 欧盟对于塑料食品接触材料中初级芳香胺和甲醛的要求

管控物质	管控法规	特定迁移要求
初级芳香胺(以苯胺计)	2002/72/EC(已更替为(EU) No. 10/2011) (EU) No. 284/2011	不得检出(DL=0.01mg/kg)
甲醛		SML(T)=15mg/kg

为应对国际新局势，我国推出了新的卫生标准GB 9690-2009《食品容器、包装材料用三聚氰胺—甲醛成型品卫生标准》并自2009年9月1日起实施，沿用了二十多年之久的GB 9690-1988《食品包装用三聚氰胺成型品卫生标准》则被废止。相较旧标准而言，GB 9690-2009不仅名称发生了变化，其内容也有很大变动，主要技术指标均有不同程度的更改：增加了范围、规范性引用文件、原料要求、检验方法、标志、包装、运输和贮存；甲醛单体的迁移限量更为严格，由以往的30mg/L修改为2.5mg/dm^2；理化指标中的蒸发残渣、高锰酸钾消耗量、重金属、甲醛迁移限量单位均由mg/L修订为mg/dm^2；增加了三聚氰胺单体迁移量指标。新标准与国际接轨，对密胺制品的要求大为严格。

6.4.3 各国法规现行规定

物质由食品接触材料向食品中的迁移受多种因素影响，包括材料属性、食品类别(水性、酸性、酒精类、脂肪类)及形态(液态、固态)、接触面积、接触时间、使用温度等等。各国现行法规对密胺制品的限量有区别，测试条件也往往大相径庭，总结如表6.2。

表 6.2　各国关于密胺制品的限量规定

国别	法规文件/检测材质	理化项目	规定限量	测试条件
欧盟	(EU)No. 10/2011 (EU)No. 284/2011 /三聚氰胺塑料餐厨具	全迁移(10%乙醇、3%乙酸、20%乙醇、50%乙醇、橄榄油)	≤60mg/kg	如果密胺制品上标有使用温度和时间范围，按照标识条件测试； 如果密胺制品没有标明使用条件，按照"最差食品接触条件"测试
		重金属特定迁移(包括钡、钴、铜、铁、锂、锰、锌)	分别≤1mg/kg、0.05mg/kg、5mg/k、48mg/kg、0.6mg/kg、0.6mg/kg、25mg/kg	
		甲醛特定迁移(3%乙酸)	≤15mg/kg	
		三聚氰胺特定迁移(3%乙酸)	≤30mg/kg	
美国	CFR 177.1460/三聚氰胺甲醛模塑制品	氯仿提取物(水、8%乙醇、正庚烷)	≤0.5mg/inch^2	取决于具体接触条件，参见 CFR 175.300(d)表 1 和表 2 的通用规定
日本	昭和 36 年厚生省告示第 370 号/酚醛树脂、三聚氰胺树脂或尿素树脂制品	铅(Pb)	≤100μg/g	正庚烷模拟液浸泡条件统一定为(25℃，1h)； 对使用温度 100℃以下的产品采用(60℃，30min)的浸泡条件； 对使用温度 100℃以上的产品其 4%乙酸及水模拟液采用(95℃，30min)的浸泡条件，20%乙醇模拟液浸泡条件仍为(60℃，30min)
		镉(Cr)	≤100μg/g	
		重金属(以铅计)(4%乙酸)	≤1μg/mL	
		高锰酸钾消耗量(水)	≤10μg/mL	
		苯酚(水)	≤5μg/mL	
		甲醛(水)	阴性	
		蒸发残渣(4%乙酸、20%乙醇、水、正庚烷)	≤30μg/mL	
韩国	韩国食品器具、容器、包装标准与规范(2011 年 10 月)/三聚氰胺—甲醛树脂	铅(Pb)	≤1mg/mL	同日本标准
		蒸发残渣(4%乙酸、20%乙醇、水、正庚烷)	≤30mg/mL	
		苯酚(4%乙酸)	≤5mg/mL	
		甲醛(4%乙酸)	≤4mg/mL	
		三聚氰胺单体迁移量(4%乙酸)	≤30mg/mL	

续表

国别	法规文件/检测材质	理化项目	规定限量	测试条件
中国	GB9690-2009 食品容器、包装材料用三聚氰胺—甲醛成型品卫生标准/三聚氰胺—甲醛成型品	蒸发残渣(水)	≤2mg/dm²	统一采用(60℃,2h)的浸泡条件
		高锰酸钾消耗量(水)	≤2mg/dm²	
		甲醛单体迁移量(4%乙酸)	≤2.5mg/dm²	
		三聚氰胺单体迁移量(4%乙酸)	≤0.2mg/dm²	
		重金属(以铅计)(4%乙酸)	≤0.2mg/dm²	
		脱色试验(65%乙醇、冷餐油或无色油脂、浸泡液)	阴性	

6.4.4 测试条件对结果的影响及各国限量分析

对欧盟、美国、日本、韩国及中国各国(地区)关于密胺制品的限量规定逐项分析发现:各国对密胺制品的态度差异很大,规定细节则各不相同。以下将从检测材质、理化项目、规定限量、测试条件四个方面分别解读上述五国(地区)的法规细节。

1.检测材质

欧盟、美国、韩国及中国的密胺制品相关法规都注明此法规针对三聚氰胺甲醛制品,特别是欧盟还专门针对中国内地及中国香港的尼龙及密胺制品出台了塑料餐厨具新法规(EU)No. 284/2011,韩国和中国也分别于2011年和2009年对密胺制品法规重新进行了修订,唯独日本仍沿用1961年颁布的昭和36年厚生省告示第370号文件,其中仅有酚醛树脂、三聚氰胺树脂或尿素树脂制品的规定(原文为 for synthetic resin products in which phenol resin, melamine resin or urea resin is the main component),而并没有针对密胺制品出台新政策,这也说明目前日本政府对密胺制品的态度较为宽泛。

2.理化项目及规定限量

由于密胺餐厨具可能接触的食品种类比较复杂,欧盟、美国、日本、韩国及中国各国法规中往往使用多种食品模拟液以模拟其盛装水性、酸性、酒精类、脂肪类食品的使用情况。

Bradley E. L[19]、鲁杰[18]等将密胺制品在不同食品模拟液中的迁移情况进行对比,他们的研究结果表明:在相同实验条件下乙酸模拟液中检出的甲醛和三聚氰胺单体迁移量显著高于其他模拟液;水、乙醇及正己烷溶液相对而言是比较温和的模拟溶剂,其中正己烷模拟液未检出三聚氰胺迁移。由此可见,相对于水、乙醇和正己烷溶液,乙酸溶液是最严苛的模拟液,也就是说用密胺制品盛装果汁等酸性物质是最为危险的,可能导致最严重的甲醛及三聚氰胺迁移。

(1)在欧盟的检测项目中,全迁移(10%乙醇、3%乙酸、20%乙醇、50%乙醇、橄榄油)和重金属特殊迁移(包括钡、钴、铜、铁、锂、锰、锌)两项都是通用项目,其规定限量也遵循

常例;针对密胺制品的有甲醛特定迁移(3%乙酸)和三聚氰胺特定迁移(3%乙酸)两个检测项目,使用的都是乙酸模拟液,其限量分别定为15mg/kg和30mg/kg,可谓严苛。

(2)美国标准则只规定了氯仿提取物(水、8%乙醇、正庚烷)不得超过0.5mg/inch^2,并没有针对甲醛、三聚氰胺的单体迁移限量规定,但是额外强调了两点:在三聚氰胺甲醛树脂合成过程中,1mol的三聚氰胺不可与超过3mol的甲醛水溶液发生反应;树脂可与精制木浆混合,且规定了可掺入的加工助剂种类包括色素、邻苯二甲酸二辛酯、环六亚甲基四胺、邻苯二甲酸和硬脂酸锌,色素需符合美国联邦法规21CFR 178.3297的相关规定。

(3)在日本的检测项目中,铅(Pb)、镉(Cr)、重金属(以铅计)(4%乙酸)、高锰酸钾消耗量(水)都是通用项目,且规定限量遵循常例;苯酚(水)、甲醛(水)和蒸发残渣(4%乙酸、20%乙醇、水、正庚烷)三项是针对酚醛树脂、三聚氰胺树脂或尿素树脂制品而设,其中甲醛一项的模拟液使用了纯水,检测方法也较为简单,因此对密胺制品约束不严。

(4)在韩国的检测项目中,铅(Pb)、蒸发残渣(4%乙酸、20%乙醇、水、正庚烷)为通用项目,且规定限量遵循常例。苯酚(4%乙酸)、甲醛(4%乙酸)、三聚氰胺单体迁移量(4%乙酸)三项针对密胺制品而设,此三项均使用乙酸溶液作为食品模拟液,其中甲醛迁移限量为4mg/mL,三聚氰胺迁移限量为30mg/mL,可以近似认为是4mg/kg与30mg/kg。与欧盟限量相比,韩国标准的甲醛限量要更为严格。

(5)在中国的检测项目中,高锰酸钾消耗量(水)、重金属(以铅计)(4%乙酸)、脱色试验(65%乙醇、冷餐油或无色油脂、浸泡液)均为通用项目,甲醛单体迁移量(4%乙酸)和三聚氰胺单体迁移量(4%乙酸)两项是针对密胺制品而设,其中三聚氰胺项目为2009年更新标准GB 9690后所增设,见表6.3。根据浸泡试验方法通则GB/T 5009.156,密胺制品迁移量单位受前处理方法影响一般包括mg/dm^{2}和mg/L两种,目前国际通常用常规换算系数6来实现单位的互换。国标对甲醛和三聚氰胺的迁移限量分别为2.5mg/dm^{2}和0.2mg/dm^2,若乘以换算系数6则换算为15mg/kg和1.2mg/kg,由此可见国标的甲醛限量与欧盟标准相同,但三聚氰胺限量则远比欧盟标准严格[20]。

表6.3　新旧国标理化指标对比

项目	GB9690-1998	GB9690-2009	差异性比较
蒸发残渣(水,60℃,2h)	10mg/L	2mg/dm^2	经换算,相同
高锰酸钾消耗量(水,60℃,2h)	10mg/L	2mg/dm^2	经换算,相同
甲醛单体迁移量(4%乙酸,60℃,2h)	30mg/L	2.5mg/dm^2	新标准更为严格
三聚氰胺单体迁移量(4%乙酸,60℃,2h)	无此项要求	0.2mg/dm^2	新标准新增项目
重金属(4%乙酸,60℃,2h)	1mg/L	0.2mg/dm^2	经换算,相同

3.测试条件

在各国(地区)标准中均不能忽略测试条件对检测结果的影响。除了选用的食品模拟液种类之外，浸泡温度与浸泡时间也是决定甲醛与三聚氰胺单体迁移结果的重要因素。SU GITA T 等[21]的试验证明将浸泡试验的温度由 60℃上升到 80℃进而再升到 95℃，食品模拟溶剂中的单体迁移量会有显著增加。黄伟等人在对密胺餐具的迁移量检测中发现，同样浸泡液、同等浸泡时间下，模拟液温度对迁移量高低有决定性影响，尤其在 70～95℃存在一个突跃，95℃以上的浸泡温度导致迁移量大幅上升，且密胺餐具在酸性溶液中容易迁移出三聚氰胺，而三聚氰胺的迁移量与温度、浸泡时间、破碎程度、浸泡次数等都有关系。Bradley E. L. 等[19]用纯水作模拟溶剂，分别在 20℃和 100℃的温度条件下浸泡密胺杯子 30 分钟，发现在 20℃时甲醛单体迁移量极低，但在 100℃时其迁移量最高可达到 9.0mg/dm^2。LUND K H 等用 3%乙酸为模拟液浸泡已被长期使用的密胺餐具[15]，在 20℃的温度条件下浸泡 48 小时后，其中的单体迁移量全部为未检出，但在 70℃的温度条件下浸泡 2 小时，样品中就有半数开始迅速释放出三聚氰胺和甲醛单体。上述实验证明了一个共同的结论：提升密胺制品的浸泡温度或延长浸泡时间，最后检出的甲醛与三聚氰胺单体迁移量都有极大可能增加，这就说明在样品前处理阶段浸泡温度越高、时间越长，则检测结果往往越大，产品不合格率也将随之攀升。

(1)欧盟：为配合(EU)No. 284/2011 法规，2011 年底欧盟联合研究中心(JRC)等机构专门出台了《尼龙餐厨具中的初级芳香胺及三聚氰胺餐厨具中的甲醛迁移检测技术指南》(Technical guidelines on testing the migration of primary aromatic amines from polyamide kitchenware and of formaldehyde from melamine kitchenware)以指导相应测试方法和迁移试验条件选择，下文中简称 JRC 指南。指南规定如果密胺制品没有标明使用条件，按照“最恶劣食品接触条件”测试，这就意味着测试将参照实际使用中可预见的最极端情况而非多数情况下的常用条件来确认迁移试验条件，例如极端迁移试验条件可能为：在 100℃的 3%乙酸溶液中浸泡半小时，再保持 70℃下浸泡 24 小时，并反复试验三次，如此将导致甲醛与三聚氰胺单体迁移量的急剧增加。但如果产品标识有“不用于微波炉”或“不用于热饮”，则可以选择较低的试验温度，如 40℃或 70℃。

(2)日本和韩国对密胺制品测试条件的规定完全一致：在甲醛及三聚氰胺检测项目中，如果产品标明可在 100℃以上的高温条件下使用，则采取(95℃，30min)的浸泡条件，否则统一采用(60℃，30min)的浸泡条件。与欧盟相比，日韩的测试条件不是非常严格。

(3)中国标准对密胺制品则统一采用(60℃，2h)的浸泡条件，同其他国家或者国标中其他材料的测试条件相比，这是一个普通的测试条件，这也说明国标对甲醛限量的规定相对来说比较宽泛，因此需要额外注意符合国标要求的产品未必能通过欧盟或韩国标准的甲醛检测项目[20]。

6.4.5 政策解读及不合格原因分析

1. 政策解读

自 2011 年 7 月 1 日欧盟(EU)No. 284/2011 法规生效以来，中国内地及中国香港对欧盟的密胺餐厨具出口受到了极大的负面影响，产品通关时间及出口成本都大为增加，使得我国密胺行业面临极为严峻的考验。统计数据表明密胺餐厨具国外通报项目是一

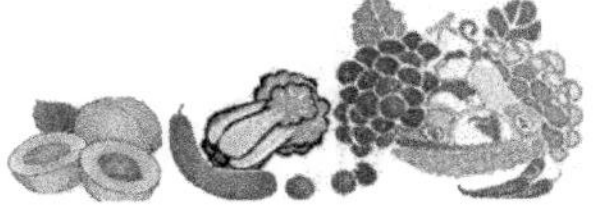

个较为突出的问题，而密胺制品不合格项目均系甲醛单体迁移量超标。2009 年我国出口食品接触材料遭欧盟通报 111 次，其中 24 次为密胺餐厨具甲醛超标；2010 年遭欧盟通报 116 次，16 次为甲醛超标；至 2011 年密胺制品甲醛超标则骤增为 41 次，具体通报情况参见表 6.4。由此，甲醛单体迁移量已成为影响食品接触材料及制品出口的主要安全卫生指标。

表 6.4　2009 年 7 月—2012 年 4 月期间欧盟对我国制造的食品接触材料中密胺制品超标通报情况统计

通报国家	通报原因	通报日期
德国	来自中国的三聚氰胺有孔汤匙中发现甲醛的残留(2.0;3.0;3.7;7;14.5;17.5;270mg/kg-ppm)	2009-08-18
意大利	来自中国的汤盘中发现甲醛的残留(26.03mg/kg-ppm)	2009-08-21
捷克斯洛伐克	来自中国的三聚氰胺汤勺发现甲醛的残余(240mg/kg-ppm)	2009-09-03
捷克斯洛伐克	来自中国的三聚氰胺小刮刀发现甲醛的残余(9.0;175.0mg/kg-ppm)	2009-09-03
捷克斯洛伐克	来自中国的三聚氰胺小刮刀发现甲醛的残余(9.0;175.0mg/kg-ppm)	2009-09-03
澳大利亚	来自中国经德国中转的密胺杯发现甲醛的残余(612.7;491.0mg/kg-ppm)	2009-10-08
澳大利亚	来自中国经德国中转的密胺杯发现甲醛的残余(665.0;585.2mg/kg-ppm)	2009-10-08
斯洛文尼亚	来自中国经波兰中转的塑料汤勺中发现甲醛的残留(约 24.95～98.89mg/dm)	2009-10-19
捷克共和国	来自中国的塑料抹刀中发现甲醛的残余(70.8;210.7;292.7mg/kg-ppm)和	2010-03-18
澳大利亚	来自中国的厨具(烹饪调羹)中发现 甲醛 的残余(18.56;19.06mg/dm)	2010-03-31
捷克共和国	来自中国的密胺餐具包装中发现含有甲醛的残余(22.1～32.5mg/kg-ppm)	2010-05-06
捷克共和国	来自中国的密胺餐具包装中发现含有甲醛的残余(39.5～53mg/kg-ppm)	2010-05-06
德国	来自中国的厨具中发现含有甲醛的残余(214.5;368.9～208.1;325,9mg/dm)	2010-05-27
捷克共和国	来自中国的密胺沙拉碗中发现含有甲醛的残余(between 376,2 and 487.9mg/kg-ppm)且总残余含量过(between 633 and 856mg/kg-ppm)	2010-06-08
波兰	来自中国的密胺沙拉碗中发现含有甲醛的残余(549;649～670;630mg/kg-ppm)	2010-06-08
捷克共和国	来自中国的密胺鱼盘中发现含有甲醛的残余(52.92;87.75;88.16mg/kg-ppm)	2010-06-17

续表

通报国家	通报原因	通报日期
捷克共和国	来自中国的密胺鱼盘中发现含有甲醛的残余(23.22;33.20;43.20mg/kg-ppm)	2010-06-17
斯洛文尼亚	来自中国的密胺碗具中发现含有甲醛的残余(210mg/kg-ppm)	2010-07-09
斯洛文尼亚	来自中国的密胺碗具中发现含有甲醛的残余(430mg/kg-ppm)	2010-07-09
斯洛文尼亚	来自中国的密胺碗具中发现含有甲醛的残余(270mg/kg-ppm)	2010-07-09
波兰	来自中国的密胺碗中发现含有甲醛的残余(180;196;246mg/kg-ppm)和过高总残余(219;216;230mg/kg-ppm)	2010-09-14
斯洛文尼亚	来自中国经意大利中转的密胺盘子中发现含有甲醛的残余(20.3mg/kg-ppm)	2010-09-20
斯洛文尼亚	来自中国经荷兰中转的密胺杯子中发现含有甲醛的残余(3.2mg/dm)	2010-09-20
爱沙尼亚	来自中国的装饰性三聚氰胺碗中发现含有甲醛的残余(584mg/kg-ppm)	2010-12-09
英国	来自中国的密胺碗中有甲醛迁出(4.8mg/dm)	2011-01-17
德国	来自香港的儿童密胺杯有甲醛迁出(19.1mg/dm)	2011-01-19
波兰	来自中国的密胺碗甲醛总迁出量太高(275.5mg/kg-ppm)	2011-01-20
英国	来自中国的密胺露营保龄球中有甲醛迁出(115mg/dm)	2011-01-25
拉脱维亚	来自中国的密胺汤匙中有甲醛迁出(31mg/kg-ppm)	2011-02-22
德国	来自中国的密胺杯中有甲醛迁出(5.0mg/dm)	2011-03-14
卢森堡	来自中国的密胺汤勺中有甲醛的迁出(200mg/kg-ppm)和三聚氰胺的迁出(131mg/kg-ppm)	2011-05-15
塞浦路斯	来自中国的密胺碗中有甲醛迁出(76.8mg/kg-ppm)且总迁移量过高(323mg/kg-ppm)	2011-06-06
塞浦路斯	来自中国的密胺碗中有甲醛迁出(65.59mg/kg-ppm)且总迁移量过高(264mg/kg-ppm)	2011-06-06
匈牙利	来自中国经罗马中转的密胺餐叉有甲醛迁出(42.1mg/kg-ppm)	2011-06-24
意大利	来自中国的密胺器皿中有甲醛迁出(133,186mg/kg-ppm)	2011-07-25
斯洛文尼亚	来自中国的密胺汤勺中有甲醛迁出(22.2;17.2mg/kg-ppm)	2011-07-26
意大利	来自中国的密胺锅铲中有甲醛迁出(33.4mg/kg-ppm)	2011-08-19
英国	来自中国大陆经中国台湾地区中转的密胺模具中有甲醛迁出(76mg/kg-ppm)	2011-08-12
爱沙尼亚	来自中国的厨房用具有甲醛迁出(59mg/kg-ppm)	2011-08-31
意大利	来自中国的密胺锅铲中有甲醛迁出(33.4mg/kg-ppm)	2011-08-19
英国	来自中国大陆经中国台湾地区中转的密胺模具中有甲醛迁出(76mg/kg-ppm)	2011-08-12
捷克共和国	来自中国的带玫瑰装饰的密胺碗具中有甲醛迁出(60;60;66mg/kg-ppm)	2011-09-02

续表

通报国家	通报原因	通报日期
意大利	来自中国的盘子和碗中有甲醛迁出(59.9:74.6;66.2;34.1;69.47;31.8mg/kg-ppm)	2011-09-26
意大利	来自中国的密胺碗中有甲醛迁出(33mg/kg-ppm)	2011-09-26
英国	来自中国的密胺碗中有甲醛迁出(41mg/dm^2)	2011-10-20
德国	来自中国经德国中转的密胺长柄汤杓中有甲醛迁出(66mg/kg-ppm)和三聚氰胺迁出(116mg/kg-ppm)	2011-10-20
意大利	来自中国经荷兰中转的密胺碗中有甲醛迁出(40.1mg/kg-ppm)	2011-10-19
德国	来自中国经荷兰中转的带花红色塑料杯中有甲醛迁出(58.4mg/kg-ppm)	2011-10-27
法国	来自中国的密胺碗中发现有甲醛迁出(43.5mg/kg-ppm)	2011-11-07
英国	来自中国香港的密胺碗中有甲醛迁出(27mg/kg-ppm)	2011-11-09
斯洛伐克	来自中国经捷克共和国中转的密胺汤勺中有甲醛迁出(11.4-569.8mg/dm^2)	2011-11-10
匈牙利	来自中国经奥地利中转的密胺碗中有甲醛迁出(34.9mg/kg-ppm)	2011-11-15
西班牙	来自中国的密胺厨房用具中发现有甲醛迁出(15.9～28.2mg/kg-ppm)	2011-11-16
法国	来自中国的儿童密胺餐具和刀叉中发现有甲醛迁(74.5;78.2mg/kg-ppm)	2011-11-17
丹麦	来自中国的厨用勺子中发现有甲醛迁出(164mg/kg-ppm)	2011-11-18
意大利	来自中国的密胺厨具套装中有甲醛迁出(77mg/kg-ppm)	2011-11-21
德国	来自中国香港的密胺汤勺和调味勺中有甲醛迁出(57.36;40.80mg/kg-ppm)和总残余超标(51.08;24.03mg/dm^2)	2011-12-07
爱沙尼亚	来自中国香港的密胺碗中发现有甲醛迁出(25.2mg/kg-ppm)	2011-12-08
荷兰	来自中国大陆经中国台湾地区中转的密胺餐勺中有甲醛迁出(18.7;17.5;28.5mg/kg-ppm)	2011-12-13
波兰	来自中国大陆经波兰中转的浅碗中发现有甲醛迁出(29.9;38.1mg/kg-ppm)	2011-12-14
意大利	来自中国的儿童餐盘中发现含有甲醛(37.0mg/kg-ppm)和总残余含量超标(33mg/kg-ppm)	2011-12-16
法国	来自中国的沙拉盘中发现有甲醛迁出(53.4mg/kg-ppm)	2011-12-19
波兰	来自中国经英国中转的密胺碗中发现有甲醛迁出(17.9;20.5;76.1mg/kg-ppm)	2011-12-20
德国	来自中国的厨房餐具发现有甲醛迁出(50.4;27.0;286.3;85.7mg/kg-ppm)	2011-12-27
意大利	来自中国的蔬菜沙拉碗中发现有甲醛迁出(59.7mg/kg-ppm)	2011-12-27

续表

通报国家	通报原因	通报日期
德国	来自中国经荷兰中转的筷子中发现有甲醛迁出（$22mg/dm^2$）	2012-01-05
法国	来自中国的密胺碗中发现有甲醛迁出（461.1mg/kg-ppm）	2012-01-19
法国	来自中国的密胺碗中发现有甲醛迁出（227mg/kg-ppm）	2012-01-19
波兰	来自中国经荷兰中转的密胺杯子中发现有甲醛迁出（57.4；35.6mg/kg-ppm）	2012-01-23
波兰	来自中国的密胺汤匙中发现有甲醛迁出（1344；1139mg/kg-ppm）	2012-01-26
比利时 BELGIUM	来自中国的三聚氰胺材质汤勺无获认可的分析报告 absence of certified analytical report for melamine spoons from China	2012-02-20
英国 UNITED KINGDOM	来自中国大陆经中国台湾地区中转的三聚氰胺板检出甲醛迁移（25；31；44；平均：33μg/kg-ppb） migration of formaldehyde（25；31；44；Mean：33μg/kg-ppb）from melamine plate from China，via Taiwan）	2012-03-13
英国 UNITED KINGDOM	来自中国的色拉盘检出甲醛迁移（1：21.32：22.43：17.9mg/kg-ppm） migration of formaldehyde（1：21.32：22.43：17.9mg/kg-ppm）from salad bowl from China	2012-03-13
英国	来自中国的密胺盘中发现有甲醛迁出（1＝17；2＝29；3＝47；mean＝31mg/kg-ppm）	2012-03-21
塞浦路斯	来自中国的密胺盘中发现有甲醛迁出（62.64mg/kg-ppm）	2012-03-22
波兰 POLAND	来自中国的三聚氰胺盘子检出甲醛（92.7mg/kg-ppm）迁移 migration of formaldehyde（92.7mg/kg-ppm） from melamine dish from China	2012-04-06

2.不合格原因分析

当前密胺餐厨具甲醛单体迁移量超标的原因主要集中在企业生产用料混乱及生产工艺不成熟两个方面。据台州检验检疫局对出口密胺餐具甲醛项目监测数据显示，按台州出口生产企业现有的原料和生产工艺制造的产品，甲醛项目均不能符合欧盟标准要求，这也意味着生产企业为达到要求必须改进工艺、改进原料配方，而这将使许多企业密胺产品成本急剧上涨[23]。

此次欧盟新规范性文件的出台对全国密胺类餐厨具造成了巨大的影响。据全国密胺行业协会资料，我国密胺餐厨具规模企业有 100 余家，主要集中在广东、福建和浙江，保守估计年出口额在 20 亿人民币左右[23]，影响范围之广之深由此可见。2011 年 7 月至 2011 年 12 月，浙江检验检疫局辖区检验出口欧盟密胺餐具 327 批、重量 1466.23 千克、货值 470.19 万美元，与上年同期相比分别下降了 16.79％、30.08％和 13.97％，出口企业主要集中于台州辖区[24]。台州检验检疫局 2011 年 1—9 月出口欧盟检验统计数据显示，与上年同期相比密胺餐具出口金额下降了 21.2％，而其他塑料餐具增长 12.7％[23]。

针对欧盟新规，中国政府制定了新版 GB 9690-2009《食品容器、包装材料用三聚氰胺—甲醛成型品卫生标准》，国家质检总局也发布了 2011 年 10 号风险警示通告——《关

于欧盟(EU)284/2011 法规指南性文件的通告》,提醒密胺制品生产企业需详细了解新规定新要求。企业不仅要从原料选择和生产工艺方面着手改进,提高出口产品质量,更要重视产品标识和使用说明。例如 GB9690-2009 对产品标识有明确规定:6.1 应按 GB/T 16288 的相关规定标注产品材料,并告知“食品用”和“严禁在微波炉内加热使用”。6.2 外包装上应标注“食品用”并注明制造厂商、产品名称、使用条件、材料种类等。如果在产品或包装上标识“不适宜作为长时间贮存容器”、“不可用于蒸煮或微波炉”、“仅用于就餐”等使用条件,在产品的使用温度和时间上进行说明限定,如此一来既能指导消费者正确使用密胺制品,又能降低欧盟检测要求、规避企业出口风险,可达到双赢的目的。

6.5　密胺食品接触材料检测方法详析

6.5.1　现有检测方法概述

上节详细介绍了密胺制品的各国法规及限量,本节将介绍这些法规如何通过具体检测而得以实施,尤其着力于检测所采用的技术重点和难点。由于篇幅所限,通用项目的检测将不再冗述,只涉及各国的甲醛与三聚氰胺单体迁移量检测方法,具体包括欧盟、日本、韩国及中国检测标准。

(1)欧盟:对于密胺制品的甲醛及三聚氰胺单体迁移量检测,欧盟分别有 CEN/TS 13130-23:2005《食品接触材料及其制品 塑料中受限物质 第 23 部分 食品模拟物中甲醛和环六亚甲基四胺的测定》(Material and articles in contact with foodstuffs-Part 23: Determination of formaldehyde and hexamethylenetetramine in food simulants)以及 CEN/TS 13130-27:2005《食品接触材料及其制品 塑料中受限物质 第 27 部分 食品模拟物中 2,4,6-三氨基-1,3,5-三嗪(三聚氰胺)的测定》(Material and articles in contact with foodstuffs-Part 27: Determination of formaldehyde and hexamethylenetetramine in food simulants)两个标准。此外还可参考 BS EN ISO 4614:2000《三聚氰胺甲醛模塑料中甲醛溶出量测试》(Plastics Melamine-formaldehyde mouldings-Determination of extractable formaldehyde)。在样品前处理方面则统一参照 EN 13130-1:2004《食品接触材料及其制品 塑料中受限物质 第 1 部分物质从塑料向食品和食品模拟物中特定迁移和塑料中物质含量测定的试验方法以及食品模拟物暴露条件选择的指南》(Part 1: Guide to test methods for the specific migration of substances from plastics to foods and food simulants and the determination of substances in plastics and the selection of conditions of exposure to food simulants)。此外,还可参考前文提及的《尼龙餐厨具中的初级芳香胺及三聚氰胺餐厨具中的甲醛迁移检测技术指南》。

(2)中国国家标准 GB/T 5009.61-2003《食品包装用三聚氰胺成型品卫生标准的分析方法》已代替 GB/T 5009.61-1996《食品包装用三聚氰胺成型品卫生标准的分析方法》。在欧盟技术规范的基础上,中国还制定了国家标准 GB/T 23296.26-2009《食品接触材料 高分子材料 食品模拟物中甲醛和六亚甲基四胺的测定 分光光度法》、GB/T

23296.15-2009《食品接触材料 高分子材料 食品模拟物中2,4,6-三氨基-1,3,5-三嗪(三聚氰胺)的测定 高效液相色谱法》以及行业标准DB/T 1081.27-2009《食品用包装材料及制品 塑料 第27部分:2,4,6-三氨基-1,3,5-三嗪(三聚氰胺)特定迁移量的测定》,可满足甲醛及三聚氰胺单体迁移的定性及定量检测要求。此外GB/ T 23296.1-2009《食品接触材料塑料中受限物质塑料中物质向食品及食品模拟物特定迁移试验和含量测定方法以及食品模拟物暴露条件选择的指南》也是由BS EN 13130-1:2004转化而来。

(3)日本并未专门针对密胺制品制定标准,仅有的甲醛检测方法也采用较为粗糙的目视比色法,可参见《昭和36年厚生省告示第370号》(Specifications, Standards and Testing Methods for Foodstuffs, Implements, Containers and Packaging, Toys, Detergents)。

(4)韩国于2011年对食品接触材料法规进行了修订,其新版的《韩国食品器具、容器、包装标准与规范》(Korea Standards and Specifications for Utensils, Containers and Packaging for Food Products)对密胺制品的检测方法进行了详细说明,其甲醛单体迁移量检测方法较为先进。

6.5.2 甲醛单体迁移检测手段要点分析

甲醛单体迁移检测项目是当前最为敏感的食品接触材料检测项目之一,也是密胺制品不合格率最高的项目。目前各国密胺制品中的甲醛项目均为食品模拟液中的甲醛含量测定,但由于甲醛是一种极易挥发的气体,所以在样品前处理及后续检测过程中都要注意样品浸泡液的密封以避免甲醛的挥发损失造成检测结果偏低。密胺制品中甲醛迁移检测方法大致分为目视比色法、分光光度法、液相色谱法(LC)、气相色谱法(GC)及电化学法等等,本节重点介绍6.5.1节中的标准检测方法中所涉及的前三种方法。

1. 目视比色法

目视比色法是一种通过人的肉眼来分辨样品溶液颜色以判断是否有明显甲醛单体迁移的简单方法。日本《昭和36年厚生省告示第370号》中使用的甲醛检测方法即为目视比色法,它利用了在乙酸铵存在下甲醛与乙酰丙酮反应生成黄色化合物的原理,其具体过程如下:

(1)在10mL样品溶液中加入1mL 20%的磷酸溶液,然后向200mL量筒中加入5~10mL水,并将冷凝组件接头浸没于水中进行传导蒸汽蒸馏回流。当馏分体积达到约190mL时,停止蒸馏,加入足量水以定容总体积至200mL。取5mL该溶液置于内径为15mm的试管中,加入5mL乙酰丙酮试剂(乙酰丙酮试剂配制:将150g乙酸铵溶于水中,加入3mL乙酸和2mL乙酰丙酮,定容至1000mL。使用之前预先配制)。混合均匀后在沸水浴中加热10min。

(2)在另一支内径为15mm的试管中加入5mL水和5mL乙酰丙酮。混合均匀后在沸水浴中加热10min。此溶液被用作对照溶液。

(3)在白色背景下从侧面观察,样品溶液颜色应不比对照溶液颜色深。

2. 分光光度法

分光光度法使用紫外分光光度计、可见分光光度计等光度计以测定被测物质在特定波长处或一定波长范围内光的吸收度，从而对该物质进行定性和定量分析。在定量分析时，首先需要确定样品待测溶液的最大吸收波长并以此波长为光源(在一种检测方法中待测物最大吸收波长通常为已知量)，然后测定一系列已知浓度的标准溶液吸光度并据此作出标准工作曲线，最后测量未知溶液的吸光度，通过工作曲线即可计算出其中相应的浓度。分光光度法定量检测的技术重点在于试验中需同时扣除试剂空白[17]以消除背景干扰，尤其要注意来自酚和胺的干扰。目前甲醛单体迁移检测中常用的乙酰丙酮法、变色酸法及盐酸苯肼法都属于分光光度法。此外还有酚试剂法、副品红法、溴酸钾—次甲基蓝法等多种原理的分光光度法，在此不一一详述。

(1)乙酰丙酮法

见 CEN/TS 13130-23：2005、BS EN ISO 4614：2000、JRC 指南及 GB/T 23296. 26-2009，其原理同 6. 5. 2 小节中所述的日本方法，也是笔者较为推荐的一种密胺制品中的甲醛检测手段，方法可靠稳定、重现性好。

商贵芹等人对通过调整缓冲溶液的 pH 值、优化乙酰丙酮显色剂浓度等方法对乙酰丙酮分光光度法测定 4%乙酸和 3%乙酸酸性食品模拟液中游离甲醛的实验条件进行了改进。在优化试验条件下，检测结果在 0. 011～2. 2μg/mL 范围内呈现良好的线性，线性相关系数均大于 0. 999，且方法检出限可达 0. 0084μg/mL。

(2)变色酸法

见 CEN/TS 13130-23：2005、BS EN ISO 4614：2000、JRC 指南及 GB/T 23296. 26-2009，利用在硫酸存在下甲醛与变色酸生成紫色化合物的原理，通过测量样品试液吸光度而计算甲醛浓度。

K. H. Lund 和 E. L. Bradle 等[14-15,18]采用了 CEN 技术规范中的变色酸法，分析密胺餐具中的甲醛单体迁移率，并同时用乙酰丙酮法进行验证试验。结果显示，该方法的检出限可达 0. 12mg/kg，在加标浓度为 15mg/kg 时重复性限为 1. 8%。

在实际试验中，显色反应往往受到变色酸质量以及浓硫酸的质量、浓度、硝酸杂质、放热反应等等诸多外界因素的干扰，致使标准曲线的线性受到较大影响[20]。

3. 盐酸苯肼法

在 GB/T 5009. 61-2003 中使用了盐酸苯肼法，其原理为酸性情况下甲醛与盐酸苯肼经氧化生成红色化合物。该方法最低检出限为 5mg/L，因此并不适用于低含量的游离甲醛检测。

4. 液相色谱法

目前有韩国 KFDA 标准通过 2，4-二硝基苯肼衍生法对密胺甲醛迁移量进行液相色谱定量分析。该方法使用 4%乙酸作为食品模拟物。

(1)试剂和溶液：2，4-二硝基苯肼溶液，英文名为 2，4-dinitrophenylhydrazine，简称 DNPH，精确称量 300mg 2，4-二硝基苯肼溶于乙腈，定容至 100mL。此溶液被用作 2，4-

二硝基苯肼溶液：将 21.0g 柠檬酸一水合物溶于水并定容至 100mL，25.8g 柠檬酸三钠盐溶于水并定容至 100mL，二者以 8∶2 的体积比混合。

(2)标准溶液：准确称量 77.8mg 四氮六甲环 hexamine 溶于水，定容至 1000mL，再取 4mL 倒入 100mL 容量瓶中，以 4%乙酸稀释至 100mL。此溶液被用作标准溶液(4.0μg/mL)。

(3)样品溶液的制备：使用 4%乙酸作为食品模拟物以制备试液。为每种材料按照器具、容器和包装通用方法制备迁移溶液，此溶液被用作样品溶液。

(4)衍生化：分别各取样品溶液及标准溶液 25mL 至 50mL 容量瓶内。向瓶内各自依次加入 4mL 柠檬酸缓冲溶液和 2mL 2,4-二硝基苯肼溶液并随后密封。于 40℃下放置 1 小时，期间不定时摇晃，待冷却后加水定容至 50mL。

(5)检测步骤：

液相色谱操作条件：色谱柱 C18(4.6mm I.D. ×250mm，5μm)或同类柱；柱温：40℃；检测器：紫外吸收检测器(波长：354nm)；流动相：55%乙腈；流速：1mL/min。

定性实验：按照上述操作条件运行液相色谱，衍生化处理后的样品溶液和标准溶液其进样量均为 10μL。将样品溶液的色谱保留时间与标准溶液甲醛衍生峰的保留时间进行比对以确认两者是否完全相同。

定量实验：如果在定性实验中样品溶液色谱峰保留时间与标准溶液甲醛衍生峰保留时间完全一致，将进行以下实验。分别测量色谱图中样品溶液和标准溶液的甲醛衍生峰峰面积，然后计算样品溶液中甲醛衍生物含量。

5. 气相色谱法

当甲醛浓度较高时，可用色谱法直接测量；当甲醛含量较低时，采用柱前 2,4-二硝基苯肼衍生则不失为一记良策。王磊等人[25]通过 2,4-二硝基苯肼，液—液萃取气相色谱法同时测定地下水中的醛酮类及硝基苯类化合物，获得了很好的回收率与精密度。

6. 电化学法

电化学法包括示波极谱法和吸附伏安法。示波极谱法参见 GB/T 5009.178-2003《食品包装材料中甲醛的测定》，适用于食品包装用三聚氰胺成型品及多种食品容器内壁涂料中游离甲醛的测定。吸附伏安法则主要利用了在 pH 值为 9.7 的氨—氯化铵缓冲溶液中甲醛与 Girard 试剂的反应物在滴汞电极表面上的吸附原理[26]。

6.5.3 三聚氰胺单体迁移检测手段要点分析

相较于甲醛单体迁移检测而言，密胺制品中的三聚氰胺单体迁移检测则显得并不是那么常规，五国之中仅有欧盟、韩国和中国对此作了详细规定，可见三聚氰胺单体迁移检测方法还处在起步阶段。由于近年来大众对三聚氰胺往往“闻虎色变”，因此探究三聚氰胺单体迁移机理、迁移条件及检测方法就显得额外重要。

目前三聚氰胺单体迁移的检测方法主要有液相色谱法(LC)、液相色谱质谱联用法(LC-MS)、气相色谱—质谱联用法(GC-MS)、酶联免疫法、离子交换色谱—紫外检测法

等。下文将对 LC 及 LC-MS 进行重点介绍。

1.液相色谱法

目前 CEN/TS 13130-27:2005、GB/T 23296.15-2009 及韩国 KFDA 标准采用液相色谱法对密胺三聚氰胺迁移量进行定量分析，且均使用 3%或 4%的乙酸溶液作为食品模拟物。由于韩国方法较为简略，故下文仅列举韩国方法作为示例。欧盟及中国与其区别在于不仅注明了水基食品模拟物(包括水、3%乙酸溶液、10%乙醇溶液)的检测办法，还用相同篇幅介绍了橄榄油食品模拟物中三聚氰胺的测定办法，前者的检出限为 5.00mg/L，而后者检出限则为 4.00mg/kg。

(1)试剂和溶液：0.1M 磷酸缓冲溶液，向 0.1M 磷酸二氢钾溶液中加入磷酸，调节 pH 直至 3.0。

(2)标准溶液：准确称量 100mg 三聚氰胺(英文名：2,4,6-triamino-1,3,5-triazine)溶于水，定容至 100mL，再取 3mL 倒入 100mL 容量瓶中，以 0.1M 磷酸缓冲溶液稀释至 100mL。此溶液被用作标准溶液(30μg/mL)。

(3)样品溶液制备：使用 4%乙酸作为食品模拟物以制备试液。为每种材料按照器具、容器和包装通用方法制备迁移溶液，此溶液被用作样品溶液。

(4)检测步骤：

液相色谱操作条件：色谱柱 C18(4.6mm I. D. × 250mm，5μm)或同类柱；柱温：40℃；检测器：紫外吸收检测器(波长：235nm)；流动相：0.1M 磷酸缓冲溶液(pH 3.0)；流速：0.8mL/min。

定性实验：按照上述操作条件运行液相色谱，衍生化处理后的样品溶液和标准溶液其进样量均为 10μL。将样品溶液的色谱保留时间与标准溶液三聚氰胺峰的保留时间进行比对以确认两者是否完全相同。

定量实验：如果在定性实验中样品溶液色谱峰保留时间与标准溶液三聚氰胺峰保留时间完全一致，将进行以下实验。分别测量色谱图中样品溶液和标准溶液的三聚氰胺峰峰面积，然后计算样品溶液中三聚氰胺含量。

2.液相色谱质谱联用法

(1)概述

液相色谱质谱联用仪结合了液相色谱对热稳定性差及高沸点化合物分离的高效性与质谱对未知物组分定性的精确性两大优点，同时兼具分离和鉴定能力，适用于分析复杂有机混合物。电喷雾离子源(ESI)是目前较为常见的液相色谱质谱接口。ESI 是一种软电离离子源，其最大特点是易形成多电荷离子簇，适合分析热稳定性差、极性强的有机大分子。三聚氰胺带有-NH_2 基团，属于极性强的化合物，在 ESI 源中容易形成[M+H]+准分子离子并得到正离子谱图，因此特别适合 LCMS 分析。

目前采用此液相色谱—串联质谱法测定三聚氰胺的方法定量限为 0.01mg/kg，分析时间短(不到 10min)，在添加浓度 0.01～0.5mg/kg 浓度范围内，回收率在80%～110%之间，适合于大批量样品的快速测定[27]。

ESI 源通常只能得到准分子离子，很少或者没有离子碎片产生，为了得到更多关于待测化合物结构的离子信息，就必须使用串联质谱仪将准分子离子碰撞活化得到子离子谱图，再依此推断待测物结构。目前用于液相色谱质谱联用仪的常见串联质谱包括四极杆串联质谱、四极杆飞行时间串联质谱、离子阱质谱仪等等，其原理多变、新产品层出不穷。

(2)原理

此处以三重四极质谱仪(Q1-Q2-Q3)为例，这是一种四极杆串联质谱，由三组四极杆组合而成，通常第一组四极杆 Q1 和第三组四极杆 Q3 为高性能四极杆分析器，而第二组四极杆 Q2 则起到碰撞活化与离子传输的作用[28]。第一组四极杆 Q1 用于质量分离(MS1)，例如分离出母离子；第二组四极杆 Q3 用于碰撞活化(CID)，准分子离子与惰性气体的分子或原子发生碰撞，进而碎裂成碎片离子(子离子或产物离子)。第三组四极杆 Q3 用于质量分离(MS2)，例如分离出子离子或产物离子。三重四极杆有全扫描(Full Scan)、母离子扫描(Parent Ion Scan)、子离子扫描(Product Ion Scan)、中性丢失扫描(Neutral Loss Scan)、单离子监测(Single Ion Monitoring)及多离子反应监测(Multi Reaction Monitoring 或 Selected Reaction Monitoring)等多种工作模式。其中多离子反应监测(MRM)是一种能从复杂体系中挑选并定量分析特定低含量成分的非常有效的方法[29]。MRM 的工作原理可以简单概述为：先由 Q1 选择一个或几个特定离子，经 Q2 碰撞碎裂之后，再由 Q3 在碎片离子中选出一个特定离子，只有当质谱同时监测到 Q1 和 Q3 选定的离子对出现时才会产生谱图信号。MRM 的灵敏度和精确度都很高，且可以排除相同质荷比的杂质离子的干扰，因此颇受用户青睐。

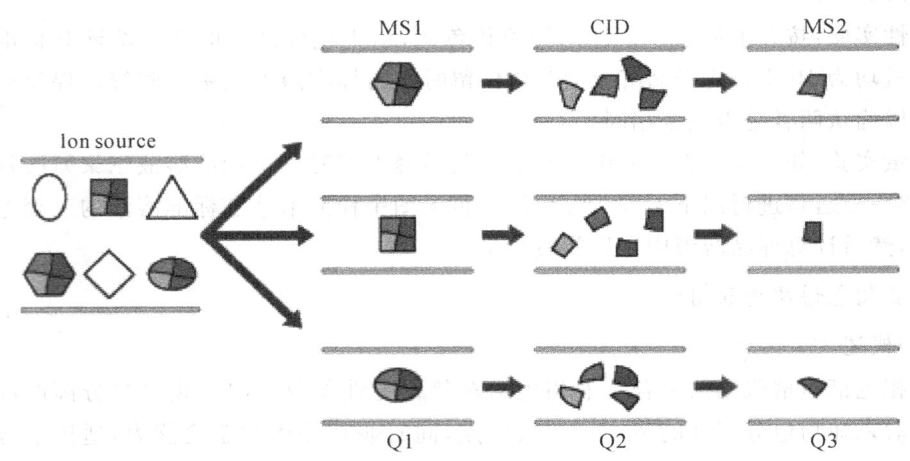

图 6.2　MRM 工作原理示意

MRM 工作原理为(见图 6.2)[30]：通过监视 MS1 和 MS2 离子对而定量分析目标待测物。对于三聚氰胺的测定，如果设定 Q2 中裂解电压为 100V，母离子 m/z127([M+H]+)，子离子 m/z85 和子离子 m/z68(这是最强的两个子离子峰)。当样品中的质量色谱峰保留时间与标准工作溶液一致，且样品中两个子离子的相对丰度与浓度相当标准工作溶液的相对丰度一致时，则可判断样品中存在三聚氰胺，并用最强的子离子峰

m/z85 进行定量分析[27]。

此外在 LCMS 的检测过程中，我们还需要考虑液相色谱的流动相成分及流速，由此使试样得到最佳分离及最佳电离。譬如可用等体积的乙酸铵溶液(10mmoL/L)和乙腈充分混合，用乙酸调节 pH 值至 3.0 后作为流动相，且流速设定在 0.2mL/min。这些弱酸及弱酸弱碱盐类也是很好的离子化助剂，有助于待测化合物电离[27]。

6.6　密胺制品使用要点及建议

6.6.1　密胺制品的使用条件

虽然密胺制品具有诸多优点，但由于民众对其使用知识比较陌生，很多生产企业的产品标志也未能详细注明，故而导致在实际使用时产生了种种容易引发风险的使用问题。消费者在购买和使用密胺制品、尤其是密胺餐具时，应该注意辨识产品标志和编号，并按照产品说明和指示使用仿瓷餐具，避免高温条件下长时间使用，切不可用于盛装酸性的物质如可乐、醋等，也不要用于盛放油等有机溶剂，且清洁时应以不破坏密胺材质为前提。具体注意事项如下：

6.6.2　消费者购买指南

消费者在购买密胺餐厨具时应注意：只有获得食品相关产品质量安全生产许可证的企业才能生产仿瓷餐具，其生产加工的所有合格仿瓷餐具，在销售前都必须标注由国家统一制定的 12 位质量安全生产许可证编号，同时加印或者加贴质量安全市场准入标志“QS”。获得 QS 标志的企业标志着其密胺制品通过了 GB9690-88《食品包装用三聚氰胺成型品卫生标准》和 QB1999-94《密胺塑料餐具》两项标准，前者规定了相关理化项目的卫生限量，后者侧重于考核制品的物理性能。目前我国密胺获证企业约为 35 家，但生产企业却达千家之多[31]。

图 6.3　合格密胺制品 QS 及编号标志

如图 6.3，编号含 QS 这两个大写的英文字母和 12 个阿拉伯数字，前两位数字表示受理省的编号，中间五位数字表示某类产品的编号(食品用塑料工具产品编号为 10301，密胺餐具属于其中一种)，最后五位表示获准生产该类产品的企业序号。消费者也可以到国家质检总局网站进行查询，具体路径为：国家质检总局门户网站——在线办事一站式服务——产品监管(食品、食品相关产品、化妆品的生产许可)——点击“结果查询”后将出现查询页面，输入产品的QS编号，或者企业名称就可以得到相关结果[32]。

此外消费者还可以通过辨识密胺餐厨具的外观来感性判断产品质量：观察餐具是否细腻光滑、有无变形、有无色差、有无掉色、有无刺鼻气味，贴花图案是否清晰、有否起皱、是否有气泡等等。如果标注有“UF＋正面MF”字样，且没有QS标志的密胺制品，说明其产品内部为尿素甲醛树脂而仅用三聚氰胺甲醛树脂贴面，请千万谨慎购买。

6.6.3 消费者使用指南

(1)勿在微波炉使用。

微波炉加热时是没有固定温度的，它取决于被加热物品吸收微波的能力，所以微波炉的加热温度是不可控制的。三聚氰胺模塑料的热变形温度为140～155℃，合格密胺餐具的安全使用温度不应超过150℃，所以不能用微波炉加热[13]。

(2)同样，烤箱温度一般较高，也不宜在烤箱中使用。

(3)勿用火烧烤，或接近炉火。

(4)勿放置在热铁板或汤锅中保温或烹煮食物。

(5)勿倒入热油、强酸或化学药品。

(6)如用密胺餐具盛载高温的油炸食物，应待食物冷却后再放入餐具内。

(7)避免在炽热状况下撞击或施予急速的温度变化，以免破裂。

6.6.4 消费者清洗消毒指南

(1)消费者可以把刚买回的密胺餐具放在沸水里加醋煮两到三分钟，或者常温下用醋浸泡2个小时，让有害物质如甲醛、三聚氰胺以及重金属等析出，倒掉后再使用可以保证相对的安全。

(2)勿使用磨粉和刷子，以免造成伤痕。

(3)勿使用含砂质的清洁剂、可刮花餐具表面的清洁用品或强力化学物清洁仿瓷餐具。

(4)为保障安全，使用前用酸性浸泡液反复处理几次，如果餐具出现破裂、破碎或表面出现细微的凹凸不平现象，则停止使用。

(5)洗净，漂白后请立即冲水。漂白时务必使用氧系漂白剂，切勿使用氯系漂白剂。若使用氯系漂白剂，将使食器失去光泽、把手脱落、食器本身会泛黄。请注意漂白剂的份量，并充分用水冲洗。

(6)高温长时间的浸泡会损伤表面(花样等)，若需浸泡时请以30～40℃的温水浸泡约15～20分钟左右。

(7)使用消毒保管库时，请使用热风保管库，库内温度请设定为80～85℃，上升后20～30分钟左右。尤其是热风吹出口附近，温度会变得非常高，请注意。

(8)煮沸消毒容易造成制品的劣化，若需进行煮沸消毒时，请缩短至最低限度时间，并避免长时间的煮沸。

6.6.5　敏感热点及应对措施

除了用户使用观念淡漠外，当前的密胺制品生产方也存在很多问题，这些问题或干扰了密胺制品的出口、或影响到密胺制品的产品质量、或鱼目混珠地破坏了密胺制品的声誉，都是我们必须警醒和亟待解决的问题。

(1)标签问题

针对密胺制品出口危机，我们需要加强风险管理措施[12]：一是参照食品标签的核查方式，将产品标志作为现场查验的主要核查项目，要求生产者严格界定产品使用范围并标注安全标志，抽检时严格按照输入国法规、使用标志确定检测条件。二是引导企业提高自我保护意识，防止因使用标志的缺失或错误，致使消费者误用或被输入国以背离实际情况的严苛条件检测，引发负面效应。目前，我国输日产品的标志最为齐全，输欧盟和输美产品具备基本的使用条件标志，而输其他地区的产品使用标志缺失或不准确的情况较多，还需在日常工作中增加监管力度，并加强企业生产许可证的办理和许可证使用情况的监督。

(2)原料问题

当前密胺制品原料方面最突出的问题是脲醛树脂的滥用。由于有人将脲醛树脂加表面密胺粉为原料制成的餐具和密胺树脂一起统称为仿瓷餐具，这就造成了一定的混乱。目前市场上出现的伪劣密胺餐具主要分为两类：一为由密胺树脂制造，但生产控制不当、偷工减料造成的劣质密胺餐具；二为混入了脲醛树脂或完全以脲醛树脂代替密胺树脂的所谓仿瓷餐具。

在工业生产过程中，密胺粉俗称 A5 料，或称“美耐皿”，A1 料则指的是脲醛树脂，A3 料是脲醛树脂、密胺树脂的同化料。脲醛树脂又称脲甲醛树脂，英文全称为 Urea formaldehyde resin，缩写为 UF。脲醛树脂是尿素与甲醛反应得到的聚合物，和三聚氰胺甲醛树脂同属氨基塑料，但由于其耐水性和耐酸碱性能较差，长期使用容易分解挥发出甲醛，颜料脱色，危害消费者的身体健康，带来巨大的卫生安全隐患，因此不适合作为餐厨具材质使用[13]。GB 9685-2008《食品容器、包装材料用添加剂使用卫生标准》中的 959 种添加剂中并没有脲醛树脂，未列明的物质到目前为止是不能用于食品容器、包装材料中的。

国家质量监督检验检疫总局食品生产监管司主编的《食品用包装容器工具等制品生产许可教程—塑料专业篇》[33]中强调：“由于密胺粉的价格较高，故有些制造商为追求利润，直接以脲醛类的模塑粉代替密胺类原料来生产餐具；有的则用脲醛类模塑粉作为原料制造餐具后，再在餐具的外表面涂上一层密胺粉。用脲醛树脂制造的餐具，其化学成分析出到食物中对人体是有害的，应予以制止。但脲醛树脂制造的餐具注入 80℃以上热水后可以闻到一股尿味，是一种较为简单的鉴别方法。”对此我们必须建立和完善原料追溯制度，在生产企业的原料采购、领用、生产各环节实现可追溯，对用 A1 料和 A3 料制作

餐具的违法行为要坚决制止。

(3)生产工艺问题

Bradley 等[19]重点研究了无三聚氰胺单体迁移，但甲醛单体迁移率超标的样品。在计算了反应物前环六亚甲基四胺在乙酸水溶液中的理论降解产物的残留量，并与实际的残重相比较后，发现两者的符合度很高，暗示了该餐具在生产过程中，残留的过量反应物对单体迁移率有不可忽视的影响，密胺餐具自身的稳定性与制作工艺和单体迁移量密切相关[20]。

K. H. Lund 等[34]的研究表明：在迁移刚发生时作为甲醛前体的缩聚反应物之一的环六亚甲基四胺的残留是迁移发生的重要原因，此后随着时间的推移，密胺餐具聚合物的老化裂解成为了单体迁移的主要原因。在密胺制品生产过程中，单体的残留及成品自身的不稳定性仍是单体发生迁移从而产生安全隐患的根本原因[20]。

《食品用包装容器工具等制品生产许可教程—塑料专业篇》[33]中注明，生产过程中的工艺环节都对密胺餐具的合格与否起着至关重要的作用。例如，原料配比问题，如果原材料中树脂含量不够，或者原料球磨的程度不够，原料比较粗糙，原料添加量不足，都将使生产出来的餐具结构比较疏松或存在明显缺陷，使日常生活中的酱油醋等容易渗入，不易去除。书中还指出如果配方不当容易引起甲醛含量超标，达不到安全卫生要求。第二，压制温度、压力与固化时间问题，甲醛迁移量的控制关键工序为模压工序，而模压过程主要参数由成型温度(包括上模温度(SM)、下模温度(XM))、成型时间、成型压力构成。如果压力、温度不当或固化时间不足则可能含有较多的三聚氰胺和甲醛残留，严重影响餐具的安全质量。在满足产品工艺要求的基础上以及确定的成型压力下，尽可能地采用较低的成型温度和较长的成型时间，使原料中的游离醛被充分释出，保证产品的甲醛迁移量符合要求，并在每一器型的产品通过首件报备后，把相应的工艺参数以作业指导书的方式确定下来。第三，模具光洁度与排气控制问题，在密胺餐具的压制成型过程中，为排除三聚氰胺—甲醛树脂交联固化反应过程中产生的甲醛和水等小分子物质，一定要有排气过程。如果排气不当，不仅会影响甲醛分子的排出，还会在餐具表面产生气孔，使污渍沉积，影响餐具的食用卫生。在设定模压设备的参数时还应考虑到不同器型产品的排气规程，采用充分的排气次数和排气时间以保证游离甲醛的充分释放。

(4)表印油墨质量控制

表印油墨质量控制也是不可忽略的环节。由于餐具内表印油墨可直接与食品接触，因此选择符合卫生、安全标准的油墨至关重要。朱亚伟等[32]基于正交实验设计方法对密胺食品接触制品加工工艺参数与产品中游离甲醛含量的关系进行了研究。采用混合正交水平表 $L_{18}(2\times3^2)$设计了 18 种不同工艺参数组合的密胺制品测试样本，按照欧盟标准测试样本中游离甲醛含量，并对实验数据进行了极差分析、方差分析和多重比较。实验结果表明：当前产品加工工艺中的原料配比和罩光粉(G)、上模温度(SM)、下模温度(XM)和压力(P)这 4 个主要参数对游离甲醛的含量均有显著影响；控制产品游离甲醛的最佳工艺参数为罩光粉 0g/cm^2、上模温度 205℃、下模温度 175℃、压力 120kg/cm^2，在此基础上产品的游离甲醛含量能很好地满足标准规定的限量。

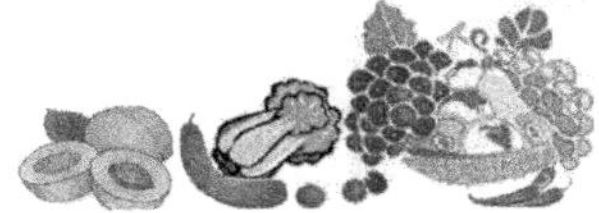

(5)其他问题

我国新国标 GB9690-2009《食品容器、包装材料用三聚氰胺—甲醛成型品卫生标准》吸收各国经验，较旧标准 GB 9690-1988《食品包装用三聚氰胺成型品卫生标准》而言有了较大的改进，但还有下述三个问题留待解决。

一为 GB9690-2009 新增了三聚氰胺单体迁移量一项，且限量要求相当严格，但在现实情况中三聚氰胺单体迁移量并不严重，真正严重的是企业违规使用廉价的脲醛树脂，而对此国标未有限量约束。二为 GB9690-2009 中蒸发残渣依然仅使用水作为食品模拟液，并没有乙酸、乙醇以及正己烷蒸发残渣测试，因此对密胺餐厨具盛装酸性食品、酒精产品及油脂类食品的安全性无法评估。三为密胺餐具在生产中除了使用三聚氰胺、甲醛外，还会用到着色剂、增塑剂、填充料等加工助剂。这些组分的限量要求虽然在 GB 9685-2008《食品容器、包装材料用添加剂使用卫生标准》中有明确规定，但相应的检测方法的标准需要进一步的完善。

本章参考文献

1. 宫克. 三聚氰胺甲醛树脂的合成与性能的研究[J]. 沈阳化工，1996(4)：25—27

2. 吴兆强，曾繁森，刘春英. 磺化三聚氰胺甲醛树脂的合成与水溶性及稳定性研究[J]. 高分子材料科学与工程，1998，14(4)：103—106

3. 孙立，李少香，史新妍. 涂料用高醚化三聚氰胺甲醛树脂的合成[J]. 中国涂料，2006，21(2)：19—21

4. 琚晓晖，齐鲁. 有机硅改性三聚氰胺甲醛树脂的研究[J]. 热固性树脂，2006，21(2)：14—17

5. 苟航. 三聚氰胺树脂合成的常见问题与对策[J]. 川化，2011(3)：36—38

6. 杨克龙. 密胺塑料餐具成型工艺及模具[J]. 塑料科技，2003(4)：64—66

7. 朱坤林. 密胺—甲醛塑料餐具的成型技术[J]. 塑料科技，1990(5)：5—8

8. 王利兵. 食品包装安全学[M]. 北京：科学出版社，2011

9. 扬格美耐皿餐具有限公司. 密胺餐具的特性及生产工序，2012

10. 许长清. 合成树脂及塑料手册[M]. 北京：化学工业出版社，2003

11. 化学工业出版社辞书编辑部. 化学化工大辞典[M]. 北京：化学工业出版社，2003

12. 魏宇曦，肖燕茂. 出口密胺餐具的行业现状及风险管理初探[J]. 中国检验检疫，2011(3)：21—22

13. 王珊. 仿瓷餐具安全性探究——不合格仿瓷餐具的潜在安全隐患不可漠视[J]. 中国科技财富，2009，21：101—105

14. 董金狮. 密胺餐具存在的若干问题及解决对策[J]. 中国食品质量报，2008

15. 帅志勇，葛怡琛，阮小林. 三聚氰胺树脂生产工厂甲醛接触水平调查[J]. 中国职业医学，2010，37(4)：288—292

16. ZHANG L，T. X.，ROTHMAN N，et al. Occupational exposure to formaldehyde，hematotoxicity，and leukemia2specific chromosome changes in cultured myeloid p rogenitor cells[J]. Cancer EP Idemiol Biomarkers PREV，2010，19(1)：80-88

17. 王世忠，陆荣柱，高坚瑞. 三聚氰胺的毒性研究概况[J]. 国外医学卫生学分册，2009，36(1)：

14—18

18. 鲁杰，王竹天等. 食品餐具及奶制品包装中三聚氰胺迁移量的调查研究[J]. 卫生研究，2009，38(2)：178—179

19. BRADKEY E L，B. G. V.，SMITH T L，et al.，Survey of the migration of melamine and formaldehyde F ROM melamine food contact articles available on the U K market[J]. Food Additives and Contaminants，2005，22(6)：597-606

20. 胡云，张林等. 密胺餐具中甲醛和三聚氰胺单体的迁移率研究进展[J]. 包装工程，2011，32(11)：112—114

21. Sugita，T.，H. Ishiwata，and K. Yoshihira，Release of formaldehyde and melamine from tableware made of melamine-formaldehyde resin[J]. Food Addit Contam，1990，7(1)：21-7

22. 黄伟，杨雪娇，邹定波. 密胺餐具中三聚氰胺的迁移规律[J]. 理化检验-化学分册，2011，47(3)：291—293

23. 台州出入境检验检疫局网站，http://www. tz. ziq. gov. cn/article. aspx? id=2923，2011

24. 中国质量新闻网，http://www. cqn. com. cn/news/zggmsb/disi/556866. html，2012

25. 王磊，刘庆学，安彩秀. 柱前衍生—气相色谱法同时测定水中醛酮类和硝基苯类化合物[J]. 岩矿测试，2010. 29(5)：486—490

26. 李召旭. 水产品中甲醛含量的检测研究[D]. 中山大学硕士学位论文，2007

27. 高星，许国庆，赵慧芬. 测定三聚氰胺的液相色谱质谱联用法概述[J]. 乳品加工，2008(12)：53—54

28. From Wikipedia，t. f. e. Triple quadrupole mass spectrometer

29. Picotti，P.，et al.，High-throughput generation of selected reaction-monitoring assays for proteins and proteomes[J]. Nat Methods，2010，7(1)：43-6

30. Pisitkun，T.，et al.，Tandem mass spectrometry in physiology[J]. Physiology (Bethesda)，2007，22：390-400

31. 国际食品包装协会网站，http://www. interfp. org/2011/medreports_0712/3235. html，2011

32. 朱亚伟，王建玲，陈彤. 密胺食品接触制品中游离甲醛的控制研究[J]. 食品工业科技，2011，32(2)：292—295

33. 邹建平. 食品用包装容器工具等制品生产许可教程(塑料专业篇)[M]. 北京：中国标准出版社，2006

34. LUND K H，P. J. H.，Migration of formaldehyde and melamine monomers F ROM kitchen-and tableware MADE of melamine plastic[J]. Food Additives and Contaminants，2006，23(9)：948-955

第7章　食品接触材料中挥发性有机物的分析与检测

7.1　概述

食品接触材料及其制品，例如食品包装中所含挥发性有机物成分会对食品质量产生负面影响，然而消费者对材料中可能存在的有毒有害物质的性能，如单体残留、有害添加剂溶出、挥发性有机污染物析出等，还不能充分认识，这一负面影响尚未引起足够的重视，包装安全情况不容乐观。挥发性有机物主要来源于三个方面：一为聚合物单体、低聚体；二为裂解物以及老化产生的有毒物质；三为加工过程中有机添加剂及溶剂残留。挥发性有机物在包装材料中含量虽然较小，但包装材料与食品长期接触，有毒有害物质在食品贮存过程中会缓慢释放，发生迁移以及溶出，进入食品，一方面会产生所谓的“异味”，与食品发生相互作用影响食品风味，甚至使其变质；另一方面进入食品的这些有机物将会随着食品进入人体内，可能危害人体健康。欧盟在 EU No. 10/2011 号法规“关于食品接触的塑料材料和制品”中列出了可用于生产食品塑料包装材料和制品的单体、添加剂和其他起始物质清单，该清单共包括 800 多种化学物质，且对其中的 400 多种化学物质制定了明确的迁移限量标准，其中单体、溶剂残留等多种物质都属于挥发性有机物一类。

本章将介绍食品接触材料中挥发性有机物的来源、各国的限量法规标准及几种常用的挥发物检测技术。对于消费者及生产企业来说，可以充分认识食品接触材料中挥发性有机物对人体的危害，了解各国的法规和标准以及挥发性有机物检测方法。此外，食品接触材料样品的检测，主要根据整个样品和待测组分的物理化学性质来选择使用何种检测技术，几种检测技术各有各的优缺点，有可能某个样品只能采取一种方法，有可能几种方法都可以，这时候应该考虑检测所需要的时间和费用，在通常情况下，尽可能选择用最简单和最经济的检测技术。本章中通过对常用测试方法的介绍及分析，可为检测机构的检验人员及生产企业的质控人员提供技术参考。

7.1.1　挥发性有机物(VOCs)的定义

挥发性有机物(Volatile Organic Compounds，VOCs)的定义有好几种，美国 ASTM D3960[1]标准将 VOCs 定义为任何能参加大气光化学反应的有机化合物；美国联邦环保署(EPA)的定义为：挥发性有机化合物是除 CO、CO_2、H_2CO_3、金属碳化物、金属碳酸盐和碳酸铵外任何参加大气光化学反应的碳化合物；世界卫生组织(WHO，1989)对总挥发性有机化合物的定义为：熔点低于室温而沸点在50～260℃之间的挥发性有机物的总称。国际标准ISO 4618-1[2]和德国DIN 55649-2000[3]的定义是：原则上，在常温常压下，任何能自发挥发的有机液体和/或固体。在本书中，挥发性有机物主要指在食品接触包装材料的使用过程中，任何能从中自发挥发的有机化合物。

7.1.2 食品接触材料中挥发性有机物的来源

食品接触材料中VOCs按其化学结构，可分为：烷烃类（如三氯甲烷）、芳烃类（如苯、甲苯）、烯类（如三氯乙烯）、酯类（如乙酸乙酯、甲苯二异氰酸酯）、醛类（如甲醛、乙醛）、醇类（如异丙醇）、酮类（如丙酮、丁酮）等。存在VOCs污染的食品接触材料主要为高分子材质，其中挥发性有机物主要来源于以下几个方面：

(1)聚合物中的低聚体残留。如聚烯烃中含有许多长链烷烃。

(2)聚合过程中单体残留。如氯乙烯单体、苯乙烯单体。

(3)聚合物的降解产物。如PET降解产生乙醛。

(4)添加剂降解产物。如用于聚合过程的过氧化物降解产生的痕量苯或甲苯，或亚磷酸盐稳定剂水解产生的2,4-二丁基酚。

(5)催化剂残留。如聚碳酸酯中的吡啶。

(6)单体物质或添加剂中的杂质。如苯乙烯中的乙基苯。

(7)印刷油墨溶剂残留。如：乙酸乙酯、异丙醇、丁酮、甲苯。

以上这些物质多为小分子，均为生产工艺过程中未能完全除去的、或使用过程中降解产生的挥发性有机化合物，当塑料与食品接触时，它们会通过塑料与食品的接触界面迁移入并溶解在食品中。表7.1列出了常用的食品接触塑料及其中VOCs的可能来源。

表7.1 常用食品接触塑料及其中VOCs的可能来源[4]

聚合物	食品接触材料应用类型	VOCs的可能来源
低密度聚乙烯，LDPE 高密度聚乙烯，HDPE	膜，袋，盖，塑料挤瓶 瓶，盖，密封件，袋	烷烃，烯烃，辛烯，十二烷基丙酸盐，2,4-二丁基酚，苯甲醛，十四烯，癸醛
聚丙烯，PP	糖纸，零食袋，盖，	烷烃，烯烃，2,4-二丁基酚
聚苯乙烯，PS	肉类及饼干托，快餐盒，瓶	苯乙烯单体，丁二烯，乙苯，苯甲醛
聚对苯二甲酸乙二醇酯，PET	薄膜	2-羟乙基对苯二酸，乙醛，2-甲基-1,3-二氧戊环
聚碳酸酯，PC	瓶，奶瓶	吡啶，甲苯，苊，癸醛
丙烯腈-丁二烯-苯乙烯共聚物，ABS	盒	丙烯腈，苯乙烯，丁二烯，
聚酰胺，PA		己内酰胺，二丁基羟基甲苯
三聚氰胺	碗，盘，餐具	甲醛

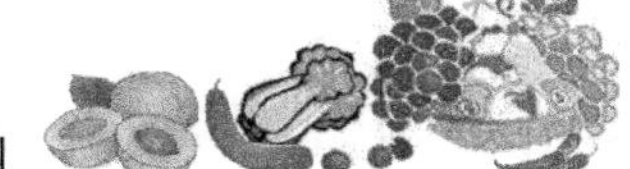

续表

聚合物	食品接触材料应用类型	VOCs 的可能来源
聚氯乙烯,PVC	保鲜膜,瓶盖垫圈	苯乙烯,苯甲醛,甲基丙烯酸甲酯,苊,二丁基羟基甲苯,2,2,4,6,6-五甲基庚烷,2-乙基己醇,硬脂酰苯甲酰甲烷,烷烃,壬二烯醛,辛基巯基乙酸酯

7.1.3　挥发性有机物的危害

挥发性有机物在常温下以气态形式存在于空气中,其具有毒性、刺激性、致癌性以及特殊气味,会影响皮肤和黏膜,对人体产生急性损害,目前研究认为挥发性有机物能引起机体免疫水平失调,影响中枢神经系统功能,出现头晕、头疼、嗜睡、无力、胸闷等症状,还可影响消化系统,严重时可损害内脏系统。研究表明,VOCs 中苯的慢性中毒主要对造血系统及神经系统产生损害,甲苯慢性中毒主要对中枢神经系统造成损害,而对血液系统基本无毒性,二甲苯毒性主要对中枢神经系统产生麻醉和刺激作用。人体若长期接触浓度较高的甲醛、甲苯、二甲苯等挥发性有机物会引起头晕、头疼、失眠、乏力、精神萎靡、记忆力减退等神经衰弱症状[5]。食品接触材料在包装食品时,其中的 VOCs 可能使包装的食品变味或为食品吸附,因此食品接触材料中 VOCs 的危害主要体现为其对食品质量的影响及被人体摄入后其毒性和致癌性对人体健康的负面影响。

7.1.4　国外对我国出口食品接触材料中的挥发性有机物通报情况

对 2004—2009 年中各国(地区)对食品接触材料中挥发性有机物超标通报情况进行统计[6],结果见表 7.2 欧盟对食品接触材料中挥发性有机物通报情况、表 7.3 日本对食品接触材料中挥发性有机物通报情况和表 7.4 韩国对食品接触材料中挥发性有机物通报情况。

表 7.2　欧盟对食品接触材料中挥发性有机物通报情况

通报产品名称	通报原因	通报日期
厨用搅拌器	含挥发性有机化合物(0.7%)	2009-05-28
烟盒	迁移出挥发性有机物质(主要为苯乙烯,还有丙烯酸盐和苯)	2008-03-04
烟盒	迁移出挥发性有机物质(主要为苯乙烯,还有丙烯酸盐和苯)	2008-03-04
烤盘	挥发性有机成分的迁移	2007-04-20
硅制烘焙模具	挥发性有机物游离	2006-09-01
硅制烘焙模具	挥发性有机物游离	2006-09-01
硅制烘焙模具	挥发性有机物游离	2006-09-01
不锈钢餐具刀	挥发性有机物游离	2006-07-25

续表

通报产品名称	通报原因	通报日期
硅制烘焙模具	挥发性有机成分游离	2006-02-17
硅制烘焙模具	有机成分挥发	2006-02-07
面包烘烤器	挥发性有机物游离	2005-08-29
烤烘食品器具	挥发性有机物迁移	2004-06-09

表 7.3 日本对食品接触材料中挥发性有机物通报情况

通报产品名称	通报原因	通报日期
塑料汤勺	材质规格不合格(检出挥发性物质 8.300ppm)	2004-01-30

表 7.4 韩国对食品接触材料中挥发性有机物通报情况

通报产品名称	通报原因	通报日期
蛋糕工具	挥发性物质超过标准(mg/kg)(规格:5000 以下,结果:6634)	2008-04-21

由上述统计数据发现,近年来食品接触材料中挥发性有机物通报主要来自欧盟。食品接触材料中挥发性有机物的特点为种类杂、含量低,残留挥发物的分析属于杂质分析的范畴,但其含量相对于其他杂质更低,通常在 0.0001%~0.1%范围,属于微量至痕量分析,相关的检测技术要求比较高。

7.2 国内外食品接触材料中挥发物限量法规

由于挥发性有机物是一个较大的概念,其中包含的有毒有害有机物种类较多,因而不同法规、标准中对挥发物的限制各有不同。欧盟食品接触法规中对挥发物的限制针对的是某个特定的物质,例如乙醛、乙酸乙烯酯等;我国国家标准中,既有对单个物质的限制,如丙烯腈单体、氯乙烯单体等,也有对挥发物总体(以某几个代表性的有机物计)的限制。为便于生产企业、检测机构的技术人员参考和使用,本章中详尽列出了目前各国法规中对于挥发性有机物限制的法规及一些检测标准。

7.2.1 欧盟食品接触材料法规

欧盟食品接触材料法规 EU No. 10/2011(其前身为 2002/72/EC 指令)中对多种挥发性有机物进行了限制,如表 7.5 所示,不包括在该指令不完全列表中的物质如要使用,需对其安全性进行评估并申明。欧盟也在不断出台新的挥发性物质相关指令,如 2009 年欧盟食物链和动物健康产物委员会规定食品包装印刷油墨中 4-甲基二苯甲酮或二苯甲酮的最大迁移量不超过 0.6mg/kg。印刷油墨应用于大量的食品包装,其中含有多种挥发性有机物,均可能通过化学迁移对食品内容物造成污染。这也说明国际上对食品接触材料的安全卫生质量要求越来越高,可能有越来越多的限量要求将要提出。

表 7.5　欧盟食品接触材料法规 EU No. 10/2011 中对挥发性有机物的限制[7]

中文名称	CAS 编号	英文名称	限制和(或)规范
乙醛	75-07-0	Acetaldehyde	SML(T)=6mg/kg
乙酸乙烯酯	108-24-7	Acetic acid, vinyl ester	SML=12mg/kg
丙烯腈	107-13-1	Acrylonitrile	SML=ND(DL=0.020mg/kg,包括分析公差)
丁二烯	106-99-0	Butadiene	FP 中 QM = 1mg/kg 或 SML = ND(DL = 0.020mg/kg,包括分析公差)
二乙烯基苯	1321-74-0	Divinylbenzene	QMA = 0.01mg/6dm² 或 SML = ND(DL = 0.020mg/kg,包括分析公差)
甲醛	50-00-0	Formaldehyde	SML(T)=15mg/kg
氯乙烯	75-01-4	Vinyl chloride	FP 中 QM = 1mg/kg 或 SML = ND(DL = 0.01mg/kg,包括分析公差)
苯乙烯	100-42-5	Styrene	暂无限制

注:SML 为特定迁移量;ND 为未检出;DL 为检出限;QMA 是以每六平方分米(接触食品面积)材料或制品中的(物质)毫克数表示的一种限量。

7.2.2　日本食品卫生法

日本在《食品卫生法》相关文件[8]中也对食品接触材料中几种挥发物做出限制。其中规定单体残留:氯乙烯≤1ppm;偏二氯乙烯≤6ppm;挥发物(苯乙烯、甲苯、乙苯、异丙苯、丙苯)≤5000ppm。

7.2.3　美国联邦法规

美国联邦法规(21CFR177.1640)中[9]规定与食品接触的聚苯乙烯制品中残留苯乙烯单体不得超过 0.1%;与脂肪类食品接触的聚苯乙烯制品中残留苯乙烯单体不得超过 0.5%;橡胶改性聚苯乙烯制品中残留苯乙烯单体不得超过 0.5%。

7.2.4　我国国家标准

中国国家标准对多种挥发性有机物进行限制,具体如表 7.6 所示。食品包装用聚苯乙烯制品卫生标准 GB 9692-1988 中规定:乙苯≤0.3%、挥发物≤1.0%、苯乙烯≤0.5%;GB/T 14354-2008 规定聚酯玻璃钢食品容器:苯乙烯含量≤0.1%;卫生标准 GB 14944-1994 等规定各种聚氯乙烯包装材料:氯乙烯单体≤1.0mg/kg;卫生标准 GB 17326-1998 等规定丙烯腈—丁二烯—苯乙烯塑料(ABS)及苯乙烯—丙烯腈共聚物(AS)包装材料:丙烯腈单体≤11mg/kg;国家标准 GB/T 10004-2008 建议干法和挤出工艺制成的塑料复合膜、袋的溶剂残留量总量不超过 5.0mg/m²,其中苯类物质不能检出。

表 7.6 中国国家标准对挥发性有机物的限制

限量标准	限量物质	限制和规范
GB 9692-1988 食品包装用聚苯乙烯树脂卫生标准	乙苯	≤0.3%
	挥发物	≤1.0%
	苯乙烯	≤0.5%
GB 14354-2008 玻璃纤维增强不饱和聚酯树脂食品容器	苯乙烯	≤0.1%
GB 7105-1986 食品容器过氯乙烯内壁涂料卫生标准	氯乙烯	≤1.0mg/kg
GB 14944-1994 食品包装用聚氯乙烯瓶盖垫片及粒料卫生标准		
GB/T 15267-1994 食品包装用聚氯乙烯硬片、膜		
GB 9681-1988 食品包装用聚氯乙烯成型品卫生标准		
GB17030-2008 食品包装用聚偏二氯乙烯(PVDC)片状肠衣膜		
GB 15204-1994 食品容器、包装材料用偏氯乙烯—氯乙烯共聚树脂卫生标准		
GB 4803-1994 食品容器、包装材料用聚氯乙烯树脂卫生标准		
GB 17326-1998 食品容器、包装材料用橡胶改性的丙烯腈—丁二烯—苯乙烯成型品卫生标准	丙烯腈单体	≤11mg/kg
GB 4806.1-1994 食品用橡胶制品卫生标准		
GB 17327-1998 食品容器、包装材料用丙烯腈—苯乙烯成型品卫生标准		
GB/T 10004-2008 包装用塑料复合膜、袋干法复合、挤出复合	溶剂残留总量	≤5.0mg/m^2
	苯类物质	不得检出

7.2.5 德国法规

德国 LFGB[10]《食品、烟草制品、化妆品和其他日用品管理法》中规定聚苯乙烯(PS)塑料、ABS、AS、聚丙烯酸塑料制品中有机挥发物总量≤15mg/dm^2;硅橡胶制品中有机挥发物总量≤0.5%。

7.3 国内外食品接触材料中挥发物检测标准

目前国内外对于食品接触材料中挥发性有机物的检测标准主要可以分为两类:溶剂残留检测和单体残留检测。食品接触材料溶剂残留检测欧盟、美国和我国都制定相应的标准:欧盟主要有 EN 13628-1-2002 和 EN 14479-2004,美国有 ASTM 1884 和 ASTM D 4526-96,我国有国家标准 GB/T 10004-2008。这些检测标准主要采用静态顶—空气相色谱法来对残留溶剂进行定量和定性。待测的食品接触材料剪碎后放入顶空瓶中进行恒温加热,让有机物挥发到顶空瓶中,取气体进样到色谱仪中进行分离和检测,根据气体样品中待测物的浓度可以推算出食品接触材料中挥发性有机物的含量。这种方法简捷、快速、灵敏度高，是目前最常用的检测方法。

单体残留检测又可以细分为丙烯腈单体、苯乙烯单体、聚氯乙烯及 1,3-丁二烯单体等单体残留。丙烯腈单体残留的检测标准，欧盟主要有 EN 13130-3-2004，美国有 ASTM D5508-1994a(2009)e1，中国有 GB/T 5009.152-2003 和 GB/T 23296.8-2009；苯乙烯单体检测标准，欧盟暂无标准，美国有 ASTM D4026-2006，中国有 GB/T 5009.59-2003，日本有 JIS K6869-2009；聚氯乙烯单体检测标准，欧盟有 EN ISO 6401-2008，美国有 ASTM D3749-2008、ASTM D4443-2007，中国有 GB/T 5009.67-2003、GBT 23296.14-2009，日本有 JIS K7380-1999；1，3-丁二烯单体的检测标准，欧盟有 EN CEN/TS 13130-15-2005、EN 13130-4-2004、中国有 GB/T 23296.2-2009、GB/T 23296.3-2009。表 7.7 为国内为食品接触材料中挥发性有机物相关检测标准。

单体残留检测标准大部分也采用顶空—气相色谱法进行分析，采用溶剂(如 N,N-二甲基乙酰胺、二硫化碳等)把食品接触材料中残留单体浸泡萃取出来，通过顶空进样，对待测物进行分离检测。这种方法的优点是样品前处理简单、操作方便、可以消除机体效应，是较为成熟的一种检测方法。

表 7.7　国内外食品接触材料中挥发性有机物相关检测标准

检测对象		国家/地区	标准名称
残留溶剂		欧盟	EN 13628-1-2002 Packaging-Flexible packaging material-Determination of residual solvents by static headspace gas chromatography-Part 1: Absolute methods
			EN 14479-2004 Packaging-Flexible packaging material-Determination of residual solvents by dynamic headspace gas chromatography-Absolute method
		美国	ASTM 1884 Standard test methods for determining residual solvents in packaging materials
			ASTM D 4526-96 Standard practice for determination of volatiles in polymers by static headspace gas chromatography
		中国	GB/T 10004-2008 包装用塑料复合膜、袋干法复合、挤出复合
残留单体	丙烯腈单体	欧盟	EN 13130-3-2004 Materials and articles in contact with foodstuffs plastics substances subject to limitation Part3: Determination of acrylonitrile in food and food simulants
		美国	ASTM D5508-1994a(2009)e1 Standard test method for determination of residual acrylonitrile monomer in styrene-acrylonitrile copolymer resins and nitrile-butadiene rubber by headspace-capillary gas chromatography (HS-CGC)
		中国	GB/T 5009.152-2003 食品包装用苯乙烯—丙烯腈共聚物和橡胶改性的丙烯腈—丁二烯—苯乙烯树脂及其成型品种残留丙烯腈单体的测定
			GB/T 23296.8-2009 食品接触材料 高分子材料 食品模拟物中丙烯腈的测定 气相色谱法

续表

检测对象		国家/地区	标准名称
残留单体	苯乙烯单体	中国	GB/T 5009.59-2003 食品包装用聚苯乙烯树脂卫生标准的分析方法（苯乙烯单体）
			GB/T 5009.67-2003 食品包装用聚氯乙烯成型品卫生标准分析方法（PVC 单体）
		美国	ASTM D4026-2006 Standard test method for rubber Latex-styrene-butadiene copolymer-Determination of residual styrene
		日本	JIS K6869-2009 Plastics—Determination of residual styrene monomer in polystyrene（PS） and impact-resistant polystyrene（PS-I） by gas chromatography
	聚氯乙烯单体	中国	GB/T 5009.67-2003 食品包装用聚氯乙烯成型品卫生标准分析方法
			GB/T 23296.13-2009 食品接触材料 塑料中氯乙烯单体的测定 气相色谱法
			GB/T 23296.14-2009 食品接触材料 高分子材料 食品模拟物中氯乙烯的测定 气相色谱法
		美国	ASTM D4443-2007 Standard test method for determining residual vinyl chloride monomer content in PPB range in vinyl chloride homo-and co-polymers by headspace gas chromatography
			ASTM D4443-2007 Standard test method for determining residual vinyl chloride monomer content in PPB range in vinyl chloride homo-and co-polymers by headspace gas chromatography
		日本	JIS K7380-1999 Plastics—Homopolymer and copolymer resins of vinyl chloride—Determination of residual vinyl chloride monomer—Gas chromatographic method
			EN ISO 6401-2008 Plastics-Poly（vinyl chloride）-Determination of residual vinyl chloride monomer-Gas-chromatographic method
	1，3-丁二烯单体	中国	GB/T 23296.3-2009 食品接触材料 塑料中 1，3-丁二烯含量的测定 气相色谱法
			GB/T 23296.2-2009 食品接触材料 高分子材料 食品模拟物中 1，3-丁二烯的测定 气相色谱法
		欧盟	EN CEN/TS 13130-15-2005 Materials and articles in contact with foodstuffs-Plastics substances subject to limitation-Part 15：Determination of 1,3-butadiene in food simulants
			EN 13130-4-2004 Materials and articles in contact with foodstuffs plastics substances subject to limitation Part 4：Determination of 1,3-butadiene in plastics

7.4　食品接触材料中挥发物分析方法

7.4.1　静态顶空—气相色谱法

静态顶空—气相色谱法是直接抽取一定量顶空平衡气体进样至气相色谱系统进行分析，从而计算出液（固）体样品中挥发性组分实际含量。该方法是一种间接测定试样中挥发性组分的方法，不需要对样品进行复杂的处理，其主要优点是避免了直接液体或固体进样时复杂的样品基体一起被带入气相色谱分析系统，从而消除基体对样品分析造成的影响和干扰。因而静态顶空—气相色谱法对于挥发性有机物的检测有较好的效果，能够满足实际样品分析的需要，且操作简便，易于掌握，是目前 VOCs 检测较为成熟的一种技术，大部分检测标准都采用这种方法。

现有文献资料表明：谢利等[11]利用顶空—气相色谱质谱联用法对方便面印刷包装材料中 7 种挥发性有机物（异丙醇、乙酸乙酯、苯、乙酸丁酯、乙苯、间/对二甲苯、邻二甲苯）进行了检测分析。方法线性关系良好，7 种挥发性有机物的相关系数均大于 0.9991，检出限达 0.004～0.007mg/m^2，回收率在 93%～102%，相对标准偏差小于 3.1%。陈志锋等[12]研究采用静态顶空—气相色谱法检测聚氯乙烯薄膜中残留的氯乙烯单体，并用气相色谱质谱进行确证。方法具有较好的检测精密度和灵敏度，氯乙烯单体在 0.05～0.2mg/L 的浓度范围内有较好的线性关系，相关系数为 0.999，检测低限为 0.5mg/kg。赵文良等[13]建立顶空气相色谱法测定复合食品包装袋中可能存在的溶剂残留。同时分离和测定苯系溶剂（苯、甲苯、对二甲苯、间二甲苯、邻二甲苯）和其他溶剂（乙醇、异丙醇、正丁醇、丙酮、乙酸乙酯、乙酸丙酯、乙酸丁酯）等，分离效果好，定量准确。朱生慧[14]采用顶空气相色谱法测定聚苯乙烯中苯乙烯残留单体，具有较好的准确度和精密度，苯乙烯的最低检测限可达 5mg/kg。

1. 静态顶空分析的理论依据

在容积为 V 的密封容器里，装有体积为 V_0 的被测液体样品，顶空气相体积 V_g，液相体积为 V_s，则

$$V=V_0+V_g \tag{7.1}$$

顶空瓶中相比为：

$$\beta=V_g/V_s \tag{7.2}$$

在一定温度下达到气液平衡时，顶空气相中的样品浓度为 c_g，液相的浓度为 c_s，样品的原始浓度为 c_0。得到被测组分两相的分配常数：

$$K=\frac{c_s}{c_g} \tag{7.3}$$

达到平衡时，可以认为液体的体积不变，即 $V_s=V_0$。根据物料平衡，瓶中被测物质的总量等于该物质在两相中的量之和，即：

$$c_0V_0=c_0V_s=c_gV_g+c_sV_s=c_gV_g+Kc_gV_s=c_g(V_g+KV_s) \tag{7.4}$$

则：$c_0 = c_g\left[\left(\frac{KV_s}{V_s}\right)+\frac{V_g}{V_s}\right]=c_g(K+\beta)$ (7.5)

推出：$c_g=\frac{c_0}{K+\beta}$ (7.6)

试样和顶空部分的体积以及在一定的温度下的分配常数均为常数，即 K 和 β 均为常数，令 $K'=1/(K+\beta)$ (7.7)

可以得到

$$c_g=K'c_0 \quad (7.8)$$

因此，在平衡状态下，气相的组成与样品原来的组成成正比关系。采用 GC 分析得到 c_g 后，就可以算出原来样品的组成。

2. 影响静态顶空分析的因素

(1)样品基质效应

顶空气体中各组分的含量既与其本身的挥发性有关，又与样品基质有关。特别是那些在样品基质中分配系数大的组分，基质效应更为明显。这可以理解为被测物被基质吸附，导致顶空气体的浓度降低，这种情况对定量分析的影响特别严重。因此，必须有效地消除样品的基质效应才能准确进行定量分析。

目前，可以采用一些办法减少或消除基质效应，主要包括：

①盐析作用。在水溶液中加入无机盐（如氯化钠）来改变挥发性组分的分配系数。许瑛华等[15]利用 HS-GC 测定化妆品中的 VOC，通过加入 NaCl，有效地克服基体干扰，当加入高浓度的 NaCl，甚至达到饱和时，消除或减少基质效应具有明显的效果。

②稀释样品。稀释样品可以减小基质效应，也是常用方法，但是代价是降低了灵敏度。

③粉碎固体样品。物质在固体中的扩散系数要比在液体中小 1 到 2 个数量级，固体样品中挥发物的扩散速度很慢，往往需要很长时间才能达到平衡。小颗粒的固体样品比表面积大，有利于缩短平衡时间，因此，可以采用研磨方法对样品进行粉碎。但是样品在粉碎过程中会造成被测物损失，如研磨发热，这时可以采用冷冻研磨技术降低损失。

④制备校准曲线时采用标准样品与样品基质相似，可以有效消除基质效应。作者课题组[16]把食品包装材料在真空烘箱中烘 24h 作为空白样品，在空白样品中加入标准溶液制备成标准样品，然后制作校准曲线对食品包装材料中挥发性有机物进行定量检测，该方法可以有效消除基质效应。

(2)样品量

顶空样品瓶中的样品体积对分析结果影响很大，如式 7.9 所示，对于一个给定的气液平衡系统，K 和 c_0 均为常数，β 与顶空气体中的浓度成正比。也就是说，样品体积 V_s 增大，β 减小，c_g 增大，因而灵敏度增加。但对于具体的样品体系，还要看 K 的大小。当 K 远远大于 β 时，样品体积的改变对于分析灵敏度影响很小。当 K 远远小于 β 时，影响就很大。因此，样品量要依据样品体系的性质来确定。

$$c_g=\frac{c_0}{K+\beta} \quad (7.9)$$

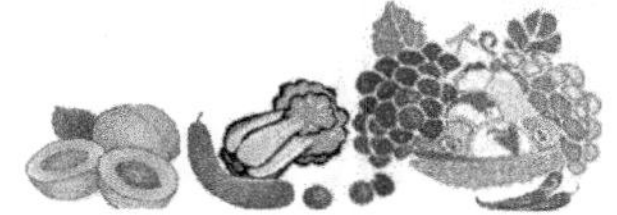

$$\beta=\frac{V_g}{V_s} \tag{7.10}$$

$$K=\frac{c_g}{c_g} \tag{7.11}$$

(3)平衡温度

平衡温度影响分配系数 K。一般来说，温度越高，顶空瓶中的蒸气压越高，顶空气体的浓度越高，分析灵敏度就越高。在顶空气相色谱分析中，温度的改变只影响分配系数 K，并不影响相比 β。对于给定的体系，β 是常数，顶空气体的浓度与分配系数 K 成反比。当 K 远远大于 β 时，温度的影响非常明显。当 K 远远小于 β 时，温度升高使 K 降低，但对于分母 $K+\beta$ 的变化很小，因此，顶空气体的浓度变化也很小。我们在实际工作中往往是在满足灵敏度的条件下选择较低的平衡温度。过高的温度可能导致某些组分的分解和氧化，还可使顶空气体的压力过高，对仪器加压取样提出更高的要求，而且容易引起仪器系统的漏气。

(4)平衡时间

平衡时间取决于被测组分分子从样品基质到气相的扩散速度。扩散速度越快，所需要平衡时间越短。被测物沸点低、平衡温度高、黏度低，则扩散系数就大。平衡时间一般需要通过一系列实验来测定，用被测物的检测信号与平衡时间作图，当随着平衡时间的增加时，检测信号不再增加或者增加很少，则认为体系达到平衡。

缩短平衡时间是提高顶空 GC 分析速度的关键。一般来说，样品体积越大，所需的平衡时间越长，而样品体积又与分析灵敏度有关。如前所述，对于分配系数小的组分，加大样品体积可大大提高分析灵敏度，所需平衡时间相应增加。对于分配系数大的组分，加大样品体积对于提高灵敏度作用很小，可以用小的样品体积来达到缩短分析时间。固体样品所需要的平衡时间更长，除了提高温度可以缩短平衡时间外，减小固体颗粒尺寸，增大比表面可以有效缩短平衡时间。此外，将固体样品溶解在适当的溶剂中，或用溶剂浸润固体样品，都是常用的缩短平衡时间的方法。

3.静态顶空色谱检测食品接触材料 VOC 分析实例

(1)静态顶空—气相色谱检测食品接触材料中溶剂残留

(a)仪器与试剂

Agilent GC 6890N 气相色谱仪，配有火焰离子化检测器(FID)；Agilent 7694 自动顶空分析仪；20mL 顶空瓶，聚四氟乙烯薄膜的胶塞密封垫；HP-INNOWAX 色谱柱，60m×0.32mm×0.25μm。

甲苯、乙酸乙酯、2,4-戊二酮、乙基己醇、1-壬醛、辛烷、癸烷、十二烷、癸烷醛、十二烷醛、正十六烷均为色谱纯；待测试样为软质塑料复合食品包装材料。

(b)实验步骤

空白基质样品的处理：裁取待测包装膜 $100cm^2$，展开置于 90℃ 真空烘箱(真空度 85.3kPa)中烘至少 24 小时，处理过的包装膜经检测应无溶剂残留，此为空白基质样品。

校准曲线的制作：将 10 种目标挥发性有机物用正十六烷配制成 2mg/mL 的标准储备液，再用正十六烷稀释至一系列工作浓度，为标准工作溶液。将处理好的空白基质样品剪碎，装填入 20mL 顶空瓶底部，准确吸取 10μL 标准工作溶液注入载有空白基质样品的顶空瓶中，迅速密封顶空瓶，待气相色谱分析，用于制作校准曲线。

实际样品的处理：包装袋应取一批样品中处于中间位置的，卷膜样品应去除最外部的数层。裁取包装袋 $100cm^2$，若包装上印刷有油墨，应选取油墨分布最大的部分，以使所取试件能代表该批样品的最恶劣质量情况。将所选 $100cm^2$ 包装膜剪碎，装填入顶空瓶底部，待气相色谱分析。

(c)分析条件

固体静态顶空分析条件：平衡温度，100℃；平衡时间，60min；取样针温度，110℃；传输线温度，130℃；环平衡时间，0.05min；加压时间，0.2min；进样时间，1min。

气相色谱条件：进样口温度，250℃；分流比，2 ∶ 1；程序升温，50℃保持 3min，以 10℃/min 升温到 220℃，保持 10min；色谱柱，HP-INNOWAX，0.32mm × 60m × 0.25μm；载气(N_2)流速，1.8mL/min；检测器(FID)，250℃；氢气流速，40mL/min；空气流速，400mL/min；尾吹气流速，30mL/min。

(d)检测结果

采用无基质校准曲线测定 3 种食品包装材料中挥发性有机物的回收率。结果得到：乙酸乙酯回收率较高(85%～94.8%)，甲苯与癸烷次之(50%～70%)，其余大部分分析物的回收率都低于 50%，高沸点的分析物十二烷醛甚至未检出。上述结果表明，若采用无基质校准曲线测定不同基质的样品，结果偏差较大。

把待测包装膜置于 90℃真空烘箱中烘至少 24 小时，作为空白基质样品，然后把标准工作溶液注入载有空白基质样品的顶空瓶中，进行顶空气相色谱检测，制作工作曲线。采用外标法对 7 种实际样品进行检测，结果如表 7.8 所示。图 7.1 为标准样品色谱图和实际样品色谱图。可以得到，乙酸乙酯、甲苯等溶剂检出较多，但总量均较低；对于十二烷醛等较高沸点的挥发物基本上未检出，这可能是由于高沸点化合物的挥发性低、检测限高导致的。

表 7.8　7 种实际样品中挥发物测定结果

待测物	实际样品检测结果，$\mu g/dm^2$						
	样品 1	样品 2	样品 3	样品 4	样品 5	样品 6	样品 7
正辛烷	—	—	—	—	—	—	—
乙酸乙酯	1.2	0.9	2.3	1.3	3.3	—	5.6
癸烷	0.9	—	4.2	—	—	—	—
甲苯	2.0	0.7	—	8.8	1.1	—	—
十二烷	1.1	—	—	—	—	1.8	—
戊二酮	—	—	—	—	1.3	—	1.8
乙基己醛	—	—	—	—	—	—	—
癸烷醛	—	—	—	—	1.0	1.2	—
壬醛	—	4.1	—	—	—	—	—
十二烷醛	—	—	—	—	—	—	—

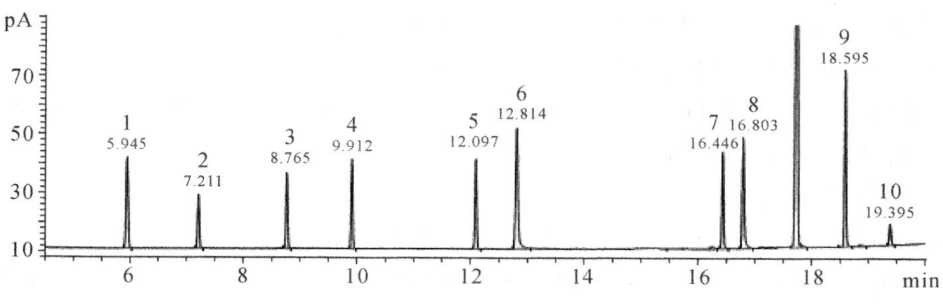

(a)10种挥发性有机物标准样品

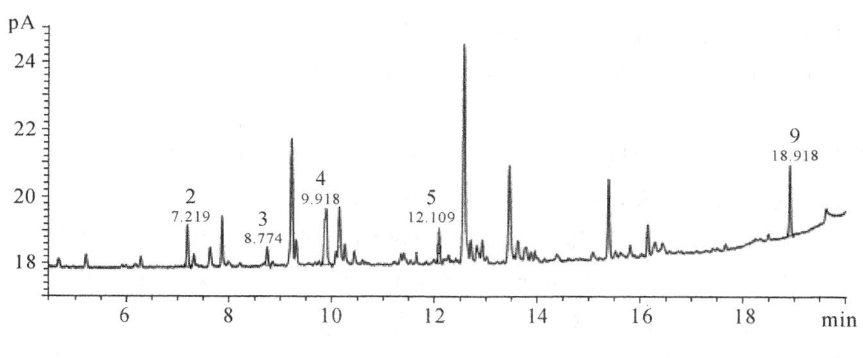

(b)食品包装材料样品

图7.1 10种挥发性有机物标准样品和食品包装材料样品的色谱图

1:辛烷,2:乙酸乙酯,3癸烷,4:甲苯,5:十二烷,6:2,4-戊二酮,7:2-乙基-1-己醇,8:癸醛,9:1-壬醛,10:十二醛

(2)食品接触材料残留单体的检测

(a)仪器和试剂

Agilent GC 6890N气相色谱仪;Agilent 7694自动顶空分析仪;20mL顶空瓶,聚四氟乙烯薄膜的胶塞密封垫;HP-INNOWAX色谱柱,60m×0.32mm×0.25μm。

苯乙烯、丁二烯、丙烯腈、甲苯、乙苯、丙苯、异丙苯、*N*,*N*-二甲基乙酰胺为色谱纯;丁酮、二氯甲烷为分析纯。

(b)实验步骤

苯乙烯聚合物空白基质的制备:将聚苯乙烯10g溶解于100mL丁酮中(待测物若是丙烯腈—苯乙烯共聚物或丙烯腈—丁二烯—苯乙烯共聚物,则称10g溶解于100mL二氯甲烷中)。将聚合物溶液置于140℃的真空烘箱内(真空度85.3kPa),把溶剂完全抽干,再干燥2h以上,得到空白聚合物基质。制得的空白聚合物基质进行顶空气相色谱分析,应无单体或溶剂残留。

标准溶液的配制:将浓度为1g/L混合标准储备溶液用*N*,*N*-二甲基乙酰胺(DMA)稀释为不同浓度的工作溶液,分别移取各浓度的工作溶液4.0mL,加至称有1.0g苯乙烯聚合物空白基质的顶空瓶中,迅速密封,作为标准溶液,进行顶空—气相色谱分析,制作

工作曲线。

试验方法：将袋状或片状聚苯乙烯食品接触材料成型品裁为约 5mm×5mm 或更小尺寸碎片，其余形状样品快速冷冻破碎至粒径约为 1～5mm。称取已破碎试样 1.0g 于顶空瓶中，准确加入 4.0mL DMA，迅速密封，于室温下静置至试样完全溶解后，进行顶空—气相色谱分析，进行定量分析。

(c)仪器工作条件

色谱条件：进样口温度 220℃，分流比为 2 比 1；检测器温度 250℃；HP-INNOWAX 色谱柱(60m×0.32mm×0.25μm)，载气为高纯氮气，流量 1.8mL/min；柱升温程序为初始温度 50℃，保持 1min，以 5℃/min 速率升温至 100℃，再以 10℃/min 速率升温至 200℃，保持 5min。

顶空条件：顶空瓶平衡温度 90℃；进样环温度 110℃；传输线温度 130℃；顶空瓶平衡时间 30min；环平衡时间 0.05min；加压时间 0.2min；进样时间 1min。

(d)检测结果

试验考察了不同平衡温度和平衡时间对顶空灵敏度的影响。结果表明，顶空灵敏度随着平衡温度的升高而增大，由于塑料在高温下(高于 110℃)可能老化分解，且过高的平衡温度对顶空系统平衡后的加压步骤提出较高的要求，容易引起系统泄漏，试验选择 90℃为顶空的平衡温度。对于大部分挥发物，在顶空体系中加热 30min 即达平衡，试验选择 30min 为平衡时间。此外，对顶空瓶中气液相比 β 进行优化。由图 7.2 可得，当顶空瓶中液相体积由 1.0mL 增大至 4.0mL 时，气液相比 β 逐渐减小，分析灵敏度提高；但随液相体积继续增大，β 减小缓慢，对灵敏度影响不大，因此试验选择液相体积为 4.0mL。

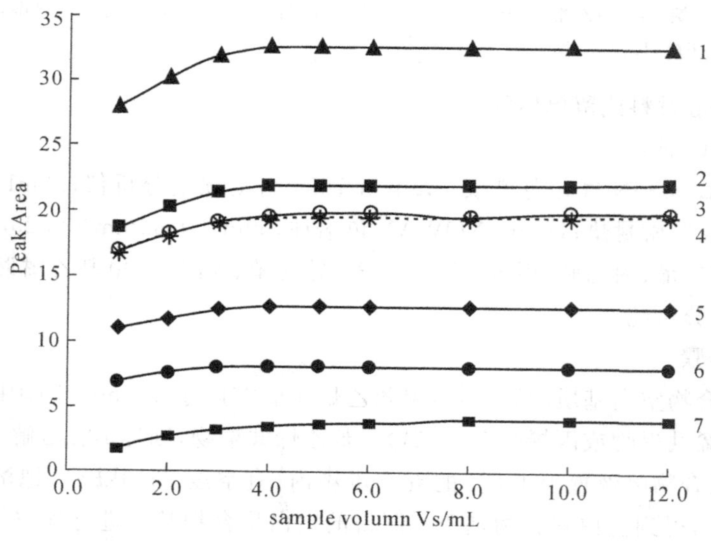

图 7.2 顶空瓶中气液相比的优化

1：甲苯，2：丙烯腈，3：乙苯，4：异丙苯，5：苯乙烯，6：丙苯，7：1,3-丁二烯

按照试验方法配制一系列基质匹配标准溶液于顶空瓶中，密封后进行分析，以待测物的质量分数为横坐标，峰面积为纵坐标绘制工作曲线，计算出线性回归方程、线性范围和检出限(S/N=3)，结果见表 7.9。

表 7.9　7 种待测物的线性回归方程、线性范围和检测限

化合物	线性回归方程	相关系数 r	线性范围 mg/kg	检出限 mg/kg
1,3-丁二烯	$y=1.12x+0.01$	0.9996	0.5～100	0.2
丙烯腈	$y=0.062x+0.03$	0.9998	5.5～9000	2.3
甲苯	$y=0.078x+0.09$	0.9996	2.5～8000	0.8
乙苯	$y=0.045x-0.07$	0.9998	9.0～8000	3.0
异丙苯	$y=0.030x+0.08$	0.9996	2.3～7000	0.9
丙苯	$y=0.025x+0.18$	0.9998	5.1～7000	1.6
苯乙烯	$y=0.0225x+0.05$	0.9990	20.7～8000	4.1

对杯、盘、盒等 10 种苯乙烯聚合物成型品进行测定，结果表 7.10。样品 1 和样品 2 中丙烯腈含量超过我国规定的 11mg/kg 限量。该方法简便、准确，其他材质聚合物食品接触产品，如聚氯乙烯、聚甲基丙烯酸甲酯中残留单体的测定也可参照该方法。

表 7.10　实际样品中残留单体和溶剂检测结果(mg/kg)

样品	1,3-丁二烯	丙烯腈	甲苯	乙苯	异丙苯	丙苯	苯乙烯
1(AS)	—	23.7	—	1.4	—	—	285.9
2(AS)	—	11.4	11.0	19.8	24.5	—	434.1
3(ABS)	0.30	8.5	—	37.4	50.9	46.8	894.3
4(ABS)	0.37	3.5	—	1.4	—	—	129.5
5(PS)	—	—	—	1.5	—	—	299.0
6(PS)	—	—	—	1.6	—	—	383.3
7(PS)	—	—	—	1.5	—	—	408.8
8(PS)	—	—	—	1.6	—	—	347.6
9(PS)	—	—	—	1.5	—	—	511.3
10(PS)	—	—	—	48.1	66.4	43.2	711.4

注：PS 为聚苯乙烯；AS 为丙烯腈—苯乙烯共聚物；ABS 为丙烯腈—丁二烯—苯乙烯共聚物。

7.4.2　固相微萃取—气相色谱法

固相萃取是目前最好的试样前处理方法之一，具有简单、费用少、易于自动化等一系列优点。而固相微萃取是基于固相萃取技术发展起来的，保留了其优点，并且摒弃了其

需要柱填充物和使用溶剂进行解吸的弊病，它只要一支类似进样器的固相微萃取装置(见图 7.3)，即可完成全部前处理和进样工作。该装置针头内有一伸缩杆，上连有一根熔融石英纤维，其表面涂有色谱固定相，一般情况下熔融石英纤维隐藏于针头内，使用时可推动进样器推杆使石英纤维从针头内伸出。

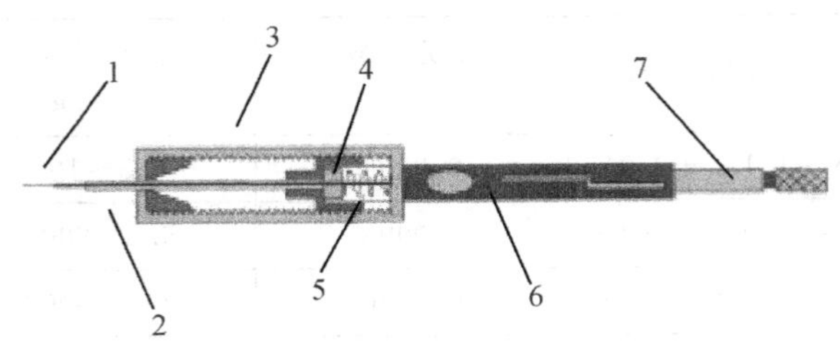

图 7.3　固相微萃取装置

1:熔融石英萃取纤维头;2:SPME 不锈钢针管;3:SPME 手柄;4:硅树脂隔垫;5:弹簧;6:定位环;7:进样推杆

用固相微萃取装置对样品的挥发性成分进行预富集时，先将试样放入带隔膜塞的固相微萃取专用容器中，如需要，可以同时加入无机盐、衍生剂或对 pH 值进行调节，还可加热或磁力转子搅拌。固相微萃取分为两步，第一步是萃取，将针头插入试样容器中，推出石英纤维对试样中的分析组分进行萃取；第二步是在进样过程中将针头插入色谱进样器，推出石英纤维完成解吸、色谱分析等步骤(见图 7.4)。固相微萃取的萃取方式有两种：一种是石英纤维直接插入试样中进行萃取，适用于气体与液体中的分析组分；另一种是顶空萃取，适用于所有基质的试样中挥发性、半挥发性分析组分。

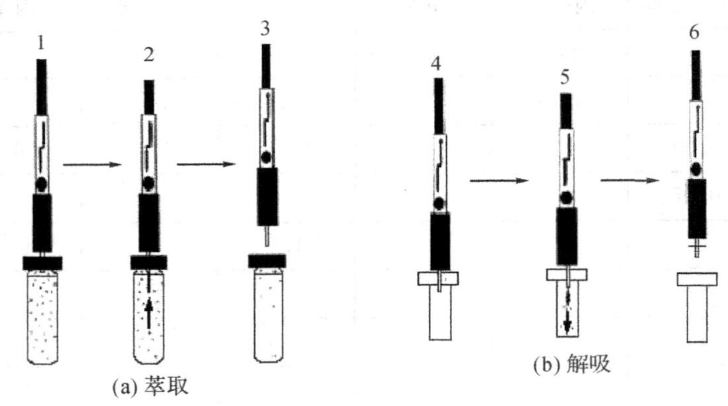

图 7.4　固相微萃取装置萃取过程示意图

1. 固相微萃取技术的理论基础

不论采用哪种萃取模式，SPME 的工作原理都是基于待萃取组分在样品基体中以及吸附涂层上的分配平衡。

(1)单一相体系

基于 Louch[17] 提出的 SPME 方法的数学模型，当操作在单一相体系中进行，系统达到平衡时，涂层所吸附的某一化合物的量满足下列关系：

$$n=KV_fC_0V_s/(KV_f+V_s) \tag{7.12}$$

式中：n——萃取纤维涂层中所吸附的待测物的量；

K——待测物在样品和涂层间的分配系数；

V_s、V_f——分别为样品和涂层的体积；

C_0——待测物初始浓度。

式 12 表明涂层吸附的目标分析物的量与样品中该物质的初始浓度成正比，因此，样品中该分析物的浓度越大，平衡时被涂层吸附的量就越大。涂层吸附的目标分析物的量还与其在样品和涂层间的分配系数 K 呈正比，目标分析物的 K 值越大，涂层对其吸附能力就越强，检测的灵敏度就越高。

当样品体积 $V_s>>KV_f$ 时，式 12 可以近似表示为：

$$n=KV_fC_0 \tag{7.13}$$

因此，当样品体积足够大时，某一纤维头的萃取量只与目标分析物的浓度有关，通过检测萃取量 n，就可求出该待测物的初始浓度 C_0。这为 SPME 用于现场采样分析与未知体积样品的萃取提供了理论基础。

2. 顶空—固相微萃取体系

根据 Zhang[18] 建立的数学模型，HS-SPME 用于气液或者气固两相同时存在的体系，在此两相体系中，当分析物通过扩散达到平衡时，可得到如下定量关系式：

$$n=K_1K_2C_0V_sV_f/(K_1K_2V_f+K_2V_h+V_s) \tag{7.14}$$

式中：K_1 和 K_2——分别为待测物在涂层和顶空以及顶空和样品之间的分配系数；

V_h——顶空的体积。

K_1、K_2 不仅与同一组分在不同相内的浓度有关，而且与其他组分的浓度有关，体系中的 K 和 V_f 值是影响方法灵敏度的重要因素，因此在实际应用中一般采用对萃取组分有较强吸附作用的涂层和增加萃取纤维头的厚度的办法来提高萃取的富集效果。

2. 固相微萃取模式

固相微萃取有三种萃取模式：直接萃取、顶空萃取和膜萃取。直接萃取方式是将萃取头直接插入到水样或空气样品中，分析物从样品基质中被吸附到萃取头上；顶空萃取方式是将水样或土壤样品放入到一个顶空瓶中，萃取头的位置位于样品上方的空气中，分析物通过空气在样品基质和萃取头之间分配，顶空瓶中的空气一方面作为分析物扩散分配的媒介，一方面作为分析物基质与萃取头之间的屏蔽，保护萃取头不被基质中高分子量的化合物和其他非挥发性的干扰物污染。这种方法主要用于萃取易挥发物质（如苯系物）或半挥发性物质。

如果要萃取难挥发组分，但样品基体的成分复杂且含有易损坏纤维头的物质时，可以采用第三种方式——膜保护萃取方式，采用一层薄膜保护萃取头不被污染损坏，同时增加萃取过程的选择性。

3.不同基质样品的定量分析方法

(1)由于固相微萃取属于一种动态平衡技术,因此定量需要对某些外部条件进行校正。当分析气体试样时,因为试样既不是在开放的空间,体积又不是很大,结果只与分析组分与固定相之间的分配系数有关,它决定于温度和湿度,故分析结果在对温、湿度校正后直接以气相色谱测定值定量。

(2)分析杂质较少的液体试样可采用外标法,将标准加至相对清洁的基质中进行固相微萃取,制作校正曲线,试样通过查找校正曲线上的点而定量。

(3)基质比较复杂的试样一般使用标准加入法或内标法。使用内标法需要筛选出与分析组分分配系数相同或相近的内标物,例如Ishii在检验人体液中的麻醉、止痛剂phencyclidine的量时选用diphenylpyraline hydrochloride作为内标[19],Kumazawa在检测人体液中的乙醇量时选用异丁醇作为内标[20]。

(4)分析固体样品一般使用多次固相微萃取法进行定量。固体样品基体的化学成分一般比较复杂,通过连续多次地从一个固体样品的平衡体系中萃取挥发性有机化合物,可以消除挥发性有机物定量过程中的基体效应。

4.影响固相微萃取的因素

(1)萃取头的选择

萃取头是SPME的核心部分,其种类和厚度对萃取灵敏度影响最大,要根据待萃取组分的性质,综合考虑其在各相中的极性、沸点和分配系数来选择不同类型的纤维头进行萃取。

(a)萃取头涂层种类的选择

目前根据涂层与被分析物间的相互作用力即亲和力的不同,可将涂层划分为四种:聚二甲基硅氧烷(PDMS)、聚丙烯酸酯类(PA)、聚乙二醇/二乙烯苯CW/DVB、二乙烯苯/碳分子筛/聚二甲基硅烷。萃取头涂层的选择应当根据"相似相容"的基本原则,选取最适合分析组分的固定相,用极性涂层萃取极性化合物,非极性涂层萃取非极性化合物(常用固定相及其适用试样见表7.11)。但这些结论也并不是绝对的,需要在实验中根据所分析的组分具体研究。例如,根据香味组成成分的化学性质,使用非极性的PDMS涂层(聚二甲基硅氧烷)与极性的PA涂层(聚丙烯酸酯)均可,但Steffen[21]等在对橘子中17种香味进行分析时发现,虽然二者萃取效率相近,但使用PA涂层所需的萃取时间比使用PDMS涂层所需时间长20min,且检测不出β-香叶烯;而Verhoeven[22]等却在草莓香味分析中发现PA效果更好;Fisher[23]使用PDMS和PA检测由软木塞对酒带来污染物时发现,前者比后者的萃取效率高10%。

表 7.11　几种常见商品化涂层的特性及应用范围

涂层种类	极性	应用范围
聚二甲基硅氧烷 (PDMS)	非极性	小分子量、非极性或弱极性挥发性化合物
聚丙烯酸酯类 (PA)	极性	强极性化合物(如酚类物质)
聚乙二醇/二乙烯苯 CW/DVB	极性	极性大分子化合物(如芳香胺)
二乙烯苯/碳分子筛/聚二甲基硅烷 (DVB/CAR/PDMS)	双极性	气味和香气

(b)萃取头长度和厚度的选择

此外,还需考虑石英纤维表面固定相的体积,即石英纤维长度和涂层膜厚。较长的萃取头和较厚的涂层可以富集更多的样品,提高分析灵敏度,但长纤维头较易折断,一般用 1cm 长的萃取头。分析物进入吸附层是扩散过程,因此涂层厚度增大会导致萃取平衡所需的时间延长,通常萃取小分子或强挥发性物质用厚膜,而大分子或半挥发性物质用薄膜,综合考虑试样的分子大小和挥发性还可选择中等厚度膜。如 Field[24] 在检测啤酒花中香精油时发现使用 PDMS 100μm 比 30μm 膜厚萃取效率要高 10～20 倍,Young[25] 在使用 PDMS 20μm、30μm、100μm 检测有机氯农药中得出 30μm 效果最好的结论。

(2)萃取时间

由于萃取是一个动力学过程,包括待分析物在样品基质中的对流迁移,在涂层中的吸附、脱附和扩散,萃取平衡所需的时间即由待分析物的扩散速度来决定。该速度包括待分析物在样品体系中的扩散速度,从样品到涂层的扩散速率和在涂层中的扩散速度。扩散速度与分子热运动有关,增加分子热运动的方法有加热、超声波、搅拌、微波。这些方法可使萃取吸附的平衡时间缩短。当使用超声波时,平衡时间大约为 1min[26],而在其他方式下,如磁力搅拌,平衡时间一般为 2～60min。实际工作中,常通过吸附量—萃取时间曲线来确定最佳萃取时间。在某些情况下,如吸附量已经达到检测限的要求,则可不必等待萃取平衡的到达,直接在非平衡状态下进行分析,从而缩短萃取时间。

(3)样品基体中的无机盐盐度

向液体试样中加入少量氯化钠、硫酸钠等无机盐可增强离子强度,降低有机物在水中的溶解度,增加待测化合物进入涂层的分配系数,起到盐析作用,使石英纤维固定相能吸附更多的分析组分。一般情况下可有效提高萃取效率,但并不一定适用于任何组分,如 Boyd-Boland[27] 在对 22 种含氮杀虫剂检验中发现使用多数组分在加入氯化钠后会明显提高萃取效果,但对恶草灵、乙氧氟甲草醚等农药无效;Fisher[20] 在分析酒中污染物时,加入无机盐的比不加的分析结果高 25%。加入无机盐的量需要根据具体试样和分析组分来定。

(4)萃取温度

适当升高温度可以加速试样分子运动,提高分子扩散速度,尤其能使固体试样的分析组分尽快从试样中释放出来,从而缩短萃取时间。对于 HS-SPME,升高温度还可使试样在气相中的浓度增大,提高分析的灵敏度。但萃取吸附是放热过程,升温会使分配系数 K 降低,导致石英纤维固定相对组分的吸附能力下降。因此,萃取过程中的温度不是越高越好,SPME 存在一个最佳温度。一般实验萃取温度控制在 50～80℃,最佳温度只能通过实验不断探索而获得。

5. 固相微萃取在食品接触材料 VOC 检测中应用

顶空—固相微萃取制样技术是 20 世纪 90 年代初提出并发展起来的用于吸附并浓缩待测物中目标物质的样品制备方法。它的应用使样品前处理非常简单,样品顶空中的挥发性物质靠吸附平衡进行浓缩,从而富集在固相微萃取的萃取头上,与气相或液相色谱仪联用,吸附在萃取头上的挥发性物质在 GC 的气化室或者 SPME 专用接口内解吸,直接进行色谱分析。与顶空装置相比,其成本低,使用方便灵敏度高。

在食品接触材料检测 VOC 应用已有许多报道。秦金平等[28]采用固相微萃取与气相色谱联用技术测定食品包装材料中 15 种常用有机溶剂(苯类、醇类、酮类、酯类等)。选择聚二甲亚砜作为固相微萃取的萃取相,采用 DB-624 毛细管色谱柱进行分离。在优化的试验条件下,15 种有机残留溶剂在 20min 内能很好地分离,15 种溶剂的测定下限为 0.08～0.69μg/dm^2。魏黎明等[29]采用固相微萃取与气相色谱联用技术,对塑料制品的保鲜薄膜、牛奶包装袋中的痕量挥发性有机物异丙醇、乙酸乙酯、丁酮、甲苯进行定量测定,该方法的线性范围大于 10^2 数量级,检出限低于 4.4ng/mL 水平,相对标准偏差为 2.3%～4.7%,方法灵敏度高、重现性较好。Oscar Ezquerro 等[39-32]采用顶空固相微萃取—气相色谱—质谱联用技术对不同包装材料中挥发性有机物进行定性,并采用多次萃取法对 22 种挥发性有机物(醛类、酮类、酯类等)进行定量检测,消除基质效应,取得令人满意的结果。

6. 分析实例[28]

采用固相微萃取—气相色谱联用技术,同时分离和测定食品包装材料中常见的 15 种常用有机溶剂(苯类、醇类、酮类、酯类等)。

(1)仪器与试剂

Agilent 6890N 气相色谱仪带有 FID 检测器,恒温水浴锅,100μm Supelco 聚二甲亚砜纤维涂层。试验所用试剂均为分析纯。

(2)试验方法

(a)标准溶液的配制及检测

称取脱水重蒸处理后的苯、甲苯、二甲苯、正己烷、二氯甲烷、甲醇、乙醇、异丙醇、丙酮、丁酮、正丁醇、异丁醇、乙酸异丙酯、乙酸乙酯和乙酸丁酯各 4g 左右,混合后加入 N,N 二甲基乙酰胺(DMA)定容至 100mL,摇匀,作为标准储备溶液,然后依次用 DMA 稀释成各种浓度的标准工作溶液;称取内标物三氯甲烷 1.0g 加入 DMA 定容至 10mL,把上述

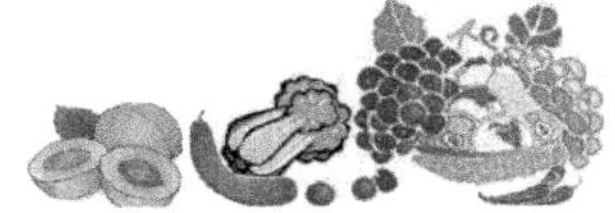

溶液放入冰箱保存。

裁取待测塑料包装膜，展开置于90℃真空烘箱(真空度85.3kPa)中烘至少24小时，处理过的包装膜经检测应无溶剂残留，作为空白基质样品。

分别加入不同浓度标准溶液各5μL，内标溶液2μL于含有空白基质的20mL顶空瓶中，密封后按色谱条件进行测定。

(b)样品处理及检测

剪取表面积为1dm^{2}的塑料食品包装袋，并裁成碎片(10mm×10mm)置于20mL顶空瓶中，加入三氯甲烷内标溶液2μL，密封顶空瓶。顶空瓶于100℃烘箱中恒温预热30min后，取出冷却至室温，放入恒温水浴中。塑料包装材料中各残留有机溶剂，挥发出并布满整个顶空瓶进行萃取吸附，平衡后直接注入色谱仪进样口解吸，经色谱柱分离后用氢火焰离子化检测器检测，以保留时间定性，峰面积比定量。

(3)仪器工作条件

(a)色谱条件

DB-624色谱柱(30m×0.25mm×1.40μm)，载气流量1.0mL/min，进样口温度220℃，检测器温度250℃；柱升温程序：初始温度45℃，保持6min，以20℃/min速率升温至60℃，保持4min，再以20℃/min速率升温至200℃保持2min；分流进样，分流比10：1。

(b)SPME条件

固定相为聚二甲亚砜纤维涂层，萃取时间30min，温度30℃，解吸时间2min。

(4)条件选择

(a)SPME温度的选择

试验分别考察了20℃、25℃、30℃、35℃、40℃、50℃温度下的萃取效果。结果表明：随着温度升高，峰面积有所增大，分析灵敏度也随之提高，但当平衡温度超过30℃时，组分峰面积趋于下降，试验选择30℃作为萃取温度。

(b)SPME时间的选择

由于SPME达到平衡的时间受动力学控制，将样品在30℃下进行萃取，依次平衡5min、10min、15min、20min、25min、30min、40min后进行分析。结果表明：响应信号随着萃取时间的延长而增大，但当平衡时间超过30min后，其响应值基本不再增加，即顶空瓶内萃取已基本处于平衡。综合考虑，试验选择萃取时间为30min。

(5)分析结果

按试验方法对15种有机溶剂标准溶液进行测定，以各有机溶剂标准与内标物的峰面积比为纵坐标，各有机溶剂标准溶液含量为横坐标绘制工作曲线，并计算线性下限。15种有机残留溶剂在20min内能很好地分离，检测下限(S/N=10)为0.08～0.69μg/dm^2。抽取市场上5种不同的食品包装材料样品各1dm^2，进行检测。结果表明：样品主要含有乙酸乙酯、甲苯和二甲苯3种溶剂，每平方米中残留溶剂总量小于5.66mg，其中苯系物含量小于1.44mg。

7.4.3 热脱附—气相色谱法

1. 基本原理

热脱附是指采用加热和惰性气体吹扫将挥发物从固体或液体样品中洗脱出来，并利用载气将挥发物输送至分析系统（如气相色谱仪）的一种脱附方法。从原理上说，热脱附有一级热脱附和二级热脱附两种方法。一级热脱附是将吸附管放在有温度控制器控制的解吸装置里，加热吸附管，被解吸的组分随载气直接进入 GC 或 GC-MS 进行分析。样品解吸是一个缓慢过程，因此一级脱附的进样时间较长，容易导致色谱峰变成宽的"馒头"峰，降低分离效率。为了解决这个问题，研究人员开发出二级热脱附技术，它的原理是将第一级热解吸的待测组分低温冷冻聚焦在冷阱中，然后快速加热使样品瞬间蒸发进入分析系统，这样可以减少峰扩展，改善色谱的分离效率。热脱附的优点主要有以下三点：首先，相比传统的溶剂萃取，热解析检测限可低至 1000 倍；其次，采样管可重复使用，无因溶剂引起的色谱干扰现象；第三，样品通量高，简单、一次分析成本低，特别是易实现自动化现场操作等。

2. 影响热脱附的因素

(1)吸附剂选择

吸附剂的选择对于热脱附技术是非常重要的。一般来说，需要吸附的待测组分的挥发性越大，所需柱子吸附剂的强度越大，即比表面积、吸附能力越大。为了提高吸附采样管吸附—热解吸的回收率，填充的吸附剂应当使用补集效率高而且容易加热脱附回收的物质。通常，按照材料的性质、结构可将吸附剂分为碳基吸附剂和有机多孔聚合物吸附剂两大类。碳吸附剂主要包括活性炭、石墨化炭黑和碳分子筛吸附剂三种。炭吸附剂一般具有较大的比表面积，使用温度较高，吸附能力强、热稳定性好，常用于富集挥发性和半挥发性轻组分。但多数碳吸附剂亲水性强，热脱附温度高，吸附剂表面有过多的活性点，常造成脱附不完全或引起极性化合物不可逆吸附、分解等问题。有机多孔聚合物吸附剂脱附温度低、疏水性强，常用于农药、环境大气、水、土壤中的有机污染物、食品、植物和矿物分析等。常用的有机多孔聚合物吸附剂有 Tenax、Porapak、Chromosorb 等系列。常见吸附剂的物理特性参数见表 7.12。

表 7.12 常见吸附剂的物理特性参数

吸附剂名称	吸附剂类型	粒子尺寸(目)	最高使用温度(℃)	比表面积(m^2/g)
Carbosieve S III	碳分子筛	60～80	350	820
Carboxen-563	碳分子筛	20～45	350	510
Carboxen-564	碳分子筛	20～45	350	400
Carboxen-569	碳分子筛	20～45	350	485
Carboxen-1000	碳分子筛	60～80	350	1200

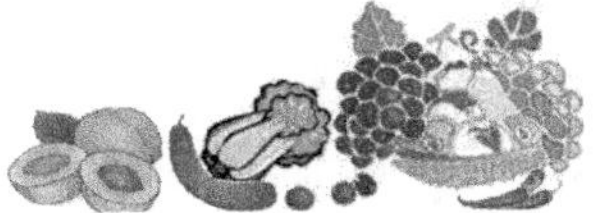

续表

吸附剂名称	吸附剂类型	粒子尺寸（目）	最高使用温度（℃）	比表面积（m^2/g）
Carboxen-1001	碳分子筛	60～80	350	500
Carboxen-1002	碳分子筛	40～60	350	1100
Carboxen-1003	碳分子筛	40～60	350	1000
Carboxen-1016	碳分子筛	60～80	350	75
Carboxen-1018	碳分子筛	60～80	350	700
Carbopack F	石墨化炭黑	60～80	350	5
Carbopack C	石墨化炭黑	60～80	350	10
Carbopack Y	石墨化炭黑	60～80	350	24
Carbopack B	石墨化炭黑	60～80	350	100
Carbopack X	石墨化炭黑	60～80	350	240
Tenax TA	聚(2，6-二苯基-P-苯乙烯基氧化物)	60～80	320	35
Tenax GR	聚(2，6-二苯基-P-苯乙烯基氧化物)+23%石墨化炭黑	60～80	320	24
Porapak N	聚乙烯吡咯烷酮	50～80	190	250～350
Chromosorb	聚(苯乙烯-二乙烯基苯)	60～80	190	750
Hayesep D	二乙烯基苯聚合物	60～80	190	795

(2)样品的萃取温度

萃取温度越高，萃取出的分析物量越多，萃取效率也越高，尤其对于沸点较高的分析物。但过高的萃取温度可能会使塑料发生降解，引入许多降解产物干扰分析，因此一般选取 60℃作为常用温度，对于高沸点强极性组分，可以采用更高的萃取温度。

(3)样品萃取时间和吹扫气流速

吹扫气的体积等于吹扫气的流速与吹扫时间的乘积。通常用控制气体体积来选择合适的吹扫效率。气体总体积越大，吹扫效率越高。但是总体积太大，对于后续的吸附捕集效率不利，太大的流速或过长的吹扫流速会将补集在吸附剂中的被分析物吹落，一般情况要通过实验来优化萃取时间和载气流速。

(4)冷阱温度

吹出物在吸附剂或冷阱中被捕集，冷阱温度直接影响捕集效率，一般情况下，温度越低捕集效率越高。常使用的制冷剂是液氮或者二氧化碳，制冷温度最低可达到－180℃。使用制冷剂制冷的冷阱需要消耗大量的液氮或者液体二氧化碳，设备比较笨重，测定费用相对较高；使用制冷的半导体制冷不需要任何制冷剂，操作过程比较简单、方便，但最低温度只能达到－30℃。

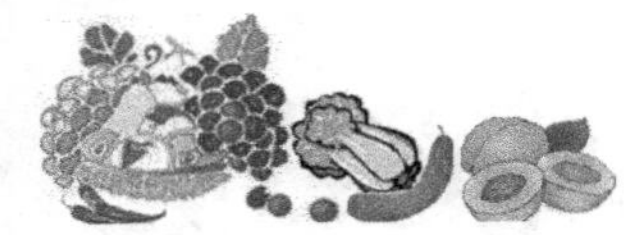

(5)解吸温度

一个快速升温和重复性好的解吸温度是最后得到良好准确度和精密度的关键。较高的解吸温度和较短的解吸时间能够更好地将挥发物输送入气相色谱柱,得到窄的色谱峰。因此,一般选择比较高的解吸温度,通常在250℃左右。

3.热脱附技术检测食品接触材料VOC

热脱附技术早在90年代就已被用于环境中挥发性有机物污染物的分析[33-35]。近年来随着热脱附仪器的不断发展,该技术也逐渐应用于食品包装材料中挥发性有机物的检测。朱海欧等[36]采用二级热脱附检测木质包装料中VOC,包括苯、甲苯、二甲苯、苯乙烯、乙苯、乙酸丁酯和十一烷,取得了较好的结果。杨勇等[37]采用热脱附—气质相色谱/联用法(TDS-GC/MS)对卷烟包装材料印刷中使用的油墨挥发性成分进行了分析测定,该方法检测灵敏度高、重现性较好,为卷烟包装材料印刷的测定及研究提供了一种新的方法。与顶空—气相色谱分析方法相比,热脱附技术的检测限低1～2个数量级,更加适用于低浓度、高沸点的挥发性有机物。表7.13为静态顶空、固相微萃取、热脱附技术三者之间的比较。

表7.13 静态顶空、固相微萃取、热脱附技术的比较

样品处理技术	优点	缺点
静态顶空	(1)仪器较为简单,分析物不会丢失; (2)分析稳定性高	(1)灵敏度低于热脱附; (2)难以分析较高沸点的组分; (3)不同样品基质对分析存在干扰
固相微萃取	(1)仪器装置简单、成本低; (2)灵敏度高、可分析沸点高的半挥发有机物	(1)与顶空和热脱附相比,稳定性差; (2)萃取针头具有选择性,可能造成目标分析物的丢失
热脱附	(1)可将挥发性组分全部萃取出来,并在吸附剂中浓缩后分析,定量分析受基质干扰较小; (2)分析灵敏度比顶空和固相微萃取高; (3)可分析沸点较高的组分	(1)仪器较为复杂且价格高; (2)影响分析的因素较多; (3)吸附剂具有一定选择性,多种类目标物分析时可能造成某些组分的丢失

本章参考文献

1. ASTM D3960-2005. Standard Practice for Determining Volatile Organic Compound (VOC) Content of Paints and Related Coatings

2. ISO 4618-1-1998. Paints and varnishes-Terms and definitions for coating materials—Part 1: General terms

3. DIN 55649-2001. Paints and varnishes-Determination of volatile organic compound contend in waterthinnable emulsion paints (In-can VOC)

4. Le Sech J, Ducruet V, Feigenbaum A. Influence of dissolved gases in the dynamic headspace

analysis of styrene and other volatile organic compounds and improvement of their determination[J]. J. Chromatogr. A, 1994, 667(1-2): 340-347

5. Aldirch F D. Air pollution illnesses: overview and challenge[J]. Clinical Toxicology, 1991, 29(3): 307-313

6. http://www.tbt-sps.gov.cn/riskinfo/dataquery/Pages/datasearch.aspx 中国技术性贸易措施网

7. COMMISSION REGULATION (EU) No. 10/2011 of 14 January 2011 on plastic materials and articles intended to come into contact with food

8. Standards for Foodstuffs and Additives (Ministry of Health and Welfare Notice No. 370, December 28, 1959)

9. 21CFR 177.1640, Polystyrene and rubber modified polystyrene

10. Lebensmittel-und Futtermittelgesetzbuches(LFGB,《食品、烟草制品化妆品和其他日用品管理法》)

11. 谢利，于江，任鹏刚，刁沙沙，李爽. 顶空/气相色谱—质谱法分析方便面印刷包装材料中挥发性有机物[J]. 分析化学，2011，39(9)：1368—1372

12. 陈志锋，程勘，孙利，雍炜. 毛细管气相色谱法测定聚氯乙烯食品包装中的氯乙烯单体[J]. 食品与机械，2009，25(4)：92—94

13. 赵文良，巩余禾. 顶空气相色谱法测定复合食品包装袋的溶剂残留[J]. 中国卫生检验杂志，2008，18(12)：2540—2542

14. 朱生慧. 气相色谱法测定聚苯乙烯中残留单体苯乙烯[J]. 现代科学仪器，2008，18(2)：83—85

15. 许瑛华，朱炳辉，钟秀华. 顶空气相色谱法测定化妆品中15种挥发性有机溶剂残留[J]. 色谱，2010，28(1)：73—77

16. 程欲晓，周宇艳，马明. 基体匹配校正顶空气相色谱法测定食品塑料包装材料中挥发性有机物[J]. 理化检验，2012，1:32—36

17. Louch D, Motlagh S, Pawliszyn J. Dynamics of organic compound extraction from water using liquid-coated fused silica fibers[J]. Anal. Chem., 1992, 64(10): 1187-1199

18. Zhang Z Y, Pawliszyn J. Headspace solid-phase microextraction[J]. Anal. Chem., 1993, 65(14): 1843-1852

19. Ishii A, Sano H, Kumazawa T. Simple extraction of phencyclidine from humanbody fluids by headspace solid phase microextraction[J]. Chromatographia, 1996, 43 (5/6): 331-333

20. Kumazawa T, Seno H, Lee X D. Detection of ethanol in human body fluid by headspace solid-phase microextraction/capillary gas chromatography[J]. Chromatographia, 1996, 43(7-8): 393-397

21. Steffen A. Pawliszyn J. Analysis of flavor volatiles using headspace solid-phase microextraction[J]. J Agric. Food Chem., 1996, 44(8): 2187-2193

22. Verhoeven H, Beuerle T, Schwab W. Solid-phase microextraction: artefact formation and its avoidance[J]. Chromatographia, 1997, 46 (1-2): 63-66

23. Fisher C, Fisher U. Analysis of cork taint in wine and cork materia at olfactory subthreshold lever by solid-phase microextraction[J]. J Agric. Food Chem., 1997, 45(6): 1995-1997

24. Field J. A, Nickerson G. Determination of essential oils in hop by headspace solid-phase microextraction[J]. J Agric. Food Chem., 1996, 44(7): 1768-1772

25. Young R, Lopez-Avila V, Beckert W F. On-line determination of organochlorine pesticides in water by solid-phase microextraction and gas chromagraphy with electron capture detection[J]. J High Resol. Chromatogr. , 1996(5), 19: 247-256

26. Motlagh S, Paeliszyn J. On-line monitoring of flowing samples using solid phase microextraction-gas chromatography[J]. Anal. Chim. Acta 1993, 284(2): 265-273

27. Boyd-Boland A A, Pawliszyn J B. Solid phase microextraction of nitrogen-containing herbicides [J]. J Chromatogr. A, 1995, 704(1): 163-172

28. 秦金平，高俊伟，徐春祥，徐董育. 固相微萃取—气相色谱法测定食品包装材料中残留有机溶剂[J]. 理化检验—化学分册，2010，46(3)：260—265

29. 魏黎明，李菊白，李辰. 固相微萃取—气相色谱法测定塑料食品包装袋中的痕量挥发性有机物[J]. 分析测试技术与仪器，2003，9(3)：178—181

30. Ezquerro O, Pons B, Teresa Tena M. Development of a headspace solid-phase microextraction-gas chromatography-mass spectrometry method for the identification of odour-causing volatile compounds in packaging materials[J]. J Chromatogr. A, 2002, 963(1-2): 381-392

31. Ezquerro O, Pons B, Teresa Tena M. Direct quantitation of volatile organic compounds in packaging materials by headspace solid-phase microextraction-gas chromatography-mass spectrometry [J]. J Chromatogr. A, 2002, 985(1-2): 247-257

32. Ezquerro O, Pons B, Teresa Tena M. Headspace solid-phase microextraction-gas chromatography-mass spectrometry applied to quality control in multilayer-packaging manufacture[J]. J Chromatogr. A, 2003, 1008(1): 123-128

33. Pankow J F, Luo W, Isabelle L M, Bender D A, Baker R J. Determination of a wide range of volatile organic compounds in ambient air using multisorbent adsorption/thermal desorption and gas chromatography/mass spectrometry[J]. Anal. Chem. , 1998, 70(24): 5213-5221

34. Demeestere K, Dewulf J, Roo K D, Wispelaere P D, Langenhove H V. Quality control in quantification of volatile organic compounds analysed by thermal desorption-gas chromatography-mass spectrometry[J]. J Chromatogr. A, 2008, 1186(1): 348-357

35. 王欣欣，刘庆阳，刘艳菊，等. 二级热脱附—气相色谱—质谱联用测定大气可吸入颗粒物中的16种多环芳烃[J]. 色谱，2010，28(5)：849—853

36. 朱海欧，张桂珍，卢志刚，等. 热脱附—气相色谱质谱法测定挥发性有机化合物的研究[J]. 木材工业，2011，25(5)：16—19

37. 杨勇，侯英，杨蕾，等. 热脱附—气/质联用法快速测定烟用印刷油墨中的挥发性成分[J]. 云南化工，2007，34(6)：28—31

第 8 章　食品接触材料中芳香胺的分析与检测

8.1　概述

食品接触材料中芳香胺的迁移溶出是影响其卫生安全的一个重要因素。近几年来，欧盟预警通报中多次提到中国出口的黑色尼龙餐具被检测出芳香胺超标并采取了市场控制或者拒绝进口等措施，对企业造成了巨大经济损失，引起了我国政府部门和相关企业的高度重视。欧盟于 2011 年 7 月出台(EU)No. 284/2011 号法规，对中国内地和中国香港地区生产的聚酰胺和三聚氰胺塑料餐厨具进行管制，对来自中国所有批次的塑料餐具进行书面材料审查，并抽取 10%进行实验室分析，这给我国出口企业带了很大压力，造成因不合格退运更多。

本章介绍食品接触材料芳香胺的来源、危害及各国的法规标准，详细分析了食品接触材料芳香胺检测的样品前处理技术及主检测手段，重点介绍了气相色谱—质谱仪的原理及其在食品接触材料芳香胺检测中的应用。对于消费者来说，可以充分认识食品接触材料中芳香胺对人体的危害，了解各国的法规和标准；对生产企业来说，可以为其产品出口的质量控制提供技术参考。

8.1.1　食品接触材料中芳香胺的来源

(1)复合包装材料生产过程使用的黏合剂，在一定条件下可能释放出芳香胺物质。复合软包装材料是指由两层或两层以上不同品种的材料，采用涂布法、层合法、共挤法等工艺制备而成的复合材料，其中层合法必须用到黏合剂。黏合剂多为聚氨酯，它是由多羟基化合物和芳香族异氰酸酯聚合而成的，残留的芳香族异氰酸酯单体水解后可生成芳香胺(见图 8.1)。欧盟允许 8 种常见芳香族异氰酸酯(见表 8.1)用于食品接触用塑料制品中，但其水解产生的芳香胺总量应符合欧盟指令(EU)No. 10/2011 的要求。

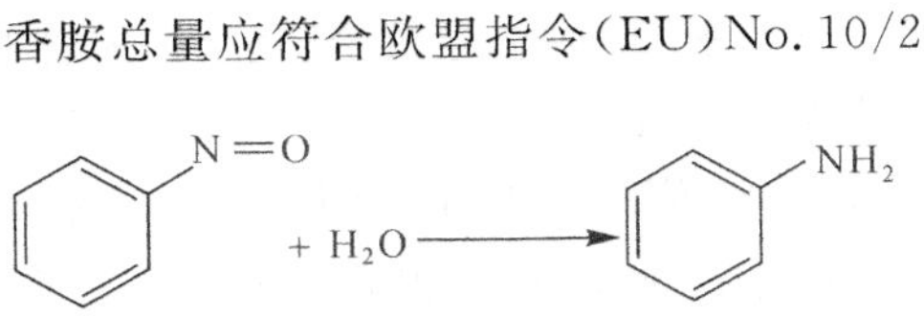

$$C_6H_5{-}N{=}O + H_2O \longrightarrow C_6H_5{-}NH_2$$

图 8.1　芳香胺生成的机理

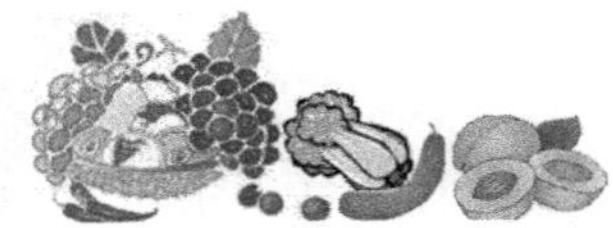

表 8.1 欧盟允许使用的芳香族异氰酸酯和水解反应后生成的芳香胺

序号	允许使用的芳香族异氰酸酯	水解产生的芳香胺
1	异氰酸苯酯	苯胺
2	甲苯-2,6-二异氰酸酯	2,6-二氨基甲苯
3	萘-1,5-二异氰酸酯	1,5-二氨基萘
4	甲苯-2,4-二异氰酸酯	2,4-二氨基甲苯
5	二苯醚-4,4'-二异氰酸酯	4,4'-二氨基二苯醚
6	二苯甲烷-4,4'-二异氰酸酯	4,4'-二氨基二苯甲烷
7	二苯甲烷-2,4'-二异氰酸酯	2,4'-二氨基二苯甲烷
8	3,3'-二甲基联苯-4,4'-二异氰酸酯	3,3'-二甲基联苯胺

(2)塑料食品接触材料原料在生产过程中使用了一些含有芳香胺基团的物质或助剂,如二苯胺、对苯二胺等化合物及其衍生物等作为优良的抗氧化剂而大量应用于塑料制品中;4,4'-二氨基二苯甲烷因能增强尼龙的耐高温性能而广泛用于制造耐高温的炊具、餐具等;1,3-苯二胺可作为单体用于生产塑料。这些塑料在受热等条件下,都可能会释放出芳香胺。

(3)一些深色的塑料食品接触材料生产过程中使用了偶氮染料,在一定条件下可分解产生芳香胺(见图 8.2)。近年来,中国出口欧盟的黑色尼龙餐具中常检测出芳香胺,不符合欧盟委员会关于与食品接触的塑料材料和制品的指令(EU)No. 10/2011 的要求。这类餐具中迁移出的芳香胺主要是苯胺和亚甲基二苯胺,其中亚甲基二苯胺可能为黑色偶氮染料的主要分解产物,苯胺可能是偶氮染料原料带来的杂质。

$$R_1\text{-}C_6H_4\text{-}N{=}N\text{-}C_6H_4\text{-}R_2 \xrightarrow{\text{分解}} R_1\text{-}C_6H_4\text{-}NH_2 + R_2\text{-}C_6H_4\text{-}NH_2$$

图 8.2 偶氮染料分解产生芳香胺机理

8.1.2 芳香胺的毒性

芳香胺与人体接触可被皮肤吸收,并在人体内扩散,经过活化作用而改变人体的 DNA 结构,引起病变和诱发恶性肿瘤物质,导致膀胱癌、输尿管癌、肾盂癌等恶性疾病。

2-萘胺是第一个被确认为强烈致癌物质,经常接触 2-萘胺的人其膀胱癌发病率比一般人高出 61 倍,比联苯胺高出 19 倍。20 世纪 70 年代初,日本和美国联合宣布联苯胺属于强烈致癌物质,并宣布禁止生产、使用和销售联苯胺染料。研究发现联苯胺燃料生产工人的膀胱癌发病率比一般人显著升高[1],且联苯胺还可诱发肝脏、胆囊、肾脏和胰脏等的肿瘤。与联苯胺化学结构类似的化合物 3,3'-二甲氧基联苯胺和 3,3'-二甲基联苯胺则可诱发小鼠、大鼠各种器官的肿瘤;二甲基-4-氨基联苯诱发大鼠膀胱和肠肿瘤。

此外,苯二胺及其衍生物也具有强致癌性。由于苯二胺及其衍生物常被用作染发剂，经常染发或职业上使用这些染发剂的人，其膀胱癌患病率显著地高于一般人。一般说来，苯二胺分子上的两个氨基彼此在邻位时，其致癌性比在对位时高。将 1,3-苯二胺的一个或两个胺基氧化，或在胺基位置由其他的官能基团取代，则其致癌性降低。

芳香胺还有其他毒性。4-氨基联苯、3-氨基联苯和 2-氨基联苯会抑制许多肠道细菌的生长，这种作用会影响肠道菌群的平衡。此外，芳香胺类中的某些化合物还可能诱发自身免疫性疾病，例如狼疮。表 8.2 详细列出了常见 19 种芳香胺可能导致的疾病[2]。

表 8.2　19 种芳香胺的毒性列表

序号	名称	毒性
1	苯胺	有毒；可引起高铁血红蛋白症、溶血性贫血和肝肾损害
2	4-氨基联苯	为致癌物，吸收后可引起高铁血红蛋白血症，出现紫绀，吸入、口服可致死
3	联苯胺	国际癌症研究中心(IARC)已确认为致癌物，接触可引起血性膀胱炎，膀胱复发性乳头状瘤和膀胱癌
4	4-氯邻甲苯胺	对眼睛、皮肤有刺激作用，进入体内能形成高铁血红蛋白，可致紫绀
5	2-萘胺	为致癌物，吸收后可引起高铁血红蛋白症，出现紫绀、排尿困难
6	4-氯苯胺	为可疑致癌物，能无损皮肤吸收，对眼睛有刺激性，可引起高铁血红蛋白血症
7	2,4-二氨基苯甲醚	对眼睛、皮肤、黏膜和上呼吸道有刺激作用；有资料报道，对人有致突变作用
8	4,4'-二氨基二苯甲烷	吸收后可引起高铁血红蛋白，出现紫绀；有服后引起急性黄疸的报道，也有经皮肤引起中毒性肝炎报道
9	3,3'-二氯联苯胺	对动物有强致癌作用，对人有可疑致癌；接触可引起皮炎
10	3,3'-二甲氧基联苯胺	有毒，对眼睛、皮肤、黏膜和呼吸道有刺激作用
11	3,3'-二甲基联苯胺	对眼睛和呼吸道有刺激作用，可导致肾损害甚至肾衰竭
12	3-甲基-6-甲氧基苯胺	对眼睛、皮肤、黏膜和上呼吸道有刺激作用；吸收进体内，可形成高铁血红蛋白致紫绀
13	4,4'-二氨基二苯醚	具有刺激作用，动物实验为致癌物
14	邻甲苯胺	强的高铁血红蛋白形成剂，并能刺激膀胱尿道，可致血尿
15	2,4-二氨基甲苯	为可疑致癌物；对黏膜、呼吸道及皮肤有刺激性，能引起气管炎、支气管炎、哮喘和皮肤湿疹
16	2-氨基偶氮甲苯	对眼睛、皮肤和黏膜有刺激作用；吸收后能形成高铁血红蛋白而致紫绀；动物实验有致癌作用
17	2-甲氧基苯胺	有毒，可引起呼吸系统和皮肤的过敏反应
18	2,4-二甲基苯胺	可引起高铁血红蛋白症，造成组织缺氧；对中枢神经系统及肝脏损害较强，对血液作用较弱；可引起皮炎
19	2,6-二甲基苯胺	可引起高铁血红蛋白症，造成组织缺氧；对中枢神经系统及肝脏损害较强，对血液作用较弱；可引起皮炎

8.1.3 国内外对初级芳香胺限制相关法规

1. 中国相关法规标准

虽然我国《食品卫生法》规定：储存、运输和装卸食品的容器包装、工具、设备和条件必须无害，保持清洁，防止食品污染；直接入口的食品应当有小包装或者使用无毒、清洁的食品接触材料，但我国对食品接触材料中芳香胺的限量法规和标准尚未完善，目前仅国家标准 GB 9683-88《复合食品包装袋卫生标准》规定，纸、塑料薄膜或铝箔经黏合剂复合而成的食品包装袋在 4%乙酸浸泡溶液中甲苯二胺的迁移量不得大于 0.004mg/L。

我国对食品接触材料中芳香胺检测的标准主要是针对二胺基甲苯、1,3-苯二甲胺两种目标物。1994 年颁布了国家标准方法 GB/T 14937-94《复合食品包装袋中二胺基甲苯测定方法》，对复合食品包装袋中甲苯二胺的测定作了详细规定，并于 2003 年对该标准进行了修订(GB/T 5009.119-2003)。出入境检验检疫标准 SNT 2277-2009《食品接触材料 复合包装袋中二胺基甲苯的测定 气相色谱—质谱法》，采用固相萃取柱对二氨基甲苯进行纯化，并用七氟丁酸酐衍生化，最后进行气相色谱—质谱检测。此外，国家标准 GB/T 23296.25-2009《食品接触材料 高分子材料 食品模拟物中 1,3-苯二甲胺的测定 高效液相色谱法》以及行业标准 SN/T 2550-2010《食品接触材料 高分子材料 食品模拟物中 1,3-苯二甲胺的测定 高效液相色谱法》对食品接触材料中 1,3-苯二甲胺的迁移量检测进行详细规范。到目前为止，我国尚未有食品接触材料中其他芳香胺的检测方法。

2. 欧盟相关法规标准

欧盟在食品接触材料卫生安全领域制订了较为完备的法规和标准。2001 年 8 月，欧盟制定了 2001/62/EC 指令，该指令对欧盟已经发布的 90/128/EEC 指令“关于与食品接触的塑料材料与制品”进行了修订，规定使用芳香族异氰酸酯为原料和偶氮染料的食品接触材料不可释放出芳香胺类物质(以苯胺计)，其方法检测限为 0.02mg/kg。欧盟于 2011 年 7 月出台(EU)No.284/2011 号法规，对中国内地和中国香港地区生产的聚酰胺和三聚氰胺塑料餐厨具进行管制，对来自中国所有批次的塑料餐具进行书面材料审查，并抽取 10%进行实验室分析，同时规定迁移出的初级芳香胺浓度不得高于 0.01mg/kg。

8.2 食品接触材料中初级芳香胺检测前处理技术

8.2.1 食品模拟物的选择及条件

根据欧盟理事会指令(EU)No.10/2011“预期与食品接触的塑料材料和制品”的相关规定，应依据食品接触材料所接触食品的不同类型，选择不同的模拟食品溶剂。该法规采用 10%乙醇(体积分数)水溶液模拟能够释放亲水性物质的食品、3%(质量浓度)乙酸水溶液模拟酸性食品(pH 小于 4.5)、20%(体积分数)乙醇水溶液模拟酒精浓度不超过 20%的酒精性食品、50%(体积分数)乙醇水溶液用于模拟酒精浓度大于 20%的酒精性食

品、牛奶食品以及油水乳浊液、植物油用于模拟脂肪类食品，聚(2,6-二苯基-对苯醚)用于模拟干性食品。在迁移实验中应根据食品接触材料所接触的实际食品情况，选择不同的模拟物、接触温度和接触时间，一般选择与之接触的食品实际环境中最苛刻的条件作为迁移实验条件。对于复合包装袋，食品与包装材料接触的温度通常为室温，接触时间大于 24h，考虑到芳香胺只有通过水解才能产生，因此迁移实验中分别采用 3%乙酸水溶液和 10%乙醇水溶液作为模拟溶剂，在 40℃下浸泡 10 天；对于黑色尼龙餐具，通常采用 3%乙酸水溶液和 10%乙醇作为模拟溶剂，100℃下回流 2h。

8.2.2　萃取方法

1. 液液萃取

由于从食品接触材料中迁移出来的芳香胺含量较低，通常在样品前处理中需要进行浓缩富集。液液萃取和固相萃取是常用的两种富集方法。液液萃取是利用化合物在两种互不相溶(或微溶)的溶剂中溶解度或分配系数的不同，使化合物从一种溶剂内转移到另外一种溶剂中。经过反复多次萃取，将绝大部分的化合物提取出来。它是一种分离技术，这种分离方法具有装置简单、操作容易的特点，既能用来分离、提纯大量的物质，也适合于微量或痕量物质的分离、富集，是分析化学经常使用的分离技术。国家标准 GB/T 5009.119-2003《复合食品包装袋中二氨基甲苯的测定》采用二氯甲烷对模拟物进行萃取，然后对萃取液进行浓缩，并加入三氟乙酸酐进行衍生化，最后进入气相色谱分析。但是，液液萃取往往需要大量有机溶剂，操作繁琐，且萃取效率低，因此使用逐渐减少。近年来，出现了新的液液萃取技术，其原理是在有机层中加入一种化合物可以与芳香胺相结合形成离子对，从而提高了芳香胺的萃取效率。例如研究人员采用双-2-乙基己基磷酸酯(BEHPA)可以与水相中的芳香胺形成离子对，从而将芳香胺化合物带入有机相氯仿层中，大大提高了萃取效率[3]。萃取出来的芳香胺再用氯甲酸异丁酯衍生，然后进行 GC-MS 分析。BEHPA 这种离子对液液萃取法测定 22 种胺的回收率在 81.0%～98.0%，检出限达 0.07～0.50ng/L(S/N=3)。

2. 固相萃取

固相萃取(Solid Phase Extraction, SPE)是一种用途广泛而且越来越受欢迎的样品前处理技术。它利用固体吸附剂将目标化合物吸附，使之与样品的机体及干扰化合物分离，然后用洗脱液洗脱或加热解脱，从而达到分离和富集目标化合物的目的。与液液萃取相比，固相萃取具有回收率和富集倍数高、有机溶剂用量少、便捷、快速等优点。固相萃取柱所用吸附剂通常有 C8 和 C18 改性的二氧化硅、离子交换树脂、石墨化炭黑、多孔聚合物、淀粉和壳聚糖等，可以根据检测对象和目标物进行选择。具有相同吸附剂的固相萃取柱，其品牌不同，其萃取性能也有差别。Torsten C. S. 等对 Macherey-Nagel、Supelco、Varian、Restek 等多个品牌的苯乙烯—二乙烯基苯共聚物填料的 SPE 小柱对芳香胺富集的性能进行了比较，发现 Macherey-Nagel 的 HP-R 效果最好，大部分芳香胺的回收率都能达到 80%～120%[4]。

目前，固相萃取(SPE)技术已广泛应用于食品接触材料中芳香胺测定的前处理中。行业标准 SN/T 2277-2009《食品接触材料复合包装袋中二氨基甲苯的测定 气相色谱—质谱法》采用聚苯乙烯—二乙烯苯固相萃取柱对浸出液中的芳香胺进行萃取，然后用七氟丁酸酐进行柱上衍生化反应，接着经过叔丁基甲醚洗脱，最后进入 GC/MS 测定。研究人员[5]采用固相萃取与 GC-MS 相结合分析了食品接触材料模拟物中的芳香胺。采用了固相萃取(SPE)柱吸附水样中的芳香胺，然后直接向 SPE 萃取柱中加入衍生试剂(三氟乙酸酐：乙醚＝1：1)在 55℃衍生 15min，最后洗脱衍生物进行 GC-MS 测定。实验分析 8 种初级芳香胺，检测限达 0.1～0.4mg/L，相对标准偏差为 4%～17%。采用固相分析衍生-GC-MS 分析芳香胺，具有试剂用量少，耗时少，检出限低，重复性好，避免活泼化合物损失的优点。

固相萃取还有一种分离模式为离子交换固相萃取，其主要用于萃取分离带有电荷的分析物。其固定相为带电荷的离子交换树脂，流动相为极性或中等极性的样品基质，带电荷的分析物靠静电吸引到带有电荷的吸附剂表面，分析物与吸附剂间的作用是静电吸引力。Margarita A 等[6]利用 DSC-SCX 阳离子交换柱萃取，结合超高效液相色谱和质谱检测器测定了水中 22 种芳香胺。在含有 22 种芳香胺的水溶液中加入 3%(W/V)乙酸，使得芳香胺带上正电荷，用 DSC-SCX 阳离子交换柱进行固相萃取，吸附完毕后，用 5%氨水—甲醇(V/V)洗脱。用该法对 22 种芳香胺的回收率为 81%～109%，线性范围0.03～75μg/L。

3. 固相微萃取

固相微萃取(Solid Phase Microextraction, SPME)主要是通过萃取头表面的高分子固相涂层，对样品中的有机分子进行萃取和预富集。其是基于固相萃取技术发展起来的，保留了其优点，并且摒弃了其需要柱填充物和使用溶剂进行解吸的弊病。其操作步骤主要分为萃取过程和解析过程两个步骤。萃取过程是将含有吸附涂层的萃取纤维暴露于样品中，达到平衡了，拔出涂层纤维完成萃取过程。解吸过程是将已完成萃取过程的涂层纤维插入分析仪器进样口中，进行解吸并进样分析。目前，已有许多检测芳香胺的方法采用固相微萃取技术进行样品前处理。Chang 等[7]用 SPME-高效液相色谱分析了水样中的致癌芳香胺。实验中比较了聚乙二醇/模板树脂(CW/TPR，50μm)、聚二甲基硅氧烷/二乙烯基苯(PDMS/DVB，60μm)、聚丙烯酸酯(PA，85μm)涂层纤维对 6 种芳香胺的萃取效果。3 种 SPME 涂层纤维中，极性最大的 PA 涂层纤维的萃取效果最差，CW/TPR 和 PDMS/DVB 涂层纤维的萃取效果较好。方法的检测线低，可达 1μg/L 水平。Thomas Z. 等[8]用原位衍生-固相微萃取-GC-MS 测定了水样中 18 种的极性芳香胺。该方法首先对溶液中的芳香胺化合物进行衍生化，接着采用 PDMS/DVB(聚二甲氧基硅氧烷/乙烯基苯)涂层纤维对芳香胺衍生化产物进行萃取，最后进行 GC/MS 测定。该方法线性范围较宽，可达 2 个数量级，定量限达到 0.1μg/L 水平，可以满足欧盟对饮用水的检测要求。

8.3　食品接触材料芳香胺检测技术

食品接触材料中芳香胺的检测方法主要有气相色谱法、高效液相色谱法及分光光度法。气相色谱法是经典的分离和检测技术，具有分离速度快、应用范围广、自动化程度高等诸多优点，在医药、食品安全、包装鉴定等领域已到了广泛了应用。其中，气相色谱—质谱联用技术实现了化合物定量和定性的完美结合，使得复杂化合物的分离、定性、定量能够在很短时间内完成，是目前食品接触材料中芳香胺检测的主要检测技术，因此，本节将重点介绍气相色谱—质谱联用技术的基本原理、仪器构造及其在食品接触材料中芳香胺检测中的应用。

8.3.1　气相色谱—质谱联用技术

1. 概述

气相色谱—质谱（Gas Chromatograph Mass Spectrometry，GC-MS）联用技术历半个多世纪的发展，已成为一种非常成熟且应用广泛的分离检测技术。气相色谱仪和质谱仪各有优缺点。气相色谱能够在几分钟内有效分离几十种混合物，但是由于各种化合物的保留时间不是唯一的，不能根据保留时间直接对各种化合物进行定性分析。质谱仪的主要特点是能给出化合物的分子量、元素组成、分子结构等信息，具有定性专属性强、灵敏度高、检测快速的优势。但是质谱法对未知化合物进行结构鉴定，要求样品纯度较高，杂质形成的本底对样品质谱图产生很大干扰，不利于质谱图的解析。气相色谱法对混合物能进行有效的分离，可提高纯度高的样品，弥补了质谱鉴定的要求。因此，GC-MS 联用能够使两者的优、缺点得到互补，充分发挥气相色谱法高分离效率和质谱法定性能力，兼有两者之长，具有更大的优势。

2. GC-MS 基本结构

气相色谱—质谱联仪（GC-MS）用由气相色谱仪（GC）和质谱仪（MS）两部分组成。GC 有气路系统、进样系统、色谱柱和数据采集处理系统，MS 有进样系统、离子源、真空系统、质量分析器、检测器和数据采集处理系统，目前各厂家的 GC 和 MS 部分的数据采集处理系统都集成一个软件，可以同时控制 GC 和 MS。

3. 气相色谱部分结构

GC-MS 中的 GC 部分与独立的 GC 无太大差别，包含有柱温箱、进样口、载气系统，唯一的差别是检测器为质谱。GC 一般需要在常压下就可工作，但质谱仪需要在高真空的环境下才能正常运行。因此，当 GC 与 MS 连接时，首先要考虑的就是如何将两种工作环境不同的仪器进行连接。GC 部分，当采用毛细管色谱柱时，其载气的流速和流量都非常小，可以将毛细管的端口直接插入 MS 的离子源部分，不影响 MS 的真空度，MS 能正常工作。但当 GC 系统中采用了填充柱时，载气流量达每分钟十几毫升，MS 的真空度达不到，离子源和四级杆不能正常工作，因此，填充柱不能与 MS 联用，即使在选择毛细管

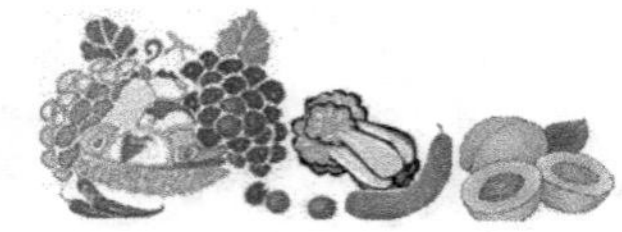

色谱柱时也尽量选择口径小的。

4.质谱仪结构与工作原理

(1)离子源

离子源的功能是使样品分子转变为离子，将离子聚焦，并加速进入质量分析器。质谱仪的离子源种类很多，可根据样品的状态、挥发性、热稳定性以及需要探寻的样品信息来选择。

(a)电子电离源(Electron Ionization, EI)

电子电离源又称EI源，是最广泛应用的离子源，主要用于挥发性样品的电离，GC-MS一般都配有这种离子源。其原理是样品以气态形式进入离子源，灯丝激发出的电子与样品分子发生碰撞，使样品分子电离和碎裂。一般有机化合物的电离电位是10eV左右，EI源常用的电离能量是70eV，样品分子在电子的轰击下电离产生的分子离子，并可进一步碎裂产生丰富的碎片离子，因此，EI电离被称为“硬电离”技术。当电离能量固定在70eV时，EI电离质谱图可以提供丰富的结构信息，且谱图重复性好，因此可以建立庞大的标准谱库供检索。此外，EI源的电子能量在0～100eV范围内可调，即具备低电压操作功能，可用于化合物类型鉴别。对分子离子峰强度较弱的化合物，通过降低电离电压减少碎片离子，分子离子峰的相对强度增加，有利于分子离子的鉴别。EI存在一些不足：不适用于难挥发、热不稳定的样品；有的化合物在EI方式下分子离子不稳定易碎裂，谱图复杂，得不到分子量信息；EI方式只能检测正离子，不检测负离子。

(b)化学电离源(Chemical Ionization, CI)

在结构上，CI和EI没有太多区别，也是由电离室、灯丝、离子聚焦透镜和磁极组成。CI源工作原理是在电离室里引入一种反应气体，如甲烷、异丁烷、氨等，灯丝发射的电子首先将反应气电离，然后反应气离子与样品分子进行离子—分子反应，并使样品电离。根据被分析样品的性质，可选择不同的反应试剂，常用甲烷、异丁烷、氨气等。基于不同的质子亲和力或电子亲和力，样品分子捕获质子或电子，形成带正、负电荷的$[M+H]^+$、$[M+H]^-$、$[M+NH_4]^+$，从而可以获得分子量信息。在EI电离方式下不能获得分子量信息的化合物，CI电离方式是很好的补充。CI源一般都有正CI和负CI，可以根据样品情况进行选择。对于含有很强的吸电子基团的化合物(卤素及含氮、氧化合物)，检测负离子，选择性好且灵敏度高。CI与EI一样要求样品必须能气化，适用于热稳性好、蒸汽压高的样品，而且CI谱图重复性不如EI谱，没有标准谱库，不能进行谱库检索，只有少量专用谱库或可自建谱库。

(c)场致电离源(Field Ionization,FI)

FI是一种软电离方式。气态样品被导入离子化区，在强电场作用下使气态分子的电子跑出而产生电离，形成的离子不会有过剩的能量，因此分子离子几乎不再进一步裂解。与EI和CI电离相比，FI电离是更软的电离方式，只有分子离子几乎没有碎片离子，且没有反应本底，谱图很干净，适合于聚合物和同系物分子量的测定，尤其是烃类混合物中各类烃的分子量测定，再结合高分辨质谱给出元素组成，从而获得化合物的分子式。FI源配置的质量分析器一般是扇形磁场质谱和飞行时间质谱联用仪，四级杆和离子阱质谱都

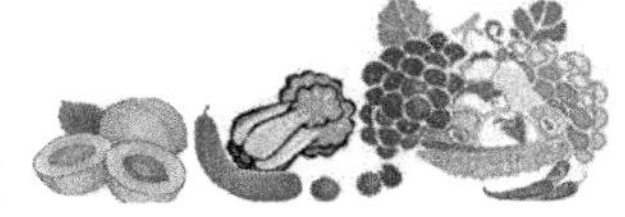

不能配置 FI 源。与 EI、CI 相比灵敏度要低一些，且高电压容易产生放电效应，操作比较困难。

(d)基质辅助激光解吸源(MALDI)

基质辅助激光解吸电离是利用一定波长的脉冲激光照射样品使样品从基质解吸并电离的一种电离方式。被测样品以一定的比例与基质化合物混合并溶于合适的溶剂，样品以单分子状态分散在基质中。干燥后，将载有样品的样品靶置于仪器中。当激光照射到基质上，基质吸收能量而激发，经过多级能量的传递后，样品分子与基质脱附并转为气相离子。MALDI 属于软电离技术，比较适合于分析生物大分子，如肽、蛋白质、核酸等，得到的质谱主要是分子离子和准分子离子，碎片离子和多电荷离子较少。与其他质谱离子源相比，MALDI 具有许多优点：灵敏度高，通常可以检测到 1pmol；对样品的纯度要求不高，能耐受一定量的小分子像盐、缓冲剂和其他非挥发成分等，可以直接分析未处理过的生物样品；MALDI 中单电荷分子离子峰占主要地位，且碎片离子少，因而这一技术是混合物分析的理想手段。但 MALDI 仍存在一定缺点如基质选择仍凭经验、基质辅助机理还不清楚等。

(2)质量分析器

质量分析器的作用是将离子源产生的离子按 m/z 顺序分开并排列成谱。用于有机质谱仪的质量分析器有四级杆分析器、离子阱分析器、飞行时间分析器和回旋共振分析器等。

(a)四级杆分析器

四级杆质量分析器是由四根严格平行并与中心轴等间隔的圆柱形或双曲面柱状电极构成的正、负两组电极，相对两根电极间加有正电压($V_{dc}+V_{rf}$)，另外两根电极间加有负电压($-V_{dc}-V_{rf}$)，其中 V_{dc} 为直流电压，V_{rf} 为射频电压，产生一动态四极电场。离子在四极场的运动轨迹由经典的马修方程解确定，满足方程稳定解的即有稳定震荡的离子能通过四极场，通过控制四极场电压的变化，可以使一定荷质比(m/z)的离子通过电场，达到检测器，对应于电压变化的每一个瞬间，只有一种质荷比的离子能通过，因此也被称为“质量过滤器”。四级杆质量分析器是 GC/MS 联用中最通用的一种质量分析器，有长久的应用历史，性能稳定，具有全扫描(Scan)和选择离子监测(Selected Ion Monitoring，SIM)两种模式。SIM 扫描模式是有选择性地检测单个或几个质量离子，从而降低信噪比，提高灵敏度，适合用于定量分析。

三重四极质量分析器(Triple Stage Quadrupole，TSQ)由两个四极杆质量分析器以及串接在中间的惰性气体碰撞池组成，是具有多种扫描功能的 MS/MS 分析方法。扫描模式包括子离子扫描、母离子扫描、中性丢失扫描和多反应选择监测(MRM)方法，是两个质量分析器在不同操作条件下协同完成的。通过子离子、母离子和中性丢失扫描方式，可确定各个子离子的归属，研究离子的碎裂途径，用于未知物的结构分析。MRM 主要用于定量分析，其比单四极杆质量分析器的 SIM 方式选择性更好、信噪比更高、检测限更低。

(b)离子阱质量分析器

离子阱质量分析器，是 20 世纪 80 年代推出的商品仪器，也称为“四极离子阱”(Quadropole Ion Trap)。它由环形电极和上、下两个端盖电极构成三维四极场。在环形电极和端盖电极加上 $U+V_{rf}$ 的电压。与四级杆分析器类似，离子在离子阱内的运动遵守马蒂厄微分方程，具有与四级杆分析器相类似的稳定图。在稳定区内的离子，轨道振幅保持一定大小，可以长时间留在阱内，不稳定区的离子振幅很快增长，撞击到电极消失。对于一定质量的离子，在一定的 U 和 V_{rf} 下，可以处在稳定区。改变 U 和 V_{rf} 值，离子可能处于非稳定区。如果在引出电击上加负脉冲，可将阱中稳定离子引出到电子倍增器检测。

离子阱质谱有全扫描和选择离子扫描功能，还可以利用离子存储技术，选择任一质量离子进行碰撞解离，实现二级或多级质谱(MS^n)分析功能。多级质谱的原理是在某一瞬间选择一母离子进行碰撞裂解，扫描获得子离子谱，下一瞬间从子离子中再选择一个离子作为母离子碰撞裂解，扫描获得下一级的子离子谱。理论上可以一直继续下去获得多级子离子信息，但是越是往下一级，离子丰度越来越小。与其他的质谱相比，离子阱体积小，结构简单，灵敏度高，较为广泛应用于蛋白质组学和药物代谢分析领域。

(c)飞行时间质量分析器(TOF-MS)

飞行时间质量分析器在 20 世纪 90 年代取得迅速发展，其具有扫描和离子采集效率高、质量范围宽及分辨率高等优点。TOF-MS 结构如图 8.3 所示，离子束被高压加速以脉冲方式推出离子源进入飞行管，在真空的飞行管中漂移到达检测器，由于离子质量和电荷不同，到达检测器时间也不同。如式 8.1 所示，离子在飞行管中的飞行时间与离子的质荷比的平方根成正比。对于能量相同的离子，离子质荷比越大，到达检测器所用的时间越长，反之，质荷比越小，所用时间越短。根据这一原理，可以把不同质荷比的离子分开。

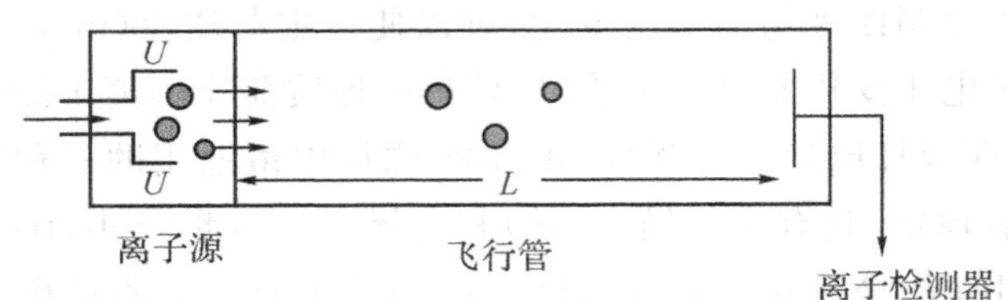

图 8.3　飞行时间质量分析器结构示意图

$$m/z=KUt^2/L^2 \tag{8.1}$$

式中：m/z——质量和电荷比(质荷比)；

K——常数；

U——施加电压；

L——飞行距离；

t——飞行时间。

(3)检测器

质谱仪中检测器主要采用是电子倍增器和光电倍增器。它们的工作原理相似:离子打在高能打拿极上产生电子,电子经过电子倍增器产生电信号,记录不同离子的信号即得到质谱(见图 8.4)。信号增益与倍增器电压有关,提高倍增器电压可以提高灵敏度,但同时会降低倍增器的寿命,因此,应该在保证仪器灵敏度的情况下采用尽量低的倍增器电压。光电倍增器则是打拿极发射出的二次电子,达到一个能发射光子的闪烁晶体上,发射出光子,由光电倍增管及放大器放大,转换成电流检测。

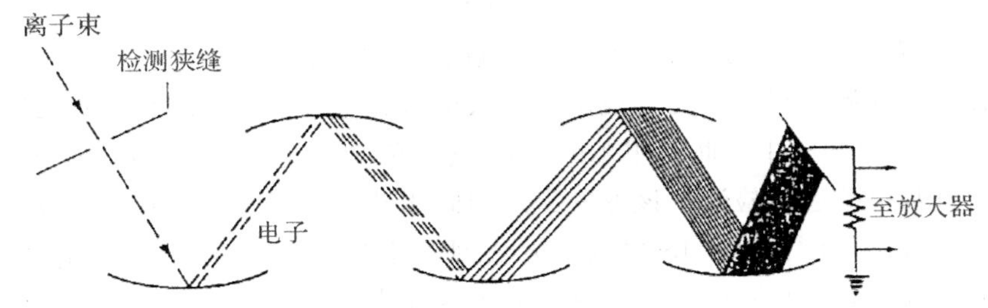

图 8.4　电子倍增管检测示意图

(4)真空系统

MS 在良好的真空条件下才能正常工作,一般要求离子源的真空度达 $10^{-3}\sim10^{-4}$ Pa,质量分析器和检测器的真空度达 $10^{-4}\sim10^{-5}$ Pa。MS 要求高真空是由于:第一,离子源内的气体可能引起高达数千伏的加速电压放电;第二,离子源内的氧气分压过高影响离子源中灯丝的寿命;第三,高气压会产生不必要的离子碰撞、散射效应,引起离子—分子反应,产生高本底,干扰质谱图及分析结果。MS 一般采用两级真空系统,由机械泵和高真空泵组合而成。最常用的机械泵是旋转式油封泵,一般其极限真空度为 10^{-3} mbar,不能满足 MS 工作要求,必须进一步采用高真空泵。常见的高真空泵有油扩散泵、溅射离子泵、涡轮分子泵等。扩散泵其性能稳定可靠,但是启动慢,从停机状态到仪器能正常工作所需时间长,而且会有传声油的扩散污染问题;分子涡轮泵则相反,启动快,没有污染,因此,大多 MS 配置分子涡轮泵。

5. GC-MS 定性和定量分析

(1)GC-MS 定性分析

目前气相色谱—质谱的数据库中,储存有近 30 万个化合物的标准质谱图,因此,任一组分的质谱图可以在数据库中进行检索,可以得到化合物的名称、分子式、相对分子量及可靠度。利用计算机进行库检索是一种快速、方便的定性方法,但也存在一些问题:

第一,数据库的谱图数量有限,如果未知物是数据库中没有的化合物,就没法对未知物进行定性;

第二,一些结构相近的化合物其谱图可能相似,可能会造成检索结果不可靠;

第三,色谱分离差、本底高使得质谱图质量不高,干扰大,造成检索结果不可靠。

因此,得到检索结果后,还应该综合考虑样品的物理、化学性质及色谱保留时间等因

素，必要的时候还需红外、核磁等手段核实。

(2)GC-MS定量分析

定量方法与普通气相色谱法相类似，可以采用归一化法、外标法、内标法等。为了提高检测灵敏度和减少其他物质的干扰，在GC-MS定量分析中经常采用选择离子扫描方式。对于待测组分，可以选择一个或几个特征离子，而相邻组分或本底中不存在这些离子，这样不仅可以排除相邻组分的干扰，而且可以大幅度降低信噪比，提高灵敏度，是质谱定量分析中常采用的方法。

6. *GC-MS在食品接触材料芳香胺检测的应用*

GC-MS具有检测灵敏度高、速度快的优点，且可以对芳香胺进行定性，因此在食品接触材料芳香胺检测中得到广泛的应用。出入境检验检疫行业标准SN/T 2277-2009《食品接触材料 复合包装袋中二胺基甲苯的测定 气相色谱—质谱法》采用GC-MS对复合包装材料中二氨基甲苯进行检测。该方法先采用固相萃取柱对二氨基甲苯富集，并用七氟丁酸酐衍生化，最后进行GC-MS检测。方法回收率为80%～99%，检测限为0.5μg/L(S/N≥10)。国外研究人员Cato等[5]采用固相萃取与GC-MS相结合分析了食品接触材料模拟物中的芳香胺。采用了固相萃取(SPE)柱富集了水样中的芳香胺，然后直接向SPE柱中加入衍生试剂(三氟乙酸酐：乙醚＝1：1)在55℃衍生15min，最后洗脱衍生物进行GC-MS测定。实验分析8种初级芳香胺，检测结果见表8.3，检测限为0.1～0.4mg/L。该方法检出限低、重复性。

表8.3 8种化合物的检测结果

化合物名称	定量离子/($m \cdot z^{-1}$)	检测限(μg/L)	相对标准偏差(%)
苯胺	189	0.1	4
1,3-苯二胺	300	0.4	17
2,6-二氨基甲苯	314	0.2	13
2,4-二氨基甲苯	314	0.2	10
1,5-二氨基萘	350	0.1	4
4,4'-二氨基二苯醚	392	0.1	4
4,4'-二氨基二苯甲烷	390	0.1	4
3,3'-二甲基联苯胺	404	0.1	4

气相色谱—三重四级杆质谱仪(GC-TQMS)具有选择性好、检出限低、灵敏度高等优点，可以同时对几十种芳香胺进行准确定性和定量。王成云等[9]通过改变色谱条件实现24种芳香胺的分离，建立了测定食品接触用塑料中禁用芳香胺迁移量的GC-TQMS方法。实验根据单级质谱找出各组分的一级碎片离子，然后选择强度高的一级碎片离子作为母离子，应用离子轰击扫描模式对母离子在不同碰撞能量下进行电离轰击，接着选择强度较大的二级碎片离子作为子离子，最后选择丰度最高的一对母离子和子离子用于定性分析，并采用子离子进行定量分析。该方法的加标回收率为63.1%～98.4%。相对标

准偏差(RSD)为 2.6%～16.2%，芳香胺定量下限均小于 1.0ng/mL(S/N=10)。

7. 分析实例：SN/T 2277-2009

该标准规定了复合包装中二氨基甲苯的气相色谱—质谱测定方法。标准的原理是试样中二氨基甲苯用沸水浸出，将浸出液冷却后过聚苯乙烯/二乙烯苯固相萃取柱，被填料吸附的二氨基甲苯与七氟丁酸酐进行柱上衍生化反应，用叔丁基甲醚洗脱，供 GC-MS 进行测定。方法回收率 80%～99%，检测低限为 0.5μg/L(*S*/*N*≥10)。

(1)仪器和试剂

配有电子轰击电离(EI)源的气相色谱—质谱联用仪、固相萃取装置、烘箱、聚苯乙烯/二乙烯苯固相萃取柱(100mg，6mL)。

叔丁基甲醚、乙酸乙酯、丙酮、甲醇、磷酸氢二钾、叔丁基甲醚(纯度≥98%)二氨基甲苯(纯度≥99%)；磷酸氢二钾水溶液(0.5mol/L)：取 86 克磷酸氢二钾于容量瓶中，用水溶解后，定容至 1000mL；二氨基甲苯标准储备溶液：准确称取二氨基甲苯 25.0mg 于 25mL 容量瓶中，加入少量甲醇溶解，用水定容至刻度，4℃保存备用；二氨基甲苯标准工作溶液：吸取适量标准储备溶液于 100mL 容量瓶中，用水配制成不同浓度的标准工作液。

(2)试验步骤

(a)迁移试验

未装过食品的包装袋：用蒸馏水洗三次，淋干，按 $2mL/cm^2$ 计算装入蒸馏水，热封口。

装过食品的包装袋：剪口，将食品全部移出，用清水冲至无污物，再用蒸馏水冲洗三次，淋干，按 $2mL/cm^2$ 计算装入蒸馏水，热封口。

将上述热封口后的包装袋置于预先调至烘箱内，恒温 60min，取出自然放冷至室温，剪开封口，将水移入干燥的烧杯中，用磷酸氢二钾水溶液调节 pH 值至 12 备用。

(b)衍生过程

依次以乙酸乙酯、丙酮与甲醇各 5mL 活化固相萃取柱，取 50mL 水样以 10～15mL/min 的流速过柱，再将固相萃取小柱除水 5min，取 200μL 七氟丁酸酐加在固相萃取柱上进行柱上衍生化 30min，用 10mL 叔丁基甲醚洗脱，控制流速小于等于 2mL/min，收集全部洗脱液于 50mL 浓缩瓶中，于 40℃水浴中浓缩至近干。用叔丁基甲醚溶解并定容至 2.0mL，再加入 2.0mL 的磷酸氢二钾水溶液洗两次，取叔丁基甲醚层，以供气相色谱—质谱仪测定。

(3)分析条件

(a)气相色谱条件

HP-5 MS，30.0m × 0.25mm × 0.25μm；载气：He，纯度≥99.999%；载气流速：0.6mL/min；进样口温度：180℃；进样量：1.0μL；进样方式：分流，1.0min 后开阀；柱温：初始温度 60℃保持 2min，15℃/min 程序升温至 240℃保持 10min。

(b)质谱条件

EI 源温度：250℃，四极杆温度：150℃，传输线温度：280℃，离子化方式：EI，离子化电

压:70eV,溶剂延迟:4.0min,选择特征监测离子(m/z)见表 8.4。

表 8.4 二氨基甲苯衍生产物选择特征监测离子

中文名称	定量离子		定性离子 1		定性离子 2		定性离子 3	
二氨基甲苯衍生产物	质荷比	相对丰度	质荷比	相对丰度	质荷比	相对丰度	质荷比	相对丰度
	514	100	345	57.80	495	29.39	317	15.40

(4)检测结果

根据样品中被测物含量情况,选定浓度相近的标准工作溶液,进行柱上衍生化,并对其与样品浸提液的衍生化产物提取液进行等体积进样测定,标准工作溶液和待测样液中二氨基甲苯的衍生化产物响应值均应在仪器检测的线性范围内。在上述条件下,七氟丁酰化二氨基甲苯保留时间为 12.44min,其气相色谱—质谱总离子流色谱图和全扫描质谱图如图 8.5 和图 8.6 所示。

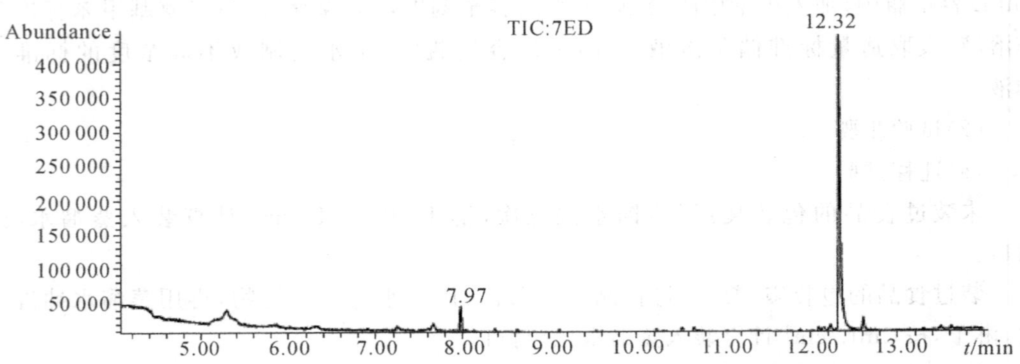

图 8.5 七氟丁酰化二氨基甲苯的气相色谱—质谱总离子流色谱图

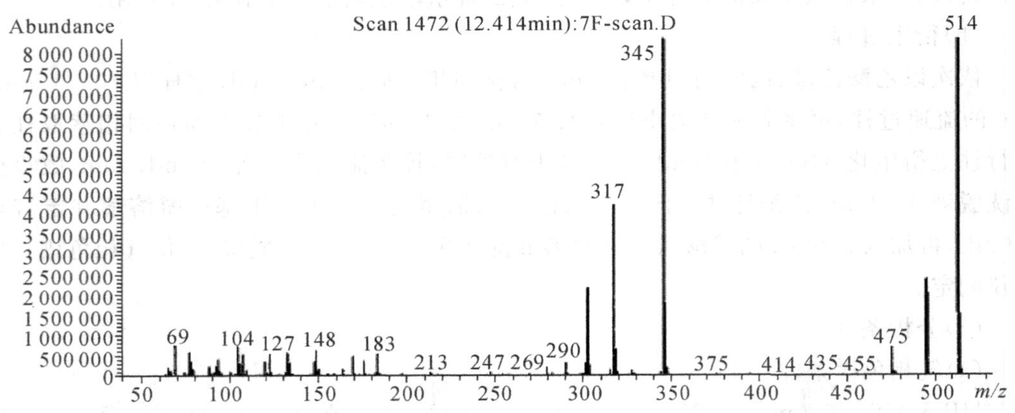

图 8.6 七氟丁酰化二氨基甲苯气相色谱—质谱全扫描质谱图

试样中二氨基甲苯含量按式 8.2 计算。

$$X=\frac{c\times A\times V_s}{A_s\times V} \tag{8.2}$$

式中：X——试样中二氨基甲苯含量，mg/L；

c——标准溶液的浓度，μg/mL；

A——样液中二氨基甲苯衍生物的峰面积；

V_s——标准溶液的过柱体积，mL；

A_s——标准溶液中二氨基甲苯衍生产物的峰面积；

V——样液的过柱体积，mL。

8.3.2 高效液相色谱方法

高效液相色谱法比气相色谱法的主要优势在于其可以分析高沸点、挥发性差的有机物。芳香胺化合物的沸点较高，因此非常适合采用高效液相色谱法进行检测。目前，高效液相色谱检测芳香胺化合物主要分为衍生化和直接检测两种方法。衍生化试剂主要有对酞内酰胺苯甲酰氯(PIB-Cl)[10]、2-(11H-苯[a]咔唑)异丙基氯甲酸(BCPC-Cl)[11]和荧光胺。芳香胺衍生化后能够提高紫外吸收的波长，减少低波长杂质的干扰。国家标准GB/T 23296.25-2009 采用荧光胺对 1,3-苯二甲胺进行衍生，采用高效液相色谱荧光检测器进行检测，检测限达 0.01mg/L。

直接检测法大部分都是采用紫外检测器或质谱检测器对芳香胺进行定量。陈志峰和孙利等人[12]建立塑料餐具中苯胺和 4,4'-亚甲基二苯胺特定迁移量的液相色谱—紫外检测方法。水性模拟液(水、3%乙酸溶液、10%的乙醇溶液)经固相萃取小柱富集后采用液相色谱—紫外检测器检测。苯胺和 4,4'-亚甲基二苯胺的平均回收率分别为 93.6%～101.0%和 87.6%～100.8%，检测限均为 0.01mg/kg。Mortensen 等[13]建立高效液相色谱—串接质谱(LC-MS/MS)检测聚氨酯塑料及黑色厨房餐具中的 20 种初级芳香胺。样品采用去离子水和 3%乙酸水溶液食品模拟物进行浸泡，浸泡液不需衍生化就可直接进样，检测限在 0.7～3.0μg/L，相对标准偏差(RSD)在 3.9%～19%之间。

1. 应用实例：GB/T 23296.25-2009

该标准适用于四种食品模拟物水、3%(质量浓度)乙酸溶液、10%(体积分数)乙醇溶液和橄榄油中 1,3-苯二甲胺含量的测定。食品模拟物中 1,3-苯二甲胺通过高效液相色谱分离，采用荧光检测器检测。水基食品模拟物经荧光胺衍生后进样，橄榄油模拟物经 3%(质量浓度)乙酸溶液萃取和荧光胺衍生后进样，采用外标法定量。三种水基食品模拟物水、3%(质量浓度)乙酸和 10%(体积分数)乙醇中 1,3-苯二甲胺的检测低限为 0.010mg/L，橄榄油模拟物中 1,3-苯二甲胺的检测低限为 0.010mg/kg。

(1)试剂与仪器

水、甲醇、四氢呋喃、丙酮、庚烷、冰乙酸、无水乙醇、荧光胺(纯度≥98%)、十水四硼酸钠($Na_2B_4O_7 \cdot 10H_2O$)、1,3-苯二甲胺标准品(纯度≥99%)。

高效液相色谱仪(配有荧光检测器)、分析天平、分液漏斗、微量注射器(1000μL、50μL)。

(2)标准工作溶液制备

(a)1,3-苯二甲胺标准储备液

在 N_2 氛围下,称取100±2mg(精确到0.1mg)1,3-苯二甲胺于100mL容量瓶中,加水定容至刻度,混匀。该溶液在5℃可避光保存3个月。

(b)用于水基食品模拟物的1,3-苯二甲胺标准工作溶液(2mg/L)

移取2mL的1,3-苯二甲胺标准储备液于100mL容量瓶中,用相应的水基食品模拟物稀释至刻度,得浓度为20mg/L标准工作溶液。移取10mL标准工作溶液于100mL容量瓶中,用相应的水基食品模拟物稀释至刻度,得到浓度为2mg/mL标准溶液。

(c)用于橄榄油模拟物1,3-苯二甲胺标准工作溶液(2mg/L)

移取2mL的1,3-苯二甲胺标准储备液于100mL容量瓶中,用水稀释至刻度,得浓度为20mg/L标准工作溶液。移取10mL标准工作溶液于100mL容量瓶中,用四氢呋喃(90%)稀释至刻度,得到浓度为2mg/mL标准溶液。

(d)水和10%(体积分数)乙醇模拟物介质的标准工作溶液

把b步骤配制的2mg/L 1,3-苯二甲胺溶液用水稀释,得到浓度分别为0mg/L、0.020mg/L、0.040mg/L、0.060mg/L、0.080mg/L、0.10mg/L的标准工作溶液。分别移取2mL不同浓度的标准工作溶液,加入0.4mL硼酸缓冲液(0.15mol/L,pH=9.2),充分混匀。用微量注射器加入300μL荧光胺,震荡1min,静置10min。衍生溶液过0.45μm滤膜后供高效液相色谱进样分析。

(e)3%乙酸溶液模拟物介质的标准工作溶液

把b步骤配制的2mg/L 1,3-苯二甲胺标准溶液用水稀释,得到浓度分别为0mg/L、0.020mg/L、0.040mg/L、0.060mg/L、0.080mg/L、0.10mg/L的标准工作溶液。

准确移取从迁移试验中获得的10mL 3%(质量浓度)乙酸模拟物于25mL烧杯中,滴加5mol/L氢氧化钠溶液,调节pH至9.2,计算所需氢氧化钠溶液体积,准确至0.01mL。

另准确移取从迁移试验中获得的10mL 3%(质量浓度)乙酸模拟物或标准工作溶液于25mL烧杯中,准确加入上述滴加体积的氢氧化钠溶液,充分混匀(溶液pH应在8.0~9.9范围内)。移取上述调节过pH值的溶液2mL于5mL试管中,加入0.4mL硼酸缓冲液(0.15mol/L,pH=9.2),充分混匀。用微量注射器加入300μL荧光胺,震荡1min,静置10min。衍生溶液过0.45μm滤膜后供高效液相色谱进样分析。

(f)橄榄油模拟物介质标准工作溶液

准确称取20.0g(精确至0.01g)橄榄油模拟物置于6个125mL分液漏斗中,分别加入0mL、0.2mL、0.4mL、0.6mL、0.8mL和1.0mL的1,3-苯二甲胺标准溶液(c步骤配制的溶液),再分别加入1.0mL、0.8mL、0.6mL、0.4mL、0.2mL和0mL的四氢呋喃和5.0mL庚烷,充分混匀,加入20mL乙酸溶液,震荡5min,静置15min,待两相完全分离后,收集水相萃取物。得到浓度分别为0.0mg/L、0.020mg/L、0.040mg/L、0.060mg/L、0.080mg/L、0.10mg/L的标准工作溶液。以下的操作步骤如步骤e中"准确移取从迁移试验中获得的10mL 3%(质量浓度)乙酸模拟物于25mL烧杯中……"操作。

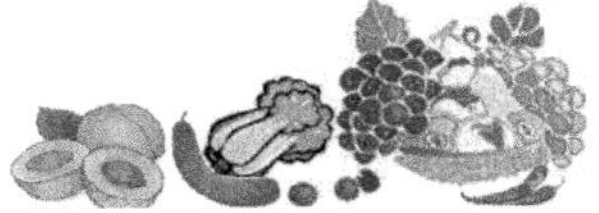

(3)食品模拟物试液的制备

食品模拟物试液按 GB/T 23296.1-2009 的要求从迁移试验中获取，在 4℃冰箱中避光保存。

水和 10%(体积分数)乙醇模拟物按照 d 步骤“移取 2mL 不同浓度的标准工作溶液，加入 0.4mL 硼酸缓冲液……”，平行制样两份。

3%乙酸溶液模拟物按步骤 e 中“准确移取从迁移试验中获得的 10mL 3%(质量浓度)乙酸模拟物于 25mL 烧杯中……”操作，平行制样两份。

橄榄油模拟物按步骤 f 操作，平行制样两份。

(4)仪器分析条件

色谱柱：ODS-C18，柱长 150mm，内径 4.6mm，粒径 5μm；流动相：180mL 硼酸缓冲溶液、370mL 水和 450mL 甲醇混匀；流速：1.0mL/min；柱温：30℃；荧光检测器：激发波长 394nm，发射波长 480nm；进样量：50μL。

(5)检测结果

对水基食品模拟物介质标准工作溶液或橄榄油介质标准工作溶液进行检测。以食品模拟物中 1,3-苯二甲胺浓度为横坐标，1,3-苯二甲胺峰面积值为纵坐标，绘制标准工作曲线，相关系数要求大于等于 0.996。标准溶液色谱图见图 8.7。

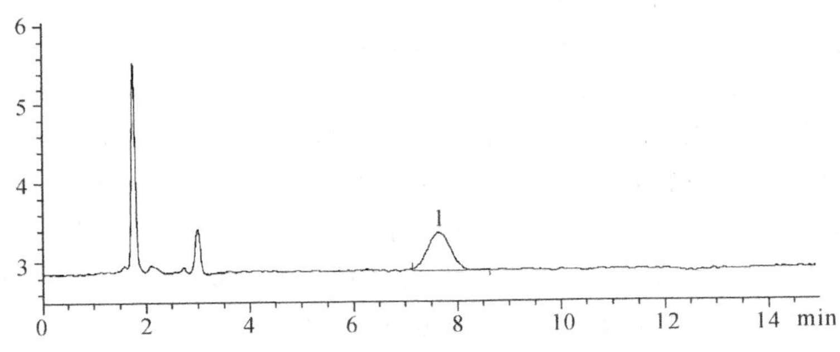

图 8.7　水基 1,3-苯二甲胺标准色谱

按照式 8.3 计算回归方程：

$$y=a\times x+b \tag{8.3}$$

式中：y——食物模拟物中标准工作溶液 1,3-苯二甲胺的峰面积；

a——回归曲线斜率；

x——食物模拟物中标准工作溶液 1,3-苯二甲胺浓度，mg/L 或 mg/kg；

b——回归曲线的截距。

标准曲线的相关系数要求不小于 0.996。

对空白溶液和食品模拟物试液依次进样，记录相应峰面积，扣除空白值，根据线性方程，计算食品模拟物中 1,3-苯二甲胺浓度，单位以“mg/L 或 mg/kg”表示。

食物模拟物试液中 1,3-苯二甲胺浓度按式 8.4 计算：

$$c=\frac{y-b}{a} \tag{8.4}$$

式中：c——食物模拟物试液中 1,3-苯二甲胺浓度，mg/L 或 mg/kg；

y——食物模拟物试液中 1,3-苯二甲胺峰面积；

b——回归曲线的截距；

a——回归曲线的斜率。

由上面得到食品模拟物中 1,3-苯二甲胺浓度，根据迁移试验中所使用的食品模拟物试液的体积与测试试样与食品模拟物接触面积，通过数学换算计算出 1,3-苯二甲胺的特定迁移量，单位以“mg/kg 或 mg/dm^2”表示。

8.3.3 分光光度法

最早使用的是 N-(1-萘基)乙二胺偶氮分光光度法，但是该方法操作程序繁琐，显色时间长，受温度的影响大，且副反应较多，影响分析结果的精密度和准确度。因此，研究人员开始发展各种改进方法和新的显色剂。杨晓芬等[14]利用活性炭吸附、三氯甲烷萃取及两种方法联用对 N-(1-萘基)乙二胺进行提纯，提高了显色剂的稳定性，把显色时间由 120min 降低到了 90min，检测限由 0.30mg/L 降低到 0.031mg/L；该课题组还采用 N-氯代丁二亚酰胺氧化苯胺，用 8-羟基哪啶作为偶联显色剂，苯胺的显色线性范围为 0.2～10mg/L，最低检测限为 0.03mg/L[15]；此外，该课题组还采用邻甲基苯酚、8-羟基喹啉和 1-萘酚 3 种显色剂来测定水溶液中苯胺类化合物[16]。与传统的 N-(1-萘基)乙二胺光度法相比，这三种方法更加快速、方便、灵敏，检测限分别可达 8.6μg/L、10μg/L、14μg/L。张乃东等[17]基于氨基比林与苯胺显色反应提出了一种新的苯胺分析方法。该方法的原理是：在弱酸性的缓冲溶液中，苯胺在 $K_3Fe(CN)_6$ 的作用下与氨基比林反应，生成紫红色的吲哚酸燃料，吲哚酸燃料在 530nm 具有特征吸收，吸收强度与苯胺的浓度成正比，最低检测限达 0.015mg/L。陈玉柱等[18]采用紫外扫描分光光度法测定水中的联苯胺。将氯胺 T 溶液加入联苯胺溶液中，氧化联苯胺，用乙酸乙酯萃取黄色的氧化产物，然后用紫外扫描分光光度计测定，该方法最低检测限达到 0.0002mg/L。

8.3.4 其他方法

朱岩等人[19]使用离子交换色谱—安培检测器检测废水中苯胺类化合物。除了间硝基苯胺的检测低限较高，为 201μg/L，其他化合物的检测低限在 2.6～22.6μg/L。周天舒等[20]采用毛细管电泳和安培检测分析水样品中的芳香胺化合物。2,3-二氨基萘，苯胺、邻苯二胺、对氯苯胺的检测限分别为 1.0×10^{7} mol/L、3.3×10^{8} mol/L、5.0×10^{8} mol/L、1.3×10^{7} mol/L。

本章参考文献

1. 犹学筠，陈纪刚. 上海市膀胱癌病因之研究-联苯胺及其衍生物染料与膀胱癌关系的流行病学调查[J]. 劳动医学，1991，8(2)：1－7

2. 孙利，陈志锋，储晓刚. 浅析食品接触材料中的芳香胺问题[J]. 食品与机械，2006，22 (6)：121－126

3. Mehmet A. , Sevket A. Simultaneous determination of aliphatic and aromatic amines in water and sediment santples by ion-pair extraction and gas chromatography-mass spectrometry [J]. J. Chromatogr. A，2006，1129(1)：88-94

4. Melanie L，Torsten C S，Eberhard von L，Gottfried S. Gas chromatographic determination of aromatic amines in water samples after solid-phase extraction and derivatization with iodine Ⅱ Enrichment [J]. Journal of Chromatography A，1998，810 (1)：173-182

5. Cato B，Ingun S，Hallgeir H. Determination of primary aromatic amines in water food stimulant using solid-phase analytical derivatization followed by gas chromatography coupled with mass spectrometry[J]. J. Chromatogr. A，2003(1-2)，983：35-42

6. Margarita A，Elena C，Cristina N. Quantitative determination of 22 primary aromatic amines by cation-exchange solid-phase extraction and liquid chromatography-mass spectrometry [J]. J. Chromatogr. A，2009，1216(27)：5176-5181

7. Chang W，Sung Y，Huang S. Analysis of carcinogenic aromatic amines in water samples by solid-phase microextraction coupled with high-performance liquid chromatography[J]. Anal. Chim. Acta，2003，495(1-2)：109-122

8. Thomas Z，Wolfgang J E，Torsten C S. In Situ Derivatization/Solid-Phase Microextraction：Determination of Polar Aromatic Amines[J]. Anal. Chem，2004，76(4)：1028-1038

9. 王成云，沈雅蕾，张恩颂，等. 气相色谱/串联质谱法同时测定食品接触用塑料中的 24 种禁用芳香胺迁移量[J]. 塑料助剂，2011，6：44－49

10. 郭玉凤，李景印. 对酞内酰胺苯甲酰氯柱前衍生反应 HPLC 法检测痕量芳香胺[J]. 分析测试学报，1997，16(2)：61－63

11. 户宝军，孙志伟，高平，等. 荧光衍生-高效液相色谱分离及质谱鉴定芳香胺[J]. 分析试验室，2009，28(2)：34－36

12. 陈志锋，刘晓华，孙利. 高效液相色谱法测定复合塑料食品包装中初级芳香胺的迁移量[J]. 包装工程，2010，31(3)：48－51

13. Mortensen S K，Trier X T，Foverskov A，Petersen J H. Specific determination of 20 primary aromatic amines in aqueous food simulants by liquid chromatography-electrospray ionization-tandem mass spectrometry[J]. J. Chromatogr. A，2005，1091(1-2)，40-50

14. 杨晓芬，赵美萍，李元宗，等. 水体中苯胺类化合物测定方法的改进[J]. 内蒙古石油化工，2002，7：31－34

15. 杨晓芬，李军湘. N-氯代丁二酰亚胺 8-羟基喹哪啶分光光度法测定水中苯胺类化合物的方法研究[J]. 内蒙古石油化工，2002，27：25－26

16. 杨晓芬，赵美萍，李元宗，等. 水中苯胺类化合物的分光光度法测定[J]. 分析化学，2002，30 (5)：540－543

17. 张乃东，黄君礼．氨基比林光度法测定水中微量苯胺的研究[J]．哈尔滨建筑大学学报，1998，31(6)：68－72

18. 陈玉柱，杨子毅，陈前熙．紫外扫描分光光度法测定水中的联苯胺[J]．仪器仪表与分析监测，2011，3：40－42

19. 朱岩，王慕华，牟世芬．梯度淋洗离子色谱—安培检测测定苯胺类化合物[J]．分析化学，2002，30(7)：774－778

20. Sun Y, Liang L, Zhao X, Yu L, Zhang J, Shi G, Zhou T. Determination of aromatic amines in water samples by capillary electrophoresis with amperometric detection[J]. Water Research, 2009 43 (1): 41-46

第 9 章　食品接触材料中重金属的分析与检测

9.1　概述

重金属是指比重在 5 以上的金属，如铬（Cr）、锰（Mn）、铁（Fe）、钴（Co）、镍（Ni）、铜（Cu）、锌（Zn）、砷（As）、钼（Mo）、银（Ag）、镉（Cd）、锡（Sn）、锑（Sb）、金（Au）、汞（Hg）、铅（Pb）等。锗（Ge）、砷（As）和锑（Sb）等类金属元素往往也被近似地归为此类重金属物质。通常情况下，重金属的自然本底浓度不会达到有害的程度，但是随着社会工业化的快速发展，通过种种途径进入人体的各种有毒有害重金属元素不断地增加，因此几乎在每个国家重金属都早已成为常规的检测指标之一。

在食品接触材料领域，目前最引人关注的是铅、镉、铬、汞以及类金属砷五种有显著生物毒性的重金属，它们的含量是决定食品安全系数的重要指标。由于这五种重金属元素一旦进入人体后则不易排出，要经过较长时间的积累才会显示出毒性而对人体造成慢性损伤，因此在中毒早期往往不易被察觉，从而更加重了其危害性。

9.2　食品接触材料中重金属元素的来源

研究表明，与食品接触的器皿、餐厨具和包装中的重金属元素已成为食品污染的重要来源之一。在日常使用中，食品接触材料中的过量有毒有害重金属物质会直接迁移至食品中，影响食用安全、危害人类健康。当前人们所面临的食品接触材料所造成的重金属污染主要来自如下两个方面：第一，来自食品接触材料本身所含的重金属成分，例如原纸中的铅砷、玻璃制品中的铅镉等；第二，由印制油墨、涂料、贴花等造成的重金属污染，例如纸制品印刷图案所用油墨中的铅汞、竹制品涂料中的铅铬、玻璃制品贴花图案中的铅镉等[1]。下文将把有重金属污染风险的食品接触材料大致按照塑料及橡胶制品、金属制品、玻璃制品、陶瓷及搪瓷制品、纸制品、竹木制品等类别予以阐述，分别逐一分析其重金属污染来源及每种重金属元素的相关危害。

9.2.1　塑料及橡胶制品中重金属元素的来源

塑料及橡胶制品中的重金属污染主要来自于制品生产过程中所添加的各种加工助剂，包括增塑剂、抗氧剂、稳定剂、阻燃剂、润滑剂、抗静电剂、偶联剂、填充剂、发泡剂、着色剂、加工改性剂和抗冲改性剂、塑料交联剂和橡胶硫化体系助剂等。此外，由于很多生产线的元件本身含有大量重金属成分，因此在塑料及橡胶制品的生产过程中将不可避免地粘带此类重金属物质。铅污染是此类代表性污染。

9.2.2 金属制品中重金属元素的来源

金属材料类食品接触材料含有大量的金属物质，在使用过程中极易出现重金属迁移现象，因此这类材料多以重金属项目作为检验重点。目前金属材料类食品接触材料的代表性样品为不锈钢制品、有机涂层金属制品、金属涂层或金属镀层的金属制品等。

以不锈钢制品为例，不锈钢材料是由铁铬合金掺入其他镍、锰、钼、钛、镉等少量元素制成，在强度、防腐性、抗锈性、耐磨性等方面具有突出优点，故近年来广泛被用来制作食品餐厨器。不锈钢食品餐厨器自身的化学成分决定了重金属迁移量，且在其加工过程中可产生形变马氏体，较奥氏体组织而言马氏体组织更易析出重金属。如果在日常使用过程中长时间接触偏酸、偏碱性食物，或使用强碱性、强氧化性的洗涤剂，或产生了表面划痕，都将加剧重金属的析出[2,3]。

而在含有有机涂层、金属涂层或金属镀层的金属制品中，基材及涂层均可能导致重金属迁移，比如含有聚四氟乙烯涂层的不粘锅、内壁涂有环氧酚醛涂层的马口铁罐头及镀有钛合金的铝合金锅等金属制品。

此外在金属制品的加工制造中采用劣质的焊接材料、焊膏、助焊剂或者不恰当的焊接工艺都会造成金属制品的重金属超标，或造成材料组织结构变化、或直接引入重金属污染，在使用过程中可能会迁移出大量的铅、镍、铬、锰等重金属，是成为影响重金属迁移量的重要因素[2]。

9.2.3 玻璃制品中重金属元素的来源

日常使用中的玻璃制品一般由硅酸盐玻璃烧制而成，其主要成分为二氧化硅。在玻璃材料的加工过程中所使用的石英砂、长石及石灰石等天然矿物原料往往含有一些杂质成分，且后期加工过程中大量使用三氧化二砷、三氧化二锑等含砷、锑、铅的澄清剂[4]，加之一些玻璃制品的口沿处使用了含铅、镉、铬的无机颜料或油墨以印制图案，这些都导致玻璃制品在使用过程中的重金属迁移。例如水晶玻璃通常含有24%左右的铅，并不宜作为日常食品餐厨具使用。

9.2.4 陶瓷及搪瓷制品中重金属元素的来源

陶瓷制品的彩釉中往往含有铅、铬、镉、汞、镭等多种重金属物质，在陶瓷制品加工过程中，涂釉配料或烧制工艺是最终成品重金属迁移量的决定性因素。在陶瓷制品的重金属迁移中，以铅、镉两种重金属元素最为突出[5]。

搪瓷制品一般是在金属基体上涂覆瓷釉烧制而成，而瓷釉多由基体剂、助熔剂、密着剂、氧化剂、着色剂和辅助剂等多种成分组成[6]，故而搪瓷制品表面的珐琅质往往含有铅、镉、锑、铋、锡等多种重金属物质。

需要注意的是，陶瓷及搪瓷制品均不宜用来贮存及烧煮酸性饮料和食物，尤其要注

意慎用彩色或印有图案的餐厨具。

9.2.5　纸制品中重金属元素的来源

纸制品中的重金属元素主要来自两个方面：一方面是原纸植物纤维、染料、颜料等含有的铅、砷等重金属物质；另一方面来自印制油墨中的重金属污染，尤其是溶剂型油墨的危害更为严重[7,8]。

9.2.6　竹木制品中重金属元素的来源

竹木制品中的重金属物质主要来自于表面的油漆涂层，尤其是油漆的着色料、防腐剂、稀释剂等成分均可能产生铅、砷、镉、汞等多种重金属污染。

9.3　重金属对人体的危害

在金属元素中，毒性较强的是重金属及它们的化合物，而铅(Pb)、镉(Cd)、铬(Cr)、汞(Hg)和砷(As)是在生产和生活中经常遇到的有害重金属元素。有害重金属污染对环境和人类具有极大的危害，人体很难通过自身代谢完全排泄通过食用、吸入或接触等途径累积在体内的有害重金属。下面将从属性、危害及限量等方面重点对这五种常见重金属污染物质进行风险剖析[9,10]，并简单介绍铜、铝、锌、锑、锡等其他重金属元素。

9.3.1　铅

铅是一种灰白色金属，铅元素广泛存在于各种颜料及釉料中。人体中的铅主要是通过饮食和饮水摄入，继而由消化道吸收，儿童的吸收率则远高于成人。塑料、玻璃、陶瓷、搪瓷等食品接触材料中含铅成分向食品中的迁移则是导致人体铅摄入量超标的重要因素之一。

铅中毒是一种蓄积性中毒，一旦进入人体将很难排出，使体内含巯基(—SH)的酶类蛋白质活性受抑制，引起消化、神经、运动、血液、免疫、生殖等多种功能障碍，造成反应迟钝、智力低下，甚至致癌、致突变，尤其是对胎儿和婴幼儿的生长发育影响最大[11,12]。

所有食品接触材料都应该放弃或避免使用到任何含铅原料，且在其生产及维修过程中也需要注意避免使用铅制零部件及焊料。食品添加剂联合专家委员会(JECFA)已制定了一个 0.025mg/(kg・bw)的暂定每周可耐受摄入量(PTWI)，并于 1993 年在欧盟食品科学委员会(SCF)举行的第 91 次会议上表决通过。

9.3.2　镉

镉是一种蓝白色金属，在自然界中分布广泛但含量极小。各种颜料、釉料、塑料稳定剂、焊料及镀镉合金等都含有一定量的镉金属。

镉的突出特点是对肾脏有很强的毒性以及具有很长的生物半衰期(在人体中约为 30 年)。进入人体体内的镉大约 5%被吸收并蓄积于软组织(肝脏和肾脏)中[2]，对人体的多项机能造成伤害：镉与金属硫蛋白结合，干扰铜、钴、锌、钙等的代谢和锌酶的功能，引发高血压及肾脏疾患；镉置换骨质中的钙，引起骨质疏松、软化、变形和肌肉疼痛，导致钙中毒；镉阻碍肠道吸收铁，抑制血红蛋白的合成和肺泡巨噬细胞的氧化磷酰化的代谢过程，影响 DNA 修复以及促进细胞增生。由此可见，过量摄入镉将对人体的肾、肝、骨、心、肺及生殖发育系统造成严重损害，能致癌、致畸、致突变[13]。

由于镉的高毒性和长半衰期，食品接触材料及其加工线中禁止使用任何含镉或镀镉材料。针对镉摄入量，JECFA 已建立了 0.007mg/(kg・bw)的 PTWI，并声明“这个 PTWI 不包括安全系数”、“在正常饮食的暴露和产生毒害作用之间仅有一个很小的余地”。成人每天如果接触 30～50mg 的镉，将大大增加高血压、肾功能紊乱、骨折和患癌症的风险[14]。镉摄入的偶然峰值可能引起镉吸收率的剧增。

9.3.3 铬

铬为银白色金属，有三价、六价和二价三种常见价态。铬化合物广泛存在于各类合金、镀层、颜料、釉料和染料中，长时间接触酸性食品会加剧铬的析出。

铬在自然界中主要以三价态形式存在，三价铬能与无机和有机物配位体形成稳定的惰性络合物，是人体的必需元素。与三价铬不同，六价铬在人体体内吸收率高，易穿透细胞膜，具有强氧化性、皮肤黏膜毒性、胃肝肾毒性、生殖毒性、遗传毒性等多种危害[12]。

目前 JECFA 未对铬进行特别评估，SCF 也未作规定[9]，不过 WHO 已规定饮用水中六价铬含量不得超过 0.05mg/L[11]，目前评估的每日摄入量范围为 0.025～0.2mg/d。

9.3.4 汞

汞及其化合物是常见的有毒金属和化合物。汞在自然界中有金属单质汞(俗称水银)、无机汞和有机汞等几种形式，其中有机汞是当前最受关注的重金属污染源。普通人群摄入汞的途径主要是通过饮食(有机汞)和牙齿汞齐填充物(无机汞)。大量蓄积于水产品中的有机汞，对人体危害最大[15]。由食品接触材料中迁移至食品的汞元素则并不多。

汞中毒以有机汞中毒为主，其中又以甲基汞和乙基汞是最毒的有机汞形态。进入人体体内的汞能与体内蛋白质分子的巯基、氨基、羧基、磷酰基等结合并难以排出，对脑、肝、肾、心、肺等产生不可逆的损害，具有致畸性、生殖毒性、神经毒性、免疫毒性等多种危害，已成为人类健康的公害。

鉴于汞及其化合物的剧毒性，汞不得用于食品接触材料中。JECFA 在 78/1988 年间对汞建立了一个 0.005mg/(kg・bw)的 PTWI。WHO 已对饮用水中的汞规定了 0.001mg/L 的指导值。据统计，成人平均每日摄入的汞为 0.002～0.02mg。

9.3.5 砷

砷是一种非金属，但由于其许多理化性质类似于金属，故常称其为类金属。砷的化合物包括无机砷和有机砷。不锈钢制品、玻璃制品及纸制品中通常都含有一定量的砷元素。

砷元素主要在肝、肾、脾、骨骼、皮肤、毛发中蓄积，引发细胞代谢紊乱[16]，造成疲劳、心悸、蜕皮、脱发、色素沉积，并可诱发皮肤癌和肺癌。长期接触少量的砷，会导致慢性砷中毒[17]。

食品接触材料应该尽量放弃或避免使用到含砷原料。

9.3.6　其他重金属元素

(1)铜：铜及铜合金材料常用制作管道、食品加工容器及食具等可能接触到食品的器具。接触酸性食品会增大铜元素的迁移量，但很少发生由铜摄取引起的人体急性中毒，除非铜大量迁移到食物(包括饮用水)中或意外摄入大量铜盐。铜中毒的症状包括呕吐、疲倦、急性溶血性贫血、肝肾损害、神经中毒、血压升高、呼吸加快等等，在极端情况下可导致昏迷和死亡。目前在普通人群中尚未见慢性铜中毒的记录。发生无法接受的感官影响时，建议食品避免接触铜器具。

(2)铝：铝元素在地壳中的丰度位居第三，广泛存在于矿物中。铝和铝合金被广泛使用于各种食品接触材料中，如食品内包装、罐头、烹饪器具和操作面板等等。长时间接触过酸、过碱或过咸的食品都将加剧铝的迁移。摄入过量的铝会对人体的骨骼、大脑及消化系统造成一定的危害。

(3)锌：锌是人体必需的微量金属，一般以锌离子和锌盐的形式而存在。锌主要用作生产锌合金和镀锌制品，一些涂料及釉料中也常含有锌。长时间接触过酸或过碱食品将加剧锌的迁移，一些国家禁止使用与食品接触的锌、锌合金或镀锌制品。

(4)锑：锑被用于聚对苯二甲酸乙二醇酯(PET)生产中的缩聚催化剂；锑化物可阻燃，可应用在各式塑料和防火材料中；锑白(三氧化二锑)是一种常见的白色颜料，也是阻燃剂的重要原料；硫化锑(五硫化二锑)是橡胶的红色颜料。锑会刺激人的眼、鼻、喉咙及皮肤，可能会引致皮肤炎、角膜炎、结膜炎和鼻中隔溃疡等[18]，持续接触可破坏心脏及肝脏功能，吸入过量锑甚至会导致锑中毒。

(5)锡：金属锡的主要用途之一就是用来制造镀锡铁皮，即俗称的“马口铁”。此外金属锡还被用来制作锡器、锡管、锡箔以及种类繁多的锡合金。摄入过量的锡会引发消化系统、呼吸系统及肝脏相关的疾病。

9.4　各国法规限量及风险评估

9.4.1　法规的历史渊源

食品接触材料造成的重金属污染一直是世界各国政府为保障本国公民的健康安全而关注的焦点，各国政府以及有关团体和组织都积极地投入该领域的研究，许多政策法规应运而生[19]。

1. 欧盟

2004 年 11 月 13 日欧洲议会和欧盟理事会通过的(EC)No. 1935/2004 法规是欧盟有关食品接触材料和制品的基本框架法规,欧盟各成员国都有权监督该法规。截至目前,欧盟涉及食品接触材料和制品的指令或法规累计已超过三十项。EC/1935/2004 第 6 条规定:当各类材料和制品的特定措施还没有制定时,允许维持和采用各成员国的相关规定。因此如果某种产品要进入欧盟市场时,还需考虑到具体出口国涉及该材质的指令或法规,如德国新食品和饮食用品法 LFGB(Lebensmittel-Bedarfsgegenstände-und Futtermittelgesetzbuch)、法国食品级安全法规 French DGCCRF 2008-1469 等。

欧盟指令 94/62/EC《包装和包装废弃物法令》对包装及其包装废品中的重金属含量提出了限量要求:从 2001 年 6 月 30 日起,各成员国应保证所使用的包装及其材料中,铅、镉、汞、六价铬的总量低于 100mg/kg。该指令适用于市场中用于工业、商业、家用或其他任何用途的所有包装及其包装废品,所规范的包装材料包括玻璃、塑胶、纸板、金属合金及木头等[20]。

2011 年 1 月 15 日欧盟公布了针对于与食品接触的塑料制品的新的法规 EU 10/2011,新法规无需转换为各成员国的法令,直接在其发布后 20 天生效,并于 2011 年 5 月 1 日全面取代原有的与食品接触的塑料制品的指令 2002/72/EC。该法规首次提出了塑料材料及制品中钡、钴、铜、铁、锂、锰和锌七大重金属迁移量的指标要求,并在附件 2 中进行了详细说明。

在欧盟规定的必须制定专门管理要求的 17 类材质中,目前仅有陶瓷(84/500/EEC 及其修订指令 2005/31/EC)、再生纤维素薄膜(93/10/EEC)、塑料(2002/72/EC 及其修订指令 2007/19/EC)3 类物质颁布了专项指令。这些指令及其修正指令对不同的样品规定了不同的有害物质限量要求,及加工中允许使用的物质清单[21]。

2. 美国

美国食品药品管理局(FDA)主要通过食品添加剂申报程序(FAP)来控制与食品接触的产品,其基本管理模式是采取阳性列表(positive list)的管理方式,即属于该表所列的产品和原料可以用于与食品接触或作为生产与食品接触产品的原料[22]。

3. 日本

日本劳动厚生省颁布的标准分为通用标准、类别标准和 13 类聚合物标准,对重金属尤其是铅镉含量有较为严格的规定[22],此外还有一些行业规定,如日本印刷油墨行业协会制定了不适合印刷食品接触材料物质的否定列表(negative list)。

4. 我国

我国国家标准是针对具体材质而制定的,多数限量指标已符合国际标准,但部分限量则和国际标准还有一定的差距。目前我国已颁布了关于不锈钢、玻璃、陶瓷、搪瓷及纸制品的重金属限量,对有机树脂涂层及塑料、橡胶制品的相关重金属限量也做出了规定。但是除 GB 9684-2011《食品安全国家标准不锈钢制品》[23]外,现行卫生标准存在着颁布时间均较长、部分内容陈旧等缺点,未能完全满足现今行业发展的需要。

新版 GB 9684-2011《食品安全国家标准不锈钢制品》已代替 GB 9684-1988《不锈钢食具容器卫生标准》，在理化指标中作了如下变动：

(1)铅、铬、镍、镉、砷迁移限量的单位由原标准的 mg/L 修订为 mg/dm^2；

(2)铅、铬、镍、镉、砷迁移限量：原标准中奥氏体型不锈钢分别为 1.0mg/L、0.5mg/L、3.0mg/L、0.02mg/L、0.04mg/L，马氏体型不锈钢分别为 1.0mg/L、无、1.0mg/L、0.02mg/L、0.04mg/L；新标准修订为 $0.01mg/dm^2$、$0.4mg/dm^2$(马氏体型不锈钢材料不检测铬指标)、$0.1mg/dm^2$、$0.005mg/dm^2$、$0.008mg/dm^2$，按浸泡条件 $200mL/dm^2$ 换算，即分别为 0.05mg/L、2mg/L、0.5mg/L、0.025mg/L、0.04mg/L。

显然，新版不锈钢国标加强了对铅及镍的迁移限量要求，体现了在标准制定更加严格和更为国际化的发展趋势。

9.4.2　各国现行规定

本书作者收集整理了现行各国法规对各类食品接触材料制品中重金属限量的一些规定，列于表 9.1～9.6 中，供广大分析测试人员和生产质控人员参考。

1. 各国法规对于塑料及橡胶制品中重金属限量的规定

各国法规对于塑料及橡胶制品中重金属限量的通用一般规定见表 9.1，特殊规定见表 9.2。

由两表可以看出，欧盟允许塑料使用的物质清单中未列入铅、镉、汞、砷类化合物，因此食品用塑料应避免使用这些物质作为添加剂，如用作热稳定剂的铅盐或镉盐。欧盟物质清单中还对铜、铁、锌、钴等金属或化合物规定了以这些金属元素计的“总特定迁移量”SML(T)指标，如以铜、锌、钴计的 SML(T)分别为 5mg/kg、25mg/kg、0.05mg/kg。有些允许使用的酸、醇、酚的锌盐未列入清单中，也适用相同的限制[21]。

表 9.1　各国法规对于塑料及橡胶制品中重金属限量的通用规定

国别	法规文件	理化项目及规定限量	测试条件
欧盟	(EU) No. 10/2011	Ba≤1；Co≤0.05；Cu≤5；Fe≤48；Li≤0.6；Mn≤0.6；Zn≤25；(单位均为 mg/kg)	取决于具体接触条件
日本	昭和 34 年厚生省告示第 370 号	重金属(以 Pb 计)≤1mg/L	统一采用 4%乙酸作为食品模拟液，对使用温度 100℃以下的产品采用(60℃，30min)的浸泡条件；使用温度 100℃以上则为(95℃，30min)
		Pb≤100μg/g(橡胶奶嘴限量为 10μg/g)	微波消解
		Cr≤100μg/g(橡胶奶嘴限量为 10μg/g)	
韩国	韩国食品器具、容器、包装标准与规范(2011 年 10 月)	Pb≤1mg/L	同日本标准

续表

国别	法规文件	理化项目及规定限量	测试条件
中国	成型品卫生标准	重金属(以 Pb 计)≤1mg/L	统一采用 4%乙酸作为食品模拟液，一般为(60℃，30min)或(60℃，2h)，聚碳酸酯成型品除为(95℃，6h)

表 9.2 各国法规对于塑料及橡胶制品中重金属限量的特殊规定

国别	法规文件类别	理化项目及规定限量	测试条件
欧盟	共聚物粉末原材料	Ni≤2500；Zn≤100；Cu≤5；Pb≤2；As≤1；Cr≤1；(单位均为 mg/kg)	取决于具体接触条件
日本	PET	Sb≤0.05μg/mL	统一采用 4%乙酸作为食品模拟液，对使用温度 100℃以下的产品采用(60℃，30min)的浸泡条件；100℃以上的产品则采用(95℃，30min)的浸泡条件
		Ge≤0.1μg/mL	
	橡胶制品	Zn≤15μg/ml	
	奶嘴橡胶	Zn≤1μg/ml	(水，40℃，24h)
韩国	PVDC	Ba≤100mg/kg	灰化
	PET	Sb≤0.04mg/L	同日本标准
		Ge≤0.1mg/L	
	PCT Poly (cyclohexane-1,4-dimethylene terephthalate)	Sb≤0.04mg/L	
中国	GB 4806.1-94/橡胶制品	Zn≤20mg/L(高压密封圈限量为 100mg/L)	(4%乙酸，60℃，30min)
	GB 4806.2-94/橡胶奶嘴	Zn≤30mg/L(高压密封圈限量为 100mg/L)	(4%乙酸，60℃，2h)
	GB 7105-86/过氯乙烯内壁涂料	Pb≤1mg/L；As≤0.5mg/L	(4%乙酸，60℃，2h)
	GB 11678-89/内壁聚四氟乙烯涂料	Cr≤0.01mg/L	(4%乙酸，煮沸 30min，室温 24h)
		F≤0.2mg/L	(水，煮沸 30min，室温 24h)
	GB 13113-91/PET 成型品	Sb≤0.05mg/L	(4%乙酸，60℃，30min)
	GB 13114-91/PET 树脂	Pb≤1mg/kg	取决于具体方法
		Sb≤1.5mg/kg	(4%乙酸，回流，2h)

2. 各国法规对于金属制品中重金属限量的规定

各国法规对于金属制品中重金属限量的规定见表 9.3。从表中可以看出，意大利对不锈钢中铬和镍迁移限量最为严格，这也是近年来我国出口意大利的金属制品被欧盟频频通报的主要原因。2011 年 2 月 4 日意大利官方公报上公布了针对于与食品接触不锈钢材料的新法令 DECRETO 21 dicembre 2010，n. 258，增加了对锰的特定迁移的要求，同时还更新了允许与食品接触的不锈钢型号表。该法令于 2011 年 2 月 19 日正式生效。

此外，需引起注意的是，韩国食品法典的器具、容器及包装规格经 2008 年修订后，提高了重金属迁移限量标准，其中铬和镍的指标也和意大利一致，对于我国出口金属制品设置了较高的门槛，一些镀铬、镀镍的产品可能不易过关[9,24]。

表 9.3　各国法规对于金属制品中重金属限量的规定

国别	法规	制品	理化项目及规定限量(mg/L 或 mg/kg)						
			Pb	Cd	Cr	Ni	As	Zn	Sb
意大利	n. 258 新增 Mn 限量：0.1ppm	不锈钢	/	/	0.1	0.1	/	/	
法国	French DGCCRF	金属镀层	4	0.3	5	0.5		10	0.01
芬兰	贸工部 268/1992 决议；(单位 mg/dm^2)	一般制品	0.5	0.1	2.0	2.0	/	/	/
		儿童用品	0.05	0.01	0.2	0.2	/	/	/
美国	FDA CPG 7117.05	成人用镀银餐具	7.0	/	/	/	/	/	/
		儿童用镀银餐具	0.5	/	/	/	/	/	/
日本	昭和 34 年厚生省告示第 370 号	金属罐	0.4	0.1	/	/	0.2		/
韩国	韩国食品器具、容器、包装标准与规范(2011 年 10 月)	金属制品	0.4	0.1	0.1	0.1	0.2	/	/
中国	GB11333-1989	铝制品	精制铝 0.2； 回收铝 5；	0.02	/	/	0.04	1	
	GB9684-2011 单位为 mg/dm^2	不锈钢	0.01	0.005	马氏体：/ 奥氏体：0.4	0.1	0.008	/	/

3. 各国法规对于玻璃制品中重金属限量的规定

各国法规对于玻璃制品重金属限量的规定见表 9.4。对玻璃制品而言，主要限制的重金属为铅(Pb)和镉(Cd)，限量标准与制品类型相关，一般可分为扁平器皿、小空心器

皿、大空心器皿等。

表 9.4 各国法规对于玻璃制品中重金属限量的规定

国别	法规	制品类型	理化项目及规定限量(mg/L 或 mg/kg)		测试条件
			Pb	Cd	
国际标准化组织/斯里兰卡/中国	ISO64862/2 [1999(E)斯里兰卡 DOPL No. 326](中国仅规定前四项)	扁平器皿<25mm	0.8mg/dm²	0.07g/dm²	温度：22±2℃ 时间：24±1/6h
		小空心器皿<1.1L	2mg/L	0.5mg/L	
		大空心器皿≥1.1L	1mg/L	0.25mg/L	
		储藏用器皿(罐)≥3.0L	0.5mg/L	0.25mg/L	
		杯和大杯	0.5mg/L	0.25mg/L	
		烹饪器皿	0.5mg/L	0.5mg/L	
欧盟	2005/31/EC	扁平器皿<25mm	0.8mg/dm²	0.07g/dm²	温度：22±2℃ 时间：24±1/6h
		空心器皿<3.0L	4mg/L	0.3mg/L	
		烹饪、包装容器、贮存器≥3.0L	1.5mg/L	0.1mg/L	
	法德另规定口沿要求	唇边 20mm	2mg/件	0.2mg/件	
	芬兰规定	唇边 20mm	0.5mg/dm²	0.1mg/dm²	
英国	BS 6748:1986	扁平器皿<25mm	0.8mg/dm²	0.07g/dm²	温度：22±2℃ 时间：24±0.5h
		空心器皿<3.0L	4mg/L	0.3mg/L	
		烹饪、包装容器、贮存器≥3.0L	1.5mg/L	0.1mg/L	
美国	FDA/ORACPG 7117.06-1995 FDA/ORACPG 7117.07-1995	扁平器皿<25mm	3mg/L	0.5mg/L	温度：22±2℃ 时间：24±1/6h
		小空心器皿<1.1L	2mg/L	0.5mg/L	
		大空心器皿≥1.1L	1mg/L	0.25mg/L	
		水罐	0.5mg/L	0.25mg/L	
		杯	0.5mg/L	0.5mg/L	
		口沿	4.0mg/L	0.4mg/L	
美国加州	California Prop. 65-2002 带装饰制品另有要求	扁平器皿<25mm	0.226mg/L	3.164mg/L	温度：22±2℃ 时间：24±1/6h
		小空心器皿<1.1L	0.100mg/L	0.189mg/L	
		大空心器皿≥1.1L	0.100mg/L	0.049mg/L	

续表

国别	法规	制品类型	理化项目及规定限量（mg/L 或 mg/kg）		测试条件
			Pb	Cd	
加拿大	加拿大产品法定 1999（陶瓷/玻璃器皿）SOR/98-176	扁平器皿＜25mm	3mg/L	0.5mg/L	温度：22±2℃ 时间：24±1/6h
		小空心器皿＜1.1L	2mg/L	0.5mg/L	
		大空心器皿≥1.1L	1mg/L	0.25mg/L	
		水罐	0.5mg/L	0.25mg/L	
		杯	0.5mg/L	0.5mg/L	
		口沿	4.0mg/L	0.4mg/L	
日本	JIS S 2401:1991	扁平器皿＜25mm	0.8mg/dm²	0.07mg/dm²	—
		空心器皿＜0.6L	1.5mg/L	0.5mg/L	
		空心器皿≥0.6L＜3.0L	0.75mg/L	0.25mg/L	
		空心器皿≥3.0L	0.5mg/L	0.25mg/L	
		烹调和烧烤制品	0.5mg/L	0.05mg/L	
		口沿	4.0mg/L	0.4mg/L	
新加坡	食品销售法案 283 章	扁平器皿＜25mm	3mg/L	—	温度：22±2℃ 时间：24±1/6h
		小空心器皿＜1.1L	2mg/L	—	
		大空心器皿≥1.1L	1mg/L	—	
		杯和大杯	0.5mg/L	—	
		口沿	0.5mg/L	—	
巴西	卫生健康指令 2718/3/96	餐具	0.8mg/dm²	0.01mg/dm²	温度：80℃ 时间：2h
		烹调器皿	1.5mg/L	0.1mg/L	
		贮存器皿＞3.0L	1.5mg/L	0.1mg/L	
中国	GB19778-2005	另有 As 和 Sb 的规定	As	Sb	另有耐热容器在 98±1℃加热 2h ± 2min 的规定
		扁平器皿＜25mm	0.07mg/dm²	0.7mg/dm²	
		小空心器皿＜1.1L	0.2mg/L	1.2mg/L	
		大空心器皿≥1.1L	0.2mg/L	0.7mg/L	
		储藏用器皿(罐)≥3.0L	0.15mg/L	0.5mg/L	

4. 各国法规对于陶瓷及搪瓷制品中重金属限量的规定

各国法规对于陶瓷及搪瓷制品中重金属限量的规定见表 9.5。由表可以看出，欧、美、日、韩对搪瓷制品的重金属迁移限量都与 ISO 标准基本一致，受限制的重金属元素为为铅和镉。与欧、美、日、韩不同，我国 GB 4804-1984 对搪瓷食具容器规定了铅、镉、锑 3

种重金属的迁移限量[25]。

表 9.5　各国法规对于陶瓷及搪瓷制品中重金属限量的规定

国别	法规	制品	理化项目及规定限量			测试条件
			Pb	Cd	Sb	
国际标准化组织/斯里兰卡	ISO64862/2 [1999(E)斯里兰卡 DOPL No. 326]	扁平器皿＜25mm	0.8mg/dm^2	0.07mg/dm^2	/	温度：22±2℃ 时间：24±1/6h
		小空心器皿＜1.1L	2mg/L	0.5mg/L		
		大空心器皿≥1.1L	1mg/L	0.25mg/L		
		储藏用器皿(罐)≥3.0L	0.5mg/L	0.25mg/L		
		杯和大杯	0.5mg/L	0.25mg/L		
		烹饪器皿	0.5mg/L	0.05mg/L		
欧盟	2005/31/EC	不可灌注的；或可灌注的、内部由最低点至外缘水平线的高度长不超过25mm的食品用陶瓷碟、盘、制品	0.8mg/dm^2	0.07mg/dm^2	/	4%乙酸，室温，24h
		可灌注的食品用陶瓷碗、杯、瓶等容器	4mg/L	0.3mg/L		
		食品用陶瓷烹调器皿；容积大于3L的包装和容器	1.5mg/dm^2	0.1mg/dm^2		
	法国、德国 DIN5132 另规定口沿要求	唇边 20mm	2mg/件	0.2mg/件		
	芬兰	唇边 20mm	0.5mg/dm^2	0.1mg/dm^2		
芬兰	法定 268/92 法定 267/92	儿童使用的陶瓷(包括口沿部分)	0.05mg/dm^2	0.01mg/dm^2		温度：22±2℃ 时间：24h
美国	FDA CPG 7117.06-1995 FDA CPG 7117.07-1995	扁平器皿	3.0mg/L	0.5mg/L		温度：22±2℃ 时间：24±1/6h
		除杯、大杯和罐以外的小空心器皿	2.0mg/L	0.5mg/L(小空心)		
		杯和大杯	0.5mg/L	0.5mg/L		
		除罐以外的大空心器皿	1.0mg/L	0.25mg/L(大空心)		
		罐	0.5mg/L	0.25mg/L		
		唇边 20mm	4.0mg/L	0.4mg/L		

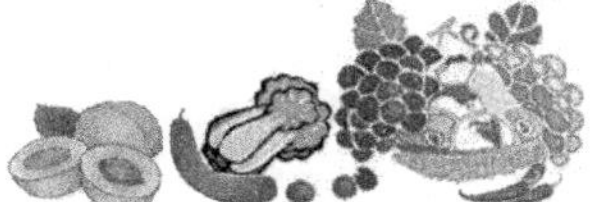

续表

国别	法规	制品	理化项目及规定限量			测试条件
			Pb	Cd	Sb	
美国加州	California Prop. 65-2002 ASTMC927-80 (2004)	扁平器皿	0.226mg/L	3.164mg/L		温度：22±2℃ 时间：24±1/6h
		小空心器皿	0.100mg/L	0.189mg/L		
		大空心器皿	0.100mg/L	0.049mg/L		
		杯及小杯	0.1mg/L	0.189mg/L		
		杯及小杯全身	0.99mg/L	7.92mg/L		
		唇边 20mm	0.5mg/L	4.0mg/L		
加拿大	加拿大产品法定 1999（陶瓷\玻璃器皿）	扁平器皿	3mg/L	0.5mg/L（小空心）	/	温度：22±2℃ 时间：24h
		小空心器皿	2mg/L	0.5mg/L		
		大空心器皿	1mg/L	0.25mg/L（大空心）		
		罐	0.5mg/L	0.25mg/L		
		杯和大杯	0.5mg/L	0.5mg/L		
		口沿 20mm	0.5mg/L	0.4mg/L		
俄罗斯	GOST 25 185-1993 GOST 25 185.1-95:1995 GOST 30407-1996	扁平	1.7mg/cm²	0.17mg/cm²	/	温度：室内 时间：24h ±10min
		空心器皿<1.1L	5mg/L	0.5mg/L		
		空心器皿>1.1L	2.5mg/L	0.25mg/L		
澳大利亚	BS 4862-1972 (TEST) AS/NZS 4371:1996（限量）	扁平器皿<25mm	20mg/L	2mg/L	/	温度：22±2℃ 时间：24h
		空心器皿<1.1L	7mg/L	0.7mg/L		
		空心器皿>1.1L	2mg/L	0.2mg/L		
		餐具	0.8mg/dm²	0.07mg/dm²		
		烹调器(2/3 容积)	7mg/L	0.7mg/L		
日本	检测方法 JIS S 2401:1991	扁平<25mm	0.8mg/dm²	0.07mg/dm²	/	
		空心器皿<1.1L	2.0mg/L	0.5mg/L		
		空心器皿>1.1L	1.0mg/L	0.25mg/L		
		空心器皿>3.0L	0.5mg/L	0.25mg/L		
		烹调和烧烤制品	0.5mg/L	0.05mg/L		
		口沿	4.0mg/L	0.4mg/L		

续表

国别	法规	制品	理化项目及规定限量			测试条件
			Pb	Cd	Sb	
韩国	KSL 1204,1987 韩国食品卫生法案	扁平器皿<25mm	17μg/cm²	17μg/cm²	/	
		空心器皿<1.1L	1μg/ml	1μg/ml		
		空心器皿>1.1L	1μg/ml	1μg/ml		
新加坡	食品销售法案283章	扁平器皿<25mm	3mg/L	/		温度：22±2℃ 时间：24h
		空心器皿<1.1L	2mg/L	/		
		空心器皿>1.1L	1mg/L	/		
		杯和大杯	0.5mg/L	/		
		罐	0.5mg/L	/		
巴西	卫生健康指令27 18/3/96	餐具	0.8mg/dm²	0.01mg/dm²	/	温度：80℃ 时间：2h
		烹调器皿	1.5mg/L	0.1mg/L		
		贮存器皿>3L	1.5mg/L	0.1mg/L		
中国	陶瓷制品 GB 12651-2003	非特殊装饰产品：			/	4%乙酸，室温，24h
		扁平器皿	5.0mg/L	0.50mg/L		
		除杯类以外小空心制品	2.0mg/L	0.30mg/L		
		杯类	1.0mg/L	0.25mg/L		
		除罐以外的大空心制品	1.0mg/L	0.25mg/L		
		罐	0.5mg/L	0.25mg/L		
		特殊装饰产品：				
		扁平器皿	7.0mg/L	7.0mg/L		
		除杯类以外小空心制品	5.0mg/L	5.0mg/L		
		杯类	2.5mg/L	2.5mg/L		
		除罐以外的大空心制品	2.5mg/L	2.5mg/L		
		罐	1.0mg/L	1.0mg/L		
	搪瓷制品 GB 4804-84	以钦白、锑白混合涂搪原料加工而成	1.0mg/L	0.5mg/L	0.7mg/L	

5.各国法规对于竹木制品中重金属限量的规定

各国法规对于竹木制品中重金属限量的规定见表9.6。目前只有欧盟对竹木制品中重金属限量有规定。

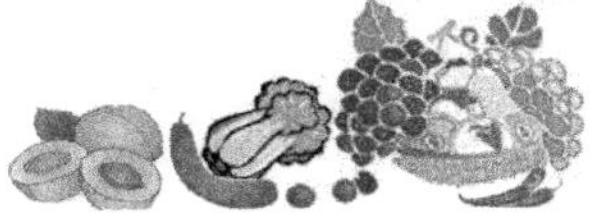

表 9.6　各国法规对于竹木制品中重金属限量的规定

国别	法规	限量要求	检测标准
欧盟	EN 14372:2004 (儿童餐具)	重金属迁移: Sb≤15mg/kg As≤10mg/kg Ba≤100mg/kg Cd≤20mg/kg Pb≤25mg/kg Cr≤10mg/kg Hg≤10mg/kg Se≤100mg/kg	EN 71-3:1994

9.4.3　欧盟对食品接触材料中重金属限制的政策解读

随着研究的不断深入和政策的日益完善,世界各国对于食品接触材料的管控也逐渐形成了带有自身特点的独立体系。出于包括技术贸易壁垒在内的各种因素考虑,同一种食品接触材料及制品在不同国家和地区的检测条件及限量要求各不相同,这就给产品出口带来了很大困扰。以下将综合近年来欧盟出口及通报情况,对当前我国食品接触材料出口中存在的质量问题进行简单的梳理。

由于 2010 年、2011 年的数据比较齐全,本书以下将主要以 2010 年欧盟食品安全快速预警系统(Rapid Alert System for Food and Feed,以下简称 RASFF)对我国出口食品接触材料的通报情况为例,分析我国出口产品中在重金属超标方面的数据和存在的问题。

2009 年 1 月至 7 月,在欧盟 RASFF 系统通报的来自我国 66 批次不合格食品接触材料中,金属制品铬、镍迁移超标的批次约占三分之一强。通报产品绝大多数出口意大利、斯诺文尼亚和芬兰,这是因为这几个国家的相关限量标准最为严格。此外,某些带表面涂层制品如不粘锅等,由于涂层附着力不足或加工不当等引起的涂层脱落、开裂,造成金属基材中的重金属元素迁移,也是实验室检出不合格原因之一。

2010 年欧盟共通报我国食品接触材料 160 例(见图 9.1),占 2010 年欧盟食品接触材料通报总量的 69.3%,其中边境拒入 71 例,信息通报 57 例,警告通报 33 例,分别比 2009 年同期增长 29.1%、3.6%和 32%,总量通报数同比增长 19.3%。这些数据表明近年来我国食品接触材料在出口数量不断增长的同时,出现的问题通报数量也非常显著[26]。

此外,由图 9.2 的通报基础分类可见因市场上的官方控制而被通报 50%,边境拒入 44%,官方后续跟踪监控 2%,客户投诉占着 2%,边境控制—寄售发布 1%,非成员国官方控制 1%,这说明该类通报 98%是官方在进行各种监控时发现的。

图 9.3 显示了 2010 年度食品接触材料的通报情况:意大利 57 例、德国 20 例、波兰 16 例、英国 14 例、芬兰和希腊各 9 例、捷克 7 例,澳大利亚 6 例,爱沙尼亚 4 例,法国、立陶宛和斯洛伐克各 2 例,西班牙、爱尔兰和塞浦路斯各 1 例。其中意大利、德国和波兰通报数量位居前三位,分别占 2010 年通报总量的 35%、12%和 10%,同比分别增加 62.9%、

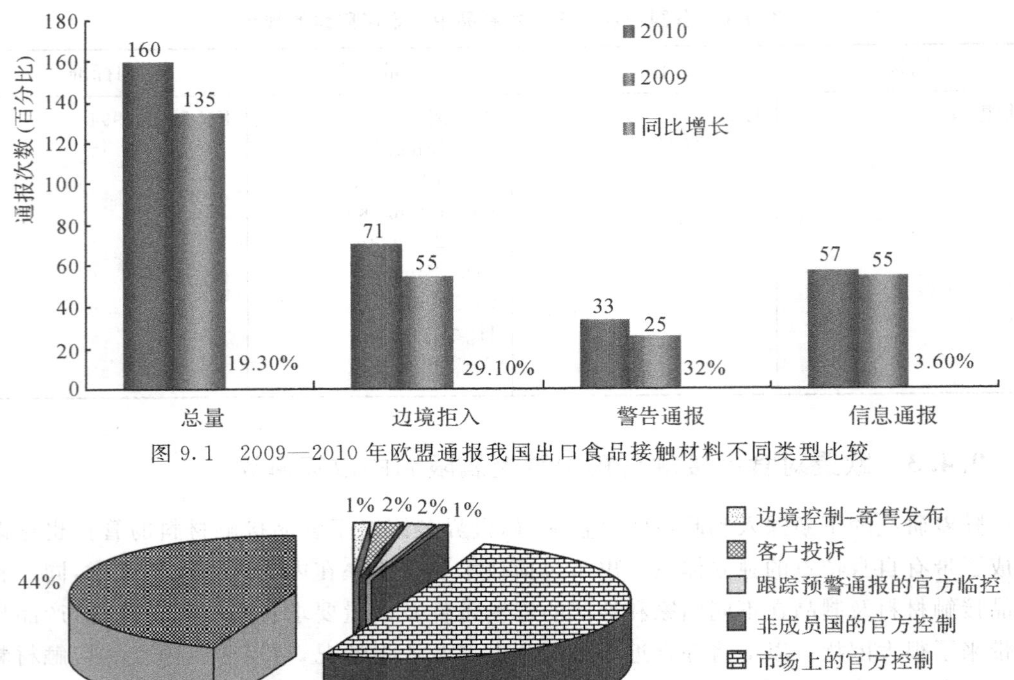

图 9.1　2009—2010 年欧盟通报我国出口食品接触材料不同类型比较

图 9.2　2010 年我国出口食品接触材料接到 RASFF 通报基础分布

11.1%和 433.3%，占据总通报量的近 60%。意大利的问题通报多集中在厨房用具的重金属迁移，德国通报的问题产品主要集中在厨房用具中的有机物质超标问题，而波兰通报的问题则主要是玻璃用具中镉、铅迁移及密胺制品中甲醛和总迁移量超标问题。

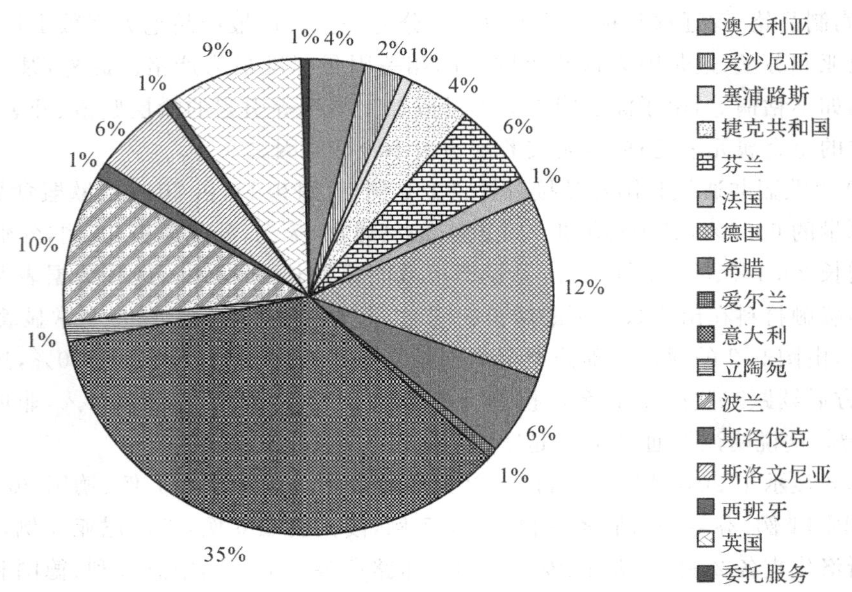

图 9.3　2010 年不同国家和地区对我国出口食品接触材料 RASFF 通报分布情况

不同物质的迁移通报情况如图 9.4 所示，2010 年度通报的问题食品接触材料的通报原因主要有以下几种：有害物质迁移 148 例、有害物质超标 4 例、氧化损坏 2 例、感官性状改变 2 例、生锈 2 例、有副作用 1 例、不适合加热 1 例、有内伤风险 1 例、有塑料碎片 1 例。其中因含有害物质迁移而通报产品占总量的 92.5%。在通报的 160 例中，有厨房用具 145 例、野营炊具 7 例和食品包装材料 8 例。按材质划分，重金属迁移通报 77 例，占迁移通报总量的 52%，其中铬迁移通报量占 46.7%、镍迁移 21.7%、铅迁移 14.1%以及镉迁移占 13%。这些因不同成分而出现的集中的通报原因，与食品接触材料的原材料和生产工艺有必然的联系。

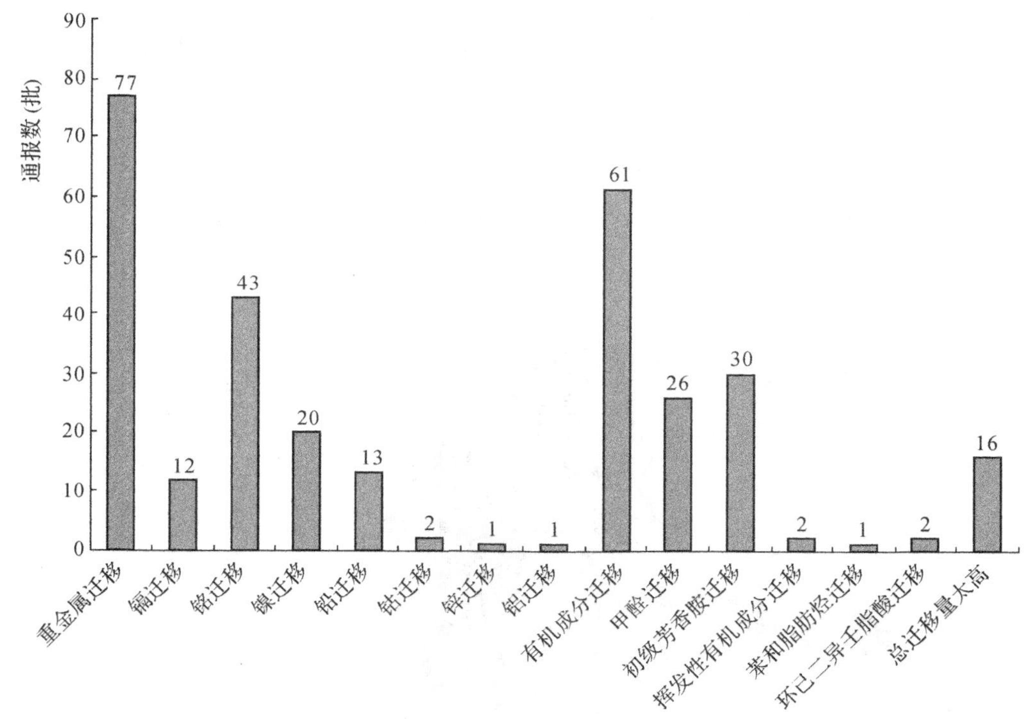

图 9.4　2010 年我国出口食品接触材料有害物质迁移 RASFF 通报原因分析

2011 年 RASFF 共通报食品接触材料类案例 310 起，同比增长 34.2%（见图 9.5）[27]。2011 年全年 RASFF 通报数量相对于 2010 年有较大幅度增加，表明欧盟对于食品接触材料制品的关注程度和检查力度有所增强，这种增加趋势在 2011 年第三、第四季度表现得更为明显，这可能与欧盟在 2011 年第二季度生效实施的部分法规指令有比较密切联系。

从发起通报的国家来看，共有包括捷克、塞浦路斯、英国、法国、德国、意大利、波兰、希腊、芬兰在内的 22 个欧盟成员国发起通报（见图 9.6），其中产品通报数量居前 3 位的成员国依次是意大利、德国、波兰，三国通报案例数为 168 起，占总数 54%，其中意大利为发布信息数量最多的成员国，共 92 例，占总数 29.7%。在被通报的产品中，超七成来自东亚地区国家（231 例，74.5%），其中，中国（包括香港及台湾地区）生产的产品有 225 例，

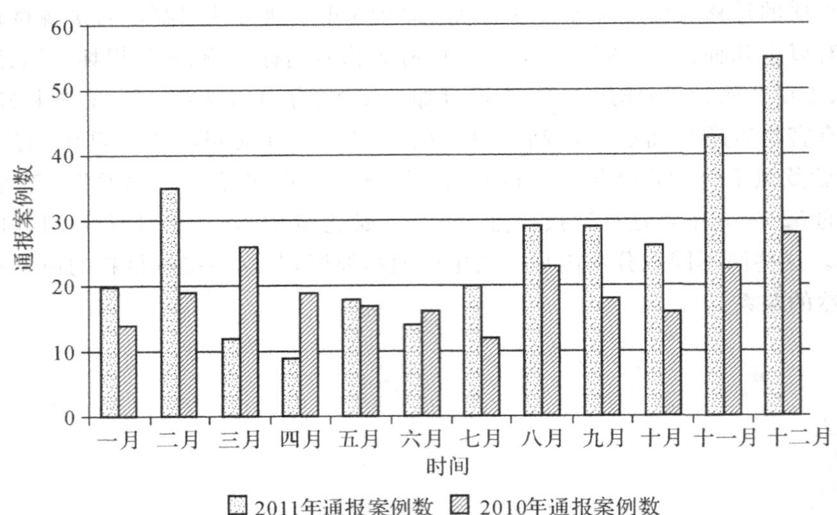

图 9.5　2011 年欧盟 RASFF 通报我国出口食品接触材料案例数据

占 97.4%。

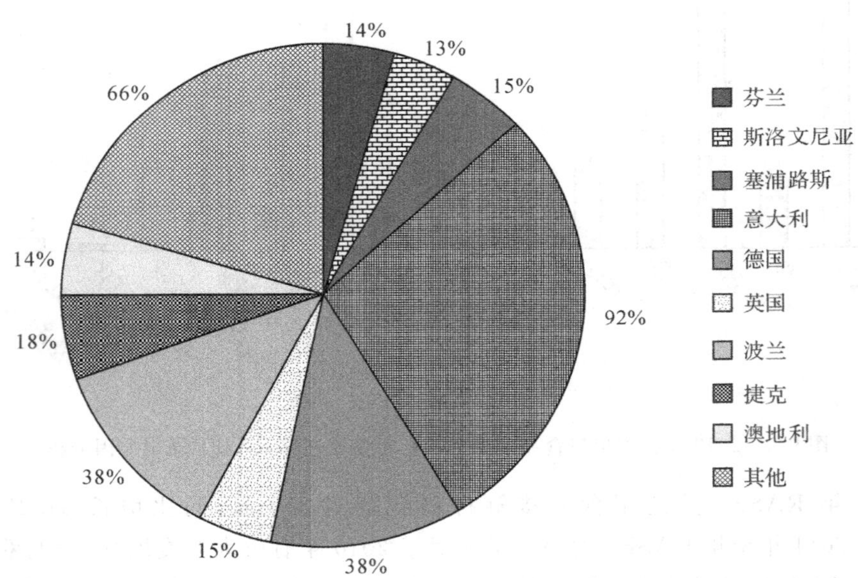

图 9.6　2011 年欧盟不同成员国对我国出口食品接触材料发起通报情况

通报案例中涉及的食品接触材料产品类型包括餐具、厨具、食品包装容器以及厨房家电(见图 9.7)，其中厨房用具和餐具类别产品占通报总数比例最高，占通报总数的 75.5%。从通报案例的产品质量问题来看，塑料厨具产品初级芳香胺、甲醛等有害物质迁移量超标，金属制品的重金属迁移量超标，塑料制品全面迁移超标合计占通报案例总数的 69.7%，是餐厨具产品的主要风险来源(见图 9.8)。

通过分析发现 2011 年全年 RASFF 通报案例中，重金属迁移量通报案例 109 起，为

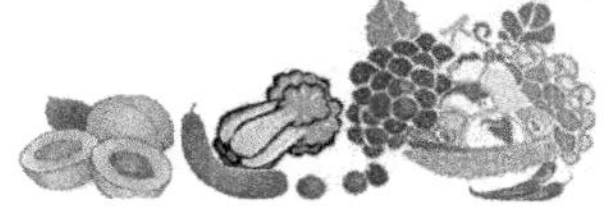

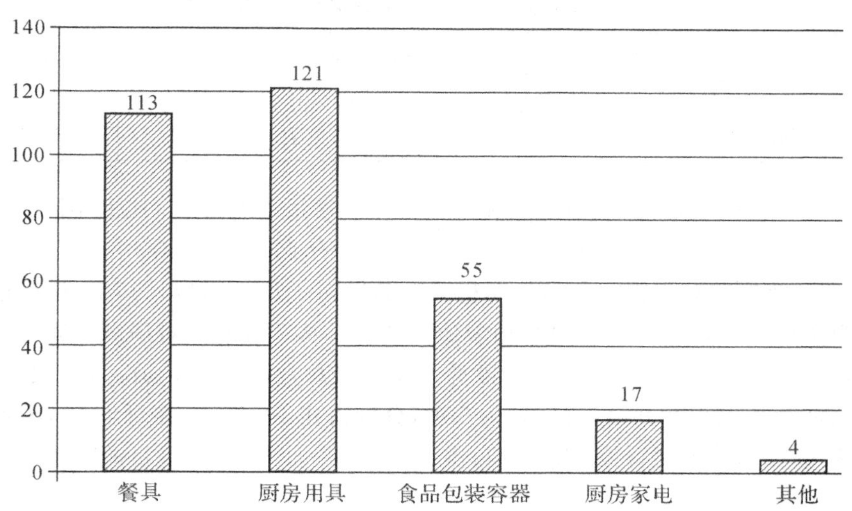

图 9.7　2011 年 RASFF 通报案例中涉及食品接触材料产品类型情况

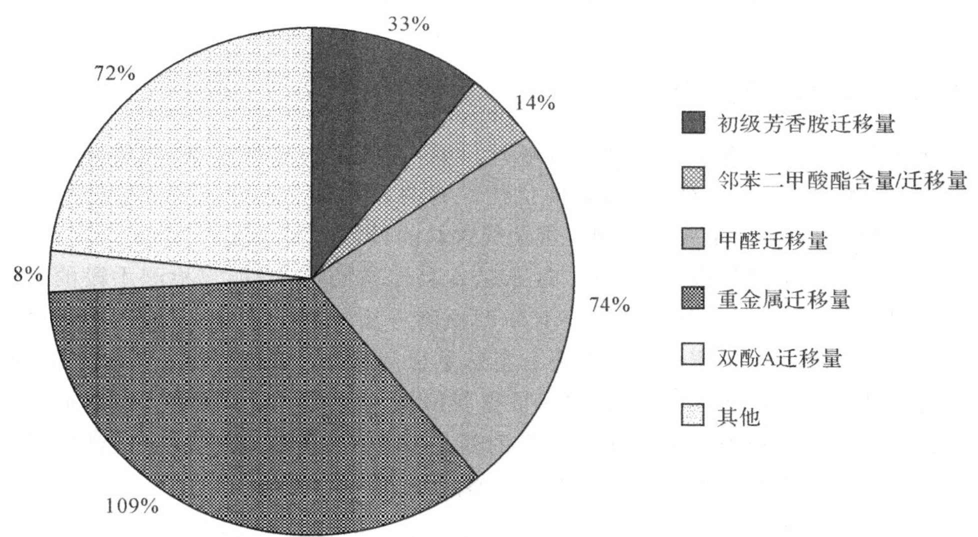

图 9.8　RASFF 通报案例中不合格项目情况

2010 年此类通报数量的 142%，其中锰元素迁移量通报案例 20 起，此类通报均来源于意大利，而往年均未出现过针对锰元素的通报案例。这与 2011 年欧盟及成员国发布实施的部分法规和指令相关(见表 9.7)。锰元素在不锈钢制品中是一种常见的元素，但是欧盟层面上从未对锰有明确的迁移量限制，此次意大利立法对锰的特定迁移作出限制也对输欧金属制品的质量提出了新的要求，相关生产企业需要对此提高警惕。

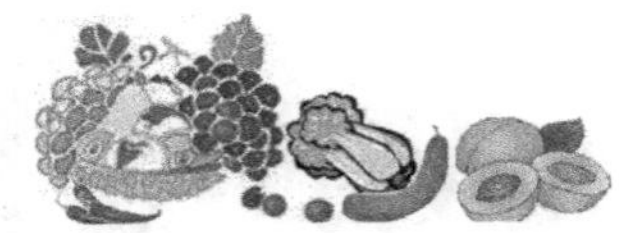

表 9.7　欧盟及成员国发布实施的与锰相关的法规和指令

管控物质	管控范围	管控法规/生效日期	特定迁移要求
锰	与食品接触的不锈钢制品	DECRETO 21 dicembre 2010, n. 258 2011 年 2 月 19 日生效	SML＝0.1mg/kg

2012 年 7 月，RASFF 共发布食品和饲料类产品通报 331 项[28]，比上年同期的 275 项增长 20.4%，其中对华通报 57 项，占比 17.2%，比上年同期的 41 项增长 39%。共有 16 个欧盟成员国及挪威对华输欧食品及饲料类产品发布了产品通报。其中，拒绝进口通报 40 项，信息关注 9 项，信息跟踪 6 项，预警通报 2 项。从 7 月欧盟对华发布通报的成员国分析，德国对华发布的最多，为 8 项，占欧盟对华通报总数的 14%；其次为意大利 7 项，占比 12.3%；波兰和捷克并列第三位，各为 6 项，分别占比 10.5%。在对华 57 项通报中，与食品直接接触类产品名列首位，为 25 项，占比 43.9%。产品遣回是目前欧盟对华产品适用的主要措施。

9.5　食品接触材料中重金属的分析检测方法综述

9.5.1　现有检测方法概述

由于重金属广泛存在于各种食品接触材料中，且各国的检测重点、限量及方法差异很大，因此检测方法灵活多变，测试条件也往往有明显差异。在 9.4.2 节中已经对各国限量进行了梳理，本节则主要讲述测定重金属含量的具体检测方法。

由于限量法规更新较快，且部分法规未指定具体检测方法，加之检测手段的发展更是日新月异，因此重金属成分分析往往有新型检测方法未能及时建立标准、多种检测方法并存等特点。以我国国家标准卫生项目特殊重金属检测方法汇总表(见表 9.8)为例，由于部分方法标准制定年代较早，现在多被更新的技术所取代。本节将继续按照塑料及橡胶制品、金属制品、玻璃制品及陶瓷制品的简单分类，对欧盟、美国、日本、韩国及中国的重金属检测方法中常用的技术手段进行概略的介绍。

表 9.8　我国国家标准卫生项目重金属检测方法汇总表

产品	检测项目	检测方法标准编号	测定方法	浸泡条件
搪瓷食具容器	Pb	GB/T 5009.62-2003	AAS、双硫腙分光光度法	4%乙酸，室温，24h
	Cd		AAS、双硫腙分光光度法	4%乙酸，室温，24h
	Sb	GB/T 5009.63-2003	孔雀石绿分光光度法	4%乙酸，室温，24h

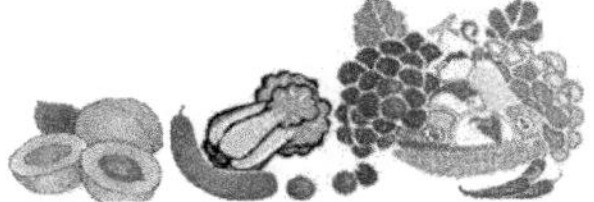

续表

产品	检测项目	检测方法标准编号	测定方法	浸泡条件
陶瓷食具容器	Pb	GB/T 3534-2002	AAS	4% 乙酸，22 ± 2℃，24h
	Cd			
玻璃食具容器	Pb	GB/T 13485-1992	AAS	4% 乙酸，22 ± 2℃，24h；耐热玻璃容器：98 ± 1℃ 加热 2min±2h
	Cd			
	As	GB/T 5009.11-2003	砷斑法	
	Sb	GB/T 5009.63-2003	孔雀石绿分光光度法	
铝制食具容器	Zn	GB/T 5009.14-2003	分光光度法	炊具：4% 乙酸，煮沸 30min，室温 24h；食具：4% 乙酸，室温 24h
	Pb	GB/T 5009.62-2003	AAS，二硫腙分光光度法	
	Cd	GB/T 5009.62-2003	AAS，二硫腙分光光度法	
	As	GB/T 5009.11-2003	砷斑法	
不锈钢食具容器	Pb	GB/T 5009.81-2003	二硫腙分光光度法	4% 乙酸，煮沸 30min，室温 24h
	Cr		GFAAS、二苯碳酰二肼分光光度法	
	Ni		丁二酮肟分光光度法	
	Cd	GB/T 5009.62-2003	AAS	
	As	GB/T 5009.72-2003	砷斑法	
食品容器过氯乙烯内壁涂料	As	GB/T 5009.11-2003	分光光度法	4% 乙酸，60℃，2h
食品容器内壁聚四氟乙烯涂料	Cr	GB/T 5009.81-2003	二苯碳酰二肼分光光度法	4% 乙酸，煮沸 30min，室温 24h
	F	GB/T 5009.18-2003	氟离子选择电极法	水，煮沸 30min，室温 24h

1. 塑料及橡胶制品的相关检测方法

我国目前的塑料橡胶卫生标准中除对橡胶、PET 等少数几种制品或树脂有锌、铅、锑等元素的特定迁移限量外，一般以“重金属（以铅计）”≤1mg/L 的指标进行限制，其原理是某些重金属会生成硫化物沉淀使溶液混浊或变色，可与一定浓度的硫化铅溶液进行比较判定，故称“以铅计”。事实上迁移出的重金属并不一定都是铅，可能也有会产生硫化物沉淀的其他金属，如铁、锌、锡等。这种方法无法对各金属元素的迁移量准确测定，因此是一种定性或半定量的方法[21,29]。

日本对塑料树脂中重金属的限制主要是铅、镉含量，以及锌（对橡胶）锑和锗的迁移量指标，主要采用原子吸收光谱法（AAS）或电感耦合等离子体光谱法（ICP）的手段进行检测。

美国 ASTM 标准中有很多涂料中有害物质尤其是重金属的检测方法，部分标准列于表 9.9。

表 9.9　美国 ASTM 标准对涂料中重金属的检测方法

标准编号	标准英文名称	标准中文名称
ASTM D 3276-2007	Standard Guide for Painting Inspectors (Metal Substrates)	涂料检验（金属基底）标准指南
ASTM D 2348-2002	Standard Test Method for Arsenic in Paint	涂料中砷的标准试验方法
ASTM D 2374-2005	Standard Test Method for Detection of Lead in Paint driers by EDTA Method	涂料催干剂中铅的标准测试方法 EDTA 法
ASTM D 3618-2005	Standard Test Method for Detection of Lead in Paint and Dried Paint Film	涂料和干漆膜中铅的测定标准测试方法
ASTM D 4834-2003	Standard Test Method for Detection of Lead in Paint by Direct Aspiration Atomic Absorption Spectroscopy	涂料中铅的测定标准测试方法 直接吸入原子吸收光谱法
ASTM D 3335a-1985	Standard Test Method for Low Concentrations of Lead, Cadmium, and Cobalt in Paint by Atomic Absorption Spectroscopy	涂料中低含量铅、镉和钴的标准测试方法 原子吸收光谱法
ASTM D 3718a-1985	Standard Test Method for Low Concentrations of Chromium in Paint by Atomic Absorption Spectroscopy	涂料中低含量铬的标准测试方法 原子吸收光谱法
ASTM D 4457-2002	Standard Test Method for Detemination of Dichloromethane and 1,1,1-Trichloroethane in Paints and Coatings by Direct Injection into Gas Chromatograph	直接注入气相色谱仪法测定涂料及涂层中二氯甲烷和1,1,1-三氯乙烷的标准试验
ASTM D 3717a-1985	Standard Test Method for Detemination of Low Concentrations of Antimony in Paint by Atomic Absorption Spectroscopy	用原子吸收分光光度法测定涂料中低浓度锑的标准试验方法

作为考察制品所用涂料安全性的一种方法，可采用稀盐酸溶液萃取出涂料中的重金属，再加以适当的分析方法，如原子吸收光谱法测定“可溶性”重金属的含量。也可将涂料消解后测定其所含的某种重金属元素总量。可参考的 ISO 标准见表 9.10。

表 9.10　ISO 标准对涂料中重金属元素的测定

标准编号	标准英文名称	标准中文名称
ISO 6713-1984	Paints and varnishes; Preparation of acid extracts from paints in liquid or powder form	色漆和清漆 液状或粉状色漆中酸萃取液的制备

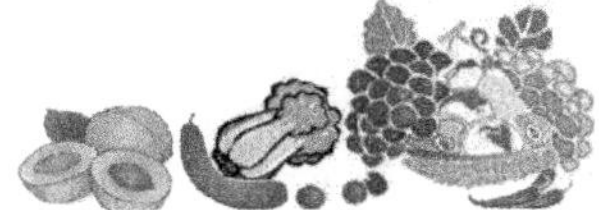

续表

标准编号	标准英文名称	标准中文名称
ISO 3856-1-1984	Paints and varnishes; Detemination of "soluble" metal content; Part 1: Detemination of lead content; Flame atomic absorption spectrometric method and dithizone spectrophotometric method	色漆和清漆"可溶性"金属含量的测定 第 1 部分:铅含量的测定 火焰原子吸收光谱法和二硫腙分光光度法
ISO 3856-2-1984	Paints and varnishes; Detemination of "soluble" metal content; Part 2: Detemination of antimony content; Flame atomic absorption spectrometric method and Rhodamine B spectrophotometric method	色漆和清漆"可溶性"金属含量的测定 第 2 部分:锑含量的测定 火焰原子吸收光谱法和若丹明分光光度法
ISO 3856-3-1984	Paints and varnishes; Detemination of "soluble" metal content; Part 3: Detemination of barium content; Flame atomic emission spectrometric method	色漆和清漆"可溶性"金属含量的测定 第 3 部分:钡含量的测定 火焰原子发射光谱法
ISO 3856-4-1984	Paints and varnishes; Detemination of "soluble" metal content; Part 4: Detemination of cadmium content; Flame atomic absorption spectrometric method and polarographic	色漆和清漆"可溶性"金属含量的测定 第 4 部分:镉含量的测定 火焰原子吸收光谱法和极谱法
ISO 3856-5-1984	Paints and varnishes; Detemination of "soluble" metal content; Part 5: Detemination of hexavalent chromium content of the pigment portion of the liquid paint or the paint in powder form; Diphenylcarbazide spectrophotometric method	色漆和清漆"可溶性"金属含量的测定 第 5 部分:液体色漆或粉状色漆的颜料中六价铬的测定 二苯卡巴肼分光光度法
ISO 3856-6-1984	Paints and varnishes; Detemination of "soluble" metal content; Part 6: Detemination of total chromium content of the liquid portion of the paint; Flame atomic absorption spectrometric method	色漆和清漆"可溶性"金属含量的测定 第 6 部分:色漆的液体部分中铬总含量的测定 火焰原子吸收光谱法
ISO 3856-7-1984	Paints and varnishes; Detemination of "soluble" metal content; Part 7: Detemination of mercury content of the pigment portion of the paint and of the liquid portion of water-dilutable paints; Flameless atomic absorption spectrometric method	色漆和清漆"可溶性"金属含量的测定 第 7 部分:色漆颜料和水可稀释液体部分的汞含量的测定 无火焰原子吸收光谱法
ISO 6503-1984	Paints and varnishes; Detemination of total lead; Flame atomic absorption spectrometric method	色漆和清漆 总铅的测定 火焰原子吸收光谱法

2.金属制品的相关检测方法

欧盟标准 EN10333:2005《包装用钢—预期用于人类和动物饮食的食物或饮料的扁钢制品—镀锡板》的附录 A 规定了铅的测定方法:将试样置于盐酸溶液中,通过电解法使试样上的镀锡层溶解,加溴使锡挥发,用原子吸收光谱法测定镀锡层中的铅[30]。

欧盟技术文件 CEN/TS 14235《食品接触材料及制品—金属基材上的聚合物涂层—总迁移量的试验方法和条件选择指南》是一个临时性技术规范文件,给出了金属表面有机涂层的总迁移量方面的一些指导性意见。

3.玻璃制品的相关检测方法

欧盟标准 EN 1388-2:1996《食品接触材料和制品-硅化表面 第二部分 陶瓷器皿以外的硅酸盐表面释放的铅和镉的测定》适用于陶瓷器皿以外的与食品接触的硅酸盐表面制品,包括玻璃、微晶玻璃和搪瓷制品。测定方法与 ISO 4531-1 基本相同[31]。相关检测标准见表 9.11。

4.陶瓷制品的相关检测方法

欧盟制定了各成员国均须严格执行的与食物接触的日用陶瓷铅、镉溶出量限量标准,该标准的最新版本为 EN1388-1 和 2005/31/EC,其中 EN1388-1 是测试方法与定义,2005/31/EC 是其规定的限量标准。此欧盟标准已超越旧英国标准 BS6748:1986 和旧德国标准 DIN51031/2(2/1986)。唯一要注意的是旧德国、法国、芬兰标准包括唇边测试(杯口的 20mm),而新的 2005/31/EC 标准没有此要求。

2005/31/EC 号指令采纳了 2001 年 3 月 8 日欧盟发布的 2001/22/EC 号指令中官方控制食品中铅、镉、汞和 3-MCPD 含量的取样分析方法的规定,并制定了必须遵照该分析方法的要求。在 84/500/EEC 号指令中只规定了仪器分析方法单一检出限(铅为 0.1mg/L、镉为 0.01mg/L)的基础上,增加了定量下限或称检测低限:铅为 0.2mg/L,镉为 0.02mg/L,但并未指定具体分析方法。2005/31/EC 号指令还规定了仪器分析方法的回收率要达到 80%～120%。相关检测标准见表 9.11。

表 9.11 各国玻璃、陶瓷、搪瓷检测标准

国别	相关参考标准号、法规	英文名称	中文名称
美国	FDA/ORA CPG 7117.06/A. O. A. C 15th. ED(973.32)	Imported and Domestic-Cadmium Contamination	进口和国产—镉污染
	FDA/ORA CPG 7117.07/A. O. A. C 15th. ED(973.32)	Imported and Domestic-Lead Contamination	进口和国产—铅污染
	ASTM C 927-1980	Standard Test Method for Lead and Cadmium Extracted from the Lip and Rim Area of Glass Tumblers Externally Decorated with Ceramic Glass Enamels	外表用陶瓷玻璃搪瓷制品装饰的玻璃酒杯杯口及外缘析出铅和镉的标准试验方法
英国	BS 6748:1986	Limits of metal release from ceramic ware, glassware, glass ceramic ware and vitreous enamel ware	陶瓷、玻璃、微晶玻璃和搪瓷制品重金属析出限制标准
	BS EN 1388-2-1996	Materials and articles in contact with foodstuffs-silicate surfaces-Detemination of the release of Lead and cadmium from silicate surfaces other than ceramic ware	与食品接触的材料和物品-硅化表面-第2部分-陶瓷品除外的测定从硅化表面释放的铅和镉

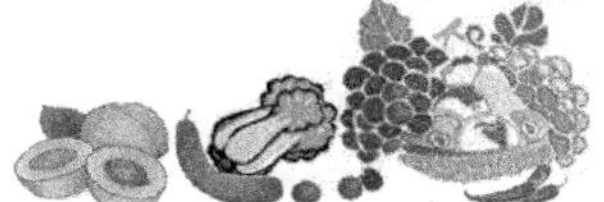

续表

国别	相关参考标准号、法规	英文名称	中文名称
国际标准化组织	ISO 6486-1-1999	Ceramic ware, glass-ceramic ware and glass dinnerware in contact with food-Release of Lead and Cadmium-Part 1:Test method	与食品接触陶瓷制品、玻璃器皿铅、镉溶出量第一部分:检验方法
	ISO 6486-2-1999	Ceramic ware, glass-ceramic ware and glass dinnerware in contact with food-Release of Lead and Cadmium-Part 2:Permissible limits	与食品接触陶瓷制品、玻璃器皿铅、镉溶出量第二部分:允许极限
德国	DIN EN 51032-1986	Ceramics, glass, glass ceramics, vitreous enamels; permissible limits for the release of lead and cadmium from articles intended for use in contact with foodstuffs	陶瓷、玻璃、玻璃陶瓷、搪瓷-与食品接触使用的日用品中铅和镉逸出量的极限值
	DIN EN 1388-2:1995	Materials and articles in contact with foodstuffs-silicate surfaces-Part2: Detemination of the release of Lead and cadmium from silicate surfaces other than ceramic ware; German version EN 1388-2:1995	与食品接触的材料和物品-硅化表面-第2部分-陶瓷品除外的测定从硅化表面释放的铅和镉;德文版本 EN 1388-2:1995
斯里兰卡	ISO 6486-1,ISO 6486-2[1999](E) 斯里兰卡 DOPL No. 326	Revision of migration specifications of cadmium and lead for glass, ceramic, and enameled equipments and containers for food use	与食品接触的陶瓷器皿、玻璃餐具中铅、镉释放量的测定
加拿大	SOR/98-175	Hazardous Products Act-Order Amending Part Ⅱ of shedules Ⅰ Hazardous Products Act	加拿大产品法定1999(陶瓷/玻璃器皿)
	SOR/98-176	Hazardous Products (Glazed Ceramics and Glassware) Regulations Hazardous Prducts Act	加拿大产品法定1999(陶瓷/玻璃器皿)
澳大利亚	澳洲 No. 289,1999 条例	BS EN 1388-2 Materials and articles in contact with foodstuffs-silicate surfaces-Part2: Detemination of the release of Lead and cadmium from ceramic ware	陶瓷、玻璃搪瓷器皿-可溶性铅和镉测试(依据 BS4860-1 和 2)
日本	JFSL 370	Japan Food Sanitation Law 370	日本食品卫生条例 370

续表

国别	相关参考标准号、法规	英文名称	中文名称
法国	DGCCRF2004-64	Ceramic, Glass, Crystal and Vitro eramic interior with food part	陶瓷，玻璃，水晶和微晶玻璃内部接触食品部分
	DGCCRF2004-64	Ceramic, Glass, Crystal and Vitro Ceramic drinking utensil rim area	陶瓷，玻璃，水晶和微晶玻璃饮用器具口部边缘部分
	NFD25-501-2-1996	Materials and articles in contact with foodstuffs. Silicate surfaces. Part 2: detemination of the release of lead and cadmium from silicate surface other than ceramic ware	与食品接触的材料和物品-硅化表面-第2部分-陶瓷品除外的测定从硅化表面释放的铅和镉

9.5.2 食品接触材料中重金属分析方法详述

1. 重金属检测的前处理方法

食品接触材料的重金属检测一般分为浸泡液迁移量检测和总量检测两种形式。前者的前处理较为简单，只需遵照法规规定的浸泡液种类、温度及浸泡时间即可，譬如日本的《陶、瓷制品安全标志管理委员会管理规则》就详细规定了进口陶瓷制品的浸泡方法：在着色厂的每一个烘焙窑中取出一测试件，注满4%的乙酸溶液至不溢出测试件，在室温下放置24小时后测量浸液中的铅和镉。后者的分析过程较为复杂，主要分为样品粉碎、消化和分析仪器测定等三个过程。其中消化处理过程是最为关键的步骤。

样品前处理一般需遵从以下原则：无损分离待测成分；尽量不引入待测成分和其他干扰物质；样品处理方式与后续测定方法相匹配；高效、快捷、经济。传统的化学消化方法分为湿法分解、干法灰化—酸溶法和高压密闭消解，此外还有微波消解法、马弗炉高温灰化法等前处理方法。下面将对后两种方法进行重点介绍。

(1)微波消解法

微波消解为常规湿法消化方法的延伸，具有消解速度快、样品消解完全、污染少、回收率高、易于控制等优势，已被广泛应用于各种样品的前处理。在微波消解过程中应注意以下三点：

首先，需要确保微波消解反应过程的安全、试样消解彻底。食品接触材料种类丰富，不同材料所含重金属元素存在很大差异，因而利用微波消解处理样品时需要对样品特点及消解整个过程有较为深入的了解，以保证消解操作安全高效地进行。

其次，需要根据不同样品确定取样量。原则上取样量与所用酸的总量不超过反应罐有效容积的1/3，对于不同样品，具体取样有所不同，当取样量过大时还需将样品进行适当的预处理（一般是用温控电加热板简单消化）。

最后，需要设定适合的微波消解温度和压力。微波消解的温度和压力并非越高越好，在实际工作中须根据经验或厂家的技术参考方案来确定具体样品的溶样方法和消解程序。

(2)马弗炉高温灰化法

将样品材料用去离子水浸泡一段时间后，反复冲洗并于 105℃烘干，恒重，剪碎，精确取样，缓慢灼烧至基本炭化，放入马弗炉中，灼烧灰化 24 小时，再用 0.5mol/L 硝酸将灰分溶解，少量多次过滤在容量瓶中并定容至刻度，同时作空白试验，最后原子吸收分光光度法测定重金属成分。

在灰化过程中应注意选择恰当的灰化温度及时间。对于铅的测定应控制在 500℃以下，过高温度容易致使铅损失。灰化时间过长也会导致重金属成分的损失，过短又难以灰化完全。

2. 重金属元素仪器检测方法及要点分析

(1)原子吸收光谱法(AAS)

原子吸收光谱法(AAS)是食品接触材料重金属成分分析领域中最早应用、也是最为普遍的仪器分析方法，至今仍是测定塑料制品中的铅、镉、锑等重金属元素含量的最优方法之一(见表 9.12)。

AAS 的原理是依据自由基态原子对特征辐射光的共振吸收，通过测量辐射光的减弱程度，而求出样品中被测元素的含量。原子吸收的过程是当基态原子吸收某些特定波长的能量由基态到激发态。根据 Beer 定律，吸收值与浓度成正比关系，从标准溶液作出校正曲线后，再读出未知溶液的浓度。而原子吸收光谱仪即是利用原子化器将样品原子化器后，吸收某一特定波长光，此光来自灯管，再经过光学系统分光经由单光器过滤仅有要测的波长光进入侦测器。

按照原子化系统的工作原理可将原子吸收光谱仪划分为火焰原子化和无火焰原子化两大类，后者又分为电热原子化系统和还原气化原子化系统两大类，石墨炉即是电热原子化系统的典型代表。火焰原子吸收光谱法可测到 10^{-9}g/mL 数量级，石墨炉原子吸收法可测到 10^{-13}g/mL 数量级。其氢化物发生器可对 8 种挥发性元素包括汞、砷、铅、硒、锡、碲、锑、锗等进行微痕量测定。由于本法的灵敏度高，分析速度快，仪器组成简单，操作方便，特别适用于微量分析和痕量分析，因而获得广泛的应用。

表 9.12　原子吸收各分析的常见重金属元素

AAS 可分析的常见重金属元素	适用分析方法 (AA:空气/乙炔火焰法；AOC:富氧/空气/乙炔火焰法；GFAA:石墨炉法；HG:氢化物发生法)
Hg	AA;GFAA;HG
As	HG;GFAA
Pb	AA;GFAA
Se	AA;GFAA;HG
Sn	AA;GFAA;AOC;HG

续表

AAS 可分析的常见重金属元素	适用分析方法 (AA:空气/乙炔火焰法;AOC:富氧/空气/乙炔火焰法;GFAA:石墨炉法;HG:氢化物发生法)
Te	AA;GFAA;HG
Sb	AA;GFAA;HG
Ge	AOC;GFAA;HG

(2)电感耦合等离子体原子发射光谱法(ICP-AES)

电感耦合等离子体原子发射光谱法是 20 世纪 90 年代发展最快的无机痕量分析技术之一。这种分析技术具有多种元素同时测量、干扰较低、灵敏度极高等特点,是检测不锈钢制品中铬、镍、铅、镉等元素析出量最快、最好的检测方法,也常用来检测玻璃、陶瓷、搪瓷浸泡液中的重金属迁移量,和 AAS 同为重金属分析领域最为重要的分析手段之一。

实验表明,电感耦合等离子体原子发射光谱法测定不锈钢制品中的铅、铬、镍、镉等有害元素的析出量,不仅干扰低、检出限低、准确快速、分析重现性好,而且能够同时检测多种元素,对快速测定不锈钢制品有害元素的析出量有极高的应用价值[32]。

采用电感耦合等离子体原子发射光谱仪进行重金属测定时,需要注意消除基体干扰。不锈钢制品浸泡液的基体干扰主要来自乙酸。在测量时要注意样品溶液应与标准溶液基体相匹配。

(3)电感耦合等离子体质谱法(ICP-MS)

电感耦合等离子体质谱法(Inductive Coupled Plasma-mass Spectrometry,ICP-MS)使用质谱作为精密质量分析器,具有同时测定多种元素、分析速度快、线性范围宽、灵敏度高等优点,受到国内外学者的普遍关注,ICP-MS 的检出限可达到 ppt 级。

ICP-AES 与 ICP-MS 是元素分析实验室中两种非常重要的多元素分析仪器,两者均可在很短时间内同时分析元素周期表中的大多数元素,ICP-MS 甚至可以覆盖放射性元素和同位素。从分析元素含量来看,ICP-AES 适用于高元素含量的分析(ppm 以上);而 ICP-MS 则可以获得更低的检出限(ppb 以下),因此更适合痕量、超痕量重金属元素的分析。从仪器使用和维护看,ICP-AES 具有更大的优势:使用简单,更加坚固耐用,维护成本较低并且分析稳定性也略优于 ICP-MS。

ICP-MS 分析元素的原理为:待检样品经前处理成溶液后,被引入 ICP 并在 ICP 的高温环境下离子化,其中代表样品组成的多种元素离子被 ICP-MS 的接口提取到高真空的质谱仪中,经过质量筛选器(四级杆、飞行时间或磁场)的筛选,具有特定质荷比(m/z)的离子被传输和检测。由于不同元素的离子具有不同的质荷比,所以,ICP-MS 可以分析元素周期表中多达 80 多个元素,当然也包括食品中含有的一些微量、痕量有毒有害元素。相对石墨炉原子吸收方法(GF-AAS)以及原子荧光法(AFS),ICP-MS 分析方法用于分析检测食品中多种重金属元素(As、Cd、Hg、Pb、Cr)具有极低的检出限。

食品接触材料中的重金属元素分析一直是食品接触材料领域中的一个重要课题,由

于多数重金属元素含量较低，并且基质复杂，痕量分析已成为重金属元素分析的主要挑战。ICP-MS 分析痕量 As、Se、Cr、Fe 面临强烈的质谱干扰，且痕量 Cd、Hg、Pb 的分析对空白控制水平要求较高，加之食品样品中的高盐分容易对仪器稳定性产生影响。由于食品基质非常复杂，在经过长期的分析后，食品中的基体容易沉积于 ICP-MS 的采样锥和截取锥，导致仪器信号发生漂移。

为避免此类问题的出现，改善仪器设计非常必要，如提高 ICP 和截取锥口温度或减少进样量，减少盐分沉积；改变高温的耐基体接口设计，在建立分析方法的过程中充分估计样品中的盐分水平和检出限要求，选择合理的稀释倍数和内标元素，以获得理想的分析结果。

(4)原子荧光法

原子荧光光谱法是通过测量待测元素的原子蒸气在特定频率辐射能激发下所产生的荧光发射强度，以此来测定待测元素含量的方法。原子荧光光谱具有发射谱线简单，灵敏度高于原子吸收光谱法，线性范围较宽，干扰较少的特点，能够进行多元素同时测定，可用于分析汞、砷、锑、铋、硒、碲、铅、锡、锗、镉、锌等 11 种元素。

(5)紫外可见分光光度法(UV)

紫外可见分光光度法是利用被测物质的分子对紫外可见光选择性吸收的特性而建立起来的方法。由于分子选择性地吸收了某些波长的光，所以这些光的能量就会降低，将这些波长的光及其所吸收的能量按一定顺序排列起来，就得到了分子的吸收光谱。

重金属检测也多采用分光光度法，其检测原理是：重金属与显色剂(通常为有机化合物)发生络合反应，生成有色分子团，溶液颜色深浅与浓度成正比，在特定波长下进行比色检测。

(6)电化学法

电化学法是近年来发展较快的一种方法，它以经典极谱法为依托，在此基础上又衍生出阳极溶出伏安法和示波极谱等方法。电化学法的检测限较低，测试灵敏度较高，值得推广应用，是一种很好的痕量分析手段，可用于分析镉、铅、铬、铜等多种重金属元素。

(7)X 射线荧光光谱法(XRF)

X 射线荧光光谱法是利用样品对 X 射线的吸收随样品中的成分及其多少变化而变化来定性或定量测定样品中成分的一种方法。它具有分析迅速、样品前处理简单、可分析元素范围广、谱线简单、光谱干扰少、试样形态多样性及测定时的非破坏性等特点。它不仅用于常量元素的定性和定量分析，而且也可进行微量元素的测定。测量的元素范围包括周期表中从 F 到 U 的所有元素。多道分析仪在几分钟之内可同时测定 20 多种元素的含量。X 射线荧光法测定样品，不需对固体样品进行消化处理，操作简便，可以同时测定多种元素，效率较高，而且是一种非破坏性的分析方法，样品可重复利用。

2. 重金属的快速检测技术

(1)试剂比色检测法

重金属与显色剂反应，生成有色分子团，使用定波长的分光光度计进行比色检测。由于仪器体积小，价格低，检测方法长期使用技术成熟，被作为重金属检测的首选方法。

但是样品须经消解处理，成为溶液，才能检测，前处理比较麻烦。如能改用浸提萃取法，将不失为一种成熟快速的检测方法。5 种重金属检测方法如下：砷采用硼氢化物还原比色法，铅采用二硫腙比色法，镉采用 6-溴苯丙噻唑偶氮萘酚比色法，汞采用二硫腙比色法，铬采用二苯碳酰二肼比色法。

（2）重金属快速检测试纸法

将具有特效显色反应的生物染色剂通过浸渍附载到试纸上，通过研究获得试纸与重金属的最佳反应条件。该试纸对重金属具有良好的选择性，但是只是对检测的简化、前处理的方法未见报道，仍需要一个快速、简便而又准确的前处理方法。段博研制了水中重金属铬检测试纸，提供了一种简便、快捷、反应灵敏、精度较高的检测方法。

（3）电极法

离子选择性电极是测定溶液中离子活度或浓度的一种新的分析工具。用难溶盐粉末 Ag_2S 与另一种金属硫化物难溶盐（如 CuS、CdS、PbS 等）混合，经高压（1×10^3 MPa 以上）压制成 1～2mm 的薄片，经表面抛光而成敏感膜，制成多晶膜电极，可以测定相应的离子（如 Cu^{2+}、Cd^{2+}、Pb^{2+} 等）。测定的依据是能斯特方程，离子选择性电极的电势与溶液中给定离子活度的对数呈线性关系。

（4）酶联免疫吸附检测技术（ELISA）

近年来迅速发展的免疫学分析法具有灵敏度高、特异性强、分析速度快等特点，其中酶联免疫吸附法（Enzyme-linked immunosorbnent assy，ELISA）技术较为成熟且样本前处理简单，便于大批量样本快速检测，可以适应重金属残留含量的微、痕量分析。ELISA 检测重金属残留含量，目前应用于实际工作中的主要技术类型分为双抗体夹心法、间接法、竞争法，同时还有 Dot-ELISA 法、捕获 ELISA 法、酶循环法（Enzymatic cycling-ELISA）、BAS-ELISA 法等新方法，虽然一些新方法目前并未完全应用到重金属残留含量的检测领域，有些还处在探索阶段，但是国内外不同的研究小组正在开展研究工作，为未来重金属速测技术的研究提供了思路。如 Darwish 等采用一步竞争性免疫检测法检测环境水样中的镉，该检测法对 Cd（Ⅱ）的灵敏度很高。

9.5.3 重金属检测技术发展趋势

当前各种分析手段日新月异地发展，分析任务也越来越复杂，重金属检测已不再局限于简单的元素分析，而是向价态分析、形态分析及结构分析等方向迅速发展，而各种数理统计工具也成为重金属检测领域的得力工具。

重金属元素的离子价态、化学形态及化学结构分析非常重要，是因为重金属的价态、形态和结构决定了其可利用性或毒性，而不仅仅取决于成分及含量。如重金属离子的自由状态和有机化合物状态（如 Hg^{2+} 和 CH_3Hg）毒性很大，而它们的稳定络合态或难溶固态颗粒的毒性就很小[33]。比如离子色谱法已在重金属元素的价态分析中得到了应用和推广，成为下一步的研究热点[34]；化学提取、电化学、分子尺度仪器检测技术、模型计算等多种手段也被用作重金属形态分析的研究工具[35]。

随着检测仪器技术和检测水平的不断进步，各种高效联机检测技术在重金属分析中

的应用也日益广泛，如毛细管电泳和紫外检测仪联用、毛细管电泳和 ICP-MS 联用、HPLC 和 ICP-MS 联用、离子交换色谱法与原子荧光法联用等。例如 LC-ICP-MS 利用 LC 的分离能力和 ICP-MS 的高灵敏度，在使用 ICP-MS 获得元素总量信息后，可以进一步获得更丰富的形态信息。

此外，化学计量学作为一种有力的数理统计和数据分析工具已在重金属分析方法研究中获得广泛的应用[33]，涵盖了多变量分析（包括因子分析、主成分分析、聚类分析、判别分析、回归分析等）、优化策略（包括单纯形优化法、窗图优化法、混合物设计统计技术、重叠分离度图等）、模式识别等多种内容。在化学计量学方法中，常用于金属检测分析的方法有分析信号预处理、多元校正分析、因子分析、人工神经网络等，其中分析信号预处理方法有卡尔曼滤波、平滑和求导、傅立叶变换和小波变换等；多元校正分析包括多元线性回归、多元非线性回归、主成分回归法和偏最小二乘法等方法[36,37]。应用于多种重金属分析的化学计量学方法则主要有多元线性回归、主成分回归分析法、偏最小二乘法、人工神经网络等。

9.6　对食品接触材料中重金属关注的建议

当前食品接触材料重金属污染的主要问题集中在法规标准体系、生产质控体系、产品使用常识普及等体系建设方面，具体表现为法规标准不全面、企业质控意识淡漠、民众常识匮乏等等，从而导致政府监管不力、出口产品频遭通报、使用中存在较多误区等并不乐观的现状，下面将从这三个方面逐一剖析并给出相关建议。

9.6.1　关注食品接触材料重金属相关的法规、标准体系

与欧盟、美国、日本等国相比，我国在食品接触材料重金属限量方面并未从生产原料这个层面上加以限制，而是仅对锈钢、玻璃、陶瓷、搪瓷及纸制品中的重金属迁移量做出了规定，对塑料制品、竹木制品等相关产品的重金属限量规定则并不严格，存在着部分法规、标准及检测方法陈旧等缺陷，且食品接触材料重金属相关的预警和监控体系亟待进一步完善。针对上述现状，可给出如下建议：

第一，更新并完善重金属限量的法规和标准，特别是部分陈旧及缺失条文，以期与国际接轨；

第二，从生产原料层面加以控制并出台相关规定，或允许使用、或禁止使用某类生产原料，联合检验、质监、卫生、环保等多个部门对食品接触材料的重金属污染进行统一管理和监控，树立起对整个生产链和食物链综合管理的指导思想[38]；

第三，建立高效的预警机制及信息交流平台，强调预防为主的理念，打造面向企业及民众的信息共享平台，包括发布预警信息和监控指令的发布、提供原材料及生产企业推荐名单、打造各类产品检测平台等，保护企业及消费者权益。

9.6.2　关注企业生产质控体系

由于目前我国食品接触材料制品的生产企业对国内外繁多的重金属相关法规标准

普遍存在着掌握不全面、理解不深刻的问题，特别是很多出口代加工企业并不清楚其产品的具体流向，这更增加了产品被通报召回的危险。

欧盟及其成员国近期的立法趋势已渐渐凸显出对我国生产企业的关注，相当一部分的技术性贸易壁垒法规也是专门为此设置的[27]，对此，需要注意以下几点：

第一，充分了解产品输入国家或地区重金属限量相关的法规、标准及检测方法，事先避免因未满足某一特殊检测指标而造成的产品召回损失。由于各国政府对于食品接触材料制品普遍较为关注，相关法规、标准及检测方法等技术性文件的更新也较为频繁，如果企业仍按照以往模式进行运作而没有及时更新相关产品质量指标，便会面临产品召回的风险。为此，企业应当积极关注、收集并了解产品输入国家或地区相关技术性文件，确保能及时而深入地了解产品出口地区的具体指标。RASFF 作为一个相关产业的重要信息窗口，实际上有助于我国生产企业了解最新的管控趋势，建议广大生产企业质量控制相关人员对此提高认识，及时规避贸易风险，降低企业贸易成本[27]。

第二，加强对供应商及自身生产工艺的管理，避免在原料采购和生产工程中因控制不力造成的重金属超标。不同的产品原材料以及加工工艺都会对产品的质量产生重要影响，如塑料的原料、加工助剂及聚合工艺共同决定了塑料成型品的重金属迁移量。为此企业必须在生产源头及过程中加强管理，研究产品工艺和特性，针对不同产品设置质量关键控制点。不仅要对供应商明确质量保证条款，排除因使用劣质生产原料而造成产品重金属超标的风险，还要对加工工艺进行优化，建立起完整的质量控制体系。

9.6.3 加强产品使用常识普及

当前民众大多对食品接触材料的重金属迁移知识不甚了解，对一些使用常识也相当匮乏，为此政府和企业有义务向民众宣传并说明基本使用常识。特别是企业在产品说明中关于使用条件的具体申明，往往直接决定了其最终检测结果。

在购买食品接触材料制品时，消费者往往容易被一些色泽艳丽或印刷着美丽图案的产品所吸引，殊不知此类产品却往往含有大量的油墨、彩釉、油漆、色素等。厂家在生产过程中一旦采用了含有铅、镉等重金属元素的劣质原料以调配颜色或印制图案，当产品直接接触食品则易析出大量的重金属物质，所以消费者应当谨慎购买内壁或口沿处有颜色或图案的产品。

在产品使用过程中，应特别关注以下几点注意事项：不宜用塑料制品盛装太热的食物，也不宜用于盛放食用油；不锈钢餐厨具不可用于烧煮或长时间盛放强碱或强酸性食物如醋、盐、酱油、菜汤等，不可熬制中药，不可空烧，也忌用强碱性或强氧化性洗涤剂清洗；当玻璃制品的白色“霉斑”为碳酸钠结晶，可用碱性洗涤剂洗除；陶瓷及搪瓷制品不可用于烧煮或长时间盛放酸性食物；慎用铝制品，不可用于盛放酸性或碱性食物；慎用铜制品，尤其是有铜锈的餐厨具；慎用镀铬餐厨具等等。

在一些检测机构的检测工作中，有数起玻璃、陶瓷、聚四氟乙烯涂层不粘锅等样品的初次浸泡液中重金属迁移量超标，但其二次浸泡液中的重金属迁移量则大幅下降，这表明此类产品在出厂时表面的重金属残留往往存在较为严重，且通过简单的浸泡即可以得

到有效减缓。消费者购买玻璃、陶瓷、聚四氟乙烯涂层不粘锅等产品后，可自行对其进行处理，方法为注满水后滴入少量食醋，煮沸后浸泡过夜即可。

本章参考文献

1. 王利兵. 食品包装安全学[M]. 北京：科学出版社，2011

2. 庞晋山，宋传旺，李建新. 焊接工艺对 Cr18Ni8 不锈钢食具容器重金属迁移量的影响[J]. 包装工程，2008，9

3. 庞晋山. 不锈钢食具容器重金属逸出迁移量的机理研究[J]. 包装工程，2007，28(7)

4. 袁春梅. 关于 GB19778-2005 包装玻璃容器铅、镉、砷、锑溶出允许限量标准的简介和制定此标准的意义[C]. 第四届全国玻璃容器行业技术进步交流会论文集，2009

5. 胡明生，刘志刚，卢立新. 陶瓷食品包装材料有害重金属迁移研究进展[J]. 广州化工，2011,39(7)：4－6

6. 李保新. 搪瓷工艺教材，2004

7. 许洁玲，王勃，许思昭等. 食品纸质包装材料中的有害物质的产生与分析[J]. 现代食品科技，2009，25(9)：1083－1087

8. 周颖红，郭仁宏. 常用纸制品有毒有害物质测试结果及分析[J]. 造纸科学与技术，2005，24(5)：18－21

9. 商务部. 出口食品接触金属制品质量安全手册

10.《欧盟食品接触材料法规与指南》编译组. 欧盟食品接触材料法规与指南，2009

11. 王竹天. 食品污染物监测及其健康影响评价的研究简介[J]. 中国食品卫生杂志，2004，16(2)：90－103

12. 游勇，鞠荣. 重金属对食品的污染及其危害[J]. 环境，2007(2)：102－103

13. 刘晓庚. 环境激素对食品安全的危害及防治[J]. 食品科学，2003，24(8)：196－200

14. Soisungwan S，J. R.，Baker S. U，et al. A global perspective on cadmium pollution and toxicity in nonoccupationally exposed pop-ulation[J]. Toxicology Letters，2003，137：65-83

15. 许炼烽，郝.，冯显湘. 城市蔬菜的重金属污染及其对策[J]. 生态科学，2000，19(1)：80－85

16. 蒋玲，陆爽，吴君. 砷对肝脏的毒性及氧化损伤[J]. 世界华人消化杂志，2007，15(21)：2334－2336

17. 欧忠平，潘教麦. 食品中的重金属污染及其检测技术[J]. 科学仪器与装置，2008(2)：68－70

18. 苏传健，张黎明. 食品包装印刷油墨存在的安全隐患及控制[J]. 中国印刷物资商情，2006(10)：54－56

19. 戴宏民，戴佩华，周均. 食品包装材料的迁移及安全壁垒研究[J]. 重庆工商大学学报，2009，26(1)：40－48

20. 徐嵘，顾浩飞，陈旭辉. 纸制包装中镉、铬、铅、汞的测定[J]. 中国造纸，2005(11)：313－317

21. 商务部. 出口日用塑料质量安全手册

22. 周磊，迟文鹤，向雪洁. 与食品接触材料进出口管理法规的分析和对策研究[J]. 口岸卫生控制，2009，15(1)：12－18

23. 中华人民共和国卫生部. GB 9684-2011 食品安全国家标准不锈钢制品，2011

24. 仪器信息网. 从 RASFF 通报分析输欧出口食品接触产品的风险及应对策略，2011

25. 商务部. 出口日用陶瓷质量安全手册，2009

26. 世界贸易组织处. 2010 年度欧盟食品和食品接触材料预警通报(中国部分)分析报告，2011

27. CTI 华测检测. 2011 欧盟 RASFF 食品接触材料通报分析，2012

28. 金颖琦. 2012 年 7 月欧盟 RASFF 对华产品通报综述，2012

29. 商务部. 食品接触橡胶制品出口质量安全手册

30. 商务部. 食品接触金属制品出口质量安全手册

31. 商务部. 日用玻璃制品出口质量安全手册

32. 陈丽玲，李杰龙，洪泽浩. 电感耦合等离子体原子发射光谱法同时测定不锈钢制品中铬、镍、铅、镉的析出量[J]. 科技信息，2011(23)：84－85

33. 王书言，檀尊社，张伟. 浅谈农产品中重金属检测技术发展[J]. 河南农业，2009(4)：39－40

34. 裴子建，王洋. 离子色谱法在重金属元素价态分析中的应用[J]. 食品安全导刊，2010(1)：33

35. 章骅，何品晶，吕凡. 重金属在环境中的化学形态分析研究进展[J]. 环境化学，2011，30(1)：130－137

36. 许禄. 化学计量学方法[M]. 北京：科学出版社，1995

37. 史永刚，冯新泸，李子存. 化学计量学[M]. 北京：中国石化出版社，2002

38. 张慧媛，唐晓纯. 欧盟 RASFF 系统对重金属的风险预警及对我国的启示[J]. 粮食与饲料工业，2011，293(9)：16－19

39. 王馨，陈新安. 2010 年欧盟 RASFF 通报中国食品接触金属制品安全问题分析[J]. 检验检疫学刊，2011，21(2)：46－49

第三部分

食品接触材料中高关注有害物质的迁移规律及风险评估

第10章　食品接触材料中有害物质的迁移规律

10.1　概述

食品包装的主要功能是保护其包装的食品，防止食品受到外界因素，例如空气、光线、微生物等的影响而发生变质。然而食品包装中的化学物质若发生迁移进入食品，则同样可能引起食品品质的变化，又会给食品安全带来负面影响。除了食品包装外，在食品的生产、运输、储存、制造和消费过程中，还有一些材料不可避免地与食品发生接触，这些材料包括食品容器、传送带、传输管、食品加工器械与食品接触的表面、烹调用具和餐具等。任何食品接触材料都不是完全惰性的，当材料与食品接触时，二者可能发生许多反应，材料中的化学成分很有可能会向其接触的食品中迁移。例如，果汁中的果酸将会腐蚀金属使金属离子进入果汁，食品中的脂肪和油类能溶出塑料中添加的增塑剂和抗氧化剂等化学物质，饮料会使未经保护处理的纸和纸板分解或溶出其中的抗菌剂。这些化学迁移在食品中达到一定的量时是有害的，一方面可能引起食品的腐烂和变质，另一方面可能对摄入食品的消费者的健康带来极大危害。因此，对食品包装以及其他食品接触材料中化学物质的迁移行为进行关注、研究、测试和控制，对保证食品安全、保护消费者健康具有非常重要的意义。

近年来，针对食品接触材料的化学迁移，世界各国都在制定越来越严格的迁移限量法规或标准。食品接触材料中有害物质迁移的符合性判断一般采取两种方法：一种方法为通过迁移试验测定出自食品接触材料中迁移进入食品的化学物质的含量，将在本章中予以介绍；另一种方法为通过建立迁移模型，并通过模型对化学物质迁移量进行预测和评估，将在本书的第11章中予以介绍。

10.2　食品接触材料中有害物质的化学迁移

10.2.1　食品接触材料中有害物质化学迁移的来源

食品接触材料中有害物质化学迁移主要有以下来源：

——生产原材料过程中带入的污染物，例如聚苯乙烯中的乙苯、丙苯、异丙苯残留是在生产聚苯乙烯原料过程中使用的苯乙烯单体带入的；

——已知组成塑料、纸、有涂层和无涂层金属、陶瓷等材料本身的基本成分，如塑料中的单体和添加剂残留、用于造纸的化学试剂残留、制作陶瓷的颜料迁移等；

——将食品接触材料转化为特定功能产品或成型品的化学物质，如食品包装印刷用的油墨，复合食品包装中使用的黏合剂等；

——原材料中的未知污染物，特别当使用的材料是回收再利用的材料，例如纸和纸板中可能出现多氯联苯污染物等。

10.2.2 化学迁移的机理

化学物质的迁移是一个遵循动力学和热力学的扩散过程。决定化学物质迁移的因素主要如下：

(1)食品接触材料中所含化学物质的特性和浓度；

(2)食品的性质及食品接触材料与食品接触的条件等；

(3)食品接触材料本身的内在特性。

例如，如果食品接触材料中所含的某种化学物质易于溶解于食品中，则通过溶解将产生高迁移量；相反，一种化学物质扩散小的惰性材料，产生的迁移量就较小。因此必须了解影响迁移的因素，从而获得避免或限制向食品中发生有害迁移的方法。

10.2.3 总迁移量和特定迁移量

对于迁移量的定义目前有两种，一种称为“总迁移量”，指的是当食品接触材料与食品接触过程中，进入食品中的物质总量。另一个定义为“特定迁移量”，指的是某个特定的物质从材料中迁移进入食品的量。例如，测试一个密胺材质的塑料碗在盛装食物过程中，塑料碗中的化学物质进入食物的总量即称之为“总迁移量”。而同样对于这个塑料碗，测试其中甲醛这个特定的物质迁移进入食物的量，则称之为“特定迁移量”。这两种迁移在各国的法规中均有相对应的迁移限量，对于某个食品接触产品的安全性而言，两种迁移都要得到广泛关注，“总迁移量”的值决定该产品与食品接触后对食品产生影响的程度，总迁移量超过一定的限值，将对食品的品质产生不可逆的负面影响；另一方面，“特定迁移量”关注的是某个或某类已知其毒性的物质，当其迁移进入食品的量超过一定的限值，则将对人体产生潜在的健康危害和损伤。

10.3 食品接触材料中有害物质化学迁移的主要影响因素

10.3.1 迁移物的性质

任何化学迁移都来源于食品接触材料本身，迁移的程度首先取决于材料中化学物(迁移物)的浓度，迁移物的含量增加，则迁移水平会增加；若材料中本身没有这种化学物质，则不会发生相应的迁移。此外，化学迁移的程度还与材料中所含迁移物的特性有关，例如迁移物的分子量大小、迁移物在材料中的稳定性等。若迁移物在材料中的状态较为稳定，则迁移不易发生；若迁移物较易溶解于食品或食品模拟物，即较易被食品或食品模

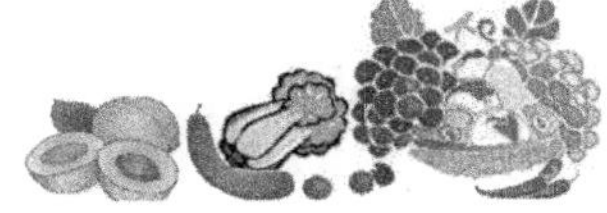

拟物提取出来，则迁移程度相对较高。

10.3.2 食品接触材料的性质

材料本身对物质的迁移也存在传质阻力，根据材料在阻隔性质上的差异，一般可将食品接触材料分为三类：不渗透材料、渗透性材料和多孔材料。第一类不渗透材料主要为所谓“硬质”材料，如金属、玻璃和陶瓷，这些材料具有绝对阻隔作用，内部未发生任何迁移，迁移行为仅限于表面发生。第二类渗透性材料为塑料、天然橡胶、合成橡胶等，这类材料对迁移有一定程度的阻隔作用，但迁移行为不仅仅发生在表面，还来源于内部，对化学物质迁移的阻隔性取决于材料的结构、密度、晶体结构等因素。第三类多孔性材料例如纸和纸板，这类材料有着开放式网状纤维结构，具有大量的空间或通道，对低分子量化学物质迁移的阻隔作用较小。

10.3.3 接触的状态和程度

食品接触材料与食品接触的状态和程度是另一个影响迁移程度的非常重要的因素。这首先取决于食品的物理特性以及食品接触材料的规格和形状。例如，固体食物与材料之间的接触是有限的，而液体食物与材料之间的接触程度增大；再例如，用同种材质的塑料材料制作两种规格不同的盛装食用油的包装，一种是 250mL 的独立小包装（250g 食用油与容器的接触面积为 $200cm^2$，即单位质量的接触面积为 $800cm^2/kg$），一种是 10L、甚至容量更大的包装（10kg 食用油与容器的接触面积为 $2000cm^2$，即单位质量的接触面积为 $200cm^2/kg$）。二者相比，假如单位面积的迁移量相同，则前一种小包装油的食用暴露风险相当于后一种大包装油的 4 倍。这种接触面积与食品质量比例的较为极端的情况一般发生在食品加工过程中，例如，食品加工厂用来传输大量食品的传送带、或者输送大量液体食品的输送管道等。

另一个影响材料与食品接触状态和程度的因素为阻隔层。以食品包装为例，如果包装中的某一层可能发生化学物质迁移，如包装表面印刷图案与文字的一层中的油墨与黏合剂可能成为潜在的迁移物，如果在这一层与食品接触的一面覆盖上另一层性质较为惰性的膜，使易于发生物质迁移的层不与食品直接接触，此惰性膜就称为阻隔层，将延缓或抑制迁移的发生。

10.3.4 食品的性质

与材料接触的食品的性质主要从以下两方面考虑：

（1）不相容性

如果材料与某一类特定的食品之间可能会发生剧烈的反应，继而引起化学物质的释放，则它们之间存在不相容性。例如，脂肪和油脂会使某种塑料材料发生溶胀，随着溶胀的发生，塑料的性状开始接近于液体，则其中的化学物质可能发生扩散而析出。举一个更加易于理解的例子，如果一个金属容器与食品接触的一面未经过涂层处理，则金属易于被性质为酸性的食品腐蚀，导致金属离子大量释放进入食品。因此，在考虑材料与食品的接触状态时，一定要避免诸如此类明显的不相容性，以确保材料与食品接触是安全的。

(2)溶解性

食品的性质影响着材料中的化学物质在食品中的溶解性，因此也影响着化学迁移的程度。从食品本身的性质考虑，食品通常分为五类：水性食品、酸性食品、醇类食品、脂类食品和干性食品。而从食品与迁移物之间亲和力的方面考虑，则又可将上述五类食品归纳为三大类，如表 10.1 所示，迁移物与食品亲和力越高则越容易迁移进入食品。

表 10.1　食品的分类及可能发生迁移进入食品的化学物质

食品的类型	可能发生迁移的化学物质
水性食品、酸性食品和低醇食品	极性有机物、无机盐类、金属类
高醇食品、脂类食品	亲脂的、非极性有机物
干性食品	低分子质量、挥发性物质

10.3.5　接触温度

食品接触材料的使用温度范围日益扩大，从深度冷冻储存、冷藏储存和室温下储存、到煮沸、高温灭菌和微波加热等等。与任何物理和化学过程相类似，加热会使化学物质的迁移加速，所以当温度升高时，发生迁移的程度增大。因此，有特定用途的食品接触材料不一定适用于其他用途。除了食品包装可从所包食品判断食品与包装的接触温度外，目前市场上的其他食品接触材料，尤其是较为高端的产品，均会在包装上或材料本体上标注最高使用温度，以避免由于使用不当而带来的迁移安全隐患。

10.3.6　接触时间

与接触温度条件相类似，一般材料的接触时间范围也较大，一些实际的例子见表 10.2。迁移的动力学是一阶近似，因此迁移程度与接触时间的平方根成正比，较长的接触时间同样会引起更大程度的迁移。因此，适用于短期使用的材料可能不适合长期使用。

表 10.2　材料与食品接触时间范围实例

食品示例	材料与食品的接触时间单位
外卖食品	分钟(min)
面包、三明治、快餐食品	小时(h)
新鲜牛奶、包装肉、包装水果、包装蔬菜	天(day)
黄油、奶酪	周(week)
冷冻食品、干性食品、罐装食品、饮料	月或年(month，year)

10.3.7　迁移过程影响因素小结

根据上述分析，迁移量随以下几个因素增加：

(1)材料中迁移物初始含量高；

(2)单位质量食品接触材料的表面积增大；

(3)对材料有腐蚀作用的食品；

(4)延长接触时间和升高接触温度。

迁移量随着以下几个因素减小：

(1)材料中的化学物质分子量较大；

(2)仅为干燥状态下的接触或间接接触；

(3)惰性的食品接触材料；

(4)存在阻隔层。

10.4　化学迁移测定的试验方法

食品接触材料测试的目的是为了通过测试确认产品已经达到了食品级安全的要求，从而保护人体健康。而测试的要求是在正常条件或可预见的使用条件下，食品接触材料及其制品不得危害人体健康，或造成食品成分发生无法接受的变化，或造成食品发生感官的劣变。食品接触材料测试可分为：①物理测试。测试项目包括密度、熔点、透氧率(OTR)、透水率(WTR)、老化试验等。②化学测试。测试项目包括有毒有害物质的化学迁移。③微生物测试。测试项目包括微生物测试和细胞毒性测试。本书主要关注的为第二种测试，即有毒有害物质化学迁移的测试。

通过上述分析我们可以得知，迁移指食品接触材料接触食品时，材料本身含有的化学物质扩散至食品中，成为内装食品的“特殊食品添加剂”。为保护消费者的饮食健康，各国对食品接触材料中有害化学物质的迁移设定了越来越严格的限量标准，一般称为“特定迁移限量”。目前消费者普遍关注的是真正迁移进入食品的化学物质的水平是否符合安全限量的要求，这一符合性评估一般通过两种途径判断：一为通过迁移试验方法测定实际迁移量，二为通过迁移模型预测评估迁移量。在本章中讨论的是通过迁移试验方法测定化学物质的特定迁移量。

进行迁移试验时应该直接分析哪些成分进入食品，然而由于食品本身以及食品—包装系统的复杂性，直接分析食品中的迁移物质是十分困难的，所以通常选择用适当的食品模拟物来替代食品本身，在一定的温度和时间条件下开展迁移实验研究。尽管根据本章上述分析，影响迁移的因素很多，但排除一些材料本身的性质以及化学迁移物本身的特性因素，迁移试验条件的选择一般包括以下三个主要参数：

(1)食品模拟物的选择；

(2)迁移试验时间的选择；

(3)迁移试验温度的选择。

以下将分别讨论这三个参数的选择和设定。

10.4.1 食品模拟物的选择

在三个参数中，最为重要的是食品模拟物的选择。食品模拟物应能最大限度地模拟真实食品在可预见的使用条件下所表现的迁移特性，从而为包装材料化学物迁移研究提供便捷、可靠的途径。

对不同的食品选择其合适的模拟物时，首先是对食品进行分类。国内外有多项与选择食品模拟物相关的法规和标准，主要都是将食品分为四个类别：水性、酸性、含酒精和脂肪性食品，不同国家的法规对上述四类食品所采用的模拟物略有差别，尤其是针对成分较为复杂的脂肪性食品，其模拟物的应用种类比较多样化，但对模拟物选择的原则均是从以下两点出发：

(1)食品模拟物应能尽量真实地反映所替代食品的特性；

(2)使用食品模拟物可使迁移物的分析简单化和准确化。

10.4.2 迁移试验温度和时间的选择

对于迁移试验的温度和时间，不同国家的这两项条件的选择差异也比较大。欧盟是根据食品接触材料本身的实际使用条件来选择时间和温度条件的，例如，对应于冷藏储存的迁移试验条件，由于冷藏的温度一般不超过5℃，且储存的时间以天计，因而选择迁移温度、时间条件为在5℃放置10天。而日本、韩国、美国和我国都是根据食品接触材料的不同材质来确定迁移试验条件。例如，聚乙烯(PE)材质的材料使用温度相对较低，迁移试验条件为60℃放置2小时，而聚碳酸酯(PC)材质使用温度相对较高，则迁移试验条件也相对苛刻，设定为95℃放置6小时。考虑到迁移条件设置的这些差异，为便于试验人员操作及便于消费者理解迁移试验的意义与作用，以下将详细分析几个主要国家和地区对于食品接触材料迁移条件设置的规定。

10.4.3 各国法规和标准中对于迁移条件选择的规定

1.欧盟

欧盟是目前全球各国在食品接触材料迁移测试方面，对于迁移条件划分最为合理、设置最为详细的地区。欧盟基于食品接触材料的实际使用条件来确定迁移试验的条件选择，食品模拟物主要有6种，用以模拟不同种类的食物，在试验中选择为能够代表实际接触食品的试剂；迁移时间和温度条件一般设置为某一食品接触材料在可预见的最苛刻使用条件下的温度和时间。欧盟在82/711/EEC指令中规定了迁移试验的条件选择原则，而法规(EU)No.10/2011食品接触塑料材料及制品出台后，82/711/EEC指令被废除，因而现根据而法规(EU)No.10/2011选择迁移实验的条件，包括食品模拟物的选择、迁移时间和迁移温度的选择，具体如下：

(1)食品模拟物的选择(见表 10.3)

表 10.3　欧盟(EU)No. 10/2011 法规中对食品模拟物选择的规定

食品类型	食品模拟物	缩写
水性食品	10%乙醇(V/V)	模拟物 A
酸性食品(pH$<$4.5)	3%乙酸(W/V)	模拟物 B
含有不多于 20%乙醇食品	20%乙醇(V/V)	模拟物 C
含有超过 20%乙醇食品、牛奶制品、水包油食品	50%乙醇(V/V)	模拟物 D1
脂肪性食品	植物油	模拟物 D2
干性食品	聚 2,6-二苯基苯乙烷(60-80 目,200nm)	模拟物 E

(2)迁移时间的选择(见表 10.4)

表 10.4　欧盟(EU)No. 10/2011 法规中对迁移时间选择的规定

可预见最苛刻使用条件下的接触时间	测试时间
$t\leqslant 5\mathrm{min}$	5min
$5\mathrm{min}<t\leqslant 0.5\mathrm{hour}$	0.5hour
$0.5\mathrm{hour}<t\leqslant 1\mathrm{hour}$	1hour
$1\mathrm{hour}<t\leqslant 2\mathrm{hour}$	2hour
$2\mathrm{hour}<t\leqslant 6\mathrm{hour}$	6hour
$6\mathrm{hour}<t\leqslant 24\mathrm{hour}$	24hour
$1\mathrm{day}<t\leqslant 3\mathrm{day}$	3day
$3\mathrm{day}<t\leqslant 30\mathrm{day}$	10day

(3)迁移温度的选择(见表 10.5)

表 10.5　欧盟(EU)No. 10/2011 法规中对迁移温度选择的规定

可预见最苛刻使用条件下的接触温度	测试温度
$T\leqslant 5$℃	5℃
5℃$<T\leqslant$20℃	20℃
20℃$<T\leqslant$40℃	40℃
40℃$<T\leqslant$70℃	70℃
70℃$<T\leqslant$100℃	100℃或回流温度
100℃$<T\leqslant$121℃	1210℃
121℃$<T\leqslant$130℃	1300℃
130℃$<T\leqslant$150℃	150℃
150℃$<T<$175℃	175℃
$T>$175℃	调节温度至与食品接触面的实际温度

(4)迁移试验条件选择示例(见表10.6)

表10.6 欧盟(EU)No.10/2011法规迁移试验条件选择示例

接触食品的条件	测试时间和温度
冷冻储藏(任何储藏时间)	20℃,10天
冷藏和冷冻储藏(其中包括不超过70℃加热2小时内或不超过100℃加热15分钟内)	40℃,10天
冷藏冷藏和冷冻储藏(其中包括不超过70℃加热2小时内或不超过100℃加热15分钟内)以及室温储藏6个月内	50℃,10天
室温长时间储藏(超过6个月)以及低于室温储藏(其中包括不超过70℃加热2小时内或不超过100℃加热15分钟内)	60℃,10天

2.我国

我国食品接触材料检测国家标准GB中笼统地将食品模拟物分为四种,分别模拟水性、酸性、酒精性和脂类的食品,而对于迁移试验温度和时间条件的设置是依据材料的材质来确定的,例如,聚乙烯材质的食品接触材料,GB 9687设置的迁移时间和温度条件为60℃、2小时,聚碳酸酯材质的食品接触材料,设置的迁移时间和温度条件就较为苛刻,为95℃、6小时。具体列举如下:

(1)食品模拟物的选择(见表10.7)

表10.7 中国国家标准中对食品模拟物选择的规定

国家/地区	食品类型	食品模拟物	法规/标准
中国	水性食品 酸性食品 酒精类食品 脂类食品	水、4%乙酸、乙醇、正己烷	GB/T5009.156-2003
		水、3%乙酸、10%乙醇、精炼橄榄油(或向日葵油、合成三酸甘油酯)	GB/T23296.1-2009

(2)常见材质食品接触材料迁移试验温度和时间条件的选择(见表10.8)

表10.8 中国国家标准中常见材质迁移试验温度和时间条件

食品接触材料材质	迁移试验的时间和温度条件设置	法规/标准
聚乙烯(PE)	60℃,2h	GB 9687-1988
聚丙烯(PP)	60℃,2h	GB 9688-1988
聚苯乙烯(PS)	60℃,2h	GB 9689-1988
丙烯腈—丁二烯—苯乙烯共聚物(ABS)	60℃,6h	GB 17326-1998
丙烯腈—苯乙烯共聚物(AS)	60℃,6h	GB 17327-1998
聚碳酸酯(PC)	95℃,6h	GB 13116-1991
橡胶	60℃,0.5h	GB 4806.1-1994

续表

食品接触材料材质	迁移试验的时间和温度条件设置	法规/标准
聚酰胺/尼龙(PA)	60℃,0.5h	GB 16332-1996
聚氯乙烯(PVC)	60℃,0.5h	GB 9681-1988
密胺	60℃,2h	GB 9690-2009
聚对苯二甲酸乙二醇酯(PET)	60℃,0.5h	GB 13113-1991

3. 日本标准

日本标准与我国国家标准相类似,以食品接触材料的材质来区分迁移试验条件。标准中将食品模拟物分为四种(见表 10.9),迁移试验所需的时间、温度条件按照材质的大类主要分为塑料橡胶、金属以及玻璃等三类(见表 10.10)。

(1)食品模拟物的选择

表 10.9　日本标准中食品模拟物的选择

国家/地区	食品类型	食品模拟物	法规/标准
日本	油脂类食品 酒精饮料 除油脂类及酒精饮料外其他 pH>5 的食品 除油脂类及酒精饮料外其他 pH≤5 的食品	庚烷 20%乙醇 水 4%乙酸	Specifications, Standards and Testing Methods for Foodstuffs, Implements, Containers and Packing, Toys, Detergent 2008

(2)迁移时间、温度条件的选择

表 10.10　日本标准中迁移试验时间温度条件的选择

食品接触材料材质	迁移试验的时间和温度条件设置	法规/标准
塑料橡胶制品	(水、4%乙酸、20%乙醇)60℃,0.5h (正庚烷)25℃,1h	Specifications, Standards and Testing Methods for Foodstuffs, Implements, Containers and Packing, Toys, Detergent 2008
金属罐		
玻璃、陶瓷、珐琅器	室温,24h	

4. 韩国标准

韩国标准与我国标准、尤其是日本标准较为类似,主要以食品接触材料的材质来区分迁移试验条件。韩国食品接触材料标准在其第五部分"餐具、容器、及包装的通用测试方法"(V. General Test Methods for Utensils, Containers and Packaging)的第 5 点(5. Preparation of Migration Test Solution for Each Material)将食品模拟物分为四种,见表 10.11,其迁移时间温度条件也与日本标准类似,见表 10.12。

(1)食品模拟物的选择

表 10.11　韩国标准中对食品模拟物的选择

国家/地区	食品类型	食品模拟物	法规/标准
韩国	油脂类食品 酒精饮料 除油脂类及酒精饮料外其他 pH>5 的食品 除油脂类及酒精饮料外其他 pH≤5 的食品	庚烷 20%乙醇 水 4%乙酸	KFDA-Korea Standards and Specifications of Utensils, Containers and Packaging for Food Products

(2)迁移时间、温度条件的选择

表 10.12　日本标准中迁移试验时间温度条件的选择

食品接触材料材质	迁移试验的时间和温度条件设置	法规/标准
塑料橡胶制品	(水、4%乙酸、20%乙醇)60℃,0.5h (正庚烷)25℃,1h	KFDA-Korea Standards and Specifications of Utensils, Containers and Packaging for Food Products
金属罐		
玻璃、陶瓷、珐琅器	室温,24h	

5. 美国联邦法规

美国联邦法规中将食品接触材料看作是一种间接食品添加剂,法规 21CFR176.170 中规定了 9 种食品类型和 4 种食品模拟物(见表 10.13)。

表 10.13　美国联邦法规中对食品模拟物的规定

国家/地区	食品类型	食品模拟物	法规/标准
美国	1. 非酸的水性产品;可能含有盐、糖或二者皆有(pH>5.0) 2. 带酸性的水性产品;可能含有盐、糖或二者皆有,包括低脂或高脂的油/水乳液 3. 酸性或非酸性的水性产品,包括游离油或脂;可能含有盐,包括低脂或高脂的水/油乳液 4. 日用产品:A 高脂或低脂水/油乳液;B 低脂/高脂油/水乳液 5. 低水的油脂 6. 饮料:A 含有低于 8%乙醇;B、非酒精饮料;C. 含有高于 8%的乙醇 7. 除以下 8、9 类以外的烘烤产品 8. 表面不含游离油脂的干性固体食品 9. 表面含有游离油脂的干性固体食品	水 庚烷 8%乙醇 50%乙醇	美国联邦法规 21CFR176.170

10.5　食品接触材料中有害物迁移试验实例

本章将通过一些实例来说明在迁移试验中迁移条件该如何选择,值得注意的是,迁

移试验条件一般都选择为食品接触材料与食品接触的可预见的最为苛刻的条件，这样才能预估出该材料中化学物质迁移最严重的情况，并以此数据作为符合性判断的依据。通过上述各个国家和地区迁移试验方式的介绍，可以看出欧盟、我国、日韩所采用的方式各有特色。

10.5.1　符合欧盟法规的迁移测试实例

本章 10.4.3 节第 1 条中已总结了欧盟法规对迁移测试条件选择的一些规定，欧盟对迁移测试条件的选择主要是依据食品接触材料与食品接触的实际使用条件来确定，对目前日常使用中的食品接触材料而言，一般可分为以下三种情况。

(1)已经或预期与特定食品接触的食品包装：食品包装由于其已经与食品发生了接触，食品类型、接触时间和接触温度条件都非常明确，只需根据包装实际使用的情况模拟性地选择一个更为严格的接触条件作为试验条件，而包装与食品接触的面积条件则按照实际接触条件进行。

例一，塑料薯片包装袋。首先，包装袋接触的食品种类为薯片，属于油脂性食品，根据 10.4.3 节中欧盟法规要求，以此确定选择的食品模拟物为植物油；其次，包装与薯片的接触是在常温下，接触时间为数月，以此确定选择的迁移温度和时间条件为 40℃，10 天；最后，迁移试验可选择在直接往包装袋中灌装食品模拟物条件下进行，以模拟包装袋盛装薯片的实际使用情况。

(2)预期与不明类型食品接触、但已注明使用条件的包装或餐厨具：该类产品虽尚未与食品接触，但在其产品说明中已明确指出其用途，包括最高使用温度，即可依据用途和已列明的最高使用温度确定迁移试验条件，材料与食品接触的面积条件依据实际使用条件进行。

例二，密胺餐具，最高使用温度 100℃。首先，确定该密胺碗所接触的食品类型为所有种类的食品；其次，确定密胺碗与食品接触的最高温度条件为不超过 100℃，同时当碗盛装食物与食物发生接触后，其接触温度也会随着接触时间的增加而逐渐降低；第三，确定密胺碗与食品接触的时间为 0.5～2 小时。综合以上，选择迁移试验条件为：选择食品模拟物为 10%乙醇、3%乙酸、植物油；选择迁移时间温度为 70℃、2 小时。

(3)预期与不明类型食品接触、且未注明使用条件的包装或餐厨具：食品包装尚未与食品接触，也不能确定其最终与何种食品发生接触，对于这种情况，选择食品类型应能覆盖所有可能接触的食品类型，而选择的迁移时间、温度条件也应为可预见的最为严格或者说最为苛刻的条件，材料与食品接触的面积条件按照欧盟 EU 10/2011 法规的规定，为 1kg 食品或食品模拟物接触 $6dm^2$ 面积的食品接触材料。

例三，用作保鲜膜的高密度聚乙烯薄膜。首先，应确立该产品接触的食品类型，保鲜膜可能接触所有种类的食品；其次，确定该产品与食品接触的最高温度条件，保鲜膜可能在微波炉中使用，因此最高使用温度为 130℃；第三，确定该产品与食品接触的时间，保鲜膜可能包裹食品在微波炉中加热几分钟后再处于室温下保存一定时间。根据 10.4.3 节中欧盟法规对迁移测试条件的规定，该产品的迁移测试条件为：①选择食品模拟物 3%乙

酸、10%乙醇和植物油;②选择迁移温度时间条件为:130℃下加热30min,并在40℃放置10天;③根据欧盟法规,选择接触面积条件为1kg食品模拟物接触6dm²的聚乙烯薄膜。

综合以上的例子,我们可以看出,采用欧盟标准进行迁移试验,上述迁移条件并不是唯一性的。这是由于所谓"可预见的最严格(最苛刻)的接触条件"较难进行界定,因此所选迁移试验条件受到试验人员主观因素的影响也会比较大,可能造成不同实验室或不同试验人员对同一产品进行测试获得不同测试结果的情况,这样在产生争议性结果时将难以仲裁。但也不能否认,根据实际使用情况来确定迁移试验条件无疑是较为合理的,希望随着欧盟法规和标准的不断完善或欧盟通过出台指南性的文件对法规条文进行解释性的说明与补充,则可以对迁移试验条件统一尺度,从而避免争议的发生。

10.5.2 符合中国国家标准的迁移测试实例

本章10.4.3节第2条中已总结了我国的国家标准对迁移测试条件选择的规定。我国标准选择迁移试验条件程序相对简单,只需确定食品接触材料的材质,并根据材质找到适用的标准,依据标准条款的要求确定迁移试验条件即可。举例如下:

例一,塑料薯片包装袋。首先通过红外光谱仪定性确认该塑料包装袋的材质为多层塑料膜的复合材料;其次,根据包装材质查找适用的国家标准,复合材料卫生理化要求的国家标准为GB 9683-1988《复合食品包装袋卫生标准》;第三,依据标准的要求,确定迁移试验条件:食品模拟物为水、4%乙酸、正己烷,时间温度条件为60℃下放置2h。

例二,密胺餐具。首先通过红外光谱仪定性确认餐具材质为密胺;其次,根据材质查找使用的国家标准,密胺制品卫生理化要求的国家标准为GB 9690-2009《食品包装用三聚氰胺成型品卫生标准》;第三,依据标准要求,确定迁移试验条件:食品模拟物为水、4%乙酸,时间温度条件为60℃下放置2h。

例三,用作保鲜膜的高密度聚乙烯薄膜。首先通过红外光谱仪定性确认保鲜膜材质为聚乙烯;其次,根据材质查找使用的国家标准,聚乙烯成型品卫生理化要求的国家标准为GB 9687-1988《食品包装用聚乙烯成型品卫生标准》;第三,依据标准要求,确定迁移试验条件:食品模拟物为水、4%乙酸、65%乙醇、正已烷,时间温度条件为60℃下放置2h。

综合以上的例子,可以看出,对于同样的食品接触材料样品,我国国家标准选择的迁移试验条件与欧盟标准选择的迁移试验条件相差较大。我国国家标准并不关注于该产品的实际用途,而仅仅关注于该产品材质本身。这种实验方式的缺点在于,无法从实际用途出发,对于某些产品来说,标准的限量要求似乎太"严苛"。例如,某材质为聚乙烯的食品包装袋,包装袋上已印刷注明是用作包装冷冻蔬菜,但进行迁移试验发现其蒸发残渣(正己烷)项目不合格,不符合国家标准GB 9687限量要求,不允许作为食品接触材料使用。蒸发残渣(正己烷)不合格主要反映的就是产品接触油脂类食品的安全性问题,但从其实际用途的方面考虑,该包装袋仅包装冷冻蔬菜,不会接触到油脂类的食品,从使用的层面上考虑,国家标准的要求过于"严苛"。

然而,我国标准体系的优点在于,预防性地避免了消费者随意改变食品接触产品的实际用途而产生的安全性风险。举另外一个例子来说明,例如原本只用于盛装矿泉水的瓶子，消费者在使用后可能改变其用途，用作盛装果汁等酸性饮料食品。若采用欧盟标准检测矿泉水瓶，选择的食品模拟物将仅为 10%乙醇，不会选择针对果汁饮料的 3%乙酸模拟物，因而若消费者随意改变了产品的使用用途，将不能保证使用的安全。而经过我国国家标准检测的矿泉水瓶，即使消费者用于盛装果汁，也在安全使用的范围内。

因此，不同国家和地区试验方式的区别是各有利弊的，不能说哪种方式更加“先进”，为了避免贸易争端，应按照产品最终销售使用国的相应标准要求，开展迁移试验和迁移结果评价。

10.5.3　符合日本食品卫生法、韩国食品接触材料标准的迁移测试实例

本章 10.4.3 节第 3 条、第 4 条中总结归纳了日本标准和韩国标准对食品接触材料迁移测试条件选择的规定。日、韩标准选择迁移试验条件程序与我国国家标准相类似，也是确定食品接触材料的材质，并根据材质找到适用的标准，依据标准条款的要求确定迁移试验条件即可，此处就不再详述了。

第11章 食品接触材料中有害物质迁移规律及迁移模型

11.1 概述

食品接触材料在与食品的接触时，其内部存留的化学物质(例如单体、添加剂、低聚物、加工助剂等)会向食品发生迁移。这不仅降低了包装材料对食品的保护功能，还会因此污染食品从而危害消费者的健康。因此，食品接触材料中的化学物质迁移是否符合迁移限量为评估食品接触材料的安全性的重要指标。各国为审查食品接触材料对现存法规限量的符合性，都进行了大量的研究和试验[1]，使用食品模拟物在一定的测试条件下进行特定迁移和全迁移试验。然而通过实验测定进入食品或食品模拟物的特定物质的量这一过程花费昂贵，且需要耗费大量的时间，更何况有时由于缺乏分析方法、食品基质过于复杂、迁移物含量过低、或其他技术原因也将导致无法进行分析测试。因此，为克服这些困难，自20世纪90年代起就有大量的科学研究致力于建立基于理论预测迁移量的评估。

近年来，已有许多科学文献研究表明，物质从食品接触材料向食品和食品模拟物迁移是可预测的物理过程[2,3]。一定量的物质从塑料材料向食品中迁移在大多数情况下遵循Fick's扩散定律。因此，除了实验方法以外，开始发展一种新型的、可用于替代实验方法的、基于理论迁移估计的迁移量测量手段。为潜在的迁移建立模型已为美国食品和药品管理局(FDA)采用作为制定法规限量的辅助工具；欧盟在其2002/72/EC[2]指令中也指出，可采用普遍认可的迁移模型作为确认和质量保证的手段，该指令第8(4)条指出：确认物质特定迁移量对特定迁移限量的符合性，可测定一个物质在最终材料或产品中的总量，并通过足够的实验数据或通过应用基于科学证据的公认扩散模型建立这一总量与该物质特定迁移量之间的关系。而证明一个材料或制品的非符合性，则必须用实验测试结果来确认所估计迁移量。

采用迁移数学模型来预测和评估迁移量的优点在于：

(1)作为常规迁移测试的替代方法，通过数学模型建立材料或制品中物质的量与特定迁移量之间的关系；

(2)节约测试时间、减少排放；

(3)辅助原材料筛选和包装设计；

(4)立法要求。

11.2　迁移过程及迁移模型

11.2.1　迁移过程[4]

迁移理论上是一个扩散和平衡的过程，是低相对分子质量化合物从包装材料中向所接触食品(模拟物)的传质过程。物质由食品接触材料向食品(模拟物)的迁移可分为三个不同的但又相互联系的过程：

(1)在食品接触材料内部扩散；

(2)在聚合物—食品(模拟物)界面溶剂化；

(3)分散进入大量食品(模拟物)中。

迁移的程度与速度很大程度上取决于迁移物、聚合物和食品模拟物的性质以及迁移的温度、时间条件。迁移物和食品接触材料的热力学参数，例如迁移物的极性、迁移物在食品接触材料或食品模拟物中的溶解性都将影响迁移。举例来说，若迁移物在食品模拟物中溶解性较差，则迁移物较易留在聚合物中而非进入食品模拟物。对于食品接触材料中的挥发性有机物而言，迁移成分通常通过包装材料的无定形区向包装/食品(模拟物)界面扩散，直到包装材料和食品(模拟物)两相的化学位势相等才能达到平衡。

11.2.2　食品接触材料中有害物迁移的理论基础

1. 迁移公式[5]

迁移过程通常理解为质量、能量或其他参量从一个位置转移到另一位置的一种运动。以包装固体食品的材料为例，在食品储藏过程中发生的最重要的迁移过程是扩散或者热传导，而可能对食品成分产生影响的则是扩散带来的质量迁移，因此包装中物质的质量迁移成为法规、标准所关注和限制的重点。扩散引起的质量迁移，在迁移过程中都受到介质中分子不规则运动的影响。固体中原子和原子团的振动传递给相邻的原子产生了传导作用；液体或气体中运动分子的不规则碰撞是扩散引起质量传递的原因。从对迁移过程的理解和数学描述来说，即使不了解迁移在分子水平的根本原因，也可以在能够定量的参量的帮助下，在宏观的水平来描述迁移过程。通量就是这样一个参量。

通量 $\boldsymbol{J}$ 为单位面积、单位时间内某一物质的迁移数量。通量是一个向量，除了数量之外还具有方向，以 $\boldsymbol{e}$ 为单位向量，通量 $\boldsymbol{J}$ 可以表示为：

$$\boldsymbol{J}=\boldsymbol{J}_e=\boldsymbol{J}_X+\boldsymbol{J}_Y+\boldsymbol{J}_Z=\boldsymbol{J}_x i+\boldsymbol{J}_y j+\boldsymbol{J}_z k \tag{11.1}$$

$\boldsymbol{J}_X,\boldsymbol{J}_Y,\boldsymbol{J}_Z$ 是直角坐标系中 x、y、x 轴的分向量，$\boldsymbol{J}_x$、$\boldsymbol{J}_y$、$\boldsymbol{J}_z$ 是它们的值，$\boldsymbol{i}$、$\boldsymbol{j}$、$\boldsymbol{k}$ 是相应的单位向量。假设质量 m 在时间 t 内迁移通过面积 A，以 J 来表示质量通量的大小。通常情况下，参量 q 的通量在给定的位置与标量场 $a(x,y,z)$ 的梯度成正比，$a(x,y,z)$ 由通量产生。在数学上，可以在直角坐标系 x、y、z 轴上对 $a(x,y,z)$ 的梯度求偏导数，得到通量的三个分向量大小。$a(x,y,z)$ 的梯度是一个向量，以 ∇a 表示。对于通量 $\boldsymbol{q}$，结果为：

$$(\boldsymbol{q})=-b\,\nabla a=-b\left(\frac{\partial a}{\partial x}\boldsymbol{i}+\frac{\partial a}{\partial y}\boldsymbol{j}+\frac{\partial a}{\partial z}\boldsymbol{k}\right) \tag{11.2}$$

b 为与位置无关的正比例因数，负号说明“通量指向 a 值减小的方向”，这意味着参量 $\boldsymbol{q}$ 向梯度减小的方向“流动”，对于质量传递的迁移来说，“流动”即为扩散过程。研究血液中氧的输送的生理学家 Fick 于 1985 年发表了 Fick 第一扩散定律，由扩散引起的质量通量用向量 $\boldsymbol{J}$ 表示，见式 11.3。

$$\boldsymbol{J}_x(\text{质量，扩散})=-D\frac{\partial c}{\partial x}\boldsymbol{i} \tag{11.3}$$

式中：D 为材料的特性参数扩散系数，导数 $\frac{\partial c}{\partial x}$ 为 x 方向上的浓度分量。在扩散过程中，例如塑料中的添加剂向食品或食品模拟物中迁移的过程，扩散物质的浓度在塑料中的每个位置都在变化。根据式 11.2 和式 11.3，可以得到式 11.4：

$$\frac{\partial c}{\partial t}=-D\,\nabla\nabla_c=D\,\nabla_c^2=D\left(\frac{\partial^2 c}{\partial x^2}+\frac{\partial^2 c}{\partial y^2}+\frac{\partial^2 c}{\partial z^2}\right) \tag{11.4}$$

式 11.4 为 Fick 第二扩散定律，其中 ∇ 为散度运算符，∇_a 为梯度。

除去物理因素，化学反应也会降低浓度。将由化学反应引起的单位时间内的浓度降低定义为反应率 r，r 是浓度在反应点的变化函数（见式 11.5）：

$$r=\frac{\mathrm{d}c}{\mathrm{d}t}=kc^n \tag{11.5}$$

比例常数 k 为反应速率常数。指数 n 通常为 1 或 2，为反应的级数。反应和迁移同时发生，可以把它们的效果相加，对于总浓度在某一点 $P(x,y,z)$ 随时间 t 的降低，以通用迁移公式来表示，见式 11.6：

$$-\left|\frac{\partial c}{\partial t}\right|_{\text{总}}=-D\left(\frac{\partial^2 c}{\partial x^2}+\frac{\partial^2 c}{\partial y^2}+\frac{\partial^2 c}{\partial z^2}\right)+\left(\nabla_x\frac{\partial c}{\partial x}+\nabla_y\frac{\partial c}{\partial y}+\nabla_z\frac{\partial c}{\partial z}\right)+kc^n \tag{11.6}$$

公式的结果是扩散、对流和化学反应的总和。

2. 迁移公式的解决方案

对于食品与包装的相互作用，需要把上述的扩散等物质迁移过程以及同时发生的化学反应都考虑进去。通用迁移公式（式 11.6）是解决实际方案的出发点，扩散系数在大部分情况下可以假定是常量，利用近似法或数据分析法，沿 x 轴扩散的简化公式可以代替通用迁移公式，大大简化迁移的表述，得到式 11.7：

$$\frac{\partial c}{\partial t}=D\frac{\partial^2 c}{\partial x^2} \tag{11.7}$$

对于式 11.7 的讨论，可以分为两种状态：

(1)状态一：稳定状态，Fick 第一定律。当聚合物的浓度保持不变时，是最简单的情况，$\frac{\partial c}{\partial t}=0$，扩散公式变为 Fick 第一定律。

(2)状态二：浓度随时间变化，Fick 第二定律。大部分包括食品和包装之间的传质相互作用，都发生在不稳定状态下，扩散公式变为 Fick 第二定律。

由于目前通过迁移试验的方法确定物质迁移量过程中所采用的多为液体食品模拟

物，且为了简化迁移过程，我们认为迁移仅仅发生在与食品直接接触的那一层包装中，因而此处讨论的迁移实际情况为单层塑料和液态食品接触。

3. 单层塑料和液态食品接触

如果有一体积为 V_F、密度为 ρ_F 的液态食品或食品模拟物 F，在与厚度为 d_P、密度为 ρ_P 的聚合物食品接触材料或制品层 P 接触时，物质迁移就会发生，质量迁移发生在这两种不同特性介质（物质在这两种介质中的扩散系数分别为 D_P 和 D_F）间的一块面积为 A 的接触面上。如果要得到聚合物中某一物质质量迁移量参量的值，就必须考虑传质平衡，并考虑接触面积和发生接触的两种介质体积之比这两个因素。因此，描述这个迁移过程的模型将基于以下假设[4]：

(1)首先，假设聚合物食品接触材料或制品 P 是单层的和均一的，可被视为聚合物膜或聚合物片（厚度为 d_P），该聚合物膜或聚合物片与一定体积的（V_F）食品/食品模拟物 F 接触。

(2)假设在聚合物食品接触材料的生产过程中，即质量传递开始之前，迁移物是均匀分布在聚合物基质中的，初始浓度为 C_{P0}。

(3)聚合物 P 与食品/食品模拟物 F 接触时，迁移物在 P 和 F 的接触面上溶解于 F，然后逐渐扩散到 F 中。假设迁移物在 P 和 F 之间迁移时（传质过程）没有边界阻力（传质系数很大），因此，迁移物在接触面上的浓度降低，使得更多的迁移物从基质 P 中迁移到接触面。

(4)储藏过程中，发生在聚合物 P 中的迁移物扩散决定着质量迁移（扩散系数 D_P，在低浓度范围内 D_P 为常数），这种迁移比迁移物在食品/食品模拟物 F 中的扩散要低几个数量级，因而，可以假设 F 中迁移物的浓度 $C_{F,t}$ 与时间 t 有关，与到接触面的距离 x 无关。

(5)假设在迁移过程中，聚合物 P 与食品/食品模拟物 F 之间的反应是可忽略不计的，迁移过程中聚合物不会因为吸收了食品/食品模拟物而发生溶胀现象。

(6)假设在迁移过程中，迁移物将进入并均匀分散在食品/食品模拟物中，物质在聚合物与食品/食品模拟物中的总量保持恒定，即不考虑化学降解或蒸发。

(7)迁移过程的任一时刻，食品接触材料薄膜与食品/食品模拟物界面上都存在分配平衡，分配系数为常数，定义为式 11.8：

$$K_{PF}=\frac{C_{P,\infty}}{C_{F,\infty}}\cdot\frac{\rho_P}{\rho_F} \tag{11.8}$$

(8)假定物质的迁移发生在垂直于接触面的 x 方向上，尽管食品与包装的几何形状会影响物质的迁移，但在大多数实际情况下其作用不明显。

以上假定只考虑材料厚度方面的迁移而忽略边界效应，也不考虑包装材料与食品（模拟物）之间的相互作用，是理想的假定过程。基于上述假定，我们可以对迁移公式进行如下文的推算。

4. 扩散公式的无量纲方法

(a)无穷级数法

设定量纲为 1 的参数 α 和 T，定义如下：

$$\alpha=\frac{1}{K_{P,F}}\frac{V_F}{V_P}=\frac{1}{K_{P,F}}\frac{d_F}{d_P} \tag{11.9}$$

$$T=\frac{D_{P,t}}{d_P^2} \tag{11.10}$$

当物质从聚合物 P 迁移到充分混合的食品/食品模拟物，或以相反的方向迁移时，根据 Crank 的扩散数学模型[6]可以得到：

$$\frac{m_t}{m_\infty}=1-\sum_{n=1}^{\infty}\frac{2\alpha(1+\alpha)}{1+\alpha+\alpha^2}\exp(-q_n^2T) \tag{11.11}$$

式 11.11 是式 11.6 的又一种形式，其中 m_t 是随时间 t 从 P 扩散到 F（穿过面积为 A 的接触面）的质量，或相反方向的迁移，m_∞ 是平衡状态下迁移物的质量。q_n 是式 $\tan q_n=-\alpha q_n$ 的正数解。

尽管计算机能很容易地处理上述公式，但是在较短时间内用以下基于误差函数的方法更简便。

(b)基于误差函数法

$$\frac{m_t}{m_\infty}=(1+\alpha)[1-\exp(z^2)\mathrm{erfc}(z)] \tag{11.12}$$

其中：

$$z=\frac{T^{1/2}}{\alpha}=\frac{K}{d_F}(D_pt)^{1/2} \tag{11.13}$$

5.考虑到传质平衡的情况

迁移物从 P 到 F 的迁移过程中，当 $t=0$ 时，P 中的迁移物总量为 $m_{P,0}$，根据质量守恒，表示为：

$$V_{F,\infty}C_{F,\infty}+V_PC_{P,\infty}=V_PC_{P,0}=m_{P,0} \tag{11.14}$$

迁移到食品中的物质在平衡状态下的质量：

$$m_{F,\infty}=V_PC_{P,\infty} \tag{11.15}$$

式 11.14 与式 11.8、11.9 联合得到：

$$m_{F,\infty}=V_pC_{p,\infty}=\frac{V_PC_{P,0}}{\frac{1}{\alpha}+1}=m_{P,0}\frac{\alpha}{1+\alpha} \tag{11.16}$$

因此 $m_{F,\infty}$ 与 $m_{P,\infty}$ 比值为：$\frac{m_{F,\infty}}{m_{P,\infty}}=\frac{\alpha}{1+\alpha}$ (11.17)

到时间 t 时，从 F 扩散到 P 的迁移物，在 $m_{F,0}=V_FC_{F,0}$ 中所占的比例为：

$$\frac{m_{P,t}}{m_{F,0}}=\frac{m_{P,t}}{m_{P,\infty}}\frac{1}{1+\alpha} \tag{11.18}$$

从 P 迁移到 F 的迁移物，在 $m_{P,0}=V_PC_{P,0}$ 中所占的比例为：

$$\frac{m_{F,t}}{m_{P,0}}=\frac{m_{F,t}}{m_{P,\infty}}\frac{\alpha}{1+\alpha} \tag{11.19}$$

结合式 11.11 和式 11.19，考虑到传质平衡，t 时间内穿过面积为 A 的接触面的迁移物的质量 $m_{F,t}$ 为：

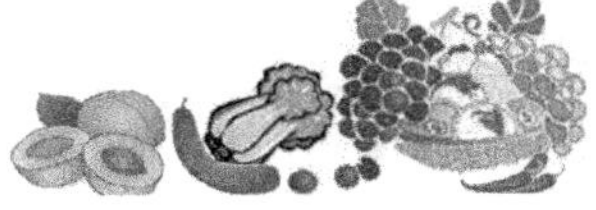

$$\frac{m_{F,t}}{A}=c_{P,0}\rho_P d_P\left(\frac{\alpha}{1+\alpha}\right)\times\left[1-\sum_{n=1}^{\infty}\frac{2\alpha(1+\alpha)}{1+\alpha+\alpha^2 q_n^2}\exp\left(-D_P t\frac{q_n^2}{d_P^2}\right)\right] \tag{11.20}$$

当 $\alpha>>1$ 时，式 11.20 简化为：

$$\frac{m_{F,t}}{A}=c_{P,0}\rho_P d_P\left[1-2\sum_{n=1}^{\infty}\frac{1}{q_n^2}\exp\left(-D_P t\frac{q_n^2}{d_P^2}\right)\right] \tag{11.21}$$

其中，$q_n=(2n-1)\pi/2$。

当 t 很小，$\frac{m_{F,t}}{m_{F,\infty}}\leqslant 0.5$ 时，使用误差公式，可以得到以下迁移方程：

$$\frac{m_{F,t}}{A}=c_{P,0}\rho_P d_P\alpha\left[1-\exp\left(\frac{D_P t}{d_P^2\alpha^2}\right)\mathrm{erfc}\left(\frac{\sqrt{D_P t}}{d_P\alpha}\right)\right] \tag{11.22}$$

而当 $K_{P,F}\leqslant 1$，t 值很小，这是可以假设 P 的厚度为无限大，得到简化的迁移方程：

$$\frac{m_{F,t}}{A}=\frac{2}{\sqrt{\pi}}c_{P,0}\rho_P(D_P t)^{1/2} \tag{11.23}$$

根据传质平衡得到最大的物质迁移量为：

$$\frac{m_{F,t}}{A}=c_{P,0}\rho_P d_P\left(\frac{\alpha}{1+\alpha}\right) \tag{11.24}$$

6. 单层聚合物与黏性或固体食品接触

对黏性或固体食品，均匀混合液体的假设不再使用，必须将固体食品的扩散系数考虑在内，而其取值与包装材料的扩散系数在相同数量级。从式 11.23 可以得出：

$$\frac{M_{F,t}}{A}=\frac{2}{\sqrt{\pi}}\cdot c_{P,0}\rho_P\cdot\frac{\beta}{1+\beta}\cdot\sqrt{D_P\cdot t} \tag{11.25}$$

其中：

$$\beta=\frac{1}{K_{P,F}}\sqrt{\frac{D_F}{D_P}} \tag{11.26}$$

当 $D_F>>D_P$、$K_{F,P}\leqslant 1$ 时，得到式 11.23。如果包装材料与食品的扩散系数接近，则分配系数 $K_{F,P}$ 决定物质迁移过程。若迁移物更易溶于食品，即 $K_{F,P}\leqslant 1$，则食品决定整个迁移过程的速率。若迁移物更易溶于包装材料，即 $K_{F,P}\geqslant 1$，包装决定了整体迁移过程的速率。当 $D_F<D_P$ 时，则物质迁移由在食品中的扩散系数 D_F 和分配系数 $K_{P,F}$ 决定。

11.2.3　迁移数学模型

基于上述假设和推算，由食品接触材料向食品的质量传递在大多数情况下遵循 Fick's 扩散定律（式 11.27）：

$$\frac{m_{F,t}}{A}=c_{P,0}\rho_P d_P\left(\frac{\alpha}{1+\alpha}\right)\times\left[1-\sum_{n=1}^{\infty}\frac{2\alpha(1+\alpha)}{1+\alpha+\alpha^2 q_n^2}\exp\left(-D_P t\frac{q_n^2}{d_P^2}\right)\right] \tag{11.27}$$

其中：

$$\alpha=\frac{1}{K_{P,F}}\cdot\frac{V_F}{V_P}=\frac{c_{F,\infty}}{c_{P,\infty}}\cdot\frac{\rho_F}{\rho_P}\cdot\frac{V_F}{V_P} \tag{11.28}$$

$$K_{PF}=\frac{C_{P,\infty}}{C_{F,\infty}}\cdot\frac{\rho_P}{\rho_F} \tag{11.29}$$

$$\tan q_n=-\alpha q_n \tag{11.30}$$

上述式中：

——$\frac{m_{F,t}}{A}$（单位为 $\mu g/cm^2$）项代表聚合物 P 与食品模拟物 F 接触时间 t（单位为 s）后，迁移物进入食品模拟物中的量；

——$c_{P,0}$（$\mu g/g$）代表迁移物在聚合物 P 中的初始浓度；

——ρ_P（单位为 g/cm^{-3}）和 ρ_F（单位为 g/cm^{-3}）分别为聚合物 P 与食品模拟物 F 的密度；

——d_P 为聚合物 P 的厚度(cm)；

——V_P（cm^3）和 V_F（cm^3）分别为聚合物与食品的体积；

——D_P 为迁移物在聚合物 P 中的扩散系数；

——K_{PF} 为迁移物在聚合物与食品模拟物间的分配系数，即聚合物与食品模拟物中迁移物平衡浓度之比（式 11.29）；

——q_n 是 $\tan q_n = -\alpha q_n$（式 11.30）的正数解。

11.3 影响迁移的主要因素

迁移物从聚合物食品接触材料向食品/食品模拟物的迁移主要受到两个重要因素的影响：动力学影响因素扩散系数 D，反映迁移物在聚合物和食品中的扩散；热力学影响因素分配系数 K，反映迁移物在聚合物和食品间的分配平衡。

11.3.1 扩散系数

扩散系数是描述聚合物内小分子化学物质传质过程的一个重要宏观参量，扩散系数的大小与很多因素相关，包括内在因素，如迁移物各组分的结构及性质等，还包括外在因素，如体系所处的温度等。

1. 测定扩散系数的实验方法

迁移物在聚合物中的扩散系数主要来自实验测定和经验公式的估算，实验测定方法主要包括本体平衡法、核磁共振法、逆流气相色谱法及激光全息法等。

(1)本体平衡法

本体平衡法也称作质量吸附/解吸平衡法，其测量系统由扩散池、温度控制及压力控制系统组成，可测量的扩散系数范围为 $10^{-12} \sim 10^{-5}\ cm^2/s$。该方法能同时测定溶剂在聚合物体系中的溶解度、亨利常数和高溶剂浓度下的扩散系数。但使用该方法测量时吸附/解吸附平衡的耗时长、且对无限稀释溶剂的扩散系数的测量误差大。

(2)核磁共振法

核磁共振法是基于某原子在两个脉冲时间间隔内磁场中的回声振幅衰减而获得聚合物体系中溶剂自扩散系数的方法。该方法能测定扩散系数的最低限为 $10^{-14}\ cm^2/s$。但是用该方法的缺点是设备昂贵、维护费用高。

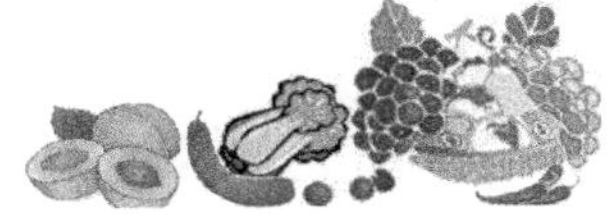

(3)逆流气相色谱法

逆流气相色谱法广泛地应用于不同物质在各种气相中扩散系数的测定，根据应用情况可以分为填充柱色谱法和毛细管色谱法。该方法具有简便、迅速的特点，其测量低限为 $10^{-12}cm^2/s$，但是只能测定无限稀释溶剂的自扩散系数。

(4)激光全息干涉法

激光全息干涉法是利用激光全息的成像技术来研究聚合物体系中化学物质扩散系数的方法，是实验获得扩散系数的近代方法。该方法具有精度及灵敏度高、无干扰、可进行瞬态测量等突出的优点，其测量值为 $10^{-16}\sim10^{-5}cm^2/s$，测量误差较小，但是由于只能测定光学上透明的物体，且试样要求极清洁，所以也限制了该方法的使用范围。

2. 扩散系数的经验公式

若要通过迁移模型获得迁移的数值估算，模型动力学控制参量扩散系数 D_P 都必须是已知或可求的。扩散系数直接决定了食品接触材料及食品(模拟物)内的浓度变化，且迁移速率对扩散系数的敏感程度随着扩散系数量级的增大而显著提高(见图 11.1)。扩散系数在包装化学迁移预测中的重要作用及实验测定扩散系数的复杂性和困难，使其成为对迁移进行模型预测首先必须解决的一个关键问题，同时也促使了可靠的扩散系数经验模型的开发，成为国外学者近年来研究的一个重点和热点。比较经典的扩散系数模型有以下四种。

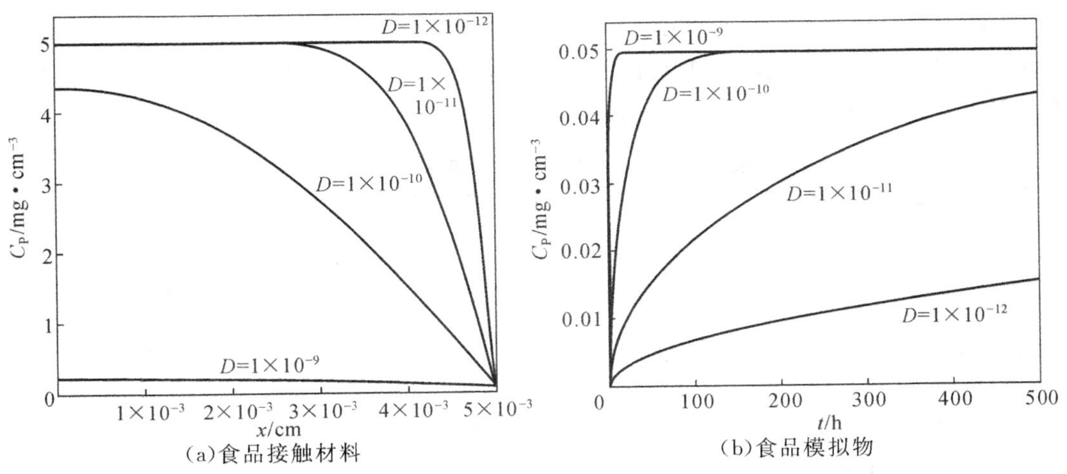

图 11.1　扩散系数对食品接触材料及食品横拟特内物质浓度的影响

(1)Baner-Piringer 模型[7-11]

Baner 和 Piringer 较早提出了以化学迁移物分子质量 M_r 和体系所处温度 T 为参量的扩散系数估算模型：

$$D_P = 10^4\exp\left(A_P - 0.01M_r - \frac{10454}{T}\right) \tag{11.31}$$

其中，A_P 为表征食品接触材料本身对扩散过程的特定贡献，经验值见表 11.1；M_r 为迁移物的相对分子质量(g/mol)；T 为体系的温度(K)。

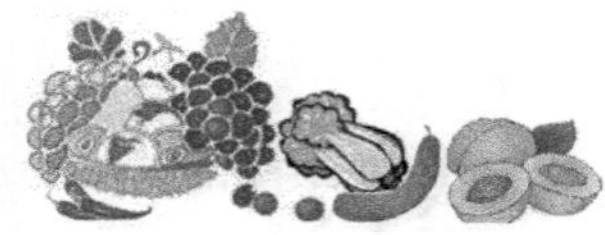

表 11.1 Baner-Piringer 模型中的 A_P 经验值

A_P	PP	HDPE	LDPE	LLDPE
Baner[7-9]	6	8	11	11
Piringer[10,11]	5.4	5.4	9	9
Reynier[12]	6.5	8	9	9

有三类实验现象支持该模型的应用：(a)至少在 200～600 的相对分子质量，扩散系数的对数近似地随着相对分子质量的增加而减小；(b)相对分子质量为 M_r 的正链烷烃的扩散系数通常要比其他相同分子质量的有机迁移物的扩散系数大；(c)扩散系数对温度的指数有着明显的依赖性。

(2)Limm-Hollifield 模型[13]

Limm 和 Hollofield 提出了与 Baner-Piringer 模型类似的模型，该模型是在 Datyner 对现有扩散模型理论的简化，以及 Berens 和 Hopfenberg 发现的小分子在聚合物内扩散的一般趋势的基础上建立的。该模型如下：

$$D_P = D_0 \exp\left(\alpha M_r^{1/2} - \frac{KM_r^{1/3}}{T}\right) \tag{11.32}$$

其中，D_0 为指数前系数；K、α 为模型可调参数。

Limm-Hollifield 模型中有三个参量，对于各种不同类型的聚合物它们有着特定的值，见表 11.2。比对 Limm-Hollifield 模型扩散系数估算值与实验获取的扩散系数，对于中低分子质量范围内的小分子物质的扩散系数估算值与实验值吻合较好，而对高分子质量物质扩散系数的估算值与实验值吻合较差。

表 11.2 Limm-Hollifield 模型参数经验值

参数	PP	HDPE	LDPE
K	1335.7	1760.7	1140.5
α	0.597	0.819	0.555
$\mathrm{In}D_0$	−2.10	0.90	−4.16
D_0	$e^{-2.10}$	$e^{0.90}$	$e^{-4.16}$

(3)Brandsch 模型[14]

Brandsch 等在大量实验结果基础上，理论推导了以下扩散系数经验公式：

$$D_P = D_0 \exp\left(A_P - 0.135M_r^{2/3} - \frac{10454}{T}\right) \tag{11.33}$$

其中，0.1351 作为近似值能够应用于大多数烃类和低极性迁移物。为了涵盖在聚合物基体中迁移物的全部相对分子量范围，在式 11.33 中又引入了附加项 αM_r：

$$D_P = 10^4 \exp\left(A_P^* - 0.1351M_r^{2/3} + 0.003M_r - \frac{10454}{T}\right) \tag{11.34}$$

其中 A_P^* 为聚合物材料相关的参数，与前式中 A_P 不同，该参数可看作温度的函数：

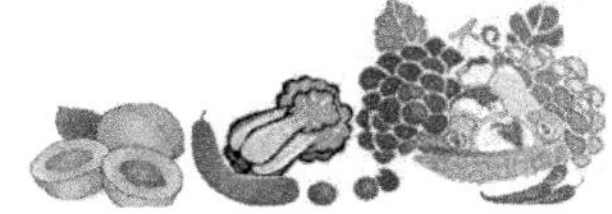

$$A_P^* = A_P - \frac{\tau}{T} \tag{11.35}$$

通过改变 A_P^*，模型可适用于几乎所有类型的聚合物材料。其中参数 τ 表征聚合物内扩散活化能对参照活化能（$E_A = 10454R = 86.923$kJ/mol）的偏离。近年来，来自不同研究机构的欧洲和美国包装材料化学物迁移研究领域的专家学者，研究了 40 多种化学物质（抗氧化剂、光稳定剂等）分别添加入 PP、HDPE、LDPE 等 8 种塑料材料，开展了相应的迁移试验，最后根据最新实验结果计算推导了式11.35较为合理的经验数值，见表 11.3。该模型目前受到欧美众多学者专家的青睐，是估算聚合物内小分子扩散系数的实用模型。

表 11.3　Brandsch 模型参数经验值

参数	PP	HDPE	LDPE	PET	PEN	PS	HIPS	PA66
A_P	13.1	14.5	11.5	6.0	5.0	0	1.0	2.0
τ	1577	1577	0	1577	1577	0	0	0
T(℃)	<120	<100	<90	<175	<175	<70	<70	<100

（4）Helmroth 模型[15]

Helmroth 等在大量实验扩散系数基础上根据自由体积理论推导出了关联以下经验公式，不仅能提供扩散系数的均值，还给出了计算值相关的概率信息，如标准差等，由此可以计算某一迁移值出现的概率。

$$D_P = a^* \exp\left[-\left(\frac{M_r}{M_0}\right)^{B*}\right] \tag{11.36}$$

$$s = \frac{1}{N-1}\left\{\sum_{i=1}^{N}(\ln D_{\text{exp},i} - \ln D_{\text{pred},i})^2 - [\ln D_{\text{exp},i} - \ln D_{\text{pred},i}]^2\right\} \tag{11.37}$$

其中，a^* 为不同聚合物和温度下模型特定参数；b^* 为不同聚合物和温度下模型特定参数；M_0 为参考值 1g/mol；s 为标准差。经验值见表 11.4。

表 11.4　Helmroth 模型参数经验值

参数	PP	MDPE/HDPE	LDPE/LLDPE
a^*	1.9e-8	7.2e-7	1.2e-6
b^*	0.36	0.39	0.37
s	2.0	1.6	1.3

注：s 为标准差，由此可计算某一迁移值出现的概率。

11.3.2　分配系数 $K_{P,F}$

迁移模型中另一个重要参数是热力学影响因素分配系数 $K_{P,F}$，表征平衡时包装材料内与食品内化学物质浓度的比值。分配系数是一个影响迁移的重要因素，目前对分配系数的研究较少，分配系数对食品接触材料中以及食品内化学物浓度的影响见图 11.2[16]。

严格来说，包装材料与食品或食品模拟物接触时，两相中的小分子物质也就是包装材料内的迁移物(有害物质)和食品内食品组分会透过两相界面从一相进入到另一相中，最终会达到一个热力学平衡。这里仅研究包装材料内化学物质向食品或食品模拟物的迁移，平衡时包装材料内小分子物质的浓度与其在食品/食品模拟物中的浓度比值被定义为分配系数。$K_{P,F}$值越小表示更多的化学物从包装材料迁移进入了食品或食品模拟物，反之，$K_{P,F}$值越大说明更多的化学物质留存在了包装材料内。分配系数实际上由溶解度系数决定，反映了聚合物和扩散质的相容性。1～10000间的分配系数可以描述几乎所有的分配情况。其中，分配系数1表征迁移物在食品(模拟物)内具有很高的溶解度，而10000表征溶解度很小。

分配系数的获得同样也有两种方法，一种为实验测定方法，一种为经验公式法。首先分析影响分配系数的一些因素。

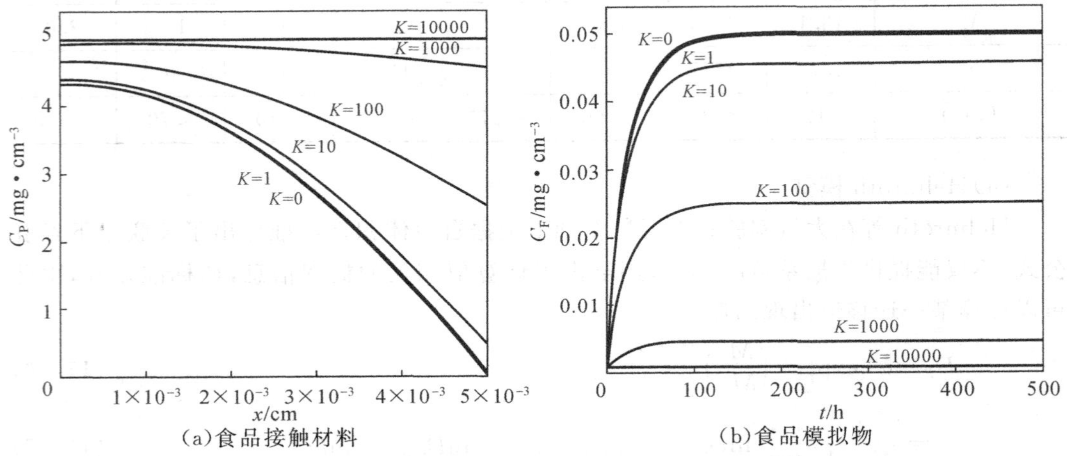

(a)食品接触材料　(b)食品模拟物

图11.2　分配系数对食品接触材料内及食品模拟物内物质浓度的影响

1.分配系数的影响因素

(1)温度

一般来说，温度升高，扩散物质的活性增大，聚合物由于溶胀或结晶度降低而你不形态发生变化，聚合物内的自由体积增大，从而提供了扩散物质更多的停留空间，因此扩散系数也越大。但是少数情况下，分配系数会随着温度的升高而减小，这可能是由于焓发生变化的缘故。

(2)扩散物质化学结构

扩散物质的化学结构是影响分配系数的一个重要因素。一般醇类和短链酯类物质在脂肪类食品—聚合物体系中的分配系数要大于随行食品—聚合物体系中的分配系数。此处可以使用“相似相溶定理”解释：溶质与溶液在结构或极性上相似，因而分子间作用力的类型和大小也差不多相同，因此彼此互溶。扩散物质、聚合物、食品/食品模拟物的极性对扩散物质在两相间的分配影响很大。

(3)食品脂肪含量和聚合物结晶度

Halek 和 Hatzidimitriu 研究了三个温度(25℃、35℃和 45℃)下印刷油墨溶剂在三种不同脂肪含量巧克力塑料包装间的分配,结果表明,25℃时塑料结晶度对分配的影响高于脂肪含量的影响,在 35℃和 45℃时,由于结晶度的影响变小而脂肪含量的影响增大。

2. 分配系数的经验公式

(1)正规溶液理论

正规溶液理论建立在扩散物质的溶解度参数基础上,主要对非极性物质有效。根据正规溶液理论,扩散物质可以溶于与其溶解度参数接近的聚合物或食品/食品模拟物内,把有机物对聚合物的亲和性定性描述为混溶、可溶和不溶三种状态。但是正规溶液理论过高估计了活度系数和分配系数,要准确预测必须通过经验校正。

(2)UNIFAC 方法

以液体混合物的统一准化学理论(UNNIQUAC)为基础,适用于预测非电解质液体混合物的活度系数的基团。由于缺乏实验数据,使用 UNIFAC 或其他基团贡献法对聚合物添加剂在聚合物—食品/食品模拟物体系间的分配系数的估算结果进行更有效的检验,在目前的情况下还不完善。

(3)保留指数方法

由于正规溶液理论缺乏定量性,UNIFAC 方法仍然需要进一步的研究开发,人们采用保留指数法,假设物质在气体和聚合物液体间的分配可以根据它的结构增量来估计,则利用加和结构增量就能估算任意给定的有机化合物在气体和液体或聚合物之间的分配。

3. 分配系数的实验测定法

由于分配系数的经验公式法均不够完善,还需要进一步通过实验数据论证,因此,更为实用的是直接采用实验测定法来测得迁移物在聚合物—食品/食品模拟物之间的分配系数。不同性质的迁移物可采用不同的分配系数测定方法。

11.3.3　迁移物在食品接触材料中起始浓度 C_{p0}

迁移物在食品接触材料中的起始浓度 C_{p0} 是迁移发生的根源。平衡时食品内迁移物的浓度随物质在食品接触材料内的初始浓度增加而增加。起始浓度对食品(模拟物)中物质浓度的影响如图 11.3 所示。

有害物在食品接触材料内的初始浓度可以通过本书第 3 章中介绍的物质残留量测定方法求得,或通过本书第 4 章至第 9 章中介绍的双酚 A、增塑剂等特定物质残留量的具体测定方法求得。

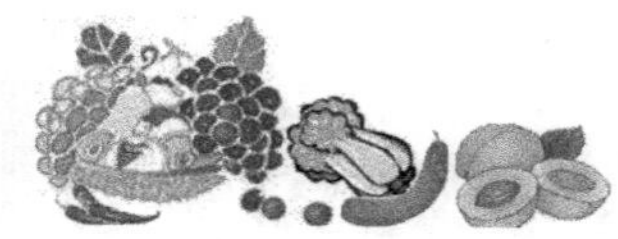

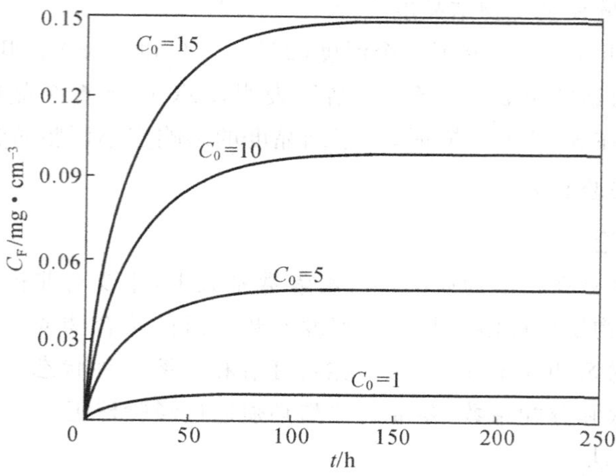

图 11.3　起始浓度 C_{p0} 对食品模拟物内物质浓度的影响

11.3.4　迁移模型的适用性

上述已有研究表明，迁移模型对迁移量的预测值普遍大于试验值，分析存在此差异的原因有四：

(1)建立迁移模型所采用的体系与实际迁移试验中的体系存在一定差异；

(2)使用迁移模型预测迁移量时所采用的某些参数为文献中的经验值，经验值与实测值间也存在一定差异；

(3)建立迁移模型时，假定的是极端的迁移状况；

(4)实验存在一定误差。

根据欧盟法规、FDA 的预测评估原则，为了保证产品的安全性，模型预测值应模拟比迁移试验更为严格的迁移情况，因而模型预测值大于或近似于实测值时，才可使用迁移预测评估模型。当预测评估值小于法规限量，则判定为符合；大于法规限量时，应采取迁移试验作为仲裁方法，判定法规符合性。

本章参考文献

1. Piringer O G, Baner A L. Plastic Packaging Materials for Food barrier Function[M]. Mass Transport, Quality Assurance and Legislation Canada: John Wiley & Sons Canada, Ltd, 2000: 606

2. Commission Directive : 2002/72/EC Relating to plastic materials and articles intended to come into contact with foodstuffs. Official Journal of the European Communitie, 2002, L 220/18

3. Begley T H, Hollifield H C. Recycled polymers in food packaging: migration considerations[J]. Food Technology, 1993 , 12 : 109-112

4. 刘志刚，王志伟. 塑料食品包装材料化学物迁移的数值模拟[J]. 化工学报，2007，58(8)：2125-2132

5. Karen A. Barnes, C. Richard Sinclair, D. H. Watson 主编. 宋欢，林勤保主译. 食品接触材料

及其化学迁移 [M]: 125-141

6. Crank J. 1975. Mathematics of Diffusion [M], 2nd edn (Oxford: Oxford University Press).

7. BANER A. L., FRANZ R., PIRINGER O., et al. PIRA and ICI, Plastics for Food Packaging Symposium [C], Geneva Hotel Intercontinental, 1994

8. BANER A. L., FRANZ R., PIRINGER O. Deutsche Lehensmittel-Rundschau [J], 1994, 90: 137-143, 181-185

9. Piringer O. Evaluation of plastics for food packaging[J]. Food Additives and Contaminants, 1994, 11(2): 221-230

10. Piringer O., Mathematical Proceedings of the Pira Conference "Plastics for packaging Food" [C], Prague, 1997: 17-18

11. Piringer O., Franz R., Huber M., et al. Migration from Food Packaging Containing a Functional Barrier:? Mathematical and Experimental Evaluation [J]. Journal of Agriculture Food Chemistry, 1998, 46 (4): 1532—1538Piringer O., XII European Commission [M], 1998

12. REYNIER A., DOLE P., FEIGENBAUM A., Food Additives and Contaminants [J], 1996, 16(4): 137-152

13. LIMM W., HOLLIFIELD H. C., Food Additives and Contaminants [J], 1996, 13(8): 949-967

14. BRANDSCH J., MERCEA P., PIRINGER O., Washington D. C.: Food Packaging, ACS Symposium Series (No. 753) [C], 2000: 27-36

15. HELMROTH I. E., RUK R., FEKKER M., et al. Trends in Food Science and Technology [J], 2002, 13: 102-109

16. 刘志刚,卢立新,王志伟.塑料包装材料内的小分子物质扩散系数模型[J].高分子材料科学与工程,2008,24(12):25—28

第12章　食品接触材料安全风险评估

12.1　建立风险评估模型的重要性

食品安全问题已成为全球共同面临的难题，当前国际上公认的解决这类问题的重要办法就是建立风险分析和评估的框架体系。根据WTO实施卫生与植物卫生措施协定(SPS协定)和贸易技术壁垒协定(TBT协定)，各国食品安全标准的制定必须采用风险分析的原则，以科学数据为基础，从而确保标准制定的科学性与合理性。由此可见，风险分析在食品安全法规标准制定中起着重要作用。

风险分析包括风险评估、风险管理和风险交流三个部分[1]，其中风险评估是整个体系的核心和基础。风险评估是针对食品生产供应过程中所涉及的各种危害对人体健康不良影响的科学评估，是世贸组织和国际食品法典委员会强调的用于指定食品安全控制措施的必要技术手段，是政府制定食品安全法规、标准和政策的重要基础。风险评估是一个非常复杂的过程：首先是有害物的确定，接着是有害物的定性和定量分析，然后是对可能摄入的有害物进行毒理学、生物学的影响评估，最后依据上述过程对产生不良健康影响的严重性做出定性和定量估计，包括相关的不确定度。

2009年6月，我国的第一部食品安全法正式实施，将对食品接触材料的监管纳入其中。在食品接触材料的安全监管工作中，风险分析是目前常用的分析食品接触材料可能存在的危害以及控制危害产生的有效管理模式之一，食品安全法第二条明确指出“国家要建立风险评估制度”。我国作为发展中国家，食品安全评估和管理工作存在很大的不足，往往是国外公布一个安全限量标准，我们再响应，再推出相应的检测标准、建立检测系统，这就使对食品的安全监管工作陷入被动。风险分析方法不仅能够评估人类健康和食品安全风险，确定和实施适当的风险控制措施，而且能够将风险情况及所采取的措施与利益相关者进行交流。

12.2　风险分析及风险评估

12.2.1　风险分析

风险就是度量一个不利事件发生的可能性及其不利结果。食品中的风险是指由于食品中的某种危害而导致的有害于人群健康的可能性和副作用的严重性，而对于食品接

触材料而言,风险是指其中的有害成分迁移进入食品而对人体健康产生危害。在安全管理中运用风险分析就是根据风险程度采取相应的风险管理措施去控制或降低风险的发生。

风险分析(Risk Analysis)首先用于环境科学的危害控制,在 20 世纪 80 年代末用于食品安全领域,WTO 规定各国可以在“风险分析”的基础上制定本国的食品安全标准和管理措施。联合国粮农组织和世界卫生组织联合专家咨询委员会在 1995 年将风险分析体系定义为包含风险评估、风险管理和风险交流 3 个有机组成部分的一种过程(见图 12.1),并向全世界推广应用。

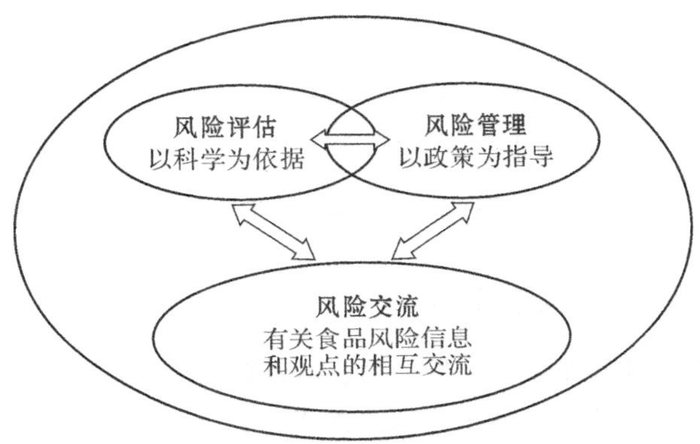

图 12.1 世界卫生组织(WHO)食品安全风险分析框架

12.2.2 风险评估的定义、作用和目的

风险评估是风险分析体系中最为关键的一个部分。风险评估是指利用现有的数据和资料,采用定量和定性方法,对潜在风险的可能性进行科学性评估,它是风险分析的基础,是 WTO 和国际食品法典委员会(Codex)强调的用于指定食品安全控制措施(法律、法规和标准及进出口监督管理)的必要手段。中国现有的控制措施与国际水平不一致的原因之一,就是没有广泛地应用风险评估技术,因此我国必须重视开展风险评估研究,以保护自己的利益。

风险评估是一个系统的循序渐进的科学过程,其核心步骤是风险特征描述。而风险评估结果的可靠性,则在很大程度上取决于数据的数量和质量。本研究中进行风险评估的目的为:

(1)建立食品接触材料中挥发性有机物迁移量对消费者构成危害的程度。

(2)确定保护消费者健康的必要的风险管理措施和行动。

12.2.3 风险评估一般性原则

风险评估要求对相关资料进行评价,并选用适合的模型对治疗做出判断;同时,要明确认识其中的不确定性,并在某些情况下承认现有资料可以推导出科学上合理的不同结论。一般可将风险评估分为四个步骤(见图 12.2):危害识别,危害特征描述,摄入量(暴露)评估和风险特征描述。

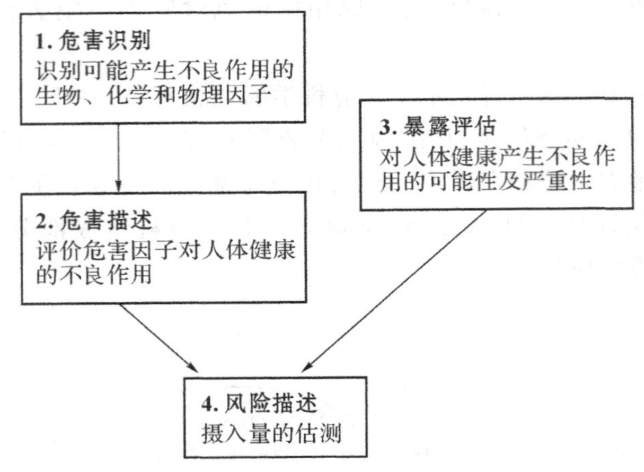

图 12.2　风险评估步骤

12.2.4　风险管理和风险交流

风险管理是指根据风险评估的结果,对减少或降低所评估的危险性以及选择适当实施方法的政策进行权衡的过程。风险管理的首要目标是通过选择和实施适当的措施,尽可能有效地控制食品风险,从而保障公众健康。具体措施包括制定最高限量,制定食品标签标准,实施公众教育计划,通过使用其他物质或者改善生产规范以减少某些化学物质的使用等。风险交流是指在风险评估者、风险管理者、消费者和其他相关团体之间围绕危险性信息进行互动沟通的过程。它不仅是信息的传播,更重要的作用是把有效进行风险管理的信息纳入政府的决策过程中,同时对公众进行宣传、引导和培训。它贯穿于整个风险分析过程。

12.2.5　化学风险评估中的有关术语

(1)可接受的日摄入量 Acceptable Daily Intake (ADI):一般用于食品添加剂,农业、畜牧业所用化学物质的残留量;

(2)暂行可承受的周摄入量 Provisional Tolerable Weekly Intake (PTWI):一般用于食品中的污染物含量,如:重金属、有机物质、天然和非天然毒素等;

(3)推荐的日摄入量 Recommended Daily Intake(RDI):一般用于食物中的营养物质;

(4)半致死量 LD50;

(5)未观察到有害结果的最高剂量 No-observed-adverse-effect-level (NOAEL);

(6)观察到有害结果的最低剂量 Lowest-observed-adverse-effect-level (LOAEL) 。

12.3　食品接触材料中有害物迁移风险评估模型

食品接触材料包括所有预期接触食品的材料及制品，包括包装材料、餐具、食品加工器械、食品容器等。食品接触材料中的有害物主要来源于聚合物中的单体、低聚体、添加剂残留，以及其加工过程中使用的溶剂残留，这些物质多为小分子，当塑料与食品接触时，它们会通过塑料与食品的接触界面迁移入并溶解在食品中，这就为食品安全带来风险。

12.3.1　危害识别(hazard identification)

危害识别是指要确定某种物质的毒性，在可能对这种物质导致不良效果的固有性质进行鉴定。危害识别的目的是确定食品添加剂或化学污染物产生的潜在不良影响，以及引起不良影响的内在性质。对人体潜在的不良影响一般采用流行病学研究、动物毒理学研究和体外试验。对全部这些化学物质进行毒理学实验是不现实的，也没有必要。在许多情况下，可以用其他信息来评价危害，例如：化学物质结构、代谢物、代谢率以及使用历史等。

12.3.2　危害特征描述(hazard characterization)

危害特征描述的主要内容是考虑危害识别的结果研究剂量—反应关系，通过比对超标量的大小和相应的剂量—反应关系标准，对危害进行定性分级评估。主要包括以下步骤：

(1)主要毒性终点及相应的剂量水平的识别；

(2)如果有阈值，则评估剂量水平(ADI、PTWI、PMTDI 等)，当低于此剂量，观察不到毒性作用；

(3)物质在动物或人体内的代谢过程；

(4)描述引起毒性反应的化学机制。

12.3.3　暴露评估(exposure assessment)

摄入量评估是指对生物性、化学性与物理因子通过食品或其他相关来源摄入量的定性或定量评估，主要是根据膳食调查和各种食品中有害物质暴露水平的调查数据进行的。

12.3.4　风险评估的不确定度

食品接触材料中挥发性有机物作为食品污染物的风险评估不确定度主要来自于信息的质量和评估过程中的假设，主要有以下因素：

(1)毒理数据的质量；

(2)ADI 值的测定；

(3)安全系数的选择；

(4)剂量—反应关系及其阈值；

(5)暴露计算。

12.3.5 食品安全指数评估模型

1. 模型的理论基础

有毒有害化学物质风险评估的方法有定性风险评估和定量风险评估两大类。定性风险评估是指用一种对风险和条件进行定性分析，并按影响大小排列它们对项目目标的影响顺序的风险评估方式。定量风险评估是指用数据或概率表示风险分析结果的风险评估方式。本书采用定量评估的方法，采用食品风险评估模型中的一种——食品安全指数评估模型进行食品接触材料中挥发性有机物的定量风险评估。该模型由 Thomas Ross & John Summer (2002)提出，用于食品中化学物质危险性评估。由于化学物污染物的毒害作用与其进入人体的绝对量有关，因此评价食品安全以人体对污染物的实际摄入量与其安全摄入量比较更为科学合理，在这样的理论背景下，可导出用以评价食品中某种化学物质残留对消费者健康影响的食品安全指数公式：

$$IFS_c=\frac{EDI_c \cdot f}{SI_c \cdot bw} \tag{12.1}$$

其中：c 为所分析的化学物质；EDI_c 为化学物质 c 的实际日摄入量估计值；SI_c 为安全摄入量，根据不同的化学物质可采用 ADI(可接受日摄入量)、PTWI(实际周摄入量估计值)或 RfD(急性参考剂量)数据；bw 为平均体重(kg)，缺省值为 60kg；f 为校正因子，如果安全摄入量采用 ADI、RfD 等日摄入量数据，f 取 1；如果安全摄入量采用 PTWI 等周摄入量数据，f 取 7。

$$EDI_c = \sum(R_i \cdot F_i \cdot E_i \cdot P_i) \tag{式 2}$$

其中：i 为不同的食品种类；R_i 为食品 i 中化学物质 c 的残留水平(mg/kg)，来自食品供应链数据采集过程；F_i 为食品 i 的估计日消费量(g/人・d)，根据不同的食品人为确定；E_i 为食品 i 的可食用部分因子；P_i 为食品 i 的加工处理因子，E_i 和 P_i 根据不同的食品人为确定，一般为 1。

2. 模型的应用

应用式 12.1 计算化学物质 c 的食品安全指数，根据计算结果可以得出其对食品安全的影响程度。可以预期的结果是：

$IFS_c<<1$，化学物质 c 对食品安全没有影响；

$IFS_c\leqslant1$，化学物质 c 对食品安全的影响风险是可接受的；

$IFS_c>1$，化学物质 c 对食品安全影响的风险超过了可接受的限度，出现这种情况就应该进入风险管理程序了。

附录　各国食品接触材料标准汇总

1. 中国食品接触材料卫生标准

<table>
<tr><th>序号</th><th>类别</th><th>标准号</th><th colspan="2">项目</th><th>限量要求</th><th>测试方法</th></tr>
<tr><td rowspan="3">1</td><td rowspan="3">氯乙烯树脂</td><td rowspan="3">GB 4803-1994
食品容器、包装材料用聚氯乙烯树脂卫生标准</td><td colspan="2">氯乙烯</td><td>≤5mg/kg</td><td>GB/T 5009.67-2003</td></tr>
<tr><td colspan="2">1,2-二氯乙烷(仅对乙烯法)</td><td>≤2mg/kg</td><td rowspan="2">GB/T 5009.122-2003</td></tr>
<tr><td colspan="2">1,1-二氯乙烷(仅对乙炔法)</td><td>≤150mg/kg</td></tr>
<tr><td rowspan="11">2</td><td rowspan="11">橡胶制品</td><td rowspan="11">GB 4806.1-1994
食品用橡胶制品卫生标准</td><td rowspan="6">蒸发残渣</td><td>4%乙酸,60℃,30min</td><td>非高压密封圈:≤2000mg/L</td><td rowspan="7">GB/T 5009.60-2003</td></tr>
<tr><td>20%乙醇,60℃,30min</td><td>非高压密封圈:≤40mg/L</td></tr>
<tr><td rowspan="2">水,60℃,30min</td><td>高压密封圈:≤50mg/L;</td></tr>
<tr><td>非高压密封圈:≤30mg/L</td></tr>
<tr><td rowspan="2">正己烷,水浴回流,30min</td><td>高压密封圈:≤500mg/L;</td></tr>
<tr><td>非高压密封圈:≤2000mg/L</td></tr>
<tr><td>高锰酸钾消耗量</td><td>水,60℃,30min</td><td>≤40mg/L</td></tr>
<tr><td rowspan="2">锌(Zn)</td><td rowspan="2">4%乙酸,60℃,30min</td><td>高压密封圈:≤100mg/L;</td><td rowspan="3">GB/T 5009.64-2003</td></tr>
<tr><td>非高压密封圈:≤20mg/L</td></tr>
<tr><td>重金(以Pb计)</td><td>4%乙酸,60℃,30min</td><td>≤1.0mg/L</td></tr>
<tr><td colspan="2">残留丙烯腈(仅对含丙烯腈橡胶)</td><td>≤11mg/L</td><td>GB/T 5009.152-2003</td></tr>
<tr><td rowspan="6">3</td><td rowspan="6">过氯乙烯内壁涂料</td><td rowspan="6">GB 7105-1986
食品容器过氯乙烯内壁涂料卫生标准</td><td rowspan="2">蒸发残渣</td><td>4%乙酸,60℃,2h</td><td rowspan="2">≤30mg/L</td><td rowspan="2">GB/T 5009.60-2003</td></tr>
<tr><td>65%乙醇,60℃,2h</td></tr>
<tr><td>高锰酸钾消耗量</td><td>水,60℃,2h</td><td>≤10mg/L</td><td rowspan="3">GB/T 5009.11-2003</td></tr>
<tr><td>铅(Pb)</td><td>4%乙酸,60℃,2h</td><td>≤1mg/L</td></tr>
<tr><td>砷(As)</td><td>4%乙酸,60℃,2h</td><td>≤0.5mg/L</td></tr>
<tr><td colspan="2">氯乙烯单体残留量</td><td>≤1mg/kg</td><td>GB/T 5009.67-2003</td></tr>
</table>

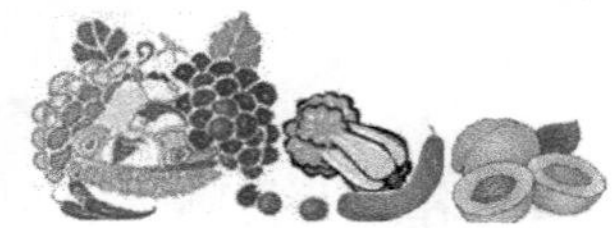

续表

序号	类别	标准号	项目		限量要求	测试方法
4	漆酚涂料	GB 9680-1988 食品容器漆酚涂料卫生标准	蒸发残渣	4%乙酸,60℃,2h	≤30mg/L	GB/T 5009.60-2003
				65%乙醇,60℃,2h		
				水,60℃,2h		
				正己烷,20℃,2h		
			高锰酸钾消耗量	水,60℃,2h	≤10mg/L	
			重金(以Pb计)	4%乙酸,60℃,2h	≤1mg/L	
			甲醛	4%乙酸,60℃,2h	≤5mg/L	GB/T 5009.61-2003
			游离酚	水,95℃,30min	≤0.1mg/L	GB/T 5009.69-2008
5	聚氯乙烯成型品	GB 9681-1988 食品包装用聚氯乙烯成型品卫生标准	蒸发残渣	4%乙酸,60℃,30min	≤30mg/L	GB/T 5009.67-2003
				20%乙醇,60℃,30min		
				正己烷,20℃,30min	≤150mg/L	
			高锰酸钾消耗量	水,60℃,30min	≤10mg/L	
			重金(以Pb计)	4%乙酸	≤1mg/L	
			氯乙烯单体		≤1mg/kg	
			脱色试验	浸泡液	阴性	
				冷餐油或无色油脂	阴性	
6	内壁脱模涂料	GB 9682-1988 食品罐头内壁脱模涂料卫生标准	游离酚	水,95℃,30min	214#涂料:≤0.1mg/L	GB/T 5009.69-2008
			重金(以Pb计)	4%乙酸,60℃,30min	XE2#涂料:≤1.0mg/L	GB/T 5009.69-2008
			甲醛	水,95℃,30min	214#涂料:≤0.1mg/L	GB/T 5009.60-2003
					XE2#涂料:≤0.1mg/L	
			高锰酸钾消耗量	水,95℃,30min	≤10mg/L	
			蒸发残渣	水,95℃,30min	≤30mg/L	
				4%乙酸,60℃,30min		
				20%乙醇,60℃,30min		
				正己烷,37℃,2h		
7	聚酰胺环氧树脂涂料	GB 9686-1988 食品容器内壁聚酰胺环氧树脂涂料卫生标准	蒸发残渣	4%乙酸,60℃,2h	≤30mg/L	GB/T 5009.60-2003
				65%乙醇,60℃,2h		
				正己烷,20℃,2h		
			高锰酸钾消耗量	水,60℃,2h	≤10mg/L	
			重金(以Pb计)	4%乙酸,60℃,2h	≤1mg/L	

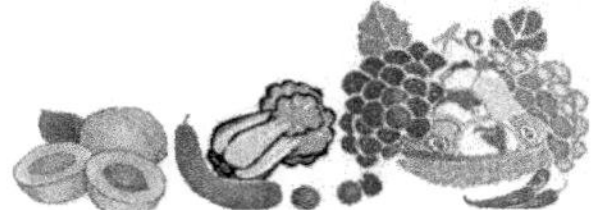

续表

序号	类别	标准号	项目		限量要求	测试方法
8	聚乙烯成型品	GB 9687-1988 食品包装用聚乙烯成型品卫生标准	蒸发残渣	4%乙酸,60℃,2h	≤30mg/L	GB/T 5009.60-2003
				65%乙醇,20℃,2h		
				正己烷,20℃,2h	≤60mg/L	
			重金（以Pb计）	4%乙酸,60℃,2h	≤1mg/L	
			脱色试验	浸泡液	阴性	
				冷餐油或无色油脂	阴性	
				乙醇	阴性	
			高锰酸钾消耗量	水,60℃,2h	≤10mg/L	
9	聚丙烯成型品	GB 9688-1988 食品包装用聚丙烯成型品卫生标准	蒸发残渣	4%乙酸,60℃,2h	30mg/L	GB/T 5009.60-2003
				正己烷,20℃,2h		
			高锰酸钾消耗量	水,60℃,2h	≤10mg/L	
			重金（以Pb计）	4%乙酸,60℃,2h	≤1mg/L	
			脱色试验	浸泡液	阴性	
				冷餐油或无色油脂	阴性	
				乙醇	阴性	
10	聚苯乙烯成型品	GB 9689-1988 食品包装用聚苯乙烯成型品卫生标准	蒸发残渣	4%乙酸,60℃,2h	≤30mg/L	GB/T 5009.60-2003
				65%乙醇,20℃,2h	≤30mg/L	
			重金（以Pb计）	4%乙酸,60℃,2h	≤1mg/L	
			脱色试验	浸泡液	阴性	
				冷餐油或无色油脂	阴性	
				乙醇	阴性	
			高锰酸钾消耗量	水,60℃,2h	10mg/L	
11	三聚氰胺成型品	GB 9690-2009 食品包装用三聚氰胺成型品卫生标准	蒸发残渣	水,60℃,2h	≤2mg/dm^2	GB/T 5009.61-2003
			高锰酸钾消耗量	水,60℃,2h	≤2mg/dm^2	
			甲醛	4%乙酸,60℃,2h	≤2.5mg/dm^2	
			重金（以Pb计）	4%乙酸,60℃,2h	≤0.2mg/dm^2	
			脱色试验	浸泡液	阴性	
				冷餐油或无色油脂	阴性	
				65%乙醇	阴性	
			三聚氰胺	4%乙酸,60℃,2h	≤0.2mg/dm^2	GB/T 23296.15-2009

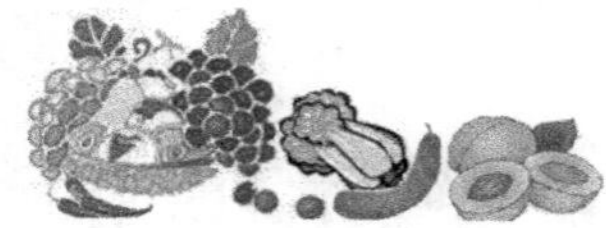

续表

序号	类别	标准号	项目		限量要求	测试方法
12	聚乙烯树脂	GB 9691-1988 食品包装用聚乙烯树脂卫生标准	干燥失重		≤0.15%	GB/T 5009.58-2003
			灼烧残渣		≤0.20%	
			正己烷提取物		≤2.00%	
13	聚苯乙烯树脂	GB 9692-1988 食品包装用聚苯乙烯树脂卫生标准	干燥失重		≤0.2%	GB/T 5009.59-2003
			挥发物		≤1.0%	
			苯乙烯		≤0.5%	
			乙苯		≤0.3%	
			正己烷提取物		≤1.5%	
14	聚丙烯树脂	GB 9693-1988 食品包装用聚丙烯树脂卫生标准	正己烷提取物		≤2%	GB/T 5009.71-2003
15	有机硅防粘涂料	GB 11676-1989 食品容器有机硅防粘涂料卫生标准	蒸发残渣	水,煮沸,30min	≤30mg/L	GB/T 5009.60-2003
				4%乙酸,60℃,2h		
				正己烷,20℃,2h		
			高锰酸钾消耗量	水,煮沸,30min	≤10mg/L	
			重金(以Pb计)	4%乙酸,60℃,2h	≤1mg/L	
16	水基改性环氧易拉罐内壁涂料	GB 11677-1989 水基改性环氧易拉罐内壁涂料卫生标准	蒸发残渣	水,95℃,30min	≤30mg/L	GB/T 5009.60-2003
				4%乙酸,60℃,30min		
				20%乙醇,60℃,30min		
			高锰酸钾消耗量	水,95℃,30min	≤10mg/L	GB/T 5009.69-2008
			游离(以苯酚计)	水,95℃,30min	≤0.1mg/L	
			甲醛		涂料:≤1.0%	
			游离甲醛	水,95℃,30min	≤0.1mg/L	
			重金(以Pb计)	4%乙酸,60℃,30min	≤1.0mg/L	GB/T 5009.60-2003
17	聚四氟乙烯涂料	GB 11678-1989 食品容器内壁聚四氟乙烯涂料卫生标准	蒸发残渣	水,煮沸 30min,室温放置 24h	≤30mg/L	GB/T 5009.60-2003
				4%乙酸,煮沸 30min,室温放置 24h	≤60mg/L	
				正己烷,室温,24h	≤30mg/L	
			高锰酸钾消耗量	水,煮沸 30min,室温放置 24h	≤10mg/L	
			铬(Cr)	4%乙酸,煮沸 30min,室温放置 24h	≤0.01mg/L	GB 11681-1989
			氟(F)	水,煮沸 30min,室温放置 24h	≤0.2mg/L	GB/T 5009.18-2003

续表

<table>
<tr><th>序号</th><th>类别</th><th>标准号</th><th colspan="2">项目</th><th>限量要求</th><th>测试方法</th></tr>
<tr><td rowspan="11">18</td><td rowspan="11">聚对苯二甲酸乙二醇酯成型品</td><td rowspan="11">GB 13113-1991 食品容器及包装材料用聚对苯二甲酸乙二醇酯成型品卫生标准</td><td rowspan="4">蒸发残渣</td><td>水,60℃,30min</td><td rowspan="4">≤30mg/L</td><td rowspan="6">GB/T 5009.60-2003</td></tr>
<tr><td>4%乙酸,60℃,30min</td></tr>
<tr><td>65%乙醇,室温,1h</td></tr>
<tr><td>正己烷,室温,1h</td></tr>
<tr><td>高锰酸钾消耗量</td><td>水,60℃,30min</td><td>≤10mg/L</td></tr>
<tr><td>重金(以Pb计)</td><td>4%乙酸,60℃,30min</td><td>≤1.0mg/L</td></tr>
<tr><td>锑(Sb)</td><td>4%乙酸,60℃,30min</td><td>≤0.05mg/L</td><td>GB/T 5009.101-2003</td></tr>
<tr><td rowspan="3">脱色试验</td><td>浸泡液</td><td>阴性</td><td rowspan="3">GB/T 5009.60-2003</td></tr>
<tr><td>冷餐油或无色油脂</td><td>阴性</td></tr>
<tr><td>乙醇</td><td>阴性</td></tr>
<tr style="display:none"></tr>
<tr><td rowspan="6">19</td><td rowspan="6">聚对苯二甲酸乙二醇酯树脂</td><td rowspan="6">GB 13114-1991 食品容器及包装材料用聚对苯二甲酸乙二醇酯树脂卫生标准</td><td colspan="2">铅(Pb)</td><td>≤1mg/kg</td><td>GB/T 5009.12-2003</td></tr>
<tr><td colspan="2">锑(Sb)</td><td>≤1.5mg/kg</td><td>GB/T 5009.101-2003</td></tr>
<tr><td rowspan="4">提取物</td><td>水,回流,30min</td><td rowspan="4">≤0.5%</td><td rowspan="4">GB/T 5009.58-2003</td></tr>
<tr><td>65%乙醇,回流,2h</td></tr>
<tr><td>4%乙酸,回流,30min</td></tr>
<tr><td>正己烷,回流,1h</td></tr>
<tr><td rowspan="7">20</td><td rowspan="7">不饱和聚酯树脂及其玻璃钢制品</td><td rowspan="7">GB 13115-1991 食品容器及包装材料用不饱和聚酯树脂及其玻璃钢制品卫生标准</td><td rowspan="3">蒸发残渣</td><td>65%乙醇,室温,2h</td><td rowspan="3">≤30mg/L</td><td rowspan="5">GB/T 5009.60-2003</td></tr>
<tr><td>4%乙酸,60℃,2h</td></tr>
<tr><td>正己烷,室温,2h</td></tr>
<tr><td>高锰酸钾消耗量</td><td>水,60℃,2h</td><td>≤10mg/L</td></tr>
<tr><td>重金(以Pb计)</td><td>4%乙酸,60℃,2h</td><td>≤1.0mg/L</td></tr>
<tr><td colspan="2" rowspan="2">乙苯类化合物(以苯乙烯计)</td><td>树脂模板:≤0.2%</td><td rowspan="2">GB/T 5009.98-2003</td></tr>
<tr><td>玻璃钢制品:≤0.1%</td></tr>
<tr><td rowspan="7">21</td><td rowspan="7">聚碳酸酯树脂</td><td rowspan="7">GB 13116-1991 食品容器及包装材料用聚碳酸酯树脂卫生标准</td><td rowspan="4">提取物</td><td>水,回流,6h</td><td rowspan="4">≤15mg/L</td><td rowspan="4">GB/T 5009.99-2003</td></tr>
<tr><td>20%乙醇,回流,6h</td></tr>
<tr><td>4%乙酸,回流,6h</td></tr>
<tr><td>正己烷,回流,6h</td></tr>
<tr><td>高锰酸钾消耗量</td><td>水,回流,6h</td><td>≤10mg/L</td><td rowspan="2">GB/T 5009.60-2003</td></tr>
<tr><td>重金(以Pb计)</td><td>4%乙酸,回流,6h</td><td>≤1.0mg/L</td></tr>
<tr><td>酚</td><td>水,回流,6h</td><td>≤0.05mg/L</td><td>GB/T 5009.69-2008</td></tr>
</table>

续表

序号	类别	标准号	项目		限量要求	测试方法
22	聚碳酸酯成型品	GB 14942-1994 食品容器、包装材料用聚碳酸酯成型品卫生标准	蒸发残渣	水,95℃,6h	≤30mg/L	GB/T 5009.60-2003
				20%乙醇,95℃,6h		
				4%乙酸,95℃,6h		
				正己烷,20℃,6h		
			高锰酸钾消耗量	水,95℃,6h	≤10mg/L	
			重金(以 Pb 计)	4%乙酸,95℃,6h	≤1mg/L	
			酚	水,95℃,6h	≤0.05mg/L	GB/T 5009.69-2008
			脱色试验	浸泡液	阴性	GB/T 5009.60-2003
				冷餐油或无色油脂	阴性	
				乙醇	阴性	
23	聚氯乙烯瓶盖垫片及粒料	GB 14944-1994 食品包装用聚氯乙烯瓶盖垫片及粒料卫生标准	蒸发残渣	水,60℃,30min	垫片:≤30mg/L	GB/T 5009.60-2003;GB/T 5009.67-2003
				20%乙醇,60℃,30min	垫片:≤30mg/L	
				4%乙酸,60℃,30min	垫片:≤30mg/L	
					粒料:≤0.10%	
				65%乙醇,60℃,30min	垫片:≤30mg/L	
			高锰酸钾消耗量	水,60℃,30min	垫片:≤10mg/L	
					粒料:≤10mg/L	
			重金(以 Pb 计)	4%乙酸,60℃,30min	垫片:≤1.0mg/L	
			氯乙烯单体残留量		垫片:≤1.0mg/L	
					粒料:≤1.0mg/L	
24	偏氯乙烯-氯乙烯共聚树脂	GB 15204-1994 食品容器、包装材料用偏氯乙烯-氯乙烯共聚树脂卫生标准	偏氯乙烯单体残留量		≤10mg/L	GB/T 5009.122-2003
			氯乙烯单体残留量		≤2mg/L	
25	尼龙 6 树脂	GB 16331-1996 食品包装材料用尼龙 6 树脂卫生标准	己内酰胺	水,煮沸 1h,放置室温	≤150mg/L	GB/T 5009.125-2003
26	尼龙成型品	GB 16332-1996 食品包装材料用尼龙成型品卫生标准	己内酰胺	水,煮沸 1h,放置室温	≤15mg/L	GB/T5009.125-2003
			蒸发残渣	水,60℃,30min	≤30mg/L	GB/T 5009.60-2003
				20%乙醇,60℃,30min		
				4%乙酸,60℃,30min		
				正己烷,室温,1h		
			高锰酸钾消耗量	水,60℃,30min	≤10mg/L	
			重金(以 Pb 计)	4%乙酸,60℃,30min	≤1.0mg/L	
			脱色试验	浸泡液	阴性	
				冷餐油或无色油脂	阴性	
				乙醇	阴性	

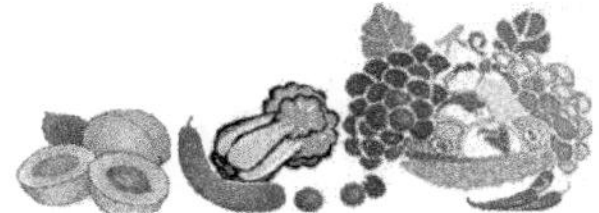

续表

序号	类别	标准号	项目		限量要求	测试方法
27	橡胶改性的丙烯腈-丁二烯-苯乙烯成型品	GB 17326-1998 食品容器、包装材料用橡胶改性的丙烯腈-丁二烯-苯乙烯成型品卫生标准	蒸发残渣	水,60℃,6h	≤15mg/L	GB/T 5009.60-2003
				20%乙醇,60℃,6h		
				4%乙酸,60℃,6h		
				正己烷,室温,6h		
			高锰酸钾消耗量	水,60℃,6h	≤10mg/L	
			重金(以 Pb 计)	4%乙酸,60℃,6h	≤1.0mg/L	
			丙烯腈单体		≤11mg/kg	GB/T 5009.152-2003
28	丙烯腈-苯乙烯成型品	GB 17327-1998 食品容器、包装材料用丙烯腈-苯乙烯成型品卫生标准	蒸发残渣	水,60℃,6h	≤15mg/L	GB/T 5009.60-2003
				20%乙醇,60℃,6h		
				4%乙酸,60℃,6h		
				正己烷,室温,6h		
			高锰酸钾消耗量	水,60℃,6h	≤10mg/L	
			重金(以 Pb 计)	4%乙酸,60℃,6h	≤1.0mg/L	
			丙烯腈单体		≤50mg/kg	GB/T 5009.152-2003
29	复合食品包装袋	GB 9683-1988 复合食品包装袋卫生标准	蒸发残渣	4%乙酸,60℃,2h(或120℃,40min)	≤30mg/L	GB/T 5009.60-2003
				65%乙醇,室温,2h		
				正己烷,室温,2h		
			高锰酸钾消耗量	水,60℃,2h(或 120℃,40min)	≤10mg/L	
			重金(以 Pb 计)	4%乙酸,60℃,2h(或 120℃,40min)	≤1mg/L	
			甲苯二胺	4%乙酸,60℃,2h(或 120℃,40min)	≤0.004mg/L	GB/T 5009.119-2003
30	原纸	GB 11680-1989 食品包装用原纸卫生标准	铅(以 Pb 计)		≤5.0mg/kg	GB/T 5009.78-2003
			砷(以 As 计)		≤1.0mg/kg	
			荧光性物质 254nm 及 365nm		合格	
			脱色试验	水	阴性	
				正己烷		
			大肠菌群		<30 MPN/100g	
			致病菌(是指肠道致病菌、致病性球菌)		不得检出	

续表

序号	类别	标准号	项目		限量要求	测试方法
31	内壁环氧酚醛涂料	GB 4805-1994 食品罐头内壁环氧酚醛涂料卫生标准	游离酚		酚醛树脂:≤10%	GB/T 5009.69-2008;GB/T 5009.60-2003
					环氧酚醛涂料:≤3.5%	
			游离酚	水,95℃,30min	涂膜:≤0.1mg/L	
			游离甲醛	水,95℃,30min		
			蒸发残渣	水,95℃,30min	涂膜:≤30mg/L	
				4%乙酸,60℃,30min		
				20%乙醇,60℃,30min		
				正己烷,37℃,2h		
				水,95℃,30min	涂膜:≤10mg/L	
32	玻璃纤维增强不饱和聚酯树脂	GB/T 14354-1993 玻璃纤维增强不饱和聚酯树脂食品容器	蒸发残渣	65%乙醇,室温,2h	≤30mg/L	GB/T 5009.98-2003
				4%乙酸,60℃,2h		
				正己烷,室温,2h		
			高锰酸钾消耗量	水,60℃,2h	≤10mg/L	
			重金(以Pb计)	4%乙酸,60℃,2h	≤1mg/L	
			苯乙烯残余量		≤0.1%	
33	纤维素类制品	GB 19305-2003 植物纤维类食品容器卫生标准	荧光性物质(254nm及365nm)		合格	GB/T 3561
			脱色试验	浸泡液	阴性	GB/T 5009.60-2003
				冷餐油或无色油脂		
				乙醇		
			大肠菌群(个/$50cm^2$)		不得检出	GB/T 14934
			霉菌(cfu/g)		50	GB/T 4789.15
			致病菌(是指肠道致病菌、致病性球菌)		不得检出	GB/T4789.4,5,10,11
			蒸发残渣	水,60℃,2h	≤30mg/L	GB/T 5009.203-2003;GB/T 5009.60-2003
				65%乙醇,20℃,2h		
				4%乙酸,60℃,2h		
				正己烷,20℃,2h		
			高锰酸钾消耗量	水,60℃,2h	≤30mg/L(纤维板膜塑)	GB/T 5009.60-2003
				水,60℃,2h	≤40mg/L(纤维浆膜塑)	
			重金属(以Pb计)	4%乙酸,60℃,2h	≤1mg/L	

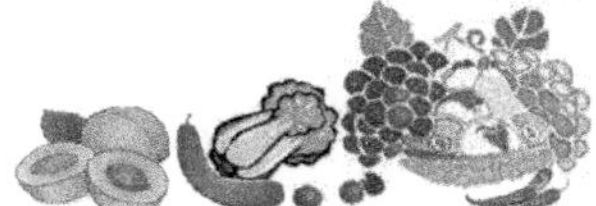

续表

序号	类别	标准号	项目		限量要求	测试方法
34	铝制品	GB 11333-1989 铝制食具容器卫生标准	铅(以Pb计)	加入沸腾4%乙酸,室温放置24h	精铝:≤0.2mg/L;	GB/T 5009.72-2003
					回收铝:≤5.0mg/L	
			镉(以Cd计)		≤0.02mg/L	
			砷(以As计)		≤0.04mg/L	
			锌(以Zn计)		≤1mg/L	
35	不锈钢	GB9684-2011 与食品接触不锈钢部分理化指标	铅(以Pb计)	加入沸腾4%乙酸,煮沸30min,室温放置24h	奥氏体:≤0.01mg/dm^2	GB/T 5009.81-2003
					马氏体:≤0.01mg/dm^2	
			镍(以Ni计)		奥氏体:≤0.4mg/dm^2	
					马氏体:≤0.4mg/dm^2	
			镉(以Cd计)		奥氏体:≤0.005mg/dm^2	
					马氏体:≤0.005mg/dm^2	
			砷(以As计)		奥氏体:≤0.008mg/dm^2	
					马氏体:≤0.008mg/dm^2	
			铬(以Cr计)		奥氏体:≤0.4mg/dm^2	
36	玻璃制品	GB19778-2005 包装玻璃容器 铅、镉、砷、锑溶出允许限量	铅溶出量	耐热玻璃:4%乙酸,98℃,2h;一般玻璃:4%乙酸,22℃,24h	扁平容器≤0.8mg/dm^2	SN/T 2829-2010
					小容器≤1.5mg/L	
					大容器≤0.75mg/L	
					储存罐≤0.5mg/L	
			镉溶出量	耐热玻璃:4%乙酸,98℃,2h;一般玻璃:4%乙酸,22℃,24h	扁平容器≤0.07mg/dm^2	
					小容器≤0.5mg/L	
					大容器≤0.25mg/L	
					储存罐≤0.25mg/L	
			砷溶出量	耐热玻璃:4%乙酸,98℃,2h;一般玻璃:4%乙酸,22℃,24h	扁平容器≤0.07mg/dm^2	
					小容器≤0.2mg/L	
					大容器≤0.2mg/L	
					储存罐≤0.15mg/L	
			锑溶出量	耐热玻璃:4%乙酸,98℃,2h;一般玻璃:4%乙酸,22℃,24h	扁平容器≤0.7mg/dm^2	
					小容器≤1.2mg/L	
					大容器≤0.7mg/L	
					储存罐≤0.5mg/L	

续表

序号	类别	标准号	项目		限量要求	测试方法
37	陶瓷制品	GB 12651-2003 与食物接触的陶瓷制品铅、镉溶出量允许极限	铅	4%乙酸,22℃,24h(非特殊装饰产品)	扁平制品:≤5.0mg/L	GB/T 3534-2002
					除杯类以外的小空心制品:≤2.0mg/L	
					杯类:≤0.50mg/L	
					除罐类以外的大空心制品:≤1.0mg/L	
					罐类:≤0.50mg/L	
				4%乙酸,22℃,24h(特殊装饰产品)	扁平制品:≤7.0mg/L	
					除杯类以外的小空心制品:≤5.0mg/L	
					杯类:≤2.5mg/L	
					除罐类以外的大空心制品:≤2.5mg/L	
					罐类:≤1.0mg/L	
			镉	4%乙酸,22℃,24h(非特殊装饰产品)	扁平制品:≤0.50mg/L	
					除杯类以外的小空心制品:≤0.30mg/L	
					杯类:≤0.25mg/L	
					除罐类以外的大空心制品:≤0.25mg/L	
					罐类:≤0.25mg/L	
				4%乙酸,22℃,24h(特殊装饰产品)	扁平制品:≤0.50mg/L	
					除杯类以外的小空心制品:≤0.50mg/L	
					杯类:≤0.25mg/L	
					除罐类以外的大空心制品:≤0.25mg/L	
					罐类:≤0.25mg/L	
		GB 13121-1991 陶瓷食具容器卫生标准	铅	加入沸腾4%乙酸,室温放置24h	≤7mg/L	GB/T 5009.62-2003
			镉		≤0.5mg/L	
		GB 14147-1993 陶瓷包装容器溶出量允许极限	铅	4%乙酸,22℃,24h	≤1.0mg/L	GB/T 3534-2002
			镉	4%乙酸,22℃,24h	≤0.10mg/L	
38	搪瓷制品	GB 4804-1994 搪瓷食具容器卫生标准	铅	加入沸腾4%乙酸,室温放置24h	≤1.0mg/L	GB/T 5009.63-2003
			镉		≤0.5mg/L	
			锑		≤0.7mg/L	

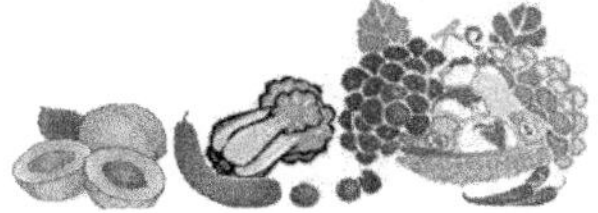

续表

序号	类别	标准号	项目		限量要求	测试方法
39	橡胶奶嘴制品	GB 4806.2-1994 橡胶奶嘴卫生标准	蒸发残渣	4%乙酸,60℃,2h	≤120mg/L	GB/T 5009.60-2003
				水,60℃,2h	≤30mg/L	
			高锰酸钾消耗量	水,60℃,2h	≤30mg/L	
			锌(Zn)	4%乙酸,60℃,2h	≤30mg/L	GB/T 5009.64-2003
			重金(以 Pb 计)	4%乙酸,60℃,2h	≤1.0mg/L	
40	木制品	GB 9790-2005 一次性筷子(第一部分:木筷;第二部分:竹筷)	大肠菌群(MPN/50cm²)		不得检出	GB 4789.3-2003
			致病菌(是指肠道致病菌、致病性球菌)		不得检出	GB 4789.4-2003
			霉菌(cfu/g)		≤50	GB 4789.15-2003
			二氧化硫浸出量		≤600mg/kg	GB/T 5009.34-2003
			噻苯咪唑		≤10mg/kg	GB 19790.2-2005
			邻苯基苯酚		≤10mg/kg	GB 19790.2-2005
			抑霉唑		≤10mg/kg	GB 19790.2-2005
			联苯		≤10mg/kg	GB 19790.2-2005

2. 欧盟食品接触材料卫生标准

序号	类别	标准号	项目		限量要求	测试方法
1	所有塑料	(EU)No 10/2011	总迁移量	10%乙醇	≤10mg/dm²(或60mg/kg)	82/711/EEC; 85/572/EEC; EN 1186-1~15:2002
				3%乙酸	≤10mg/dm²(或60mg/kg)	
				20%乙醇	≤10mg/dm²(或60mg/kg)	
				50%乙醇	≤10mg/dm²(或60mg/kg)	
				橄榄油	≤10mg/dm²(或60mg/kg)	
				聚2,6-二苯基对苯醚	≤10mg/dm²(或60mg/kg)	
2	深颜色塑料制品、黑色聚酰胺(尼龙)制品、食品复合包装袋	(EU)No 10/2011	芳香族伯胺迁移量		所有芳香族伯胺总量不得检出 (检测低限:0.01mg/kg)	EN 13130-1:2004; LC-MS 或 GC-MS

续表

序号	类别	标准号	项目	限量要求	测试方法
3	聚氯乙烯塑料制品(PVC),盖子垫片、垫圈(接后)	(EU)No 10/2011	氯乙烯单体含量	≤1mg/kg	80/766/EEC
			氯乙烯单体迁移量	不得检出(检测低限:0.01mg/kg)	EN 13130-1:2004;81/432/EEC
			DEHP 含量	≤0.1%	GC 或 GC-MS
			DEHP 迁移量	≤1.5mg/kg	EN 13130-1:2004;GC 或 GC-MS
			DBP 含量	≤0.05%	GC 或 GC-MS
			DBP 迁移量	≤0.3mg/kg	EN 13130-1:2004;GC 或 GC-MS
			DINP 含量	≤0.1%	GC 或 GC-MS
			DINP 迁移量	≤9mg/kg	EN 13130-1:2004;GC 或 GC-MS
			DIDP 含量	≤0.1%	GC 或 GC-MS
			DIDP 迁移量	≤9mg/kg	EN 13130-1:2004;GC 或 GC-MS
			BBP 含量	≤0.1%	GC 或 GC-MS
			BBP 迁移量	≤30mg/kg	EN 13130-1:2004;GC 或 GC-MS
			DNDP+DNOP 迁移量	≤5mg/kg	EN 13130-1:2004;GC 或 GC-MS
			DEHA (bis-(2-ethylhexyl) adipate) 迁移量	≤18mg/kg	EN 13130-1:2004;GC 或 GC-MS
4	丙烯腈-丁二烯-苯乙烯塑料制品(ABS)	(EU)No 10/2011	丁二烯迁移量	不得检出(检测低限:0.02mg/kg)	EN 13130-1:2004;EN 13130-15:2005
			丙烯腈迁移量	不得检出(检测低限:0.02mg/kg)	EN 13130-1:2004;EN 13130-3:2004
5	三聚氰胺塑料制品	(EU)No 10/2011	三聚氰胺(2,4,6-三氨基-1,3,5-三嗪)迁移量	≤30mg/kg	EN 13130-1:2004;EN 13130-27:2005
			甲醛迁移量	≤15mg/kg	EN 13130-1:2004;EN 13130-23:2005
6	聚碳酸酯塑料制品	(EU)No 10/2011	双酚 A 迁移量	≤0.6mg/kg	EN 13130-1:2004;EN 13130-13:2005
7	聚酰胺塑料制品(尼龙)	(EU)No 10/2011	己内酰胺迁移量	≤15mg/kg	EN 13130-1:2004;EN 13130-16:2005

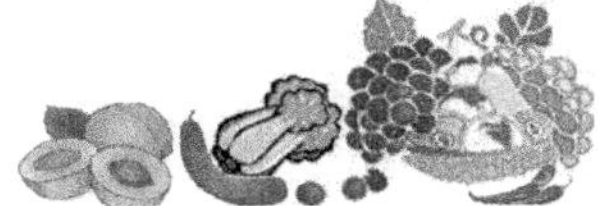

续表

序号	类别	标准号	项目		限量要求	测试方法
8	环氧衍生物类涂层	1895/2005/EC	BADGE、BADGE. H2O、BADGE. 2H2O 总迁移量		≤9mg/kg 或 9mg/6dm²	EN 13130-1:2004; 82/711/EEC; EN 15136-2006; EN 15137-2006
			BADGE. HCl、BADGE. 2HCl、BADGE. H2O. HCl 总迁移限量		≤1mg/kg 或 1mg/6dm²	
			BFDGE,NOGE 及其衍生物迁移量		不得检出	
9	人造橡胶和橡胶奶嘴	93/11/EEC	N-亚硝胺总迁移量		≤0. 01mg/kg	93/11/EEC
			N-亚硝胺可生成物总量		≤0. 1mg/kg	
10	再生性纤维素薄膜	2007/42/EC	二甘醇迁移量		总量:≤30mg/kg(食品中)	EN 13130-1:2004; EN 13130-7:2004
			单乙二醇迁移量			
11	产品用色粉、染料	91/388/EEC	镉含量		≤100mg/kg	AAS/ICP
12	陶瓷制品	84/500/EEC	不可灌注的;或可灌注的、内部由最低点至外缘水平线的高度长不超过 25mm 的食品用陶瓷碟、盘、制品			84/500/EEC; 2005/31/EEC
			铅	4%乙酸,室温,24h	≤0. 8mg/dm²	
			镉		≤0. 07mg/dm²	
			可灌注的食品用陶瓷碗、杯、瓶等容器			
			铅	4%乙酸,室温,24h	≤4mg/L	
			镉		≤0. 3mg/L	
			食品用陶瓷烹调器皿;容积大于 3L 的包装和容器			
			铅	4%乙酸,室温,24h	≤1. 5mg/dm²	
			镉		≤0. 1mg/dm²	
13	纸和纸板	2004/1935/EC; Resolution ResAP (2002)1	镉		≤0. 002mg/dm²	DDENV12498-1998
			铅		≤0. 003mg/dm²	DDENV12498-1998
			汞		≤0. 002mg/dm²	DDENV12497-1998
			五氯苯酚		≤0. 15mg/kg 纸和纸板	EPA 3540C
			甲醛		≤15mg/kg	BS EN 1541-2001
14	盖子中的垫片	欧盟委员会指令 372/2007/EC	大豆油(ESBO)迁移量		脂类食品或食品模拟物: ≤300mg/kg 或 ≤50mg/dm²; 其他食品或食品模拟物: ≤60mg/kg 或 ≤10mg/dm²	85/572/EEC
			脂肪酸单、双甘油酯迁移量			
			聚酯己二酸迁移量			
			三丁酯乙酰柠檬酸迁移量			
			甘油单月桂酸酯迁移量			
			12-(乙酰氧基)硬脂酸迁移量			

续表

序号	类别	标准号	项目	限量要求	测试方法
15	全氟辛烷磺酸有机涂层(烹饪用)	2006/122/EC	苯酚迁移量	≤0.05mg/dm^2	EN 13130-1:2004;LC
			甲醛迁移量	≤15mg/dm^2	EN 13130-1:2004;LC
			芳香胺迁移量	≤0.01mg/dm^2	EN 13130-1:2004;GC-MS
			六价铬迁移量	≤0.02mg/L	EN 13130-1:2004;IC
			三价铬迁移量	≤0.02mg/L	EN 13130-1:2004;IC
			PFOA 迁移量(全氟辛酸及其含铵的盐类)	≤0.005mg/dm^2	EN 13130-1:2004;GC-MS
			PFOS 迁移量(全氟辛烷磺酸及相关全氟辛烷磺酰基化合物的统称)	≤1μg/m^2	EN 13130-1:2004;GC-MS
16	硅橡胶	AP(2004)5	总迁移量	≤60mg/kg	EN 1186-1～15:2002
17	木制品	1935/2004/EC	防腐剂 PCP、砷 As	不得检出	BS5666

3. 美国食品接触材料卫生标准

序号	类别	标准号	项目		限量要求	测试方法
1	聚苯乙烯、橡胶改性聚苯乙烯(PS)	CFR 177.1640	苯乙烯单体含量		不接触油性食品:≤1%	CFR 177.1640
					接触油性食品:≤0.5%	
					橡胶改性聚苯乙烯:≤0.5%	
2	丙烯腈-丁二烯-苯乙烯塑料制品(ABS)	CFR 177.1020	丙烯腈单体含量		11mg/kg	CFR 177.1020
			丙烯腈单体迁移量	蒸馏水	≤0.0015mg/inch^2	
				3%乙酸		
			非挥发性提取物	蒸馏水	≤0.0005mg/inch^2	
				3%乙酸		
3	丙烯腈共聚物和树脂	CFR 181.32	丙烯腈单体迁移含量	蒸馏水	≤0.003mg/inch^2(单次使用,容积面积比为 10mL:inch^2); ≤0.3mg/kg(单次使用,容积面积比<10mL:inch^2); ≤0.003mg/inch^2(重复使用)	CFR 181.32
				3%乙酸		
				50%乙醇		
				正己烷		
4	聚丙烯制品	CFR 177.1520	正己烷提取物		≤6.4%	CFR 177.1520
			二甲苯提取物		≤9.8%	
5	聚乙烯制品(非烹调时包装和支撑用途)	CFR 177.1520	正己烷提取物		≤5.5%	CFR 177.1520
			二甲苯提取物		≤11.3%	
6	聚乙烯制品(烹调过程中包装和支撑通途)	CFR 177.1520	正己烷提取物		≤2.6%	CFR 177.1520
			二甲苯提取物		≤11.3%	

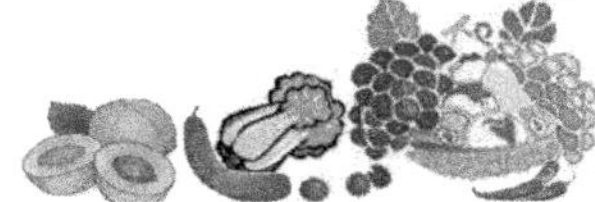

续表

序号	类别	标准号	项目	限量要求	测试方法
7	聚乙烯聚合物	CFR 177.1520	正己烷提取物	≤0.45%	CFR 177.1520
			二甲苯提取物	≤1.8%	
8	聚碳酸酯树脂	CFR 177.1580	蒸馏水提取物	≤0.15%	CFR 177.1580
			50%乙醇提取物	≤0.15%	
			正庚烷提取物	≤0.15%	
9	橡胶制品（重复使用并接触水性食品）	CFR 177.2600	蒸馏水总提取物（回流 7hours）	≤20mg/inch²	CFR 177.2600
			蒸馏水总提取物（初回流 hours 后，再回流 2hours）	≤1mg/inch²	
10	橡胶制品（重复使用并接触脂类食品）	CFR 177.2600	正己烷总提取物（回流 7 hours）	≤175mg/inch²	CFR 177.2600
			正己烷总提取物（初回流 7hours 后再回流 2 hours）	≤4mg/inch²	
11	三聚氰胺一甲醛树脂制品	CFR 177.1460	氯仿提取物：蒸馏水	≤0.5mg/inch²	CFR 175.300
			氯仿提取物：8%乙醇		
			氯仿提取物：正庚烷		
12	包装物	美国公示法案-包装中毒物	铅＋汞＋镉＋六价铬总含量	≤100mg/kg	AAS/ICP
13	产品表面涂层、油漆	CFR 1303	铅含量	≤0.06%	AAS/ICP
14	陶瓷制品	FDA CPG 7117.06、FDA CPG 7117.07	扁平器皿		ASTM C-738-94；ASTM C-927-80
			铅　4%乙酸，室温，24h	≤3mg/L	
			镉　4%乙酸，室温，24h	≤0.5mg/L	
			小空心器皿（杯和马克杯除外）		
			铅　4%乙酸，室温，24h	≤2mg/L	
			镉　4%乙酸，室温，24h	≤0.5mg/L	
			大空心器皿（水罐除外）		
			铅　4%乙酸，室温，24h	≤1mg/L	
			镉　4%乙酸，室温，24h	≤0.25mg/L	
			杯和马克杯		
			铅　4%乙酸，室温，24h	≤0.5mg/L	
			镉　4%乙酸，室温，24h	≤0.5mg/L	
			水罐		
			铅　4%乙酸，室温，24h	≤0.5mg/L	
			镉　4%乙酸，室温，24h	≤0.25mg/L	

续表

序号	类别	标准号	项目		限量要求	测试方法
15	纸和纸板	CFR 176.170	总迁移量	水	≤0.5mg/inch²	CFR 176.170
				8%乙醇		
				50%乙醇		
				正庚烷		
16	树脂和聚合物涂料	CFR 175.300	总迁移量		容积不超过1加仑且一次性使用：≤0.5mg/in²	CFR 175.300
					容积超过1加仑且一次性使用：≤1.8mg/in²	
					可以反复使用的容器：≤18mg/in²	
					涂层不是容器组成部分，且可以反复使用：≤18mg/in²	
17	液体增速密封橡胶垫圈	CFR 177.1210	氯仿提取物	水	≤50ppm	CFR 177.1210
				正庚烷	≤500ppm	
				乙醇	≤50ppm	
18	非硫化型橡胶垫圈	CFR 177.1210	氯仿提取物	水	≤50ppm	CFR 177.1210
				正庚烷	≤250ppm	
				乙醇	≤50ppm	
19	硫化型橡胶垫圈	CFR 177.1210	氯仿提取物	水	≤50ppm	CFR 177.1210
				正庚烷	≤50ppm	
				乙醇	≤50ppm	
20	有涂层的纸塑料金属膜	CFR 177.1210	氯仿提取物	水	≤50ppm	CFR 177.1210
				正庚烷	≤250ppm	
				乙醇	≤50ppm	

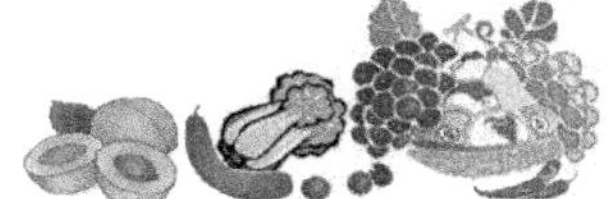

续表

序号	类别	标准号	项目		限量要求	测试方法
21	PET	CFR 177.1630	氯仿提取物	接触非酒精饮料类食品		CFR 177.1630
				水	≤0.5mg/in^2	
				正庚烷	≤0.5mg/in^2	
				接触酒精饮料(不超过50%)		
				水	≤0.5mg/in^2	
				正庚烷	≤0.5mg/in^2	
				乙醇	≤0.5mg/in^2	
				烘烤烹调食品(不超过250F)		
				水	≤0.02mg/in^2	
				正庚烷	≤0.02mg/in^2	
				接触干食品，散装食品以及不超过50%的酒精饮料		
				水	≤0.2mg/in^2	
				正庚烷	≤0.2mg/in^2	
				乙醇	≤0.2mg/in^2	
				接触含量不超过95%的酒精饮料		
				水	≤0.5mg/in^2	
				正庚烷	≤0.5mg/in^2	
				乙醇(容积>50mL)	≤0.005mg/in^2	
				乙醇(容积<50mL)	≤0.05mg/in^2	

4. 陶瓷、玻璃类食品接触材料ISO标准

序号	类别	标准号	项目		限量要求	测试方法
1	盘、碟	ISO 6486-2 与食品接触的陶瓷器皿、玻璃餐具中铅、镉释放量	铅	4%乙酸，常温，24h	≤0.8mg/dm^2	ISO 6486-1
			镉		≤0.07mg/dm^2	
	小空心容器		铅		≤2mg/L	
			镉		≤0.5mg/L	
	大空心容器		铅		≤1mg/L	
			镉		≤0.25mg/L	
	储存罐		铅		≤0.5mg/L	
			镉		≤0.25mg/L	
	杯		铅		≤0.5mg/L	
			镉		≤0.25mg/L	
	烹调用器具		铅		≤0.5mg/L	
			镉		≤0.05mg/L	

5. 日本与食品接触制品主要标准

序号	类别	标准号	项目		限量要求	测试方法
1	酚树脂、三聚氰胺、聚尿素树脂制品	日本《食品卫生法》	铅		100μg/g	日本厚生省告示第370号
			镉		100μg/g	
			甲醛	水,60℃,30min:	阴性	
			苯酚	水,60℃,30min:	≤5μg/mL	
			蒸发残渣	正庚烷,25℃,1h	≤30μg/mL	
				20%乙醇,60℃,30min	≤30μg/mL	
				4%乙酸,60℃,30min	≤30μg/mL	
				水,60℃,30min	≤30μg/mL	
			重金属(以Pb计)	4%乙酸,60℃,30min	≤1μg/mL	
2	甲醛合成树脂制品	日本《食品卫生法》	铅	100μg/g		日本厚生省告示第370号
			镉	100μg/g		
			蒸发残渣	正庚烷,25℃,1h	≤30μg/mL	
				20%乙醇,60℃,30min	≤30μg/mL	
				4%乙酸,60℃,30min	≤30μg/mL	
				水,60℃,30min	≤30μg/mL	
			重金属(以Pb计)	4%乙酸,60℃,30min	≤1μg/mL	
			高锰酸钾消耗量	水,60℃,30min	≤10μg/mL	
			甲醛	水,60℃,30min	阴性	
3	聚氯乙烯制品(PVC)	日本《食品卫生法》	铅	100μg/g		日本厚生省告示第370号
			镉	100μg/g		
			蒸发残渣	正庚烷,25℃,1h	≤150μg/mL	
				20%乙醇,60℃,30min	≤30μg/mL	
				4%乙酸,60℃,30min	≤30μg/mL	
				水,60℃,30min	≤30μg/mL	
			重金属(以Pb计)	4%乙酸,60℃,30min	≤1μg/mL	
			高锰酸钾消耗量	水,60℃,30min	≤10μg/mL	
			DEHA(己二酸二(2-乙基)己酯)(适用于包装脂类食品的制品)		不得检出	
			氯乙烯单体(仅适用于餐厨具制品)		≤1.0μg/g	
			二丁锡(以二丁基锡氯计)(仅适用于餐厨具制品)		≤50μg/g	
			磷酸甲苯酯类(仅适用于餐厨具制品)		≤1mg/g	

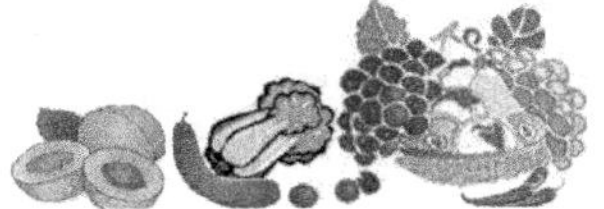

续表

<table>
<tr><th>序号</th><th>类别</th><th>标准号</th><th colspan="2">项目</th><th>限量要求</th><th>测试方法</th></tr>
<tr><td rowspan="10">4</td><td rowspan="10">聚丙烯、聚乙烯制品</td><td rowspan="10">日本《食品卫生法》</td><td>铅</td><td colspan="2">100μg/g 样品</td><td rowspan="10">日本厚生省告示第370号</td></tr>
<tr><td>镉</td><td colspan="2">100μg/g 样品</td></tr>
<tr><td rowspan="6">蒸发残渣</td><td rowspan="2">正庚烷,25℃,1h</td><td>使用温度＞100℃:≤30μg/mL</td></tr>
<tr><td>使用温度≤100℃:≤150μg/mL</td></tr>
<tr><td>20%乙醇,60℃,30min</td><td>≤30μg/mL</td></tr>
<tr><td>4%乙酸,60℃,30min</td><td>≤30μg/mL</td></tr>
<tr><td>水,60℃,30min</td><td>≤30μg/mL</td></tr>
<tr><td>重金属（以Pb计）</td><td>4%乙酸,60℃,30min</td><td>≤1μg/mL</td></tr>
<tr><td>高锰酸钾消耗量</td><td>水,60℃,30min</td><td>≤10μg/mL</td></tr>
<tr><td colspan="3"></td></tr>
<tr><td rowspan="12">5</td><td rowspan="12">聚苯乙烯制品（PS）</td><td rowspan="12">日本《食品卫生法》</td><td>铅</td><td colspan="2">100μg/g</td><td rowspan="12">日本厚生省告示第370号</td></tr>
<tr><td>镉</td><td colspan="2">100μg/g</td></tr>
<tr><td rowspan="4">蒸发残渣</td><td>正庚烷,25℃,1h</td><td>≤240μg/mL</td></tr>
<tr><td>20%乙醇,60℃,30min</td><td>≤30μg/mL</td></tr>
<tr><td>4%乙酸,60℃,30min</td><td>≤30μg/mL</td></tr>
<tr><td>水,60℃,30min</td><td>≤30μg/mL</td></tr>
<tr><td>重金属（以Pb计）</td><td>4%乙酸,60℃,30min</td><td>≤1μg/mL</td></tr>
<tr><td>高锰酸钾消耗量</td><td>水,60℃,30min</td><td>≤10μg/mL</td></tr>
<tr><td>苯乙烯</td><td colspan="2">≤1mg/g</td></tr>
<tr><td>乙苯</td><td colspan="2">≤1mg/g</td></tr>
<tr><td colspan="2" rowspan="2">总挥发性物质（苯乙烯、甲苯、乙苯、异丙苯、正丙苯）</td><td>≤5mg/g</td></tr>
<tr><td>（当制品为用于装沸水的聚苯乙烯泡沫时，限量为≤2mg/g 且苯乙烯及乙苯均不能超过1mg/g）</td></tr>
</table>

续表

序号	类别	标准号	项目		限量要求	测试方法
6	聚偏氯乙烯(PVDC)	日本《食品卫生法》	铅	100μg/g 样品		日本厚生省告示第370号
			镉	100μg/g 样品		
			蒸发残渣	正庚烷,25℃,1h	≤30μg/mL	
				20%乙醇,60℃,30min	≤30μg/mL	
				4%乙酸,60℃,30min	≤30μg/mL	
				水,60℃,30min	≤30μg/mL	
			重金属(以 Pb 计)	4%乙酸,60℃,30min	≤1μg/mL	
			高锰酸钾消耗量	水,60℃,30min	≤10μg/mL	
			钡	≤100μg/g		
			偏氯乙烯单体	≤6μg/g		
7	聚对苯二甲酸乙二醇酯(PET)	日本《食品卫生法》	铅	100μg/g		日本厚生省告示第370号
			镉	100μg/g		
			蒸发残渣	正庚烷,25℃,1h	≤30μg/mL	
				20%乙醇,60℃,30min	≤30μg/mL	
				4%乙酸,60℃,30min	≤30μg/mL	
				水,60℃,30min	≤30μg/mL	
			重金属(以 Pb 计)	4%乙酸,60℃,30min	≤1μg/ml	
			高锰酸钾消耗量	水,60℃,30min	≤10μg/mL	
			锑	4%乙酸,60℃,30min	≤0.05μg/mL	
			锗	4%乙酸,60℃,30min	≤0.1μg/mL	
8	聚甲基丙烯酸甲酯(PMMA)	日本《食品卫生法》	铅	100μg/g		日本厚生省告示第370号
			镉	100μg/g		
			蒸发残渣	正庚烷,25℃,1h	≤30μg/mL	
				20%乙醇,60℃,30min	≤30μg/mL	
				4%乙酸,60℃,30min	≤30μg/mL	
				水,60℃,30min	≤30μg/mL	
			重金属(以 Pb 计)	4%乙酸,60℃,30min	≤1μg/mL	
			高锰酸钾消耗量	水,60℃,30min:	≤10μg/mL	
			甲基丙烯酸甲酯	20%乙醇,60℃,30min	≤15μg/mL	

续表

序号	类别	标准号	项目		限量要求	测试方法
9	尼龙制品	日本《食品卫生法》	铅	100μg/g		日本厚生省告示第370号
			镉	100μg/g		
			蒸发残渣	正庚烷，25℃，1h	≤30μg/mL	
				20%乙醇，60℃，30min	≤30μg/mL	
				4%乙酸，60℃，30min	≤30μg/mL	
				水，60℃，30min	≤30μg/mL	
			重金属（以Pb计）	4%乙酸，60℃，30min	≤1μg/mL	
			高锰酸钾消耗量	水，60℃，30min	≤10μg/mL	
			己内酰胺	20%乙醇，60℃，30min	≤15μg/mL	
10	聚甲基戊烯（PMP）	日本《食品卫生法》	铅	100μg/g		日本厚生省告示第370号
			镉	100μg/g		
			蒸发残渣	正庚烷，25℃，1h	≤120μg/mL	
				20%乙醇，60℃，30min	≤30μg/mL	
				4%乙酸，60℃，30min	≤30μg/mL	
				水，60℃，30min	≤30μg/mL	
			重金属（以Pb计）	4%乙酸，60℃，30min	≤1μg/mL	
			高锰酸钾消耗量	水，60℃，30min	≤10μg/mL	
11	聚碳酸酯制品（PC）	日本《食品卫生法》	铅	100μg/g样品		日本厚生省告示第370号
			镉	100μg/g样品		
			蒸发残渣	正庚烷，25℃，1h	≤30μg/mL	
				20%乙醇，60℃，30min	≤30μg/mL	
				4%乙酸，60℃，30min	≤30μg/mL	
				水，60℃，30min	≤30μg/mL	
			重金属（以Pb计）	4%乙酸，60℃，30min	≤1μg/mL	
			高锰酸钾消耗量	水，60℃，30min	≤10μg/mL	
			双酚A迁移量	正庚烷，25℃，1h	≤2.5μg/mL	
				20%乙醇，60℃，30min	≤2.5μg/mL	
				4%乙酸，60℃，30min	≤2.5μg/mL	
				水，60℃，30min	≤2.5μg/mL	
			双酚A含量		≤500μg/g	
			碳酸二苯酯		≤500μg/g	
			胺类（三乙胺、三丁胺）		≤1μg/g	

续表

序号	类别	标准号	项目		限量要求	测试方法
12	聚乙烯醇制品(PVA)	日本《食品卫生法》	铅	100μg/g		日本厚生省告示第370号
			镉	100μg/g		
			蒸发残渣	正庚烷,25℃,1h	≤30μg/mL	
				20%乙醇,60℃,30min	≤30μg/mL	
				4%乙酸,60℃,30min	≤30μg/mL	
				水,60℃,30min	≤30μg/mL	
			重金属(以Pb计)	4%乙酸,60℃,30min	≤1μg/mL	
			高锰酸钾消耗量	水,60℃,30min	≤10μg/mL	
13	非奶嘴橡胶制品	日本《食品卫生法》	蒸发残渣	水,60℃,30min	≤60μg/mL	日本厚生省告示第370号
				20%乙醇,60℃,30min	≤60μg/mL	
				4%乙酸,60℃,30min	≤60μg/mL	
			重金属(以Pb计)	4%乙酸,60℃,30min	≤1μg/mL	
			甲醛	水,60℃,30min	阴性	
			酚	水,60℃,30min	≤5μg/mL	
			锌	4%乙酸,60℃,30min	≤15μg/mL	
			镉	≤100μg/g		
			铅	≤100μg/g		
			2-巯基咪唑(仅限于含氯橡胶)		阴性	
14	橡胶奶嘴	日本《食品卫生法》	蒸发残渣	水,40℃,24h	≤40μg/mL	日本厚生省告示第370号
			重金属(以Pb计)	4%乙酸,40℃,24h	≤1μg/mL	
			甲醛	水,40℃,24h	阴性	
			苯酚	水,40℃,24h	≤5μg/mL	
			锌	水,40℃,24h	≤1μg/mL	
			镉	≤10μg/g		
			铅	≤10μg/g		
15	聚乳酸	日本《食品卫生法》	蒸发残渣	正庚烷,25℃,1h	≤30μg/mL	日本厚生省告示第370号
				20%乙醇,60℃,30min	≤30μg/mL	
				4%乙酸,60℃,30min	≤30μg/mL	
				水,60℃,30min	≤30μg/mL	
			重金属(以Pb计)	4%乙酸,60℃,30min	≤1μg/mL	
			乳酸	水,60℃,30min	≤30μg/mL	
			镉	≤100μg/g		
			铅	≤100μg/g		

续表

序号	类别	标准号	项目		限量要求		测试方法
16	玻璃、陶瓷制品	日本《食品卫生法》	深度≥2.5cm 且容积<1.1L				日本厚生省告示第370号
			铅	4%乙酸,室温 24h(暗处)	≤5μg/mL		
			镉	4%乙酸,室温 24h(暗处)	≤0.5μg/mL		
			深度≥2.5cm 且容积≥1.1L				
			铅	4%乙酸,室温 24h(暗处)	≤2.5μg/mL		
			镉	4%乙酸,室温 24h(暗处)	≤0.25μg/mL		
			深度<2.5cm 器皿(不可灌注液体的)				
			铅	4%乙酸,室温 24h(暗处)	≤17μg/cm²		
			镉	4%乙酸,室温 24h(暗处)	≤1.7μg/cm²		
17	金属罐制品(除盛装干性食品制品外)	日本《食品卫生法》	砷(以 As_2O_3 计)	水,60℃,30min	≤0.2μg/mL	无合成树脂涂层、有合成树脂涂层	日本厚生省告示第370号
				0.5%柠檬酸,60℃,30min	≤0.2μg/mL		
			镉	水,60℃,30min	≤0.1μg/mL		
				0.5%柠檬酸,60℃,30min	≤0.1μg/mL		
			铅	水,60℃,30min	≤0.4μg/mL		
				0.5%柠檬酸,60℃,30min	≤0.4μg/mL		
			甲醛	水,60℃,30min	阴性	有合成树脂涂层	
			苯酚	水,60℃,30min	≤5μg/mL		
			蒸发残渣	正庚烷,25℃,1h	≤30μg/mL		
				20%乙醇,60℃,30min	≤30μg/mL		
				4%乙酸,60℃,30min	≤30μg/mL		
				水,60℃,30min	≤30μg/mL		
			氯乙烯	乙醇,≤5℃,24h	≤0.05μg/mL		
			表氯醇	戊烷,25℃,1h	≤0.5μg/mL		

注 1. 对于塑料及金属制品,使用温度>100 度时,0.5%乙酸及水的浸泡条件为:95℃,30min;

注 2. 对以天然油脂为主要原料且氧化锌含量超过 3%的金属罐内壁涂层,当使用正庚烷为浸泡液时,蒸发残渣≤90μg/mL;当水为浸泡液而蒸发残渣超过 30μg/mL 时,应用氯仿进一步试验,残留物中氯仿可提取物应≤30μg/mL。

6.韩国与食品接触制品主要标准

器具、容器、包装通用标准

1.器具、容器、包装的食品接触面所用镀层的含铅量不得超过 0.1%。

2.制造或维修器具、容器、包装的食品接触面所用金属的含铅量不得超过 0.1%,含锑量不得超过 5%。

3.制造或维修器具、容器、包装所用焊锡的含铅量不得超过 0.1%。

4.制造器具、容器、包装的过程中不得在食品接触面印刷。非食品接触面所用印刷墨必须充分干燥,而且作为墨水化合物的苯甲酮的迁移不得超过 0.6 毫克/千克。如果是软包装，对于具有非食品接触面的合成聚合物包装，其作为墨水化合物的甲苯残留不得超过2毫克/平方米。

5.合成聚合物器具、容器、包装的铅、钙、汞和六价铬（总）含量不得超过100毫克/千克。

序号	类别	标准号	项目		限量要求	测试方法
1	聚氯乙烯(PVC)	食品卫生法	氯乙烯		≤1.0mg/kg	食品器具、容器和包装的规范标准
			二丁基锡化合物		≤50mg/kg	
			磷酸甲酚酯类		≤1000mg/kg	
			铅	4%乙酸，60℃，30min	≤1.0mg/L	
			高锰酸钾消耗量	水，60℃，30min	≤10mg/L	
			非挥发物残渣	4%乙酸，60℃，30min	≤30mg/L	
				20%乙醇，60℃，30min	≤30mg/L	
				水，60℃，30min	≤30mg/L	
				正庚烷，25℃，1h	≤150mg/L	
			邻苯二甲酸二丁酯		≤0.3mg/L	
			卞基正丁基邻苯二甲酸酯		≤30mg/L	
			邻苯二甲酸二辛酯		≤1.5mg/L	
			邻苯二甲酸二正辛酯		≤5mg/L	
			邻苯二甲酸二异壬酯		≤9mg/L	
			邻苯二甲酸二异癸酯		≤9mg/L	
			己二酸二(2-乙基己)酯		≤18mg/L	
2	聚乙烯(PE)聚丙烯(PP)	食品卫生法	铅	4%乙酸，60℃，30min	≤1.0mg/L	食品器具、容器和包装的规范标准
			高锰酸钾消耗量	水，60℃，30min	≤10mg/L	
			非挥发物残渣	4%乙酸，60℃，30min	≤30mg/L	
				20%乙醇，60℃，30min	≤30mg/L	
				水，60℃，30min	≤30mg/L	
				正庚烷，25℃，1h	≤150mg/L	
			1-己烯(仅适用于聚乙烯)		≤3mg/L	
			1-辛烯(仅适用于聚丙烯)		≤15mg/L	

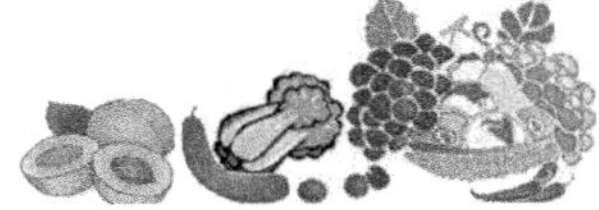

续表

<table>
<tr><th>序号</th><th>类别</th><th>标准号</th><th colspan="2">项目</th><th>限量要求</th><th>测试方法</th></tr>
<tr><td rowspan="9">3</td><td rowspan="9">聚苯乙烯(PS)</td><td rowspan="9">食品卫生法</td><td colspan="2">挥发性物质(苯乙烯、甲苯、乙苯、异丙苯、正丙苯总和)</td><td>≤5000mg/kg
(当制品为用于装沸水的聚苯乙烯泡沫时,限量为≤2mg/g 且苯乙烯及乙苯均不能超过1mg/g)</td><td rowspan="9">食品器具、容器和包装的规范标准</td></tr>
<tr><td>铅 4%</td><td>4%乙酸,60℃,30min</td><td>≤1.0mg/L</td></tr>
<tr><td>高锰酸钾消耗量</td><td>水,60℃,30min</td><td>≤10mg/L</td></tr>
<tr><td rowspan="4">非挥发物残渣</td><td>4%乙酸,60℃,30min</td><td>≤30mg/L</td></tr>
<tr><td>20%乙醇,60℃,30min</td><td>≤30mg/L</td></tr>
<tr><td>水,60℃,30min</td><td>≤30mg/L</td></tr>
<tr><td>正庚烷,25℃,1h</td><td>≤240mg/L</td></tr>
<tr style="display:none"></tr>
<tr style="display:none"></tr>
<tr><td rowspan="8">4</td><td rowspan="8">聚偏二氯乙烯(PVDC)</td><td rowspan="8">食品卫生法</td><td colspan="2">偏二氯乙烯</td><td>≤6mg/kg</td><td rowspan="8">食品器具、容器和包装的规范标准</td></tr>
<tr><td colspan="2">钡</td><td>≤100mg/kg</td></tr>
<tr><td colspan="2">铅</td><td>≤1.0mg/L</td></tr>
<tr><td>高锰酸钾消耗量</td><td>水,60℃,30min</td><td>≤10mg/L</td></tr>
<tr><td rowspan="4">非挥发物残渣</td><td>4%乙酸,60℃,30min</td><td>≤30mg/L</td></tr>
<tr><td>20%乙醇,60℃,30min</td><td>≤30mg/L</td></tr>
<tr><td>水,60℃,30min</td><td>≤30mg/L</td></tr>
<tr><td>正庚烷,25℃,1h</td><td>≤30mg/L</td></tr>
<tr><td rowspan="10">5</td><td rowspan="10">聚对苯二甲酸乙二酯(PET)</td><td rowspan="10">食品卫生法</td><td>铅</td><td>4%乙酸,60℃,30min</td><td>≤1.0mg/L</td><td rowspan="10">食品器具、容器和包装的规范标准</td></tr>
<tr><td>高锰酸钾消耗量</td><td>水,60℃,30min</td><td>≤10mg/L</td></tr>
<tr><td rowspan="4">非挥发物残渣</td><td>4%乙酸,60℃,30min</td><td>≤30mg/L</td></tr>
<tr><td>20%乙醇,60℃,30min</td><td>≤30mg/L</td></tr>
<tr><td>水,60℃,30min</td><td>≤30mg/L</td></tr>
<tr><td>正庚烷,25℃,1h</td><td>≤30mg/L</td></tr>
<tr><td>锑</td><td>4%乙酸,60℃,30min</td><td>≤0.04mg/L</td></tr>
<tr><td>锗</td><td>4%乙酸,60℃,30min</td><td>≤0.1mg/L</td></tr>
<tr><td colspan="2">对苯二甲酸</td><td>≤7.5mg/L</td></tr>
<tr><td colspan="2">间苯二甲酸</td><td>≤5.0mg/L</td></tr>
</table>

续表

序号	类别	标准号	项目		限量要求	测试方法
6	酚醛树脂(PF)	食品卫生法	铅	4%乙酸,60℃,30min	≤1.0mg/L	食品器具、容器和包装的规范标准
			非挥发物残渣	4%乙酸,60℃,30min	≤30mg/L	
				20%乙醇,60℃,30min	≤30mg/L	
				水,60℃,30min	≤30mg/L	
				正庚烷,25℃,1h	≤30mg/L	
			苯酚	4%乙酸,60℃,30min	≤5mg/L	
			甲醛	4%乙酸,60℃,30min	≤4mg/L	
7	三聚氰胺甲醛树脂(MF)	食品卫生法	铅	4%乙酸,60℃,30min	≤1.0mg/L	食品器具、容器和包装的规范标准
			非挥发物残渣	4%乙酸,60℃,30min	≤30mg/L	
				20%乙醇,60℃,30min	≤30mg/L	
				水,60℃,30min	≤30mg/L	
				正庚烷,25℃,1h	≤30mg/L	
			苯酚	4%乙酸,60℃,30min	≤5mg/L	
			甲醛	4%乙酸,60℃,30min	≤4mg/L	
			三聚氰胺	4%乙酸,60℃,30min	≤30mg/L	
8	脲醛树脂(UF)	食品卫生法	铅	4%乙酸,60℃,30min	≤1.0mg/L	食品器具、容器和包装的规范标准
			非挥发物残渣	4%乙酸,60℃,30min	≤30mg/L	
				20%乙醇,60℃,30min	≤30mg/L	
				水,60℃,30min	≤30mg/L	
				正庚烷,25℃,1h	≤30mg/L	
			苯酚	4%乙酸,60℃,30min	≤5mg/L	
			甲醛	4%乙酸,60℃,30min	≤4mg/L	
9	聚缩醛	食品卫生法	铅	4%乙酸,60℃,30min	≤1.0mg/L	食品器具、容器和包装的规范标准
			高锰酸钾消耗量	水,60℃,30min	≤10mg/L	
			非挥发物残渣	4%乙酸,60℃,30min	≤30mg/L	
				20%乙醇,60℃,30min	≤30mg/L	
				水,60℃,30min	≤30mg/L	
				正庚烷,25℃,1h	≤30mg/L	
			甲醛	4%乙酸,60℃,30min	≤4mg/L	

续表

序号	类别	标准号	项目		限量要求	测试方法
10	丙烯酸树脂	食品卫生法	铅	4%乙酸,60℃,30min	≤1.0mg/L	食品器具、容器和包装的规范标准
			高锰酸钾消耗量	水,60℃,30min	≤10mg/L	
			非挥发物残渣	4%乙酸,60℃,30min	≤30mg/L	
				20%乙醇,60℃,30min	≤30mg/L	
				水,60℃,30min	≤30mg/L	
				正庚烷,25℃,1h	≤30mg/L	
			甲基丙烯酸甲酯	20%乙醇,60℃,30min	≤6mg/L	
11	聚酰胺(PA)	食品卫生法	铅	4%乙酸,60℃,30min	≤1.0mg/L	食品器具、容器和包装的规范标准
			高锰酸钾消耗量	水,60℃,30min	≤10mg/L	
			非挥发物残渣	4%乙酸,60℃,30min	≤30mg/L	
				20%乙醇,60℃,30min	≤30mg/L	
				水,60℃,30min	≤30mg/L	
				正庚烷,25℃,1h	≤30mg/L	
			己内酰胺	20%乙醇,60℃,30min	≤15mg/L	
			4,4-二氨基二苯甲烷	4%乙酸,60℃,30min	≤0.01mg/L	
			乙二胺		≤12mg/L	
			己二胺		≤2.4mg/L	
			十二内酰胺		≤5mg/L	
12	聚甲基戊烯(PMP)	食品卫生法	铅	4%乙酸,60℃,30min	≤1.0mg/L	食品器具、容器和包装的规范标准
			高锰酸钾消耗量	水,60℃,30min	≤10mg/L	
			非挥发物残渣	4%乙酸,60℃,30min	≤30mg/L	
				20%乙醇,60℃,30min	≤30mg/L	
				水,60℃,30min	≤30mg/L	
				正庚烷,25℃,1h	≤30mg/L	
			4-甲基-1-戊烯		≤0.05mg/L	

续表

序号	类别	标准号	项目		限量要求	测试方法
13	聚碳酸酯(PC)	食品卫生法	胺(三乙胺和三丁胺总和)		≤1.0mg/kg	食品器具、容器和包装的规范标准
			铅	4%乙酸,60℃,30min	≤1.0mg/L	
			高锰酸钾消耗量	水,60℃,30min	≤10mg/L	
			非挥发物残渣	4%乙酸,60℃,30min	≤30mg/L	
				20%乙醇,60℃,30min	≤30mg/L	
				水,60℃,30min	≤30mg/L	
				正庚烷,25℃,1h	≤30mg/L	
			苯酚、双酚A和对叔丁基酚的总和		≤2.5mg/L(双酚A迁移量≤0.6mg/L)	
			碳酸二苯酯		≤0.05mg/L	
14	聚乙烯醇(PVA)	食品卫生法	铅	4%乙酸,60℃,30min	≤1.0mg/L	食品器具、容器和包装的规范标准
			高锰酸钾消耗量	水,60℃,30min	≤10mg/L	
			非挥发物残渣	4%乙酸,60℃,30min	≤30mg/L	
				20%乙醇,60℃,30min	≤30mg/L	
				水,60℃,30min	≤30mg/L	
				正庚烷,25℃,1h	≤30mg/L	
			乙酸乙烯酯	水,60℃,30min	≤12mg/L	
15	聚亚胺酯(PU)	食品卫生法	铅	4%乙酸,60℃,30min	≤1.0mg/L	食品器具、容器和包装的规范标准
			高锰酸钾消耗量	水,60℃,30min	≤10mg/L	
			非挥发物残渣	4%乙酸,60℃,30min	≤30mg/L	
				20%乙醇,60℃,30min	≤30mg/L	
				水,60℃,30min	≤30mg/L	
				正庚烷,25℃,1h	≤30mg/L	
			异氰酸酯		≤0.1mg/L	
			4,4-二氨基二苯甲烷	4%乙酸,60℃,30min	≤0.01mg/L	

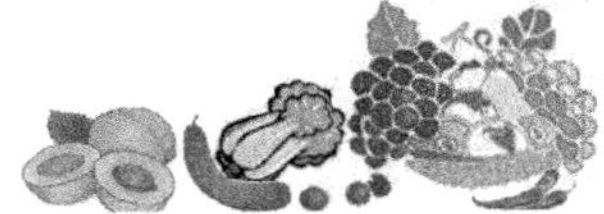

续表

<table>
<tr><th>序号</th><th>类别</th><th>标准号</th><th colspan="2">项目</th><th>限量要求</th><th>测试方法</th></tr>
<tr><td rowspan="7">16</td><td rowspan="7">聚 1-丁烯(PB-1)</td><td rowspan="7">食品卫生法</td><td>铅</td><td>4%乙酸,60℃,30min</td><td>≤1.0mg/L</td><td rowspan="7">食品器具、容器和包装的规范标准</td></tr>
<tr><td>高锰酸钾消耗量</td><td>水,60℃,30min</td><td>≤10mg/L</td></tr>
<tr><td rowspan="4">非挥发物残渣</td><td>4%乙酸,60℃,30min</td><td>≤30mg/L</td></tr>
<tr><td>20%乙醇,60℃,30min</td><td>≤30mg/L</td></tr>
<tr><td>水,60℃,30min</td><td>≤30mg/L</td></tr>
<tr><td>正庚烷,25℃,1h</td><td>≤150mg/L(使用温度低于 100℃);
≤120mg/L(使用温度高于 100℃)</td></tr>
<tr></tr>
<tr><td rowspan="9">17</td><td rowspan="9">丙烯腈-丁二烯-苯乙烯共聚物和丙烯腈-苯乙烯共聚物(ABS、AS)</td><td rowspan="9">食品卫生法</td><td colspan="2">挥发物(苯乙烯、甲苯、乙苯、异丙苯、正丙苯)</td><td>≤5000mg/kg</td><td rowspan="9">食品器具、容器和包装的规范标准</td></tr>
<tr><td colspan="2">1,3-丁二烯</td><td>≤1mg/kg</td></tr>
<tr><td>铅</td><td>4%乙酸,60℃,30min</td><td>≤1mg/L</td></tr>
<tr><td>高锰酸钾消耗量</td><td>水,60℃,30min</td><td>≤10mg/L</td></tr>
<tr><td rowspan="4">非挥发物残渣</td><td>4%乙酸,60℃,30min</td><td>≤30mg/L</td></tr>
<tr><td>20%乙醇,60℃,30min</td><td>≤30mg/L</td></tr>
<tr><td>水,60℃,30min</td><td>≤30mg/L</td></tr>
<tr><td>正庚烷,25℃,1h</td><td>≤240mg/L</td></tr>
<tr><td>丙烯腈</td><td>水,60℃,30min</td><td>≤0.02mg/L</td></tr>
<tr><td rowspan="8">18</td><td rowspan="8">聚甲基丙烯酸甲酯-苯乙烯(MS)</td><td rowspan="8">食品卫生法</td><td colspan="2">挥发物(苯乙烯、甲苯、乙苯、异丙苯、正丙苯)</td><td>≤5000mg/kg</td><td rowspan="8">食品器具、容器和包装的规范标准</td></tr>
<tr><td>铅</td><td>4%乙酸,60℃,30min</td><td>≤1mg/L</td></tr>
<tr><td>高锰酸钾消耗量</td><td>水,60℃,30min</td><td>≤10mg/L</td></tr>
<tr><td rowspan="4">非挥发物残渣</td><td>4%乙酸,60℃,30min</td><td>≤30mg/L</td></tr>
<tr><td>20%乙醇,60℃,30min</td><td>≤30mg/L</td></tr>
<tr><td>水,60℃,30min</td><td>≤30mg/L</td></tr>
<tr><td>正庚烷,25℃,1h</td><td>≤240mg/L</td></tr>
<tr><td>甲基丙烯酸甲酯</td><td>20%乙醇,60℃,30min</td><td>≤6mg/L</td></tr>
</table>

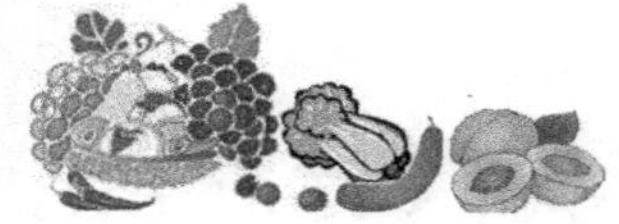

续表

序号	类别	标准号	项目		限量要求	测试方法
19	聚对苯二甲酸丁二醇酯(PBT)	食品卫生法	铅	4%乙酸,60℃,30min	≤1mg/L	食品器具、容器和包装的规范标准
			高锰酸钾消耗量	水,60℃,30min	≤10mg/L	
			非挥发物残渣	4%乙酸,60℃,30min	≤30mg/L	
				20%乙醇,60℃,30min	≤30mg/L	
				水,60℃,30min	≤30mg/L	
				正庚烷,25℃,1h	≤30mg/L	
			对苯二甲酸		≤7.5mg/L	
			间苯二甲酸		≤5.0mg/L	
			1,4-丁二醇	正庚烷,25℃,1h	≤5.0mg/L	
20	聚芳砜(PASF)	食品卫生法	铅	4%乙酸,60℃,30min	≤1mg/L	食品器具、容器和包装的规范标准
			高锰酸钾消耗量	水,60℃,30min	≤10mg/L	
			非挥发物残渣	4%乙酸,60℃,30min	≤30mg/L	
				20%乙醇,60℃,30min	≤30mg/L	
				水,60℃,30min	≤30mg/L	
				正庚烷,25℃,1h	≤30mg/L	
			苯酚、双酚 A 和对叔丁基酚的总和		≤2.5mg/L(双酚 A 迁移量≤0.6mg/L)	
			4,4-二氯二苯砜		≤0.05mg/L	
21	聚芳酯(PAR)	食品卫生法	铅	4%乙酸,60℃,30min	≤1mg/L	食品器具、容器和包装的规范标准
			高锰酸钾消耗量	水,60℃,30min	≤10mg/L	
			非挥发物残渣	4%乙酸,60℃,30min	≤30mg/L	
				20%乙醇,60℃,30min	≤30mg/L	
				水,60℃,30min	≤30mg/L	
				正庚烷,25℃,1h	≤30mg/L	
			对苯二甲酸		≤7.5mg/L	
			间苯二甲酸		≤5.0mg/L	
			苯酚、双酚 A 和对叔丁基酚的总和		≤2.5mg/L(双酚 A 迁移量≤0.6mg/L)	

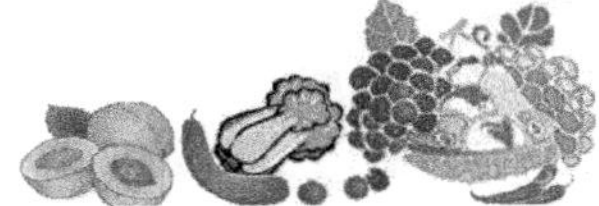

续表

序号	类别	标准号	项目		限量要求	测试方法
22	端羟基超支化聚酯(HBP)	食品卫生法	铅	4%乙酸,60℃,30min	≤1mg/L	食品器具、容器和包装的规范标准
			高锰酸钾消耗量	水,60℃,30min	≤10mg/L	
			非挥发物残渣	4%乙酸,60℃,30min	≤30mg/L	
				20%乙醇,60℃,30min	≤30mg/L	
				水,60℃,30min	≤30mg/L	
				正庚烷,25℃,1h	≤30mg/L	
23	聚丙烯腈(PAN)	食品卫生法	铅	4%乙酸,60℃,30min	≤1mg/L	食品器具、容器和包装的规范标准
			高锰酸钾消耗量	水,60℃,30min	≤10mg/L	
			非挥发物残渣	4%乙酸,60℃,30min	≤30mg/L	
				20%乙醇,60℃,30min	≤30mg/L	
				水,60℃,30min	≤30mg/L	
				正庚烷,25℃,1h	≤30mg/L	
			丙烯腈	水,60℃,30min	≤0. 02mg/L	
24	碳氟树脂(FR)	食品卫生法	铅	4%乙酸,60℃,30min	≤1mg/L	食品器具、容器和包装的规范标准
			高锰酸钾消耗量	水,60℃,30min	≤10mg/L	
			非挥发物残渣	4%乙酸,60℃,30min	≤30mg/L	
				20%乙醇,60℃,30min	≤30mg/L	
				水,60℃,30min	≤30mg/L	
				正庚烷,25℃,1h	≤30mg/L	
25	聚苯醚(PPE)	食品卫生法	铅	4%乙酸,60℃,30min	≤1mg/L	食品器具、容器和包装的规范标准
			高锰酸钾消耗量	水,60℃,30min	≤10mg/L	
			非挥发物残渣	4%乙酸,60℃,30min	≤30mg/L	
				20%乙醇,60℃,30min	≤30mg/L	
				水,60℃,30min	≤30mg/L	
				正庚烷,25℃,1h	≤30mg/L	
			挥发物(苯乙烯、甲苯、乙苯、异丙苯、正丙苯)		≤5000mg/kg	

续表

序号	类别	标准号	项目		限量要求	测试方法
26	离聚物树脂	食品卫生法	铅	4%乙酸,60℃,30min	≤1mg/L	食品器具、容器和包装的规范标准
			高锰酸钾消耗量	水,60℃,30min	≤10mg/L	
			非挥发物残渣	4%乙酸,60℃,30min	≤30mg/L	
				20%乙醇,60℃,30min	≤30mg/L	
				水,60℃,30min	≤30mg/L	
				正庚烷,25℃,1h	≤30mg/L	
27	乙烯-醋酸乙烯酯共聚物(EVA)	食品卫生法	铅	4%乙酸,60℃,30min	≤1mg/L	食品器具、容器和包装的规范标准
			高锰酸钾消耗量	水,60℃,30min	≤10mg/L	
			非挥发物残渣	4%乙酸,60℃,30min	≤30mg/L	
				20%乙醇,60℃,30min	≤30mg/L	
				水,60℃,30min	≤30mg/L	
				正庚烷,25℃,1h	≤30mg/L	
			醋酸乙烯酯	水,60℃,30min	≤12mg/L	
28	甲基丙烯酸甲酯-丙烯腈-丁二烯-苯乙烯共聚物(MABS)	食品卫生法	挥发物(苯乙烯、甲苯、乙苯、异丙苯、正丙苯)		≤5000mg/kg	食品器具、容器和包装的规范标准
			1,3-丁二烯		≤1mg/kg	
			铅	4%乙酸,60℃,30min	≤1mg/L	
			高锰酸钾消耗量	水,60℃,30min	≤10mg/L	
			非挥发物残渣	4%乙酸,60℃,30min	≤30mg/L	
				20%乙醇,60℃,30min	≤30mg/L	
				水,60℃,30min	≤30mg/L	
				正庚烷,25℃,1h	≤30mg/L	
			甲基丙烯酸甲酯	20%乙醇,60℃,30min	≤6mg/L	
			丙烯腈水	水,60℃,30min	≤0.02mg/L	
29	聚奈二甲酸乙二醇酯(PEN)	食品卫生法	铅	4%乙酸,60℃,30min	≤1mg/L	食品器具、容器和包装的规范标准
			高锰酸钾消耗量	水,60℃,30min	≤10mg/L	
			非挥发物残渣	4%乙酸,60℃,30min	≤30mg/L	
				20%乙醇,60℃,30min	≤30mg/L	
				水,60℃,30min	≤30mg/L	
				正庚烷,25℃,1h	≤30mg/L	

续表

序号	类别	标准号	项目		限量要求	测试方法
30	环氧树脂	食品卫生法	胺(三乙胺和三丁胺总和)		≤1.0mg/kg	食品器具、容器和包装的规范标准
			铅	4%乙酸,60℃,30min	≤1mg/L	
			高锰酸钾消耗量	水,60℃,30min	≤10mg/L	
			非挥发物残渣	4%乙酸,60℃,30min	≤30mg/L	
				20%乙醇,60℃,30min	≤30mg/L	
				水,60℃,30min	≤30mg/L	
				正庚烷,25℃,1h	≤30mg/L	
			苯酚、双酚A和对叔丁基酚的总和		≤2.5mg/L(双酚A迁移量≤0.6mg/L)	
			双酚A二缩水甘油醚(二氯双酚A二缩水甘油醚+二羟基双酚A缩水甘油醚)		≤1.0mg/L	
			双酚F二缩水甘油醚(二氯双酚F二缩水甘油醚+二羟基双酚F缩水甘油醚)		≤1.0mg/L	
			环氧氯丙烷	正庚烷,25℃,1h	≤0.5mg/L	
			4,4-亚甲基双苯胺	4%乙酸,60℃,30min	≤0.01mg/L	
31	聚苯硫醚(PPS)	食品卫生法	铅	4%乙酸,60℃,30min	≤1mg/L	食品器具、容器和包装的规范标准
			高锰酸钾消耗量	水,60℃,30min	≤10mg/L	
			非挥发物残渣	4%乙酸,60℃,30min	≤30mg/L	
				20%乙醇,60℃,30min	≤30mg/L	
				水,60℃,30min	≤30mg/L	
				正庚烷,25℃,1h	≤30mg/L	
			1,4-二氯苯		≤12mg/L	
32	聚醚砜(PES)	食品卫生法	铅	4%乙酸,60℃,30min	≤1mg/L	食品器具、容器和包装的规范标准
			高锰酸钾消耗量	水,60℃,30min	≤10mg/L	
			非挥发物残渣	4%乙酸,60℃,30min	≤30mg/L	
				20%乙醇,60℃,30min	≤30mg/L	
				水,60℃,30min	≤30mg/L	
				正庚烷,25℃,1h	≤30mg/L	
			4,4-二氯二苯砜		≤0.05mg/L	
			4,4-二羟基二苯砜		≤0.05mg/L	

续表

序号	类别	标准号	项目		限量要求	测试方法
33	聚对苯二甲酸-1,4-环己烷二甲酯(PCT)	食品卫生法	铅	4%乙酸,60℃,30min	≤1mg/L	食品器具、容器和包装的规范标准
			高锰酸钾消耗量	水,60℃,30min	≤10mg/L	
			非挥发物残渣	4%乙酸,60℃,30min	≤30mg/L	
				20%乙醇,60℃,30min	≤30mg/L	
				水,60℃,30min	≤30mg/L	
				正庚烷,25℃,1h	≤30mg/L	
			锑	4%乙酸,60℃,30min	≤0.04mg/L	
			对苯二甲酸		≤7.5mg/L	
			间苯二甲酸		≤5.0mg/L	
34	聚酰亚胺(PI)	食品卫生法	铅	4%乙酸,60℃,30min	≤1mg/L	食品器具、容器和包装的规范标准
			高锰酸钾消耗量	水,60℃,30min	≤10mg/L	
			非挥发物残渣	4%乙酸,60℃,30min	≤30mg/L	
				20%乙醇,60℃,30min	≤30mg/L	
				水,60℃,30min	≤30mg/L	
				正庚烷,25℃,1h	≤30mg/L	
35	聚醚醚酮(PEEK)	食品卫生法	铅	4%乙酸,60℃,30min	≤1mg/L	食品器具、容器和包装的规范标准
			高锰酸钾消耗量	水,60℃,30min	≤10mg/L	
			非挥发物残渣	4%乙酸,60℃,30min	≤30mg/L	
				20%乙醇,60℃,30min	≤30mg/L	
				水,60℃,30min	≤30mg/L	
				正庚烷,25℃,1h	≤30mg/L	
			对苯二酚		≤0.6mg/L	
36	聚乳酸(PLA)	食品卫生法	铅	4%乙酸,60℃,30min	≤1mg/L	食品器具、容器和包装的规范标准
			高锰酸钾消耗量	水,60℃,30min	≤10mg/L	
			非挥发物残渣	4%乙酸,60℃,30min	≤30mg/L	
				20%乙醇,60℃,30min	≤30mg/L	
				水,60℃,30min	≤30mg/L	
				正庚烷,25℃,1h	≤30mg/L	

续表

序号	类别	标准号	项目		限量要求	测试方法
37	丁二酸丁二醇酯-己二酸共聚物(PBSA)	食品卫生法	铅	4%乙酸,60℃,30min	≤1mg/L	食品器具、容器和包装的规范标准
			高锰酸钾消耗量	水,60℃,30min	≤10mg/L	
			非挥发物残渣	4%乙酸,60℃,30min	≤30mg/L	
				20%乙醇,60℃,30min	≤30mg/L	
				水,60℃,30min	≤30mg/L	
				正庚烷,25℃,1h	≤30mg/L	
			1,4-丁二醇	正庚烷,25℃,1h	≤5mg/L	
38	交联聚酯树脂	食品卫生法	铅	4%乙酸,60℃,30min	≤1mg/L	食品器具、容器和包装的规范标准
			高锰酸钾消耗量	水,60℃,30min	≤10mg/L	
			非挥发物残渣	4%乙酸,60℃,30min	≤30mg/L	
				20%乙醇,60℃,30min	≤30mg/L	
				水,60℃,30min	≤30mg/L	
				正庚烷,25℃,1h	≤30mg/L	
			对苯二甲酸		≤7.5mg/L	
			间苯二甲酸		≤5.0mg/L	
39	玻璃纸	食品卫生法	铅、镉、汞、六价铬总量		≤100mg/kg	食品器具、容器和包装的规范标准
			砷(以As_2O_3)	4%乙酸,60℃,30min	≤0.1mg/L	
			铅	4%乙酸,60℃,30min	≤1.0mg/L	
			非挥发物残渣	4%乙酸,60℃,30min	≤30mg/L	
40	橡胶		铅		非奶嘴制品:≤100mg/kg	食品器具、容器和包装的规范标准
					奶嘴:≤10mg/kg	
			镉		非奶嘴制品:≤100mg/kg	
					奶嘴:≤10mg/kg	
			2-巯基咪唑(仅限于含氯橡胶)		未检出	
			1,3-丁二烯(限1,3-丁二烯橡胶)		≤1mg/kg	
			铅	4%乙酸,60℃,30min 非奶嘴制品	≤1.0mg/kg	
				水,40℃,24h 奶嘴制品		
			亚硝胺化合物		0.01mg/kg	
			亚硝基物质		0.1mg/kg	

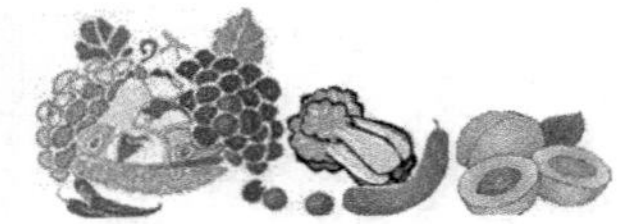

续表

序号	类别	标准号	项目			限量要求	测试方法
40（续）	橡胶		甲醛	水,60℃,30min 非奶嘴制品		≤4.0mg/L	食品器具、容器和包装的规范标准
				水,40℃,24h 奶嘴制品			
			苯酚	水,60℃,30min 非奶嘴制品		≤5.0mg/L	
				水,40℃,24h 奶嘴制品			
			锌	4%乙酸,60℃,30min		≤15mg/L	
				4%乙酸,40℃,24h 奶嘴制品		≤1mg/L	
			非挥发物残渣	水,60℃,30min	非奶嘴制品	≤60mg/L	
				4%乙酸,60℃,30min			
				20%乙醇			
				水,40℃,24h	奶嘴制品	≤40mg/L	
41	纸浆及纸制品		铅、镉、汞、六价铬总量			≤100mg/kg	食品器具、容器和包装的规范标准
			PCBs			≤5mg/kg	
			砷(以 As_2O_3)	4%乙酸,60℃,30min		≤0.1mg/L	
			铅	4%乙酸,60℃,30min		≤1.0mg/L	
			甲醛	4%乙酸,60℃,30min		≤4.0mg/L	
			荧光增白剂			未检出	
42	金属制品(除盛装干性食品制品外)		铅	水,60℃,30min		0.4mg/L	食品器具、容器和包装的规范标准
				0.5%柠檬酸,60℃,30min			
			镉	水,60,30min		0.1mg/L	
				0.5%柠檬酸,60℃,30min			
			镍	水,60,30min		0.1mg/L	
				0.5%柠檬酸,60℃,30min			
			六价铬	水,60,30min		0.1mg/L	
				0.5%柠檬酸,60℃,30min			
			砷(以 As_2O_3)	水,60,30min		0.2mg/L	
				0.5%柠檬酸,60℃,30min			
			蒸发残渣	正庚烷,25℃,1h		≤30μg/ml	
				20%乙醇,60℃,30min		≤30μg/ml	
				4%乙酸,60℃,30min		≤30μg/ml	
				水,60℃,30min		≤30μg/ml	

续表

序号	类别	标准号	项目		限量要求	测试方法
42	金属制品(除盛装干性食品制品外)		甲醛	水,60℃,30min	4.0mg/L	食品器具、容器和包装的规范标准
			氯乙烯	乙醇,≤5℃,24h	0.05mg/L	
			表氯醇	戊烷,25℃,1h	0.5mg/L	
			苯酚、双酚 A 和对叔丁基酚的总和		≤2.5mg/L(双酚 A 迁移量≤0.6mg/L)	
			双酚 A 二缩水甘油醚(二氯双酚 A 二缩水甘油醚+二羟基双酚 A 缩水甘油醚)		≤1.0mg/L	
			双酚 F 二缩水甘油醚(二氯双酚 F 二缩水甘油醚+二羟基双酚 F 缩水甘油醚)		≤1.0mg/L	
			4,4-亚甲基双苯胺 4%乙酸(60℃,30min)		0.01mg/L	

注 1. 对于塑料及金属制品,使用温度>100 度时,0.5%乙酸及水的浸泡条件为:95℃,30min;

注 2. 对以天然油脂为主要原料且氧化锌含量超过 3%的金属罐内壁涂层,当使用正庚烷为浸泡液时,蒸发残渣≤90μg/mL;当水为浸泡液而蒸发残渣超过 30μg/mL 时,应用氯仿进一步试验,残留物中氯仿可提取物应≤30μg/mL。

图书在版编目(CIP)数据

食品接触材料安全监管与高关注有害物质检测技术 / 吴晓红主编. —杭州:浙江大学出版社,2013.5(2021.1 重印)
ISBN 978-7-308-11442-4

Ⅰ.①食… Ⅱ.①吴… Ⅲ.①食品包装—包装材料—质量管理—安全管理 Ⅳ.①TS206.4

中国版本图书馆 CIP 数据核字(2013)第 092888 号

食品接触材料安全监管与高关注有害物质检测技术
主　编　吴晓红

责任编辑　王　波
封面设计　十木米
出版发行　浙江大学出版社
(杭州市天目山路 148 号　邮政编码 310007)
(网址:http://www.zjupress.com)
排　　版　杭州中大图文设计有限公司
印　　刷　浙江新华数码印务有限公司
开　　本　787mm×1092mm　1/16
印　　张　22.25
字　　数　500 千
版 印 次　2013 年 5 月第 1 版　2021 年 1 月第 3 次印刷
书　　号　ISBN 978-7-308-11442-4
定　　价　68.00 元
